Carl Wilhelm Siemens

Nach einer Photographie von Vane der Weyer.

Wilhelm Siemens.

Wilhelm Siemens.

Von

William Pole,
Ehren-Sekretär der „Institution of Civil Engineers".

Mit Porträts, Abbildungen und einer Karte.

Berlin.
Verlag von Julius Springer.
1890.

ISBN-13: 978-3-642-98317-7   e-ISBN-13: 978-3-642-99129-5
DOI: 10.1007/978-3-642-99129-5

Softcover reprint of the hardcover 1st edition 1890

Inhalts-Verzeichniss.

Kapitel I.
Einleitung.

Warum Lebensbeschreibungen von Ingenieuren Beachtung beanspruchen dürfen. — Das Interesse solcher Beschreibungen liegt nicht nur in der Art und Weise, wie ein Mann sein Werk verrichtet hat, sondern vor Allem auch in der Natur der Arbeit selbst. — Was man unter Ingenieurkunst versteht: Ableitung des Wortes. — Maassgebende Erklärung seitens des Instituts der Civil-Ingenieure in London. — Vielseitigkeit und Wichtigkeit der Aufgaben, welche das Ingenieurfach umfasst. — Nothwendigkeit der Arbeitsvertheilung. — Specialbranchen, welche von verschiedenen Fachleuten aufgenommen werden. — Der allgemeine Charakter der Thätigkeit, welcher Sir William Siemens sein Leben gewidmet hat . . . . Seite 1— 7

Kapitel II.
Abstammung und Familie.

Der Vater, seine sociale Stellung und sein Charakter. — Die Mutter. — Söhne: Werner, Hans, Ferdinand, Wilhelm, Friedrich, Carl, Walter, Otto. — Töchter. — Geschäftsverbindungen der Brüder unter einander. — Familiengebräuche. — Die Siemens'sche Stiftung.   8—17

Kapitel III.
Jugend und Erziehung.
Bis zum 19. Lebensalter.
1823 bis 1842.

Geburt. — Name. — Sein Charakter als Kind. — Häusliche Erziehung. — Wahl eines künftigen Standes. — Auf der Schule in Lübeck. — Aenderung der ursprünglichen Pläne. — Wilhelm unter besonderer Obhut und Leitung seines Bruders Werner. — Des Letzteren Rath, er solle Ingenieur werden. — Zur Schule nach Magdeburg. — Tod der Eltern. — Auf der Universität in Göttingen. — Als Eleve in einer Maschinenfabrik in Magdeburg. — Vorschlag zu einer Reise nach England. — Uebereinkommen der Brüder Werner und Wilhelm, regelmässig mit einander zu correspondiren. — Wilhelms erste Versuche auf dem Gebiete der Ingenieurkunst. —

Seine Methoden zur galvanischen Vergoldung und Versilberung. — Nothwendigkeit, Geld zu verdienen. — Bestimmung, dass Wilhelm eine Reise unternehmen solle . . . . 18— 40

Kapitel IV.
Wilhelm's erste Jahre in England.
Alter 20—28 Jahre.
1843 bis 1851.

Reise nach England via Hamburg. — Ankunft in London. — Geschäftsunterhandlungen mit der Firma Elkington. — Verkauf der Patente für galvanische Vergoldung an die letztere. — Rückkehr nach Deutschland. — Zweite Reise nach London. — Der chronometrische Regulator. — Anastatisches Druckverfahren. — Faradays Vortrag. — Schwierigkeiten und Sorgen. — Verbesserung von Luftpumpen. — Wärme und ihre praktische Verwerthung. — Aufenthalt in Manchester. — Die Regenerativ-Dampfmaschine. — Uebereinkommen mit Fox und Henderson. — Regenerativ-Verdampfung. — Arbeiten auf dem Gebiete der Elektricität. — Die Fabrik von Siemens und Halske in Berlin. — Ernennung Wilhelms als englischer Agent derselben . . . . 41— 91

Kapitel V.
Die ersten Jahre der unabhängigen Thätigkeit.
Alter von 29 bis 36 Jahren.
1852 bis 1859.

Wilhelm beginnt sein Geschäft in London. — Die Regenerativ-Dampfmaschine wird auf der französischen Ausstellung vorgezeigt. — Compagnie auf dem Continent zur Betreibung der Erfindung. — Regenerativ-Verdampfung. — Der Regenerativ-Ofen. — Friedrich Siemens. — Ein Abkühlungs-Verfahren. — Der Wassermesser. — Sein grosser Erfolg. — Der chronometrische Regulator. — Arbeit auf dem Gebiete der Elektricität. — Unterseeische Kabel. — Eine Londoner Werkstätte in Millbank eingerichtet. — Häusliches Leben. — Professor Lewis Gordon und seine Familie. — Wilhelms Vermählung und Naturalisirung als britischer Unterthan . . . . 92—132

Kapitel VI.
Aufblühen des Geschäftes.
Alter vom 37. bis zum 46. Lebensjahre.
1860 bis 1869.

Wilhelms Stellung und Aussichten im Anfange dieser Periode. — Zum „Mitglied" der Royal Society ernannt. — Der Regenerativ-Ofen. — Der Gas-Erzeuger. — Vortrag von Faraday. — Erfolg. — Puddelöfen. — Die Stahl-Fabrikation. — Messrs. Martin. — Das Birminghamer Muster-Stahlwerk. — Fabrikation von Stahl-Eisenbahnschienen. — Das Landore Stahlwerk. — Erfindungen ver-

Inhalts-Verzeichniss. VII

schiedener Art. — Die British Association. — Arbeit auf dem Gebiete der Elektricität. — Die Fabrik in Charlton. — Das algierische Kabel. — Der indo-europäische Telegraph. — Kabel im Schwarzen Meere. — Häusliches Leben . . . . 133—195

Kapitel VII.
Fernere Entwickelung des Geschäftes.
Vom 47. bis zum 56. Lebensjahre.
1870 bis 1879.

Wilhelms Stellung. — Wärme und Metallurgie. — Die Stahl-Fabrikation. — Ausgezeichnete Qualität des Stahles. — Lieferung an die englische Admiralität. — Stahlproduktion direkt aus dem Erze. — Elektrische Telegraphen. — Die chinesischen Kabel. — Der indo-europäische Telegraph. — Verzögerung durch unvorhergesehene Zufälle und Erdbeben. — Der Schah von Persien. — Das direkte atlantische Kabel. — Das Kabelschiff: „Faraday". — Unfälle bei der Legung. — Das brasilianische Kabel. — Der Untergang des Kabelschiffes „La Plata". — Die vom Handels-Ministerium angestellte Untersuchung. — Das französisch-atlantische Kabel. — Die dynamo-elektrische Maschine. — Geschichtliches. — Die Siemens'schen Entdeckungen und Erfindungen. — Elektrische Beleuchtung. — Elektrische Kraftübertragung. — Das elektrische Pyrometer. — Das Bathometer und der Attraktionsmesser. — Das Tiefsee-Photometer. — Schiffspanzerung. — Wissenschaftliche Gesellschaften, Vorträge und Antrittsreden. — Häusliches Leben. — Doktortitel der Oxforder Universität. — Landsitz in Tunbridge Wells. — Telegraphen-Conferenz . . . . 196—294

Kapitel VIII.
Wilhelms letzte Lebensjahre.
Alter vom 57. bis 60. Lebensjahre.
1880 bis 1883.

Aenderung in Wilhelms Methode, seine wissenschaftlichen Gegenstände zu behandeln. — Wärme. — Der Gas-Feuerherd. — Die Rauch-Verminderungs-Propaganda. — Gas als allgemeines Heizungsmittel. — Elektrische Telegraphen. — Elektrische Beleuchtung. — Elektrische Kraftübertragung. — Elektrische Eisenbahnen. — Vortrag vor der Institution of Civil Engineers. — Der elektrische Schmelzofen. — Elektrische Vegetation. — Elektrische Maasseinheiten. — Verschiedenartige Gegenstände. — Die Beschaffenheit der Sonne und die Natur der Sonnenenergie. — Das „Indian Engineering College". — Das elektrische Thermometer. — Die elektrische Ausstellung in Wien. — Präsidium der „British Association". — „Society of Arts". — „Institution of Civil Engineers"; der „Howard" Preis. — Die elektrische Ausstellung in Frankreich. — Vorträge und Antrittsreden. — Häusliches Leben. — Die „Turners' Company". — Zur englischen Ritterwürde erhoben. — Beglückwünschungen. — Seine Krankheit; sein letztes Werk; sein Tod . . . . 295—376

Kapitel IX.

Anerkennung.

Beileidsbezeugungen. — Telegraphische Depeschen von Königlichen Persönlichkeiten. — Begräbnissfeierlichkeit in Westminster Abtei. — Gedenkfenster. — Lobrede von Sir Frederick Bramwell. — Todesberichte. — Beschlüsse gelehrter Gesellschaften. — Zeitungsnachrichten. — Vorträge und Ansprachen. — Besondere Charakterzüge . . . . 377—417

Kapitel I.

Einleitung.

Warum Lebensbeschreibungen von Ingenieuren Beachtung beanspruchen dürfen. — Das Interesse solcher Beschreibungen liegt nicht nur in der Art und Weise, wie ein Mann sein Werk verrichtet hat, sondern vor Allem auch in der Natur der Arbeit selbst. — Was man unter Ingenieurkunst versteht: Ableitung des Wortes. — Maassgebende Erklärung seitens des Instituts der Civil-Ingenieure in London. — Vielseitigkeit und Wichtigkeit der Aufgaben, welche das Ingenieurfach umfasst. — Nothwendigkeit der Arbeitsvertheilung. — Specialbranchen, welche von verschiedenen Fachleuten aufgenommen werden. — Der allgemeine Charakter der Thätigkeit, welcher Sir William Siemens sein Leben gewidmet hat.

Ehe wir eine weitere Lebensbeschreibung eines hervorragenden Ingenieurs der grossen Anzahl der bereits vorhandenen anreihen, dürfte es wohl am Platze sein, in Kurzem die Gründe hier darzulegen, worauf die Hoffnung, dass ein solches Buch einige Beachtung beanspruchen dürfe, beruht.

Das Interesse an dem Leben eines Ingenieurs liegt erfahrungsgemäss nicht nur in dem persönlichen Charakter und den Werken des betreffenden Mannes, sondern ganz besonders auch in der Natur seiner Thätigkeit. Dies ist eine wesentliche Eigenthümlichkeit der Lebensbeschreibung des Ingenieurs, welche bei der Beurtheilung ihres Werthes stets vor Augen schweben muss.

Wenn ein thätiger Arbeiter auf einem der gewöhnlicheren Berufspfade des Lebens sich beim Volke einen Namen erworben hat, so darf man in den meisten Fällen von vorn herein annehmen, dass die Gegenstände seiner Arbeit bereits ziemlich allgemein bekannt sind und dass das Interesse lediglich von seiner individuellen Behandlung derselben abhängen wird. Anders verhält es sich jedoch beim Ingenieur. Sein Beruf gehört der Neuzeit an und umfasst ein so ausgedehntes und mannigfaltiges Gebiet, dass die Anschauungen und Auffassungen des grossen Publikums in Bezug auf die Arbeiten und Unternehmungen, welche dieser Stand in sich schliesst, nothwendiger Weise nur sehr unvollkommen und unbestimmt sein können.

Hieraus folgt, dass, wenn ein Mann sich durch seine Leistungen zu einer anerkannten Höhe in diesem Berufe emporgeschwungen hat, sowohl die Natur seiner Arbeit, als auch die Art und Weise, wie er zu Werke gegangen ist, dem Leser klar dargelegt werden muss. Und man darf ebenso vernunftgemäss erwarten, dass solche weitere Belehrung nicht allein das Interesse des Buches erhöhen, sondern auch zur Verständlichkeit desselben beitragen werde. Es dürfte daher wohl zweckmässig sein, hier zunächst einige Worte über das Ingenieurfach im Allgemeinen folgen zu lassen und erst dann die besonderen Branchen desselben, mit denen Sir William Siemens sich hauptsächlich beschäftigt hat, genauer zu behandeln.

Der volksthümlichen Auffassung gemäss bezeichnet das Wort „Ingenieur" einen Mann, der mit Maschinen zu thun hat; — dies ist jedoch ein Irrthum. Die wahre Abstammung des Wortes reicht viel höher und hat einen weit vornehmeren Charakter. Littré hat gezeigt, dass sein Stamm in dem sanscritischen Zeitworte jan: „geboren werden" zu suchen ist, wovon die griechische Form γεν und die lateinische gen abstammt. Die letztere fand ihren Eingang in die französische Sprache in der Gestalt eines Zeitwortes: s'ingénier, wovon nach der übereinstimmenden Ansicht der ersten Autoritäten das Wort: „Ingenieur" abzuleiten ist. Der Sinn dieses französischen Zeitwortes ist angegeben als*): „chercher dans son génie, dans son esprit, quelque moyen pour réussir".

Wir gelangen somit zu der interessanten und gewiss nur wenig bekannten Thatsache, dass „Ingenieur", der richtigen Ab-

---

*) Littré, Dictionnaire de la Langue Française. Für fernere historische Daten möchte der Verfasser noch auf sein Werk „Life of Sir William Fairbairn, Bart." Large Edition. London 1877. Chapters I und II verweisen.

stammung des Wortes gemäss, einen Mann bezeichnet, der in seinem Geiste nachsucht, der seine geistigen Kräfte in Thätigkeit versetzt, um irgend welche Mittel zur erfolgreichen Ausführung irgend einer ihm gestellten schwierigen Aufgabe ausfindig zu machen oder zu erdenken. Und, in der That, es dürfte kaum möglich sein, eine edlere und passendere Erklärung zu finden, sowohl mit Bezug auf die Art und Weise, wie unsere grössten Werke auf dem Gebiete der Ingenieurkunst entstanden sind, als auch mit Bezug auf die Natur der Fähigkeiten, welchen die grössten Fachmänner ihre Berühmtheit zu verdanken haben.

Vor einem oder zwei Jahren hat das Institut der Civil-Ingenieure in London, nachdem es gefunden, dass sogar unter den Ingenieuren selbst gewisse Missverständnisse über den wirklichen Charakter und die Ausdehnung der Aufgaben, welche ihrem Stande von Rechts wegen zufallen, obwalteten, zu seiner eigenen Belehrung es sich angelegen sein lassen, diese Aufgaben klar darzulegen; und diese Erklärung darf als officieller Ausspruch der Corporation, welcher in England die Hauptvormundschaft über die Standesinteressen anvertraut ist, wohl als vollständig maassgebend betrachtet werden.

Der Ausschuss des Instituts führt eine wohl bekannte Erklärung früheren Datums an, wie sie in seiner Incorporations-Urkunde (Royal Charter of Incorporation) vom Jahre 1828 gegeben ist, nämlich, dass der Beruf eines Civil-Ingenieurs:

„in der Kunst, die grossen Kraftquellen in der Natur zum Nutzen und Frommen des Menschen zu lenken", bestehe.

Dies ist soweit eine sehr gute Erklärung, und wir werden später sehen, dass sie ganz besonders den Arbeiten des Mannes, dessen Leben hier beschrieben werden soll, angepasst ist. Der Ausschuss des Instituts fährt dann jedoch fort auseinander zu setzen, dass der Versuch, solche Kräfte nutzbar zu machen, nothwendiger Weise zu den verschiedenartigsten Arbeiten wissenschaftlicher Natur Veranlassung gegeben und deren Gebiet beständig erweitert habe, so dass, wie einer der ersten Meister dieses Standes sich ausdrücke: „das Feld und die Ergiebigkeit der Ingenieurkunst mit jeder Erforschung auf dem Gebiete der Philosophie und ihre Grundlagen mit jeder Erfindung auf dem Gebiete der Mechanik oder der Chemie sich ausbreiten und befestigen werden". Er sagt dann ferner, dass in Uebereinstimmung mit den Fortschritten und Gebräuchen der neueren Zeit der Ingenieur mit gar mancherlei Arbeiten zu thun haben werde und giebt die folgenden als Beispiele an:

1. Arbeiten zur Erleichterung und Verbesserung der inneren Communicationen, wie: Strassen, Eisenbahnen, Strassenbahnen, Canal- und Flussschiffahrt, Brücken und Telegraphen verschiedener Art.
2. Arbeiten, wie sie die Meeresküste erfordert und zur Erleichterung der Verbindung zwischen Land und Meer, wie Häfen, Docke, Landeplätze, Hafendämme, Deiche und Leuchtthürme.
3. Arbeiten zur Erleichterung überseeischer Communication, einschliesslich solcher, die sich auf die Schiffsbaukunst beziehen, der Bau der eisernen Panzerschiffe, sowie die Construction und das Legen von unterseeischen Telegraphen-Kabeln.
4. Arbeiten zur Fruchtbarmachung, Bewässerung und Entwässerung des Landes, sowie zur Verhütung und zur Regulirung von Ueberschwemmungen, dessgleichen verbesserte Anlagen zur allgemeineren Verwerthung der Flüsse als arterienartige Abzugskanäle.
5. Arbeiten für Städte und Flecken, wie z. B. Anlagen von Kloakensystemen und Wasserleitungen, Beleuchtungsanlagen und Strassenverbesserungen.
6. Grosse und massive Bauten im Allgemeinen, deren Entwurf und mechanische Einrichtungen.
7. Bergbau und Metallurgie, insofern Mechanik zur Anwendung kommt.
8. Der Entwurf und die Construction von mechanischen Kraftmaschinen, wie z. B. von Dampfmaschinen, Wasserrädern und anderen hydraulischen Motoren, von Windmühlen sowie von electrischen und anderen Maschinen.
9. Der Entwurf, die Construction sowie die praktische Verwerthung von Maschinerien und mechanischen Vorrichtungen aller Art.

10. Der Entwurf und die Fabrikation aller grossen und wichtigen metallischen Strukturen im Allgemeinen, Artillerie- und andere schwere Kriegsmunitionen mit eingeschlossen.

Wie der Ausschuss sehr richtig bemerkt, ist dies fürwahr ein reichhaltiger Katalog, und wenn wir die Masse der Arbeit, welche während des letzten Jahrhunderts in den oben erwähnten verschiedenen Branchen geschafft worden ist, erwägen und den Einfluss, den diese Arbeit auf Handel und Gewerbe, auf Finanzen und Verwaltung und überhaupt auf jede erdenkbare Phase der menschlichen Interessen ausgeübt hat, in Betracht ziehen, so können wir der Behauptung, dass die Ingenieurkunst zu einer wahrhaft grossartigen Macht emporgewachsen sei, nur beistimmen.

Dann werden wir aber auch mit Leichtigkeit verstehen, dass, in Anbetracht des ungeheuren Feldes und der Vielseitigkeit der Arbeiten, welche die obige Liste enthält, man es für zweckmässig befunden hat, den Plan der Arbeitsvertheilung in ausgedehnterem Maasse bei diesem Fache in Anwendung zu bringen. Die allgemein wissenschaftlichen Prinzipien, welche dieser Gesammt-Arbeitsmasse zu Grunde liegen, sind allerdings so ziemlich dieselben; die praktische Ausführung der Arbeiten ist jedoch so verschieden, dass gewisse Fachleute, sowohl im eigenen als auch im Interesse ihrer Klienten, ihre Thätigkeit auf bestimmte Specialbranchen der Ingenieurkunst beschränkt haben. So wenden einige Ingenieure hauptsächlich dem Eisenbahnwesen ihre Aufmerksamkeit zu, andere hydraulischen Constructionen, andere dem Schiffsbau, andere den Wasser- und Gasleitungen, wieder andere dem Bergbau oder der Metallurgie, noch andere electrischen Arbeiten oder mechanischen Constructionen und so fort.

Wenn man nun Sir William Siemens' Thätigkeit als Ingenieur näher betrachtet, so dürfte es keineswegs schwer fallen, ihn als Special-Fachmann in gewissen, auf der Liste des Instituts namhaft gemachten Classen hinzustellen; es dürfte jedoch in seinem Falle weit passender erscheinen, auf die frühere allgemeinere Charakteristik zurückzugreifen: er verstand „die Kunst, die grossen Kräfte in der Natur zum Nutzen und Frommen des Menschen zu lenken".

Das war im Wesentlichen das Werk seines Lebens: er wählte zwei grosse Kräfte in der Natur, oder, wie er sich auszudrücken vorgezogen haben würde, zwei Gestalten der natürlichen Energie: Wärme und Electricität, und sein Leben ist hauptsächlich und erfolgreich der Aufgabe, dieselben zum Nutzen und Wohl der menschlichen Gesellschaft zu lenken, gewidmet gewesen.

Was nun Wärme anbelangt, so bezogen sich seine Arbeiten auf neue Anwendungs-Methoden, durch welche nicht nur grosse Ersparniss erzielt wurde, sondern welche auch einen ungeheuren Kraftzuwachs ergaben — Errungenschaften, von denen man wohl sagen darf, dass sie die bedeutendsten Umwälzungen in vielen industriellen Gewerben hervorgerufen haben. Eine Folge hiervon war, dass es ihm mit Hülfe neuer metallurgischer Prozesse gelungen ist, dem Gebrauche eines der allerwichtigsten Constructions-Materialien, welche dem Ingenieure bekannt sind, ein ungemein ausgedehntes Feld zu eröffnen und den Werth desselben entsprechend zu erhöhen.

Was die Electricität betrifft, so hat er in diesem Fache zu Erfindungen beigetragen, welchen dieselbe ihre wunderbare moderne Entwicklung verdankt, sowie zur Anlage von Fabriken im grössten und vollständigsten Maassstabe, welche die neue Kraft zur ausgedehnten Anwendung zum Wohle der Menschheit gebracht hat.

Alle diese Arbeit, gekrönt mit so grossen Erfolgen, war jedoch keineswegs so einfach und leicht zu verrichten; sie nahm lange Jahre beständiger geistiger Thätigkeit und praktischer Versuche in Anspruch, die durch viele aufreibende Störungen, entmuthigende Misserfolge und schwere Verluste unterbrochen wurden; und nur durch Ausdauer und Willenskraft ist der endgültige Erfolg zuletzt erzielt worden.

All' dies so zu verzeichnen, dass dem Charakter Sir William Siemens' dabei volle Gerechtigkeit zu Theil wird, erfordert, wie bereits gesagt, viele Erklärungen, welche trotz ihres etwas technischen Charakters hoffentlich zum Interesse der Lebensbeschreibung beitragen werden. Hierzu kommt noch, dass die Geistesregsamkeit Sir William Siemens', sowie die Geschmeidigkeit seiner Kräfte eine so bedeutende war, dass er, neben den beiden Hauptzielen seiner Thätigkeit, besonders während der letzten Zeit seines Lebens, noch vielen anderen Gegenständen seine Aufmerksamkeit zugewendet hat, welche, obgleich sie mit den beiden vorerwähnten in nur geringem Zusammenhange stehen, ihres philosophischen Charakters und der damit verknüpften werthvollen Resultate wegen der Erwähnung in hohem Grade würdig erscheinen.

Sein Leben war ein Leben des beständigen Denkens, dadurch auch ein Leben beständiger Thätigkeit mit ständigen Erfolgen gekrönt. Seine Arbeiten sind sämmtlich anerkannt worden, und sein Name wird stets einen ehrenvollen Platz in den Annalen der Ingenieurwissenschaft behaupten.

Kapitel II.

Abstammung und Familie.

Der Vater, seine sociale Stellung und sein Charakter. — Die Mutter. — Söhne: Werner, Hans, Ferdinand, Wilhelm, Friedrich, Carl, Walter, Otto. — Töchter. — Geschäftsverbindungen der Brüder untereinander. — Familiengebräuche. — Die Siemens'sche Stiftung.

Verschiedene Träger des Namens Siemens haben denselben berühmt gemacht neben dem Manne, mit dessen Leben wir uns hier beschäftigen wollen. Es dürfte in der That schwierig sein, einen zweiten Fall der Neuzeit anzuführen, in welchem eine Familie so viele Mitglieder aufzuzählen hat, die durch ihre Intelligenz, sowie durch ihr technisches Talent zu hervorragender öffentlicher Bedeutung gelangt sind. Und in Anbetracht der Thatsache, dass Wilhelm Siemens während seiner ganzen Lebenszeit stets in enger Verbindung mit verschiedenen seiner Brüder gestanden hat, dürfte es wünschenswerth erscheinen, etwas Näheres über die Familie im Allgemeinen mitzutheilen.

Der Vater, Christian Ferdinand Siemens, wurde im Jahre 1789 in Wasserleben, an der Nordseite des Harzgebirges, geboren. Er war der jüngste Sohn einer zahlreichen Familie, und seine Vorfahren waren seit drei Jahrhunderten Landwirte gewesen.

Ferdinand — so war sein Rufname — heirathete früh und widmete sich demselben Berufe wie seine Vorfahren. Er liess sich in Lenthe, einem kleinen Orte in der Nähe von Hannover nieder, wo er die Stellung eines Domänenpächters einnahm.

Wie alle seine Geschwister, so hatte auch er eine gute Erziehung erhalten, und einer seiner Brüder war Professor der Mathematik an der Universität in Halle.

In einem im Jahre 1873*) verfassten Schriftstücke sagt Wilhelm von seinem Vater, dass derselbe sich einer gesunden und kräftigen Körper-Constitution erfreute; er war energisch und von rastloser Thätigkeit, von leidenschaftlichem Temperament und doch weichherzig, und seine Heftigkeit ward leicht und mächtig erregt. Das Studium der Geschichte betrieb er mit grossem Eifer und besass ein ausgezeichnetes Gedächtniss, nicht nur für historische Ereignisse, sondern auch für Zahlen und Namen in der Geschichte des Alterthums und der Neuzeit. Er hatte einen strebsamen und empfänglichen Sinn, war unabhängig in seinem Urtheil, basirend auf einem hoch moralischen Standpunkte, dabei aber entschieden excentrisch, wenn es sich darum handelte, seiner grossen Abneigung gegen allen Unsinn und leere Förmlichkeit Ausdruck zu verleihen.

Er war mit den Classikern wohl vertraut, konnte jedoch sonst keine Ansprüche auf wissenschaftliche Kenntnisse erheben oder auf irgend eine nähere Bekanntschaft mit den technischen und wissenschaftlichen Gegenständen, durch welche seine Söhne sich so bedeutenden Ruf erworben haben.

Als Gattin wählte er sich Eleonore Deichmann, geboren im Jahre 1793, die ebenfalls von einer norddeutschen Landfamilie abstammte, welche in der Nähe von Hannover ihren Wohnsitz hatte. Von seiner Mutter sagt Wilhelm: „Sie war von zarter Gestalt, in ihrer Jugend gesund, im späteren Lebensalter aber häufig nervösen Anfällen unterworfen. Sie hatte eine gute allgemeine Ausbildung genossen, war hochherzig und opferwillig, ausserordentlich zartfühlend und hingebend ihren Kindern gegenüber, ohne dieselben zu verziehen oder zu verzärteln. Sie besass einen natürlich frommen, über äussere Formalitäten erhabenen Sinn und ein etwas übertriebenes Pflichtgefühl; dabei war sie von einem sehr sanften und liebenswürdigen Charakter.

---

*) Dem Verfasser von Mr. Francis Galton freundlichst zur Verfügung gestellt.

Kapitel II.

Von ihr wird auch berichtet, dass sie einen feinen und veredelten Geschmack besessen habe; sie sei der Poesie zugethan gewesen und habe wohl selbst zuweilen gedichtet.

Dieses Elternpaar hatte eine zahlreiche Familie, elf Söhne und drei Töchter, wovon drei Söhne und eine Tochter bereits in der Kindheit gestorben sind.

Ferdinand Siemens fand in seinem Berufe genügenden Erwerb und man kann wohl sagen, dass er unter wohlhabenden Verhältnissen lebte; seine Mittel reichten jedoch nicht hin, um allen diesen Kindern eine höhere Erziehung als die gewöhnliche, einfache aber gediegene Schulbildung zu Theil werden zu lassen, wie sie den Kindern eines jeden Bürgers des deutschen Mittelstandes offen steht.

Im Jahre 1823, einige Monate nach der Geburt Wilhelms, gab er seinen Wohnsitz in Lenthe auf und bezog mit seiner Familie ein grösseres Gut, welches er in Menzendorf, nahe bei Lübeck, im Grossherzogthum Mecklenburg gepachtet hatte.

Hier verlebte er den Rest seiner Tage. Seine treue Lebensgefährtin, deren Gesundheit durch die vielen Prüfungen, welche die Sorge für ihre zahlreiche Familie im Gefolge hatte, stark litt, starb im Juli 1839, und er selbst, unfähig, den herben Schlag ihres Verlustes zu ertragen, folgte ihr sechs Monate später in's Grab.

Einige Jahre nach seinem Tode wurde das Gut in Menzendorf abgegeben und die Kinder bei Verwandten und Freunden untergebracht.

Der älteste Sohn, Ernst Werner Siemens, gewöhnlich „der Berliner Siemens" genannt, wird mit Recht als der Gründer des Vermögens und des Namens der Familie betrachtet. Er verdient jedoch hier ganz besonders auch aus dem Grunde genannt zu werden, weil er seinem Bruder Wilhelm gegenüber stets nur die Stellung des liebevollsten Beschützers, des vertrautesten Rathgebers und des treuesten Freundes eingenommen hat.

Werner*) wurde im Jahre 1816 in Lenthe geboren und er-

---

*) Ein Theil des in diesem Kapitel Mitgetheilten ist, mit des Herausgebers Erlaubniss, einem von Lady Siemens aus einer deutschen Zeitschrift in's

hielt seine allgemein wissenschaftliche Ausbildung auf dem Gymnasium in Lübeck. Eine gewisse Neigung zum Militärstande bewog ihn im Jahre 1834 nach Magdeburg zu gehen und dort als Freiwilliger bei der Artillerie einzutreten, Im darauf folgenden Jahre wurde er zur Vereinigten Artillerie- und Ingenieurschule nach Berlin commandirt, wo er den dreijährigen Cursus durchmachte und neben den rein militärischen Specialwissenschaften sich hauptsächlich mit dem Studium der Mathematik, Mechanik und Chemie beschäftigte. Von dort kehrte er im Jahre 1838 als Secondelieutenant der Artillerie nach Magdeburg zu seinem Regimente in den activen Dienst zurück. Dies hinderte den Lieutenant Siemens jedoch keineswegs, seine wissenschaftlichen Studien und Lectüren fortzusetzen, und seine aussergewöhnlichen technischen Talente machten sich auch bald bei seinen Vorgesetzten bemerkbar. Die Folge war, dass er ein oder zwei Jahre nachher der technischen Abtheilung der Artillerie in Spandau und bald darauf in Berlin überwiesen wurde.

Inzwischen war Werner darauf bedacht gewesen, sein Wissen auch in materieller Beziehung sich einigermassen zu Nutze zu machen. Er hatte sich die Anwendung der Electricität zum Niederschlagen von Metallen besonders angelegen sein lassen und ein derartiges Verfahren patentirt. Bald darauf richtete er auch in Berlin eine kleine Fabrik (die erste ihrer Art in Deutschland) zur praktischen Verwerthung dieses Verfahrens ein.

Im Jahre 1844 begann er sich mit grösserem Eifer als je auf wissenschaftlich-technische Forschungen zu werfen, besonders mit Bezug auf die Electricität, welche zur Zeit gerade anfing, grösseres Interesse in Folge der Einführung des elektrischen Telegraphen zu erregen. Werner sah sofort ein, was für ein fruchtbares Feld sich in dieser Erfindung für seine Bestrebungen darbot, und schon im Jahre 1846 trat er mit wichtigen, darauf bezüglichen Erfindungen hervor, die ihm so viel Aufmerksamkeit gewannen, dass er im folgenden Jahre zum Mitgliede der Commission, welche mit der Einführung der neuen Telegraphen in Preussen beauftragt war, ernannt wurde. Um diese Zeit legte

---

Englische übersetzten Artikel in Cassell's Family Magazine, „A Family of Inventors" überschrieben, entnommen worden.

er auch mit seinem Freunde Halske in Berlin den Grund zu einer Fabrik zur Anfertigung von elektrischen Apparaten.

Dabei war er jedoch immer noch aktiver Offizier, und im Jahre 1848 rief ihn die Pflicht nach Kiel, wo dänische Kriegsschiffe die unbefestigte Küste bedrohten. Hier legte er im Verein mit seinem Schwager, dem Professor Himly in Kiel, die ersten unterseeischen Minen mit elektrischer Zündung, die Vorläufer des Torpedos der Neuzeit. Im Sommer des Jahres 1848 erbaute er als dienstthuender Commandant von Friedrichsort die nachher berühmt gewordenen Batterien zum Schutze des Hafens von Eckernförde.

Im Herbste desselben Jahres wurde er nach Berlin zurückberufen, um für die Regierung die erste grössere Telegraphenlinie in Deutschland: von Berlin nach Frankfurt am Main, wo damals die deutsche Nationalversammlung tagte, zu errichten. Auf seinen Vorschlag hin wurde der grösste Theil der Linie unterirdisch gelegt, und die Leitungsdrähte waren zum ersten Male mit Guttapercha isolirt, eine Erfindung, welche sich späterhin von grosser Wichtigkeit für die Fabrikation unterseeischer Kabel erwiesen hat.

Hierauf nahm er seinen Abschied von der Armee, um seine ganze Thätigkeit den Forschungen auf dem Gebiete der Electricität widmen zu können. Die erst kurz vorher angelegte Fabrik nahm sehr bald grosse Dimensionen an und wurde einer der Haupt-Centralpunkte für die Nutzbarmachung von Electricität und Magnetismus für Kunst und Gewerbe. Die Firma Siemens und Halske ist berühmt geworden, sowohl wegen der bedeutenden Anzahl ihrer Erfindungen und Verbesserungen auf dem Gebiete der Electricität, als auch wegen der vorzüglichen Qualität und sorgfältigen Ausführung der von ihr angefertigten Apparate. In späteren Jahren hat diese Firma, unter Mitwirkung einiger Brüder Werners, bedeutende Filialen in St. Petersburg, Wien, Paris und an verschiedenen anderen Plätzen errichtet.

Werner von Siemens hat sich auch vielfach mit rein wissenschaftlichen Arbeiten beschäftigt und ist mit Ehren überhäuft worden. Im Jahre 1860 ertheilte ihm die Universität in Berlin den Ehrendoctor-Titel; 1874 wurde er zum Mitglied der Königlichen Academie der Wissenschaften in Berlin erwählt, und erst kürzlich ist ihm für seine ausgezeichneten Verdienste um Kunst und Wissenschaft der Orden „pour le mérite", die höchste Auszeichnung in Preussen für derartige Verdienste, verliehen worden. Er ist Ehrenmitglied einer bedeutenden Anzahl wissenschaftlicher Vereine in vielen Ländern; und in Deutschland wird sein Name nicht nur bei seinen Collegen, den Männern der Wissenschaft, hochgehalten, sondern er ist auch, wie es nicht anders zu erwarten war, populär unter den deutschen Arbeitern, die ja täglich in ihren Werkstätten mit den Resultaten seines erfinderischen Geistes in Berührung gebracht werden. Im Jahre 1888 wurde er von Kaiser Friedrich III. in den Adelstand erhoben. —

Der zweite Sohn, Hans, war im Jahre 1818 geboren und erwählte ursprünglich den Beruf seines Vaters; später widmete er sich jedoch mehr industriellen Unternehmungen. Er besass eine Spiritusfabrik und erfand verschiedene neue Destillir-Apparate, die bei der Fabrikation zur Verwendung kommen. Nach der Erfindung und Vervollkommnung des Regenerativ-Ofens, Seitens seiner Brüder Friedrich und Wilhelm, legte er in Dresden bedeutende Glaswerke an, um den Ofen auch für diesen Gewerbzweig nutzbar zu machen, wobei er ausserordentlich erfolgreich war. Er starb im Jahre 1867.

Der dritte Sohn, Ferdinand, folgte in jeder Beziehung den Fussstapfen seines Vaters, und nachdem er eine oder zwei Besitzungen verwaltet hatte, liess er sich in der Nähe von Königsberg nieder, wo er ein bedeutendes Landgut erwarb und noch heute ansässig ist.

Der vierte Sohn, Wilhelm, ist der Mann, dessen Leben und Wirken hier beschrieben werden soll.

Der fünfte Sohn, Friedrich, „der Dresdener Siemens", wie er genannt wird, wurde im Jahre 1826 in Menzendorf geboren.

Wie seine Brüder, so sollte auch er den Gymnasial-Cursus in Lübeck durchmachen. Es trieb ihn aber sein Wunsch nach grösserer Freiheit an, seinen Platz auf der Schulbank im Stiche zu lassen und in die Welt hinauszugehen. Kaum 16 Jahre alt, begab er sich an Bord eines Kauffahrteischiffes; und hier arbeitete der Jüngling, dessen geistige Fähigkeiten sich später als so bedeutend herausgestellt haben, als gewöhnlicher Matrose. Nachdem er zwei Jahre lang zur See gefahren, versuchte sein Bruder Werner ihm bei der preussischen Marine Anstellung zu verschaffen. Während Friedrich aber in Berlin seine Einberufung erwartete, ward ihm Gelegenheit geboten, bei den mannigfachen Experimenten seines Bruders hülfreiche Hand zu leisten. Diese neue Thätigkeit fesselte ihn mit einer Macht, die ganz bedeutend von der verschieden war, welche ihn an sein Schiff band, und aus dem jungen Matrosen entpuppte sich gar bald ein tüchtiger und fleissiger praktischer Techniker, aus welchem später dann auch ein selbstständiger Constructeur und Erfinder ward.

Im Jahre 1848 wurde Friedrich mit Telegraphen-Apparaten nach England zu seinem Bruder Wilhelm geschickt, unter dessen Leitung er seine Studien fortsetzte. Beide Brüder lebten viele Jahre zusammen, und über die wichtigen Leistungen Friedrichs mit Bezug auf die verschiedenen praktischen Verwerthungen der Wärme und des Regenerativ-Ofens wird man in Kapitel V und VI das Nähere verzeichnet finden.

Nachdem Hans Siemens im Jahre 1867 gestorben war, übernahm Friedrich die Leitung der bedeutenden Glasfabrik in Dresden. Hier brachte er seine grossen Fähigkeiten bei der Vervollkommnung der Glasfabrikation zur vollen Geltung, und es gelang ihm, die Dresdener Fabrik zu einem der bedeutendsten industriellen Etablissements in Deutschland zu erheben. Daneben legte er noch drei andere, ähnliche Fabriken in Böhmen und Sachsen an, die heute etwa zweitausend Arbeiter beschäftigen.

Abgesehen von dem Regenerativ-Heizsystem, gebührt ihm auch der Ruhm, der Urheber der höchst wichtigen Erfindung des „permanent arbeitenden Glasofens" zu sein, welcher an seinem einen Ende die Rohmaterialien in Empfang nimmt, um sie am anderen Ende als vollständig geschmolzenes und zur Bearbeitung fertiges Glas wieder abzugeben. Eine andere seiner Erfindungen ist ein neues Verfahren der Glaskühlung, mit Hülfe dessen ein Material von ausserordentlicher Härte, das unter dem Namen „Hartglas" bekannt ist, geschaffen wird.

Er hat auch der Verwendung von Gas für Heiz- und Beleuchtungszwecke viel Aufmerksamkeit geschenkt und durch Verwerthung des Regenerativ-Princips ist es ihm gelungen, einen Gasbrenner zu construiren, der ein weit kräftigeres Licht als irgend einer der früher benutzten Brenner giebt.

Seit Sir William Siemens' Tode ist Friedrich in England sein Nachfolger in der Leitung des Geschäftszweiges geworden, in dessen Bereich die Ofen-Construction und überhaupt die praktische Verwerthung der Wärme im Allgemeinen fällt.

Der sechste Sohn, Carl Heinrich, wurde im Jahre 1829 geboren.

Dieser tritt weniger als Erfinder in den Vordergrund; wohl aber steht er hoch da seiner Energie, seines praktischen Sinnes und der Geschäftsroutine wegen, womit er seinen Brüdern als Mitarbeiter treulich zur Seite gestanden hat. Er hat seinen Antheil an der Einleitung sowie dem Zustandekommen aller bedeutenderen commerciellen Unternehmungen und Anlagen seiner Brüder und ist auch heute noch Theilhaber bei den meisten.

Im Jahre 1853 unternahm die Berliner Firma die Construction und zwölfjährige Verwaltung eines ausgedehnten Telegraphennetzes über ganz Russland, und dies führte im Jahre 1855 zur Anlage einer bedeutenden Filiale in Russland, deren Oberleitung Carl sofort übernahm.

Im Jahre 1869 ging er nach London, wo er elf Jahre lang mit William das dortige Telegraphengeschäft leitete. Während dieser Zeit übernahm er auch an Bord des Kabelschiffes „Faraday" die Leitung der Legung des Direct United States-Kabels.

Im Jahre 1880 kehrte er nach Russland zurück, wo er die Leitung des dortigen Geschäftes der Brüder wieder übernahm und wo er auch heute noch weilt.

Carl Siemens hat viele Orden von verschiedenen Fürsten zur Anerkennung seiner Verdienste erhalten.

Der siebente Sohn, Walter, geboren im Jahre 1832, war Preussischer Consul in Tiflis und war mit der Leitung bedeutender Bergwerke im Caucasus, welche Werner und Carl gemeinschaftlich besassen, betraut. Er nahm auch Antheil an der Errichtung des Indo-Europäischen Telegraphen und stand einer

Abtheilung des vorübergehend im Jahre 1863 in Tiflis angelegten Geschäftes vor.

Er starb plötzlich im Juni des Jahres 1868 an den Folgen eines Pferdeschlages.

Der achte Sohn, Otto, geboren im Jahre 1836, übernahm Walters Stelle; er war sehr talentvoll, aber sehr schwächlich und starb schon im Jahre 1871.

Von den beiden Töchtern, welche ein reiferes Alter erreicht haben, heirathete Mathilde, die älteste von sämmtlichen Geschwistern, im Jahre 1838 den Herrn Carl Himly, einen hervorragenden Mann der Wissenschaft, Professor der Chemie an der Universität in Göttingen, der späterhin auch in geschäftlicher Beziehung vielfach mit Wilhelm und anderen Familien-Mitgliedern in Berührung gekommen ist. Himly wurde im Jahre 1846 zu einer hervorragenderen Stellung an der Universität in Kiel berufen, wo seine Gattin dreissig Jahre nachher gestorben ist.

Die andere Tochter, Sophie, die zweitjüngste der Geschwister, heirathete den Dr. Carl Crome in Lübeck, der einer von den Juristen war, welche im Jahre 1875 an das Reichsgericht in Leipzig berufen wurden.

Aus dem Vorhergehenden wird man ersehen, dass vier der Brüder, nämlich: Werner, Wilhelm, Carl und Friedrich vielfach in Geschäftsverbindung miteinander traten; und es dürfte hier am Platze sein, noch hinzuzufügen, dass dieselben stets im besten Einverständniss miteinander gewirkt haben (ein Umstand, der nicht gerade immer bei solchen verwandtschaftlichen Verbindungen vorherrscht). Es ist in der That in manchen Fällen gar nicht so leicht, genau festzustellen, welchen persönlichen Antheil ein jeder der Brüder an den vielen grossartigen Erfindungen genommen hat, für welche die Welt ihnen zu Dank verpflichtet ist. So viel kann jedoch mit Bestimmtheit hier angeführt werden, dass in electro-technischen Erforschungen und Angelegenheiten Werner, Wilhelm und Carl hauptsächlich zusammen gearbeitet haben, während bei den Erfindungen auf dem Gebiete der Metallurgie Friedrich der Haupt-Mitarbeiter Wilhelms gewesen ist.

Es ist jedoch stets bei allen Familienmitgliedern eine allgemeine und gegenseitige innige Anhänglichkeit und Achtung zu Tage getreten. Das hat sich auch recht deutlich im Jahre 1871 in Lübeck, bei Gelegenheit der Verheirathung einer Enkelin gezeigt, bei der alle Familienmitglieder, die nur irgendwie abkommen konnten, zugegen waren. Die Anwesenden benutzten die Gelegenheit, um Menzendorf zu besuchen. Dort, über der Eltern Grab, schlossen sich im Kreise die Hände, während Professor Himly gleichzeitig eine ergreifende Ansprache hielt.

Noch verdient bemerkt zu werden, dass vor vielen Jahren bereits eine nicht unerhebliche Siemens'sche Stiftung zur Beförderung der allgemeinen und gegenseitigen Zuneigung in der Familie und zum Besten der weniger bemittelten Mitglieder gegründet worden ist. Es wurde dabei bestimmt, dass einmal alle fünf Jahre die sämmtlichen Mitglieder der Familie Siemens von directer Abstammung, arm und reich, womöglich an einem bestimmten, schön gelegenen Punkte im Harzgebirge zusammenkommen sollten, um daselbst einen oder zwei Tage in geselligem Verkehr zu verbringen. Gleichzeitig werden Gesuche um Unterstützung entgegengenommen, und nach eingezogenen Erkundigungen, wo diese zu Gunsten des Bittstellers ausgefallen, die nöthige Hülfe auch gewährt. Die Mittel hierzu werden einem Fond entnommen, der durch freiwillige Beiträge der bemittelteren Familien und einzelner Mitglieder unterhalten wird. Wilhelm hat diesen Versammlungen zweimal beigewohnt, und dieselben waren in einigen Fällen so zahlreich, dass die Anwesenden ein ganzes grosses Hotel für sich in Anspruch nahmen.

Kapitel III.

Jugend und Erziehung.

Bis zum 19. Lebensalter.

1823 bis 1842.

Geburt. — Name. — Sein Charakter als Kind. — Häusliche Erziehung. — Wahl eines künftigen Standes. — Auf der Schule in Lübeck. — Aenderung der ursprünglichen Pläne. — Wilhelm unter besonderer Obhut und Leitung seines Bruders Werner. — Des Letzteren Rath, er solle Ingenieur werden. — Zur Schule nach Magdeburg versetzt. — Tod der Eltern. — Auf der Universität in Göttingen. — Als Eleve in einer Maschinenfabrik in Magdeburg. — Vorschlag zu einer Reise nach England. — Uebereinkommen der Brüder Werner und Wilhelm, regelmässig mit einander zu correspondiren. — Wilhelms erste Versuche auf dem Gebiete der Ingenieurkunst. — Seine Methoden zur galvanischen Vergoldung und Versilberung. — Nothwendigkeit, Geld zu verdienen. — Bestimmung, dass Wilhelm eine Reise unternehmen solle.

Carl Wilhelm Siemens war das siebente Kind seiner Eltern und der vierte der Söhne, welche ein reiferes Alter erreicht haben. Er erblickte das Licht der Welt in Lenthe, am 4. April 1823.

Es ist ein alter Brauch in Deutschland, wenn ein neugeborenes Kind verschiedene Taufnamen erhalten soll, einen Namen, der bereits einem der Geschwister beigelegt ist, zu wiederholen. So erhielt auch in unserem Falle, in Folge dieser Sitte, ein jüngerer Bruder, welcher 6 Jahre später geboren wurde, den Namen Carl, wesshalb der ältere von da ab nur bei seinem zweiten Namen angerufen wurde. Nach seiner Naturalisirung in England wurden seine deutschen Namen in Charles William übersetzt, und obgleich er mit den Anfangsbuchstaben C. W.

unterzeichnete, so zog er es doch vor, wie in seiner Jugend, einfach Wilhelm genannt zu werden. —

Wilhelm war ein ziemlich kräftiger und gesunder Knabe, wenn auch etwas zart gebaut; und er zeigte als Kind grosse Anhänglichkeit und viel Gefühl. So lange er der „Benjamin" der Familie und der stete Gefährte seiner angebeteten Mutter war, machte er sich durch seinen fröhlichen Gesang im Hause bemerkbar; nach der Geburt des nächsten Kindes jedoch war sein Kummer über den Verlust seiner bevorzugten Stellung durch den jüngeren Ankömmling so gross, dass man ihn nie mehr singen gehört hat. Diese Empfindlichkeit zeigte sich auch einige Jahre später, als die Scherze seiner Spielkameraden über sein röthliches Haar ihn so sehr verdrossen, dass, wie man damals glaubte, eine gewisse Zurückhaltung und Scheu in seinem Benehmen die Folge davon war.

Es ist nichts darüber bekannt geworden, dass Wilhelm schon im frühen Knabenalter eine besondere Vorliebe für die Mechanik gezeigt, oder dass er eine besondere Liebhaberei in der Beobachtung mechanischer Gegenstände oder Einrichtungen gefunden habe. Er machte keine Zwerg-Windmühlen und liess keine Modell-Boote schwimmen; er hat auch die Möbel nicht durch kindliche Schreinerkünste verdorben oder Uhren auseinander zu nehmen versucht, um sich zu überzeugen, wie das Ding eigentlich gehe; mit einem Worte: nichts liess in dem Kinde ahnen, dass es einst der Mann sein würde, welcher einer der hervorragendsten Mechaniker in dem auf dem Gebiete der Mechanik am meisten vorgeschrittenen Lande der Welt geworden ist.

Das einzige Anzeichen seiner zukünftigen Grösse war seine sorgfältige und aufmerksame Beobachtung der Menschen und Dinge, welche sich allerdings sehr früh bemerkbar machte; denn schon als ganz kleines Kind liebte er es, sich allein in den Feldern herumzutreiben, um von irgend einem versteckten Plätzchen aus, das ihm gerade in den Weg kam, die Landleute bei der Arbeit zu belauschen. Sein Bruder Werner erzählt, dass Wilhelm eines Abends während der Erntezeit — er war damals erst 3 Jahre alt — bei der Heimkehr der Familie zum häuslichen Herde vermisst wurde. Dies verursachte natürlich grosse Bestürzung, und obgleich man überall sorgfältig nach ihm suchte, — Wilhelm war nirgends zu finden. Am nächsten Morgen, zur gewohnten Frühstücksstunde, erschien auch Wilhelm und klagte nur, dass es ihn friere, sonst aber befand er sich ganz wohl und munter. Er hatte sich in eine Hecke versteckt, um den Leuten im Felde zuzusehen, war in Schlaf gefallen und erst bei Tagesanbruch wieder aufgewacht. Diese gänzliche Abwesenheit von Furcht oder Unbehaglichkeit bei einem Kinde von so zartem Alter liess einen anderen Charakterzug durchblicken, der den Mann im reiferen Alter auszeichnete, nämlich Selbstvertrauen und Unabhängigkeit seines Charakters.

Seinen ersten Unterricht erhielt er in Gemeinschaft mit seinen Brüdern: Werner, Hans und Ferdinand von einem Hauslehrer. Es trat jedoch bald die Nothwendigkeit heran, die Zukunft der Kinder ernstlich in's Auge zu fassen, und die Eltern scheinen in dieser Hinsicht die Knaben selbst mit zu Rathe und deren Wünsche möglichst in Betracht gezogen zu haben. Werner hatte seine Neigung für den Militärstand ausgesprochen, und es ward ihm daher gestattet, bei der Artillerie einzutreten, während Hans und Ferdinand des Vaters Beruf treu zu bleiben vorzogen, obschon Hans späterhin das ruhigere Leben des Oekonoms mit dem mehr bewegten des Fabrikanten vertauschte.

Als an Wilhelm die Reihe kam, sich zu entscheiden, offenbarte er wiederum keinerlei Neigung, analog mit seinem späteren Berufe. Er wollte sich dem Kaufmannsstande widmen und wurde zur angemessenen Vorbereitung hierfür auf eine Schule nach Lübeck, welche die von Grossheim-Schule genannt wurde, geschickt. Es war eine Kaufmanns- oder Handels-Schule, oder was man in England „Commercial Academy" nennen würde, wo die Schüler eine gediegene aber einfache Erziehung genossen, wo dagegen von einer feineren classischen oder höheren wissenschaftlichen Ausbildung nicht die Rede sein konnte.

Als auffallender Beweis für die ausserordentliche Beobachtungsgabe, die dem Knaben zu der Zeit eigen war, mag eine Ansprache dienen, welche er im letzten Jahre seines Lebens gehalten hat, in welcher er mit grosser Ausführlichkeit die Organisation der deutschen Handwerkerzünfte beschreibt, die er während seiner Schultage in Lübeck kennen gelernt hatte.

Am 26. Juli 1838 schrieb die Mutter an Werner:

„Was mit Wilhelm wird, wissen wir noch nicht, in Lübeck ist er jetzt nicht anzubringen. Ferdinand (der Onkel) hat sich viel Mühe gegeben, auch für Deinen Freund kann er noch nichts Passendes finden. Wir haben an unseren Vetter in Cöln geschrieben, vielleicht kommt Wilhelm da an."

Die Antwort auf diese Anfrage fiel bejahend aus; und es wurde daher abgemacht, dass Wilhelm als Eleve in das Geschäft der Banquiers Deichmann in Cöln eintreten solle. Ehe jedoch dieser Entschluss zur Ausführung kam, stattete Werner seinen Eltern einen Besuch ab, und Wilhelm's Wahl eines Standes war wiederum der Gegenstand einer längeren Berathung.

Werner hatte diesen jüngeren Bruder sehr lieb gewonnen und seine Wohlfahrt lag ihm ganz besonders am Herzen. Er hatte offenbar seine Zweifel, ob die kaufmännische Thätigkeit auch die richtige für Wilhelm sei, und er wünschte daher, dass die Angelegenheit nochmals gründlich überlegt werde. Als die Wahl für Wilhelm's zukünftigen Beruf getroffen worden war, hatte Werner schon weit mehr von der Welt gesehen; seine Geisteskraft hatte einen höheren Schwung genommen und seine Lebensanschauungen hatten sich erweitert. Er hatte bereits einige Jahre lang sich mit wissenschaftlichen und technischen Studien auf der Artillerieschule beschäftigt, und vor seinem geistigen Horizonte eröffnete sich ein ungeheures und ergiebiges Wirkungsfeld für die praktische Ausbeutung der technischen Wissenschaften für industrielle Zwecke.

Ausserdem hatte sein durchdringender Scharfblick erkannt, was bisher der Wahrnehmung der Eltern und Freunde Wilhelm's entgangen war und wovon Letzterer wahrscheinlich selbst zur Zeit keine Ahnung hatte, nämlich dass Wilhelm mit geistigen Fähigkeiten begabt sei, welche bei richtiger Ausbildung und Anregung bedeutenden Erfolg auf dem Gebiete der Wissenschaft und Technik mit Sicherheit erwarten liessen.

Werner machte daher die Eltern mit seinen Ansichten vertraut und nach einigem Widerstreben gelang es ihm auch, dieselben zu bewegen, es Wilhelms eigenem Ermessen zu überlassen, ob es nicht richtiger sei, die in Aussicht genommene kaufmännische Carriere fallen zu lassen und **Techniker zu werden**: mit anderen Worten, er schlug vor, einen Ingenieur aus ihm zu machen.

Wilhelm soll bei dieser Angelegenheit weder nach der einen, noch nach der anderen Richtung hin besonderes Interesse an den Tag gelegt haben; das Urtheil seines älteren Bruders galt jedoch bei ihm sehr hoch, und möglicher Weise fing er auch nachgerade an, sich seiner eigenen Kraft mehr bewusst zu werden. Wie dem aber auch sein mag — er nahm Werners Vorschlag an. —

Nachdem Werner so weit seinen Wunsch durchgesetzt hatte, beschloss er, seinen Bruder unter seine eigene unmittelbare Obhut zu bringen. Er war gerade zu dieser Zeit zur Dienstleistung nach Magdeburg commandirt worden und wusste es so einzurichten, dass der damals fünfzehnjährige Wilhelm die Schule in Lübeck sofort zu verlassen hatte, um die Gewerbeschule in Magdeburg zu besuchen, wo Werner seine Ausbildung überwachen und leiten konnte. Am Michaelistag des Jahres 1838 ging Wilhelm daher dorthin, um einen Lehrcursus höheren Grades durchzumachen, unter anderem wurde er hier auch mit den Elementar-Gesetzen der Naturwissenschaft vertraut gemacht, auf deren Erlernung Werner für Wilhelm ganz besonderen Werth legte.

Werners Absichten und Pläne mit Bezug auf die Erziehung seines Bruders reichten jedoch noch weiter. Er wollte ihn nicht nur heranbilden für eine würdige Stellung unter den Männern der Wissenschaft im Heimathslande, sondern ihn auch bis zu einem gewissen Grade befähigen für den Austausch seiner Ideen mit Autoritäten des Auslandes, und er kam daher zu dem Entschluss, dass Wilhelm fremde Sprachen lernen solle. Französisch war in den Lehrcursus der Magdeburger Schule mit einbegriffen; allein Werner gab sich damit nicht zufrieden, und er bestimmte, dass Wilhelm sofort anfange englisch zu lernen.

Obgleich der englische Sprachunterricht zu den Lehrgegenständen der Magdeburger Gewerbeschule gehörte, so fand Werner doch, dass durch Aufnahme dieses Unterrichts in Wilhelm's Lehrcursus ein anderes Fach von Wichtigkeit für dessen Ausbildung fortfallen müsse. Um nun über diese Schwierigkeit hinweg zu kommen, wusste Werner die Sache so anzuordnen, dass Mathematik aus Wilhelm's Schulplan gestrichen wurde, worin er den Knaben selbst unterrichten wollte. So studirte denn Wilhelm Mathematik unter Werner's Leitung in den frühen Morgenstunden, ehe sein Schulunterricht und Werner's Dienst begann. Dieser Privatunterricht war so erfolgreich, dass Wilhelm sein Examen in der Mathematik ausgezeichnet bestand.

Die Eltern scheinen jedoch mit dieser Änderung im Ganzen und Grossen genommen nicht ganz einverstanden gewesen zu sein. Am 24. December 1838 schrieb der Vater an Wilhelm wie folgt:*) —

„Mit Leid habe ich gelesen, dass Du in die dritte Classe gesetzt bist. Wie lange soll es dauern, dass Du aus der ersten entlassen wirst und woran lag das? Thue ja Dein Möglichstes, Ostern da herauszukommen.

Überhaupt verstehe ich die Schule nicht. Kein Englisch in Deiner Classe und nur zwei oder drei Stunden die Woche Französisch? Um Sachen, die man später durch Lektüre so leicht und angenehm nachholt, musst Du Dich nicht viel bekümmern. Sprachen ist ganz Deine Hauptsache, Arithmetik und Naturkenntniss daneben, gleichfalls die eigentlichen Kaufmanns-Geschichten. Ich bin neugierig zu wissen, nun Du Bescheid weisst, wie die Zeit in der Schule eingetheilt ist.

Ich schicke für Dich hierbei 50 Reichsthaler und will wünschen, dass Du bislang nicht in Verlegenheit gewesen bist. Lieber hätte ich gesehen, Du wärest in einem anständigen und guten Hause ganz und gar in Pension. Die Soldaten-Geschichten taugen nicht für Dich. (Eine Anspielung auf Wilhelms steten Verkehr mit Werner.) Es lässt sich ja noch viel machen. Nimm Deine kostbare Zeit gar wohl in Acht; sei wirthlich und sparsam; aber an dem Nöthigen soll es Dir nicht fehlen. Hast Du an Thorheiten Gefallen, ist Dein Sinn auf Anderes als auf's Klügerwerden gerichtet, so wird aus Dir nichts." —

* * *

„Was ist Carl Siemens' Sohn für ein Bursch? Wie kommt es, dass er mit 16 Jahren noch in der dritten Classe sitzt? Hat

---

*) Die in diesem Buche angeführte Correspondenz ist den Originalbriefen wortgetreu entnommen und nicht etwa aus dem Englischen in's Deutsche zurückübersetzt. (Anmerkung des Übersetzers.)

er wenig Kopf? Nun leb recht wohl, lieber Sohn, werde ein tüchtiger Kerl, dann hast Du es sicher gut in der Welt, sonst aber —
Dein treuer Vater
C. F. Siemens."

Bald darauf erfuhr Wilhelm den ersten herben Schmerz in seinem bis dahin ungetrübten Leben durch den Tod seiner Mutter, an der er mit grosser Liebe hing. Sie starb verhältnissmässig jung, im Alter von erst 46 Jahren. Sie hatte sich ursprünglich einer guten Gesundheit erfreut; jedoch die Geburt von vierzehn Kindern in rascher Aufeinanderfolge, sowie die naturgemäss mit der Aufbringung einer so zahlreichen Familie verknüpften häuslichen Sorgen und ihre Haushalts-Angelegenheiten überhaupt hatten ihre Körper-Constitution untergraben, und die Folge davon war, dass sie an nervösen Anfällen litt.

Sie war eine Zeit lang leidend gewesen, jedoch im December 1838 schrieb ihr Gatte, dass eine Besserung in ihrem Befinden eingetreten sei; und später wiederum, am 3. April 1839, sagte er in einem Briefe an Werner:

„Ich kann Euch die frohe Nachricht geben, dass Mutters Befinden sich von Tag zu Tag gebessert hat. Vielleicht wird sie nun recht gesund."

Diese Hoffnung sollte sich jedoch nicht erfüllen; ihr Zustand verschlimmerte sich immer mehr, und nach schwerem Leiden verschied sie am 8. Juli desselben Jahres.

Vierzehn Tage nach ihrem Tode schrieb der Vater an Werner folgenden Brief, worin sich zum ersten Male unverkennbare Anzeichen von der Zerrüttung seiner eigenen Gesundheit kundgaben. Man hatte ihn immer für einen kräftigen Mann gehalten; er stand damals in der Blüthe seines Lebens, und erst in seinem Briefe vom 24. December 1838 hatte er erklärt:

„Wir sind alle vollständig wohl".

Lieber Werner, 16. Jul. 39.

„Ich bedauere Euch herzlich über die traurige Nachricht, die ich Euch geben musste. Ihr wisst beide, ich zweifle nicht daran, welch' ein reiches Capital von Liebe die theure Selige bei Euch niedergelegt hatte . . . .

Ich selbst kann mich noch nicht recht fassen, wahrscheinlich daher, weil ich meine Gesundheit noch nicht wieder erlangen kann. Husten, Herzklopfen, immer starker Puls, die Wallung im Blut, die jede kleine Bewegung oder Affect hervorbringen, sowie die unglaubliche Kraftlosigkeit bei gutem Appetit und Verdauung — wollen noch nicht weichen, ja sind in der grossen Aufregung bedeutender geworden. Eine Schleich-Tour durch den Garten bringt mich auf's Bett. Wenn ich mich stark genug dazu fühle, will ich in . . . . . . den Dr. . . . . . fragen, was mein Zustand eigentlich sei, denn zum ersten Mahl in meinem Leben bin ich bange für dieses. Denn ich muss durchaus 70 Jahre alt werden (schrecklich zu sagen!), sonst lasse ich hülflose Waisen zurück.

Ich muss gestehen, dass es glücklich ist, die theure Selige befreit zu wissen. Denn wenn die edelsten Organe so aufgelöst sind, dass die zerrissenen Blutgefässe stets von Neuem ihren Inhalt bis zur Verblutung ergiessen, wo ist da Hoffnung und ein längeres Hinhalten nur ein längeres Leiden . . . .

Ich wünsche sehr, dass Du Deinen Vorsatz hierher zu reisen, wenn Du doch reisen willst und kannst, nicht geändert haben mögest. Ich könnte es freilich nur sehr natürlich finden, doch bedenke ich auch sehr die Kosten. Ich mögte gern genauere Nachrichten über Wilhelm einziehen. Es soll mir recht lieb sein, wenn er eine Tour nach Cölleda macht. Das Harzgebirge mag er ein ander Mahl besuchen".

Er spricht dann ferner über häusliche Sorgen, über in Folge der ungünstigen Witterung misslungene Ernten, über Geldmangel und schliesst dann endlich:

„Nun leb wohl lieber Sohn und grüss herzlich Carl S. Lass mich recht bald von Dir etwas sehn und mach durch dickes Couvert Deinen Brief nicht so schwer, dass er $1^1/_2$ Porto kostet."

Dein treuer Vater
C. Ferd. S.

Mit derselben Post schickte er auch an Wilhelm einen Brief ab, aber in einem ganz anderen Tone. Der Mutter erwähnt er mit keiner Silbe, nennt keine Sorgen irgend welcher Art; er scheint vielmehr hauptsächlich darauf bedacht, Wilhelm für seine beabsichtigte Harzreise durch Anführung einiger historischen Volkssagen, von denen er eine grosse Anzahl im Gedächtniss behalten hat, zu begeistern. Der Schluss dieses Briefes ist auch sehr charakteristisch mit Bezug auf seinen stylistischen Geschmack.

Kapitel III.

D. 16. Juli 39.

Lieber Wilhelm,

„Ich sehe es sehr gern, wenn Du eine Tour nach Cölleda machst und meine alten Geschwister kennen lernst. Dein Onkel August ist der bravste Mann, und Tante Grote hat immer bei jedermann als die Krone ihres Geschlechts gegolten; ich habe seit sehr lange niemand mehr geliebt und verehrt als sie.

Auf dem Rückwege kannst Du über Sachsenburg, Frankenhausen und den Kiffhäuser gehen. Der Friedrich Rothbart lebt seit so lange noch in der Sage des Volks; der sitzt da noch im inneren Berge und schläft, und der rothe Bart ist ihm durch den steinernen Tisch gewachsen, und er wird aufwachen und zum mächtigen Kaiserschwert wieder greifen, wenn Deutschland's Schmach auf's Höchste gestiegen. Auch sein treuer Leibknappe, der Schmiedt Poltermann aus Jüterbog, der Erfinder der Sense, rumort da und braut sein Bier, was man an der Dampf- und Nebelkappe auf der Bergspitze erkennen kann, und verkündet damit ander Wetter. Hast Du Zeit übrig, so besuche von C. aus Kloster Mendeleben, das noch grössere Erinnerungs-Mahl deutscher Grösse. Dies war der gewöhnliche Aufenthalt Heinrich I. und des grossen Otto. Seit der Zeit nichts wie Schmach und Elend in Deutschland. Nur mit Schauer und Gemüthsbewegung habe ich diese Stätten gesehn.

Weisst Du nicht, dass in Rede und besonders Schrift die Interpunction das Wesentlichste ist? Deine Schreibart ist darin fast lächerlich. Du kannst dies ja leicht lernen von der Hausmagd od. einem Eckensteher. Du machst lauter Commata's, was Punkte sein müssen. Je kürzer die Perioden, je runder die Gedanken, also je mehr Punkte, je präciser und conciser, also je deutlicher und je besser ist der Styl. Auch machst Du gar viel orthographische Böcke und man sieht Dir den Privat-Unterricht in deutscher Sprache nicht an."

Der folgende Brief an Wilhelm ist der letzte der väterlichen Briefe, welche aufbewahrt worden sind:

„Lieber Sohn,

Nun ich endlich kann, beeile ich mich Dir Geld zu schicken.... ich bin nie so in Geldmangel gewesen, wie diesen Herbst. Recht mit Kummer habe ich oft an Dich gedacht. Ich hätte Dir gern Deinen Bedarf bis Ostern geschickt, aber ich will froh sein, wenn ich mich so durchhelfe.

* * *

Im August war ich stärker geworden, aber der Missmuth und Gram brachte mich im September ganz wieder zurück .... Der ärgste Husten und Brustschmerzen halten mich nun seit 3 Wochen in der Stube, wo ich auch schlafe. Ich glaubte nicht weiter als bis zum Schneeglöckchen-Blühen zu kommen, aber Brustschmerzen und Fieber haben sich doch gegeben.

Dir, lieber Wilhelm, kann es wohl sehr gut gehen, wenn Du fleissig bist und sich bei Dir ächter wissenschaftlicher Sinn zeigt. Ohne letzteren, oder ohne Geist hilft aber auch treuer Fleiss gar wenig.

Die Kleinen sind sehr munter . . . . .

Grüsse Werner, der Dich wohl ein Bischen hat durchhelfen müssen, antworte bald und halte nur immer Deine Zukunft im Auge.

Dein treuer Vater
C. F. Siemens.

Mzdf. d. 12. Nov. 39.

Der arme, von Gram niedergebeugte Mann lebte nicht einmal die kurze Frist, die er auf so rührende Weise sich selbst gestellt hatte. Er sollte die Vorboten des Frühlings nicht mehr sehen, denn er starb, nur dreiundfünfzig Jahre alt, am 16. Januar 1840.

Dieser plötzliche Zusammensturz des häuslichen Herdes verursachte grosse Besorgniss mit Bezug auf die Zukunft der hinterlassenen Familie; denn der Vater hatte seine Angelegenheiten in einem keineswegs glänzenden Zustande zurückgelassen. Die älteste Tochter hatte kurz vorher geheirathet; die anderen neun Kinder, wovon verschiedene noch sehr jung, waren nur dürftig versorgt. In dieser schwierigen Lage fiel den älteren Söhnen die Pflicht zu, für ihre jüngeren Geschwister zu sorgen; und der damals nur dreiundzwanzig Jahre alte Werner, mit ausserordentlichem Muth und grosser Aufopferung, ernannte sich sofort selbst zum Hauptvormund der Familie.

Für Wilhelms Wohl war er mehr als je besorgt, und er schlug vor, demselben Gelegenheit zu geben, seine wissenschaftlichen Kenntnisse zu bereichern und ihn auf die Universität nach Göttingen zu senden*). Was ihn dazu noch besonders bewog, war der Umstand, dass seine älteste Schwester Herrn Himly, den Professor der Chemie daselbst, geheirathet hatte. Der

---

*) Dies ist wie Werner dem Verfasser die Sachlage mitgetheilt hat. Wilhelm selbst beschreibt im Jahre 1882 den Besuch der Universität in Göttingen, als einen „Act der Empörung" gegen seine Vormünder.

Kapitel III.

Vorschlag ging in der That von ihr aus; denn in einem Trauerbriefe, den sie im September 1839, unmittelbar nach der Mutter Tode, an Werner geschrieben hat, sagte sie:

„Grüsse Wilhelm herzlich; bleibt er so gut und fleissig, wird ihm Gott gewiss forthelfen. — Ich denke mir, — in Wilhelms jetzigem Fache muss es gut sein, wenn er künftig mal Vorträge in Himly's Fächern hörte; und freue ich mich schon oft im Stillen, wenn ich denke, er könnte da mal einen Winter oder länger bei mir sein."

Diese Einladung war keineswegs vergessen worden und, nach pflichtschuldiger Berathung mit den einflussreichen Freunden der Familie, beschloss man, sich dieselbe jetzt zu Nutze zu machen. Dazu traf es sich so, dass neben der Schwester noch eine andere nahe Verwandte in Göttingen wohnhaft war, welche den Stadt-Commandanten daselbst, Oberstlieutenant von Poten geheirathet hatte; und man setzte voraus, dass der Verkehr in den höheren gesellschaftlichen Kreisen, die ihm durch seine Verwandtschaft mit diesen Familien offen standen, ihn für's spätere Leben für die bessere Gesellschaft vorbereiten und mit deren Ton vertraut machen würde.

Um Ostern 1841 verliess er daher die Gewerbeschule in Magdeburg. Sein Abgangszeugniss, datirt vom 25. März desselben Jahres, ist noch vorhanden und giebt ihm einen ausgezeichneten Charakter. Lange vorher hatte er sich (auf die Ermahnungen des Vaters hin) aus der dritten in die höchste Classe emporgearbeitet, und er hatte, abgesehen von dem gewöhnlichen Lehrcursus, auch schon anerkennungswerthe Fortschritte in Algebra, Geometrie, Trigonometrie, sowie auf dem physikalischen und technischen Gebiete gemacht. Auch in der französischen Sprache hatte er sich bereits einige Kenntnisse erworben, und sein deutscher Styl wurde für fliessend und nicht ohne Gedankenreichthum gehalten, wenn er auch nicht immer ganz grammatikalisch richtig war. Er hatte viel und anhaltend studirt, und sein Betragen hatte ihm das Lob aller seiner Lehrer erworben.

Dabei waren die zur Erwerbung physikalischer Kenntnisse gebotenen Hülfsmittel, im Vergleiche zu denen, womit heutzutage Laboratorien ausgerüstet zu sein pflegen, zu der Zeit in der Magdeburger Gewerbeschule nur sehr dürftig; und Sir William Siemens hat selbst erklärt, dass es ihm fast unglaublich erscheine, wenn er auf jene Schultage zurückblicke, dass auch nur irgend etwas von bleibendem Nutzen auf diesem Gebiete dort hätte erlernt werden können. So waren z. B. die Experimentir-Apparate, welche ihm zur Erlernung der Elementar-Gesetze der Electricität zu Gebote standen, nur ganz primitiver Art. Sie bestanden aus einer Batterie, die aus, bis zu einer gewissen Höhe abwechselnd aufeinander geschichteten Flanell- und Metallstücken zusammengesetzt war, um damit den elektrischen Funken zu erzeugen, so wie aus einer Reibungs-Electrisirmaschine, wie man sie heutzutage wohl in einer Kinderstube vorgerückteren Grades anzutreffen pflegt. Und was die Mechanik anbetrifft, so befand sich da eine lange Skala nebst einer Rolle, um die Beschleunigung eines Körpers in Folge der Schwerkraft anschaulich zu machen. Das waren die einzigen wissenschaftlichen Apparate, welche damals auf der Magdeburger Gewerbeschule*) vorhanden waren.

Nach einem Besuche in Menzendorf ging er nach Göttingen und begann seine Studien daselbst am 10. Mai 1841. Er hörte Vorlesungen über Geognosie und Technologie von Professor Hausmann, über höhere Mathematik von Professor Stern, über theoretische Chemie von Professor Wöhler und über angewandte Chemie und Physik von Professor Himly. Gleichzeitig erhielt er auch die Erlaubniss, für eine kurze Zeit bei den Beobachtungen in Wilhelm Weber's Sternwarte zu assistiren.

Folgender Brief Werners erläutert Wilhelms Studienplan und giebt gleichzeitig einen Einblick in die gemachten Fortschritte.

Magdeburg, den 26. Juni 1841.
Lieber Wilhelm!

„Dein Brief hat mir viel Freude gemacht. Wirklich, ich könnte Dich beneiden um die schöne Gelegenheit, etwas zu lernen, wenn ich nicht überzeugt wäre, dass Du sie so gut anwenden wirst, als Dir nur irgend möglich ist. — Deine Mussestunden werden durch den Umgang mit unserer lieben Schwester, mit Himly und den Verwandten auf das Angenehmste ausgefüllt; was kannst Du Dir für den Augenblick mehr wünschen?

In Deiner Zeiteintheilung gefällt mir nur der Mangel im Zeichnen nicht! Zeichenunterricht musst Du jedenfalls nehmen. Das ist mit eine Hauptgrundlage Deines Faches, die Du keineswegs versäumen darfst

---

*) Siehe „Creators of the Age of Steel", Seite 136.

und worin Du noch sehr zurück bist. — Solltest Du gar keinen tüchtigen Lehrer erhalten können, so studire Burg's geometrische Zeichenlehre, oder sonst ein gutes Werk der Art, und übe Dich dann selbst im Zeichnen, d. h. vor allen Dingen der geometrischen Projectionslehre. Wenn sich es machen liesse, so wäre es doch sehr vortheilhaft, wenn Du etwas praktisch arbeiten könntest. Es würde das die Bedingungen einer Anstellung für Dich sehr erleichtern. — Sollte es nicht anders gehen, so kannst Du Dich auch auf ein Jahr verpflichten, und wir suchen dann zu Ostern eine vortheilhafte Anstellung in einer Maschinenfabrik für Dich . . . .

Dein Hauptstudium muss jetzt Mathematik, besonders angewandte, ferner Physik und Zeichnen sein. Sehr gut wäre es, wenn Du einen Vortrag über praktische Maschinenkunde und Maschinentheile hören könntest; doch zweifle ich, dass Du in Göttingen einen findest.

Magdeburg ist doch ein fatales Nest. Nichts kann man hier erhalten, mindestens Alles theuer und schlecht. Meine Experimente können daher nur sehr langsam von Statten gehen, da es mir am Besten fehlt. Geld ist doch der Knüppel, den man stets am Halse trägt". .
. . . .

Im August desselben Jahres schrieb Frau Himly an Werner: „Wilhelm ist sehr fleissig und nett; — auf jeden Fall wünsche ich, wie auch Himly, dass Wilhelm im nächsten Winter hier bleibt."

Gegen Ende des Jahres schrieb Wilhelm an seinen Onkel Deichmann, welcher mit den Geldarrangements betraut war, und bat um dessen Erlaubniss für eine Verlängerung seines Aufenthaltes in Göttingen. Gleichzeitig sprach er seine Bereitwilligkeit aus, aus Sparsamkeitsrücksichten gewisse persönliche Opfer zu bringen. Folgendes sind Auszüge von Herrn Deichmann's Antwort, datirt vom 18. Januar 1842:

„Recht sehr habe ich mich über Deinen Brief gefreut; besonders ist es mir lieb, daraus zu ersehen, dass Du mit Liebe an dem nun einmal ergriffenen Fache hängst . . . . . . Daher sei gutes Muths, arbeite tüchtig und werde dabei aber kein Duckmäuser; denn dergleichen Leute liebt man im geselligen Leben nicht, und machen die daher selten ihr Glück.

Ich erlaube Dir nun, mein guter Wilhelm, bis Ostern in Göttingen zu bleiben, benutze die Zeit möglichst gut und befolge dabei die Rathschläge Deines guten Schwagers pünktlich; dann wird alles hoffentlich gut gehen. Zu den Kosten, die dieser verlängerte Aufenthalt in Göttingen verursacht, muss Rath geschafft werden und wenn ich sie selbst aus meiner Tasche bezahlen sollte; denn ich will nun einmal durchaus, dass Du dort Deine Studien zu Deiner gänzlichen Ausbildung vollendest. Was Du da aber sagst von Entsagung u. d. g., so bitte ich Dich mir für die Folge nie wieder mit solchen Ueberspanntheiten zu kommen; denn ich habe dann immer nur zu beklagen, dass auch Du das wahre richtige Verhältniss der Sachlage in Menzendorf nicht begriffen hast. Willst Du entsagen, nachdem Du Deine Volljährigkeit erlangt hast, dann habe ich nichts dazu zu sagen; bis dahin habe ich mich aber nicht allein mit allem, was mein ist, für Dein Wohl verbürgen müssen, sondern es ist sogar meine Person in dieser Hinsicht verpfändet; ich bitte Dich daher auch nie etwas zu unternehmen, wovon Du mich nicht vorher in Kenntniss gesetzt hast; denn ich muss jedes Jahr bei der Obervormundschaft Rechenschaft über Deine Handlungen ablegen, und da sie sehr strenge ist, so könnte ich leicht in Unannehmlichkeiten gerathen.

Sei nur heiter und froh, Du hast ja nun alles, was Dein Herz wünschen kann; mache Dir auch mitunter ein Vergnügen; denn danach schmeckt die Arbeit immer wieder besser; denn das beständige Sitzen stumpft den Geist ab und befördert die Schwermuth; frische Luft und Zerstreuung ist nothwendig, wenn man etwas begreifen will; ich weiss dies aus eigener Erfahrung.

Dein treuer Onkel
G. E. Deichmann."

Inzwischen war sein Bruder darauf bedacht, ihm eine mehr active Beschäftigung zu verschaffen; denn das Universitätsleben war kostspielig, und es war daher erwünscht, frühzeitig darauf bedacht zu sein, Wilhelm in den Stand zu versetzen, seinen eigenen Lebensunterhalt zu erwerben. Die Resultate von Werners Bemühungen nach dieser Richtung hin sind in folgendem Briefe näher erläutert:

Wittenberg, den 21. (Januar) 1842.

Lieber Wilhelm.

„Deinen lieben Brief habe ich vor ein Paar Tagen erhalten und beeile mich, Dir ein nachträgliches Weihnachtsgeschenk als Antwort zu übersenden, nämlich eine Anstellung in einer Maschinenfabrik in Magdeburg. In Berlin wollte das Volk mehrere hundert Thaler Lehrgeld haben, bis 500; das ging also nicht. Ich reiste desshalb Weihnachten nach Magdeburg.

Es traf sich gerade, dass der Inspector Schöttler, der die neu organisirte Stollberg'sche, die ehemalige Aston'sche Fabrik leitet, einige Eleven suchte, auch für ein ziemlich bedeutendes Lehrgeld. Eine

Freundin von uns hatte mit ihm schon über Dich gesprochen, und als ich zu ihm ging, erbot er sich Dich als Landsmann (Du warst natürlich diesmal ein Hannoveraner, da er einer war) ohne Lehrgeld und zwar auf unbestimmte Zeit aufzunehmen. Ich sagte noch nicht fest zu, um erst Erkundigungen über ihn und die Fabrik einziehen zu können und auch erst noch einen Brief aus Berlin abzuwarten. Alle Leute stimmen darin überein, dass Herr Schöttler zwar kein sehr gelehrter aber praktisch sehr tüchtiger Maschinenbauer sei, dass die Fabrik sehr viele neue Dampfmaschinen (im vorigen Jahre gegen 20) macht, und dass es die Absicht des Grafen Stollberg ist, sie noch bedeutend zu vergrössern. Ich glaube also, dass Du Dich in dieser Fabrik in etwa 2 Jahren recht tüchtig ausbilden kannst. Ich will Dir den Brief von Vetter Siemens, den ich bat, die Sache mit Schöttler in's Reine zu bringen, mitschicken. Du kannst daraus die für Dich sehr vortheilhafte Bedingung, aber auch den geheimen Grund derselben sehen. Schöttler's Sohn ist schon seit ein Paar Jahren in der Fabrik, daher praktisch schon recht gut ausgebildet. Aber es fehlt ihm an der wissenschaftlichen Grundlage. Er lässt ihm zu dem Ende noch Unterricht in Magdeburg geben, aber das hilft natürlich nicht viel. Er wünscht also, dass Du ihm in seiner Ausbildung behülflich bist. Da der junge Sch. ein ganz artiger und nicht einfältiger junger Mensch sein soll, wie die Dir. Heyse, die ihn kennt, versichert, so halte ich dies für Dich eher für vortheilhaft als für nachtheilig, besonders da er Dir in der praktischen Ausbildung weit voran ist. Es giebt Dir auch, wenn Du pfiffig bist, den Alten ganz in die Hand. Eine Repetition des Erlernten wird Dir nie etwas schaden, im Gegentheil kommt da die wahre Erkenntniss erst zum Durchbruch. Also sei fidel, lieber Junge, Jungfer Fortuna hat Dir ein ganz warmes Nest bereitet!

Zu Ostern musst Du in Deine Stelle einrücken. Vielleicht bin ich zu der Zeit gerade in Magdeburg. . . . .

Wende nur die Dir noch übrig bleibende Zeit gut an zu Deiner theoretischen Ausbildung, denn so gute Gelegenheit wird Dir schwerlich wieder geboten. Feine Musterblätter im Zeichnen brauchst Du nicht anzufertigen, wohl aber musst Du Deine Theorie ganz gründlich kapirt haben und mit Leichtigkeit Maschinentheile nach dem Modell und zusammengesetzte Maschinen unter verschiedenen Ansichten entwerfen können. Mit Tuschen brauchst Du Dich also nicht viel zu befassen, wohl aber mit Construiren und genauen Linearzeichnungen. Besonders eifrig treibe noch Mechanik und die Anwendung der höheren Mathematik auf dieselbe. Dass Du in der Physik gründliche Kenntnisse Dir verschafft hast, besonders im mechanischen Theile derselben (z. B. Lehre von den Dämpfen, von den Instrumenten etc.) setze ich voraus.

Ich denke Schöttler wird Dir mit der Zeit ganz freie Station geben; doch auch bis dahin wird Dir Dein Unterhalt so sehr viel nicht kosten, da Du die Dir gebotenen Freitische ohne Bedenken annehmen kannst."

Im März 1842 schrieb Frau Himly wiederum:

„Wilhelm führt jetzt ein rechtes Studentenleben. — Ausser bei Tisch, sehe ich ihn wenig. Ich bin aber überzeugt, dass er fleissig ist, und dann lasse ich ihn gern diese schöne Zeit, die sogleich vorbei ist, recht geniessen."

Am 24. desselben Monats erhielt er sein letztes Studienzeugniss, worin es unter Anderem heisst, dass Wilhelm „ausserordentlich fleissig" und sein Betragen tadellos gewesen sei. Im Alter von 19 Jahren sagte er daher jetzt dem Schulleben Valet und begab sich, dem einige Monate vorher getroffenen Uebereinkommen gemäss, nach Magdeburg, um daselbst seine praktische Ausbildung als Ingenieur zu beginnen.

Einige Monate nachher tauchte zuerst die Idee auf, Wilhelm solle eine Reise nach England machen. Professor Himly stand mit einem Bekannten daselbst in Correspondenz, wie aus dem folgenden Passus eines, vom 8. Juli 1842 datirten Briefes von Frau Himly an Wilhelm hervorgeht:

„Ueber Deinen letzten lieben Brief habe ich mich recht sehr gefreut, indem ich gesehen habe, dass Du doch ein vernünftiger Junge bist, oder wenigstens Dir den Schein giebst, indem Du ganz ruhig über die Londoner Angelegenheit schreibst. Wollte Gott, ich könnte Dir nur etwas bestimmtes schreiben. Carl hat noch keine Antwort von Herz. (In Werners Briefe lies mehr darüber.) Wird nichts aus dieser Reise, so nimm es als Fingerzeichen, dass solche Glückszufälle existiren und Dir noch öfter in den Weg kommen können und werden, so Gott will! und Du das Vertrauen zum Himmel und Dir selbst nie in Dir schwanken lässt".

Damals ist aus der Reise allerdings nichts geworden; aber die für Wilhelms zukünftige Carrière höchst wichtige Idee war nun einmal da und hat sich auch nicht wieder verscheuchen lassen.

Das Verhältniss zwischen Wilhelm und seinem Bruder Werner war womöglich ein noch innigeres und vertrauteres geworden. Von dem Augenblicke an, wo Werner nach dem Tode der Eltern

Wilhelm unter seine besondere Obhut genommen, hatte der Letztere sich stets an den weiseren und erfahreneren Bruder um Rath und Hülfe gewendet; jetzt, wo Wilhelm einer unabhängigeren Stellung entgegensah, fing Werner an in seinem Bruder mehr den zukünftigen werthvollen Collegen und Mitarbeiter, als den unmündigen Schüler zu erblicken.

Hieraus entsprang das gegenseitige starke Bedürfniss für häufigere Mittheilungen, und ehe daher Wilhelm nach Magdeburg ging, mit der Aussicht, dort einige Zeit zu verbleiben, kamen die Brüder überein, eine regelmässige systematische Correspondenz zu führen und zwar nicht nur über persönliche und häusliche Angelegenheiten, sondern auch zur Besprechung wissenschaftlicher und technischer Fragen, sowie zur Mittheilung jeder neuen Idee, welche dem einen oder anderen in den Sinn kommen sollte, und jeder neuen Erfahrung, die sie machen würden.

Diesem Uebereinkommen sind die Brüder, wenn auch zeitweilig mit grösserer oder geringerer Regelmässigkeit, durch alle Wechselfälle ihres Lebens treu geblieben. Jede wissenschaftliche Erforschung, jede neue Erfindung oder Idee, jede wichtige geschäftliche Verrichtung, Freud' und Leid, wie es gerade dem einen oder anderen zufiel, haben sie stets offen und ehrlich sich gegenseitig anvertraut oder besprochen, und ihre Correspondenz ward erst dann unterbrochen, als der Tod so unerwartet schnell Wilhelms Augen für immer schloss.

Einige von Wilhelms früheren Briefen, die er von Magdeburg aus an Werner geschrieben hat, welcher damals zum permanenten Aufenthalt nach Berlin übergesiedelt war, sind bis heute noch erhalten. In einem derselben, datirt vom 15. August 1842, gab er eine lange Beschreibung von einer neuen Art von Ventil-Steuerung für sogenannte „Cornwall'sche", mit einfacher Wirkung arbeitende Dampfmaschinen, die er selbst erfunden hatte und fügte eine ausführlich ausgearbeitete Zeichnung, wahrscheinlich einen seiner ersten Versuche in der Maschinen-Construction bei. Er schrieb dazu an seinen Bruder in wohlgemeintem Humor:

„Du wirst mit Verwunderung die Zeichnerei ansehen, welche ich Dir mitschicke und wirst mich tüchtig auslachen, wenn ich Dir sage, dass es eine neue, von mir ausgedachte Steuerung ist, welche ich stark Willens bin, mir patentiren zu lassen. . . . ."

Die Zeichnung ist verloren gegangen; nach der Beschreibung der Erfindung zu urtheilen, handelt es sich jedoch hier um Einführung von Schieber-Ventilen an Stelle der gewöhnlich bei solchen Maschinen im Gebrauch befindlichen. Er scheint jedoch späterhin auf einige Bedenken in seiner Construction gestossen zu sein, welche ihn wohl veranlasst haben, die Sache fallen zu lassen.

Der nächste, vom 29. August datirte Brief handelte vorzugsweise über „das sogenannte Pendel", eine Erfindung, welche Werner ihm vorgelegt hatte. Dies war nichts anderes, als der „chronometrische Regulator", worüber wir später noch so Manches hören werden. Wilhelm begann seinen Brief mit den Worten:

„Dein Pendel scheint mir von grosser Bedeutung für grosse Maschinen von niederem und auch von hohem Druck, wie man sie in Manufacturen und Fabriken findet, weil diese einen sehr ruhigen Gang haben und genau regulirt werden müssen. Sehr schwer anwendbar scheint es mir dagegen bei kleinen Maschinen, welche wie die Unsrigen 40 bis 70 Umgänge in der Minute machen, sowie bei den einfach wirkenden Maschinen, deren Gang nicht durch ein Schwungrad regulirt wird. . . . ."

Er geht dann auf eine genauere Prüfung der Vorrichtung ein, berührt einige Mängel und schlägt verschiedene Verbesserungen vor. Auch bietet Wilhelm sich an, selbst einige Versuche in kleinerem Maassstabe zu machen und spricht davon, verschiedene Leute, die offenbar mit ihm in derselben Fabrik beschäftigt waren, consultiren zu wollen. Er sagt:

„Auf Weiteres will ich mich vorläufig nicht einlassen, da das viel Geld kostet und doch noch zu nichts führt. Um Ungläubige zu bekehren, darum thue ich keinen Schlag, wenn nur der Eine gläubig ist, der Geld dafür herausrücken soll. — S.— die Sache zu zeigen, halte ich durchaus nicht für gerathen; denn der hat einen sehr kuriosen Dünkel und würde mir mehr schaden als nützen. — Mit M.— habe ich die Sachen wenig besprochen; ich fand die ganze Gesellschaft gestern Mittag im ärgsten Champagnerrausche, so dass selbst der Fussboden von ihrem Zustande zeugte. . . . ."

„Schreibe mir doch, was Du hierüber denkst; meine Meinung ist, wir müssten uns erst einen kleinen Gewinn zu verschaffen suchen, wenn es möglich ist, um mit desto mehr Eifer das Pendel cultiviren zu können."

Ein dritter, vom 12. September datirter Brief spricht von einer in Aussicht genommenen Tour in's Harzgebirge:

„Wenn Du es möglich machen kannst, so reisse Dich ja wenigstens zur Harzreise los; auf kurze Zeit würde ich mich auch losmachen, und da könnten wir im Harze mal höchst fidel mit einander sein; auch möchte ich mich mit Dir mal ordentlich über unsere Dampfmaschine aussprechen; denn ich habe so gar Manches auf dem Herzen, was ich Dir brieflich gar nicht mittheilen kann, wenn ich auch Geduld genug dazu hätte, Alles aufzuschreiben und Dir wird es ebenso gehen. . . "

Dieser Brief enthält dann ferner noch Bemerkungen über die Dampfmaschine und den Regulator; er ist jedoch hauptsächlich desshalb von Wichtigkeit, weil darin eines neuen Gegenstandes, der für Wilhelms späteres Leben von bedeutendem Interesse war, Erwähnung gethan wird.

Ein oder zwei Jahre vorher hatte Werner Siemens (wie bereits in Kap. II berichtet worden ist) der praktischen Verwerthung der Electricität für Vergoldungs- und Versilberungs-Methoden einige Aufmerksamkeit geschenkt, und war bei seinen Versuchen wesentlich von seinem Schwager, Professor Himly, unterstützt worden. Er hatte in Preussen ein Patent auf seine Methode genommen und gleichzeitig in Berlin eine Werkstatt zur praktischen Ausbeutung seiner Erfindung eingerichtet. Werner hatte natürlich auch mit Wilhelm über diesen Gegenstand correspondirt und ihm dringend angerathen, dieser Methode einige Aufmerksamkeit zu schenken, da die praktische Verwendung derselben sich wahrscheinlich als ergiebig erweisen würde.

Wilhelm liess sich dies nicht zweimal sagen und erwähnt in seinem Schreiben:

„Mit dem Vergolden bin ich jetzt im Gange und Du erhältst mit diesem Brief vielleicht schon den gewünschten Schein. — Es ging Alles mit solch einem Knalleffecte, dass es meine Erwartungen wohl zehnmal übertraf. — Das Salz (welches während L—'s Abwesenheit ausgetrocknet war) löste sich schön auf, und der erste Löffel wurde darin binnen einer Minute vollkommen und schön vergoldet, so dass L.— sich selbst sehr wohlgefällig darüber äusserte und selbst gleich ein halbes Dutzend (einzeln) vergoldete. . . . . . . Die kleine Batterie ist so kräftig, dass jedes einzelne Element schon lebhafte Funken giebt (ich habe einzelne Kupfertöpfe genommen). Die Magnetnadel wurde davon bei 6 Umwindungen um 75° abgelenkt. — Auch die Lampe bewährt sich sehr gut und ist besonders zum Erhitzen der Gegenstände sehr brauchbar, da die Flamme keine unverbrannten Theile absetzt. — Doch es scheint mir, als ob Du Dich gar nicht weiter bemühst, Dein Patent in den anderen Provinzen zu verkaufen; so viel wie hier könntest Du gewiss überall noch bekommen. . . . ."

Er sprach ferner von einer kleinen künstlerischen Arbeit, welche er für die Gemahlin seines Chefs privatim unternommen hatte; er malte nämlich eine Landschaft aus Nordhausen, die er als höchst knifflich bezeichnete.

Es wäre nutzlos, hier alle die in den verschiedenen Briefen enthaltenen ausführlichen mechanischen Einzelheiten wiederzugeben; dieselben legen jedoch Zeugniss ab von dem Talente und den Fähigkeiten des Schreibers. Sie offenbaren eine Schärfe der Auffassung in Sachen auf dem Gebiete der Mechanik überhaupt, eine Begabung für sachgemässe und richtige Beweisführung, ein gesundes Urtheil, eine Erfindungsgabe sowie eine leicht fassliche und präcise Ausdrucksweise, welche bei einem Jünglinge von 19 Jahren, der kaum wenige Monate praktische Erfahrung in der Werkstätte zu sammeln Gelegenheit gehabt hatte, als ausserordentlich erscheinen müssen und unzweifelhaft die zukünftige glänzende Stellung, welche er sich in der Ingenieurwelt errungen hat, vorauskündigten.

Am Ende des Jahres 1842 stattete Wilhelm seiner Schwester in Göttingen einen Besuch ab, und während seines dortigen Aufenthaltes schrieb Werner, welcher unterdessen zur Dienstleistung nach Berlin commandirt worden war, an ihn einen vom 13. December datirten Brief, dem folgende Stellen entnommen sind:

„Dein Brief hat mich sehr gefreut. Es ist hübsch, dass Du im Drechseln so grosse Fortschritte gemacht hast; ich möchte nur wissen, ob Du auch Eisenarbeit treibst oder nur in Holz arbeitest. Ersteres ist für Dich viel wichtiger. Du könntest mir wohl einmal ein kleines hübsches Stück Arbeit schicken, einmal damit ich mich darüber freuen kann und zweitens, damit ich es als Beweis Deiner Leistungen in diesem Fache vorzeigen kann. Doch das Zeichnen vernachlässige nicht . . . .

Vernachlässige nur nicht auf Kosten der Chemie die übrigen Wissenschaften zu sehr. Physik und Mathematik müssen Deine Hauptstudien sein, besonders der praktische Theil der Mathematik, der auf Maschinenkunde sich bezieht. Wenn Du kein Collegium über Maschinentheile hören kannst, wie ich fürchte, so musst Du Dir ein gutes Buch darüber anschaffen. — Dies ist ungemein wichtig für Dich."

Die ursprüngliche Absicht war, dass Wilhelm einen Arbeitscursus von zwei Jahren in der Gräflich Stollberg'schen Fabrik durchmachen sollte; er hatte jedoch so auffallend rasche Fortschritte gemacht, dass Werner fast geneigt gewesen zu sein scheint, diese Zeit um die Hälfte abzukürzen. So sagt er ferner:

„Ich werde mich in Magdeburg sowie in Berlin nach einem Unterkommen für Dich umsehen; denn Ostern musst Du jedenfalls praktisch Deinen neuen Beruf beginnen. Sowie ich etwas Sicheres weiss, werde ich Dir's schreiben. — Vielleicht kannst Du von Göttingen aus Empfehlungen an irgend eine Fabrik oder einen einflussreichen Mann erhalten. Das wäre viel werth. Bemühe Dich also ja darum.

Mathilde schreibt mir, dass Du jetzt in Deiner Haltung und Deinem äusseren Wesen grosse Fortschritte gemacht hättest. Das freut mich ungemein; denn Du glaubst nicht, lieber Bruder, was ein freies, männliches, ungenirtes Betragen für ein mächtiger Empfehlungsbrief bei allen Menschen ist. Die Tanzstunde scheint Dir also viel genutzt zu haben, vielleicht auch eine kleine Liebschaft darin? oder sitzt Du noch in Kölleda fest? — Wenn der Urlaub nicht so schwer zu erhalten und vor allen Dingen, wenn das Reisen nicht so verdammt theuer wäre, so mögte ich die kleine Minna wohl einmal besehen. Doch da würdest Du am Ende eifersüchtig! Doch die Zeit ist verronnen.

Lebe recht wohl, lieber Bruder, und vergiss nicht
Deinen treuen Bruder
E. W. Siemens."

Binnen dieser Zeit und Ostern begannen jedoch Veränderungen in Werner's Plänen einzutreten. Seine electro-galvanischen Versilberungs- und Vergoldungsmethoden hatten sich gut bewährt, und sein activer Geist hatte sich bereits eine grosse Ausdehnung dieses Gewerbes zurechtgeplant und die Einführung vieler anderen, materiellen Gewinn versprechenden Erfindungen auf dem Gebiete der Chemie und Mechanik beschlossen. Letztere waren von den Brüdern in ihrer gegenseitigen Correspondenz genugsam erörtert worden, wobei Wilhelm die Resultate seiner jüngst erlangten Erfahrung im mechanischen Construiren wohl zu Statten kam. Werner's Thätigkeit war jedoch naturgemäss durch seine Stellung als Offizier sowie durch seine militärischen Pflichten mehr oder weniger behindert, und an's Abschiednehmen durfte er damals nicht denken, weil er das sichere Gehalt noch nicht entbehren konnte. Die Nothwendigkeit, sich nach Mehrverdienst umzusehen, war in der That sehr gross geworden; die jüngeren Geschwister wuchsen allmählich heran, und die Verantwortlichkeit der älteren Brüder nahm in Folge dessen mit jedem Tage zu. Werner kam daher zu der Einsicht, dass, neben seinem Lieutenantsgehalte und dem geringen Verdienste, der Wilhelm etwa in einer Maschinenfabrik zufallen würde, auf irgend eine Weise andere Mittel verschafft werden müssten.

Die Hoffnung, dies zu erzielen, lag nach Werner's Ansicht in der energischen Betreibung der beiderseitigen Erfindungen, besonders der galvano-plastischen Methoden; und Werner kam daher auf den Gedanken, ob es nicht am Ende rathsam sei, die Idee, dass Wilhelm eine Reise zu diesem Zwecke antreten solle, wieder aufzunehmen. Er hatte Professor Himly hierüber consultirt und im October 1842 schrieb seine Schwester:

„Du versprichst Dir viel von diesem Vergolden, doch ist es schon zu allgemein! So, meint Himly, dürfte Wilhelm sich nicht zu viel von grossen Städten versprechen, wo die Menschen immer vor sind; zum Beispiel soll die Elkington'sche Manier in London so sehr gut sein."

Dass die Elkington'sche Firma hier schon genannt wird, ist ein höchst auffallendes Zusammentreffen, wenn man die späteren Ereignisse in Erwägung zieht. Es ist jedoch klar, dass zu der Zeit der Gedanke, gerade dieser Firma bestimmte Offerten zu machen, nicht vorlag; wahrscheinlich hat Professor Himly, im Laufe seiner chemischen Untersuchungen, von der englischen Fabrikation gehört und dieselbe nur zufällig erwähnt.

Trotz dieser keineswegs vielversprechenden Andeutungen beschloss Werner dennoch den Versuch zu wagen, und es wurde daher ausgemacht, dass Wilhelm einen zeitweiligen Urlaub von der Stollberg'schen Fabrik nehmen solle, um eine Reise, zunächst nach Hamburg und von da womöglich nach England anzutreten.

Das Resultat dieser Reise wird im nächsten Kapitel mitgetheilt werden.

Kapitel IV.

Wilhelm's erste Jahre in England.

Alter 20 bis 28 Jahre.

1843 bis 1851.

Reise nach England via Hamburg. — Ankunft in London. — Geschäftsunterhandlungen mit der Firma Elkington. — Verkauf der Patente für galvanische Vergoldung an die letztere. — Rückkehr nach Deutschland. — Zweite Reise nach London. — Der chronometrische Regulator. — Anastatisches Druckverfahren. — Faraday's Vortrag. — Schwierigkeiten und Sorgen. — Verbesserung von Luftpumpen. — Wärme und ihre praktische Verwerthung. — Aufenthalt in Manchester. — Die Regenerativ-Dampfmaschine. — Uebereinkommen mit Fox und Henderson. — Regenerativ-Abdampfung. — Arbeiten auf dem Gebiete der Electricität. — Die Fabrik von Siemens & Halske in Berlin. — Ernennung Wilhelms als englischer Agent derselben.

Im Anfange des Februars 1843 trat Wilhelm seine Reise an. Der Reiseplan war: zunächst ein kurzer Besuch in Menzendorf, von da nach Hamburg, um die Weiterreise von den Resultaten seiner dortigen Thätigkeit abhängen zu lassen. Die einzigen Muster seines Inventars, welche er mit sich führte, bestanden aus einer electrischen Batterie eigenthümlicher Construction und gewisser zur Erzeugung galvanischer Niederschläge erforderlichen Lösungen. Er hoffte durch Vorzeigung derselben den Werth der verbesserten Methoden leichter nachweisen zu können und den Verkauf des Gebrauchsrechtes der letzteren zu betreiben.

Ueber seine ersten Schritte berichtete er in den noch vorhandenen Briefen an seinen Bruder Werner; letztere sind in ausgezeichneter Stimmung und mit viel Begeisterung für die Sache geschrieben und voller Scherze. Aus folgenden Auszügen ist Alles zu ersehen, was für unsere Lebensbeschreibung nothwendig ist:

Hamburg, den 21. Februar 1843.

„Seit zwei Tagen laufe ich jetzt hier in Hamburg herum, in der Hoffnung, hier einen Handel machen zu können; aber das Volk ist hier viel schlimmer als in Berlin, und ich werde wohl unverrichteter Sache von hier wieder abziehen müssen. Heute früh ging einer so halb und halb darauf ein; ich forderte 60 Louisd'ors, und er wollte sich die Sache heute Nachmittag bei mir 'mal ansehen. — Ich packe alle meine Lösungen und Apparate aus und bringe Alles in gehörige Ordnung. — Heute Nachmittag kommt der Esel mir schon mit flauem Gesichte auf die Kneipe und ging noch flauer wieder fort, da die Batterie, welche vor seiner Ankunft wunderschön ging, rein wie behext war . . . . . .

Du meinst, ich sollte Holland zum Augenmerke machen, aber da wird es wohl noch schlimmer aussehen als hier. — Wenn überhaupt damit noch Etwas zu machen ist, so ist das, meiner Ansicht, nur in England der Fall, wenn nämlich alle bekannten Manieren dort patentirt worden sind . . . ."

Er war jedoch glücklicher in Hamburg, als er erwartet hatte, wie aus seinem nächsten Briefe hervorgeht:

Den 22. Februar.

„Da bin ich endlich zum rechten Mann gekommen! Ganz unscheinbar vor der Welt lebt hier ein Kerl, der eine ziemlich bedeutende Fabrik von metallenen Fenstersprossen u. s. w. hat. Dieser hat sich von Rössler bedeutende Quantitäten Lösungen und eine Kohlen-Zink-Batterie verschrieben; doch genügen ihm die damit erhaltenen Resultate lange nicht, da er Sachen von 12 Fuss Länge und 2 Fuss Breite und 40 ℔ Gewicht mit einem Male, meist Messing und Gusseisen, hineinbringen will. — Ich habe mich nun anheischig gemacht, ihm zur Darstellung guter Goldlösung Anleitung zu geben und eine Batterie zu construiren, mittelst welcher er den Zweck erreichen könne . . . . . Für diese gütige Belehrung, welche acht Tage dauern kann, da auf die Anfertigung des Gefässes nicht gewartet werden soll, forderte ich zehn Louisd'ors, welches gleich unbedingt angenommen wurde . . . . Hauptsächlich gefiel ihm meine Batterie der Reinlichkeit und einfachen Behandlungsweise wegen . . . . . Wenn ich so eben kein Schöpps gewesen wäre, hätte ich wohl noch 8 Louisd'ors mehr bekommen können; denn er hat geglaubt, ich wollte die Methode hier noch anderweitig vermöbeln . . . ."

Zur Bekräftigung dieses Uebereinkommens wurde am 26. Februar zwischen C. W. Siemens und dem Fabrikanten J. D. Klopfer ein formeller Contract abgeschlossen, welcher heute noch vorhanden ist. Es ist ein wohl aufgesetztes und in bestimmten Ausdrücken gehaltenes Schriftstück, was von dem, damals bereits keineswegs gering zu schätzenden, kaufmännischen Verständnisse des jungen Ingenieurs Zeugniss ablegt.

In seinem Briefe heisst es weiter:

„Der Aufenthalt hier wird mir jetzt auch sehr billig, denn ein früherer Bekannter aus Lübeck .... hat mich eingeladen bei ihm zu logiren. — Da die Ueberfahrt von hier nach Hull nur £ 1. kostet, so ist es doch gewiss das Beste, das hier eroberte Geld daran zu setzen, und sollte die Speculation dort misslingen, so ist doch mein sehnlicher Wunsch, England gesehen zu haben, erfüllt. — Wenn Deine neuen Lösungen gute Resultate geben, so versäume ja nicht, mir einen grossen, recht pompös aussehenden Gegenstand zu schicken, aber ja möglichst bald, da ich nicht eher nach England abgehen werde, bevor ich nicht Antwort von Dir erhalten habe, und mein Geschäft in acht Tagen beendet ist; denn ich habe fast Alles schon in's Werk gesetzt. Wenn es irgend geht, so will ich mir in England einen Anhalt zu verschaffen suchen. . . . . ."

Dass hier England als voraussichtlich dauernder Aufenthaltsort erwähnt wird, ist höchst bezeichnend.

Er spricht ferner von dem Eindruck, welchen der grosse Brand Hamburgs im Mai 1842 auf ihn gemacht habe und fügt einige Bemerkungen über das Leben daselbst im Allgemeinen hinzu.

„Es ist ganz interessant, den Gang des Feuers zu verfolgen, doch ist der Total-Eindruck, den das Ganze macht, nicht so gross, als ich mir gedacht hatte. — Man sieht vom ganzen Platze mit einem Male zu wenig. Merkwürdig ist es, wie es möglich gewesen ist, dass mitten auf dem Platze die neue Börse mit einem Dutzend Häuser stehen geblieben ist, während alle massiven Gebäude und selbst die Kirche bis auf den Grund ausgebrannt sind. Ein schlechtes hölzernes Haus ist auch mitten im Feuer stehen geblieben, welches dem Feuer vielleicht nur nicht gut genug gewesen ist, sonst hätte das Ding wie eine Fackel brennen müssen. . . . . .

Das Leben hier ist jedenfalls viel origineller als in Berlin. Für sinnliche Genüsse ist auf's Vollkommenste gesorgt. Mir gefällt beson-

Kapitel IV.

ders die freie Denkungsart und der Stolz des Hamburger Bürgers. Da werden in allen Kneipen politische Angelegenheiten ganz frei verhandelt; der hochweise Rath wird vom Staatsbürger heruntergerissen, und wenn zehn Rathsherrn dabei sitzen! So fällt es auf, dass der Hamburger in allen öffentlichen Gesellschaften und Concerten, wo Damen mit hingeführt werden, seinen Hut auf dem Kopfe behält, während die unverheiratheten Damen ihren Hut abnehmen.

In demselben Briefe berichtete er seinem Bruder auch über die Verhältnisse, wie er sie in Menzendorf vorgefunden hatte, wo die Familie seit der Eltern Tode noch verweilte. Er sagt:

„Hans lag, als ich abreiste, krank an einem heftigen rheumatischen Fieber, ist jetzt aber schon wieder auf der Besserung. — Der arme Bengel war so steif, dass er kein Glied rühren konnte; Ferdinand war der einzige Krankenwärter, den er gebrauchen konnte; denn er war wie ein Fleischklumpen ohne Knochen, und es gehörte eine barbarische Kraft dazu, ihn vom Bette aus und ein zu tragen, ohne ihn dabei zu drücken . . Ferdinand hat sich gegen früher bedeutend herausgemacht; er ist ein ganz guter praktischer Landwirth . . . . Friedrich und Carl sind mit Leib und Seele Seemann. . . . Dass die Jungens noch so weit zurück sind, hat wohl seinen Grund hauptsächlich in dem Umstande, dass sie zu Haus gar keinen Ort haben, wo sie arbeiten können, sondern mit ihren Büchern immer von einer Ecke zur andern gestossen werden. Ueber Sophie [damals sieben oder acht Jahre alt] habe ich Dir nicht viel zu schreiben, da sie selbst einen Brief mit eingelegt hat. — Sie ist recht hübsch und klug (sie spielt schon Schach); leider existirt aber keine Ruthe im Hause, welche ihr mitunter recht gut thun könnte! — Walter und Otto sind auch recht nette Jungens, sie kommen Ostern hoffentlich beide zur Schule. Grossmutter ist noch immer eben so rüstig, als sonst. Der eigene Hausstand bekommt ihr recht wohl.

Menzendorf soll, Gottlob, im Frühjahr abgegeben werden; — es speculiren Mehrere darauf, welche den geforderten Preis von 10,000 Thalern wohl geben werden. . . . ."

Werner beantwortete diesen Brief am 27. Februar von Berlin aus und sagte, dass in Folge von Krankheit und anderen getäuschten Erwartungen seine galvano-plastischen Versuche nicht die gewünschten Fortschritte gemacht hätten; er fügte ferner folgende Anweisungen hinzu:

„ . . . . Willst Du daher nach England, so musst Du von Farbe und dgl. ganz absehen und nur auf's Platiren spekuliren, wozu sich die unterschweflichtsauren Gold- und Silberlösungen am besten eignen. Die

Vortheile, die Du herausheben musst, sind: Bedeutend schnellere und billigere Arbeit als bei Cyan-Verbindungen . . . . Also gehst Du nach England, lass die schöne Vergoldung fahren und halte Dich an's Dauerhafte; dafür ist England auch gerade das Land.

Vor allen Dingen musst Du aber Geld haben; denn die lumpigen 100 Thaler und die 10 Louisd'ors werden nicht weit reichen. Ich habe lange darüber meditirt, wie es anzufangen . . . . Endlich ist mir Onkel Ferdinand in Lübeck wieder in den Sinn gekommen . . . . Ich werde sogleich an ihn schreiben und ihm eine Schuldverschreibung auf 100 Thaler schicken, die er Dir soll baldigst nach Hamburg schicken. Willst Du nicht so lange warten, so kannst Du Dir das Geld nachschicken lassen, doch rathe ich zu Ersterem. In Hamburg musst Du auch sehen, noch etwas mehr zu ziehen. Biete Deinem Käufer die S Versilberung an, ohne die er doch bei den Eisenversilberungen schlecht auskömmt, indem sich Kupfer sehr schlecht auf die Cyanmethode versilbert. So 10 bis 15 L'd's musst Du Dir aber noch blechen lassen.

Ich wünsche Dir neues Glück und offene Augen in England. Wende nur so viel Du kannst auf Deine Instruction. — Aus England musst Du wieder einen Brief an Schöttler schreiben, und ihm sagen, Du hättest Deine Geschäfte dort noch nicht vollenden können, kämest aber bald . . . ."

Am 9. März schickte Wilhelm einen anderen Brief, worin er den Grund seines verlängerten Aufenthaltes in Hamburg dahin erklärt, dass er seine Materialien erst von Berlin habe beziehen müssen, und er fügte hinzu, dass der an den Fensterrahmenmacher verkaufte Apparat in jeder Beziehung den gestellten Anforderungen entspräche. Die Batterie sei sehr kräftig und das Verkupfern in vierzehn Fuss langen Behältern ginge ganz wundervoll. Er fährt dann fort:

„Endlich bin ich soweit, dass ich morgen früh absegeln werde . . Die Schuldverschreibung an Onkel Ferdinand hättest Du doch lieber nicht abschicken sollen; denn dem ist es auch vielleicht sehr ungelegen, so 100 Thlr. aus dem Geschäfte herausrücken zu müssen, und jetzt thut es mir auch wohl gar nicht mehr nöthig, da mein Fenstersprossenmacher mir noch 12 L'd'or für die unterschweflichtsauren Lösungen geben will . . . . . . Die unterschweflichtsaure Vergoldung und Versilberung hat er mir nicht abgenommen, da ihm die Geschichte bis jetzt schon auf 500 Thlr. zu stehen kommt. — Dagegen habe ich ihm meine Lösungen und Scharteken, welche ich doch eben nicht gebrauche und nicht in England einführen kann, für 5 L'd'or überlassen.

So eben habe ich für ein Fahrbillet nach London £ 3 bezahlt und morgen früh um 8 Uhr bin ich schon unterwegs. — Von Lübeck habe ich übrigens noch nichts erhalten und hoffentlich bedarf ich dessen auch nicht, wiewohl ich in England selbst im Ganzen nur 6 L'd'or verzehren darf, um noch mit Ehren wieder an's Haus kommen zu können. Nach Birmingham habe ich von Onkel Ferdinand einen ziemlich guten Empfehlungsbrief an einen dortigen Kaufmann. Wenn Du mir einige Empfehlungen verschaffen kannst, so schicke sie nur recht bald her zu Hauk, dem ich meine Adresse sogleich aufgeben werde, vielleicht noch vor der Abreise.

Doch ich muss schliessen, lieber Bruder; denn ich habe noch viel zu schaffen. Von London aus werde ich sogleich schreiben, aber lasse auch nicht zu lange auf Dich warten . . . .

Dein treuer Bruder
W. Siemens."

Ungefähr am 12. März 1843 landete er in der Themse und schlug sein erstes Quartier in London in einem an Sparrow Corner, in der Nähe der Minories gelegenen, kleinen Gasthause, „Ship and Star" genannt, auf.

Oft im späteren Leben hat Wilhelm mit Freuden seines ersten Einzuges in England gedacht, und in einer, im Rathhause (Townhall) von Birmingham, am 28. October*) 1881 gehaltenen Ansprache stattete er darüber vor den Anwesenden folgenden Bericht ab:

„Jene Gestalt der Energie, die als elektrischer Strom bekannt ist, war vor 40 Jahren nicht viel mehr als ein Spielzeug der Gelehrten (the philosopher's delight); seine erste Anwendung mag auf diese biedere Stadt Birmingham zurückgeführt werden, wo Mr. George Richards Elkington, mit Benutzung der Erforschungen von Davy, Faraday und Jacobi im Jahre 1842 eine praktische Methode der galvanischen Versilberung und Vergoldung einführte. Es gereicht mir zur grossen Genugthuung mich rühmen zu dürfen, auch etwas mit dieser ersten praktischen Verwerthung der Electricität zu thun gehabt zu haben, da ich im März des folgenden Jahres 1843 Mr. Elkington eine Verbesserung seiner eigenen Methoden vorzuzeigen das Vergnügen hatte, welche derselbe auch adoptirte, wodurch er mir den ersten Impuls für's praktische Leben gab. Angesichts der darin enthaltenen Moral dürfte es Sie vielleicht interessiren, wenn ich für einige Minuten von meinem Thema

---

*) Siehe Kapitel VIII.

abweiche, um Ihnen einen Vorfall zu erzählen, der mir bei Gelegenheit meines ersten Besuches in Ihrer Stadt persönlich begegnet ist.

Als die Methode des galvanischen Niederschlages zuerst bekannt wurde, erregte sie ein sehr allgemeines Interesse, und, wenngleich damals nur ein junger, kaum zwanzigjähriger Göttinger Student, der eben erst seine praktische Laufbahn bei einem Maschinenbauer angetreten hatte, gesellte ich mich meinem Bruder Werner, zu der Zeit ein junger Artillerie-Lieutenant in preussischen Diensten, in seinen Versuchen, eine brauchbare galvanische Vergoldung zu erzielen bei, wozu unser Schwager Carl Himly, damals Professor der Universität in Göttingen, den ersten Antrieb gegeben hatte.

Nachdem wir einige versprechende Resultate erzielt hatten, erfasste mich ein solcher Unternehmungsgeist, dass ich mich aus den engen Grenzen meiner Umgebung losriss und im East End von London landete, allerdings nur mit ein Paar Pfund Sterling in der Tasche und ohne Freunde, wohl aber ausgerüstet mit dem inneren festen Vertrauen auf einstmaligen Erfolg.

Ich hoffte irgend ein Bureau ausfindig zu machen, wo man Erfindungen einer Prüfung unterwerfen und event. je nach Verdienst vergüten würde; doch Niemand konnte mir einen derartigen Platz angeben. So spazierte ich denn Finsbury Pavement entlang und sah auf einmal über einer Thüre „So und So" (der Name ist mir entfallen) „Undertaker"*) in grossen Buchstaben geschrieben. Halt, dacht' ich, das muss wohl der lang gesuchte Ort sein; denn auf alle Fälle wird doch ein Mann, der sich „Undertaker" (nach meiner wörtlichen Uebersetzung Unternehmer, Uebernehmer, Besorger) nennt, sich auch nicht weigern, einen Einblick in meine Erfindung zu thun, und mir am Ende dann auch die gewünschte Anerkennung oder besser noch meinen Preis dafür besorgen können. Beim Eintritt in's Haus überzeugte ich mich jedoch sehr bald, dass ich entschieden zu früh gekommen sei, um dort bedient zu werden, und als ich mich dann dem Inhaber des Etablissements gegenüber befand, deckte ich meinen Rückzug mit einigen abgebrochenen Entschuldigungen, welche dem Herrn Undertaker jedenfalls sehr leer vorgekommen sein müssen.

Hierdurch keineswegs entmuthigt, setzte ich meine Forschungsreise fort und fand endlich meinen Weg zum Patent-Office der Messrs Poole & Carpmael, die mich nicht nur freundlich empfingen, sondern

---

*) „Undertaker" heisst im Englischen der Mann, welcher Särge, Leichenbegängnisse und Alles, was dazu gehört, besorgt. Diese Ansprache Sir William Siemens' wurde selbstredend in englischer Sprache gehalten, und ist daher hier nur in der Uebersetzung gegeben. (Anmerkung des Uebersetzers.)

mir auch ein Empfehlungsschreiben an Mr. Elkington mitgaben. So ausgerüstet fuhr ich nach Birmingham, um hier bei Ihnen mein Glück zu versuchen.

Wenn ich heute auf jene Zeit zurückblicke, so kann ich mich nicht genug wundern über die grosse Geduld, mit welcher Mr. Elkington dem, was ich auf dem Herzen hatte, Gehör schenkte; denn ich war damals noch sehr jung und, bei meiner Unkenntniss der englischen Sprache, kaum im Stande die nöthigen Worte zu finden, um mich verständlich zu machen. Nachdem Mr. Elkington mir einen Einblick in das, was er selbst in der Galvanoplastik zu leisten im Stande war, gestattet hatte, sandte er mich nach London zurück, um dort im Patent-Office einige seiner eigenen Patente durchzulesen, und ersuchte mich zugleich zu ihm zurückzukehren, wenn ich dann noch der Ansicht sei, dass ich ihm etwas zeigen könne, was ihm unbekannt wäre. Zu meiner grossen Bestürzung fand ich, dass die von mir angewendeten chemischen Lösungen wirklich in einem seiner Patente erwähnt wurden, obschon in einer solchen Weise, die wohl schwerlich genügt hätte, um einen Dritten in den Stand zu versetzen, damit praktische Resultate zu erzielen.

Bei meiner Rückkehr nach Birmingham theilte ich gerade heraus mit, was ich gesehen hatte, und diese Offenheit gewann mir offenbar die Gunst eines anderen Ihrer Mitbürger, des Mr. Josiah Mason, welcher gerade zu der Zeit mit Mr. Elkington in Geschäftsverbindung getreten war, und dessen Name als Sir Josiah Mason, seiner hochherzigen Stiftungen für Erziehungszwecke wegen, stets in der Erinnerung fortleben wird. Man kam überein, mich nicht nach der Neuheit meiner Erfindung, sondern nach den versprochenen Leistungen zu beurtheilen: es handelte sich darum, auf eine Schüsselstürze 30, 46, 65 Grammes Pennyweight Silber mit glatter Oberfläche niederzuschlagen; an dem krystallinischen Gefüge des Niederschlages hatte die Sache nämlich bis dahin gehapert.

Dies gelang mir, und ich ward dadurch in den Stand versetzt, in mein Heimathsland und zu meiner Maschinenbauerei als verhältnissmässiger Crösus zurückzukehren . . . . . Beseelt von dem festen Entschlusse, das mir vorgesteckte Ziel zu erreichen, bin ich Schritt für Schritt bis zu diesem Ehrenplatze gelangt, in Kanonenschussweite von dem Schauplatze gelegen, wo ich meinen allerersten geschäftlichen Erfolg im Leben erzielt habe, was aber die Zeit anbelangt, fast ein Menschenalter nach jenem Ereignisse. Trotz der vielen Jahre jedoch, die darüber verstrichen, kann ich nicht verhehlen, dass ich stets ein gewisses freudiges Herzklopfen empfinde, wenn es mir vergönnt ist, die Stätte wiederzusehen, wo dieser für mein späteres Leben entscheidende Vorfall stattgefunden hat."

Durch die freundliche Vermittlung der Messrs. Elkington und mit Hülfe einiger anderen Dokumente sind wir im Stande, noch nähere Angaben über diese Unterhandlung mitzutheilen.

Wilhelm hatte von seinem Onkel in Lübeck ein Empfehlungsschreiben an ein kaufmännisches Haus in Birmingham erhalten, und da er Bedenken trug, als Unbekannter direct vor die Messrs. Elkington zu treten, verhandelte er zunächst mit denselben durch diese Firma. Folgender Brief stattet über das Geschehene Bericht ab:

„Birmingham, d. 21. März 1843.

Herrn W. Siemens
add. Herrn T. Burges. Ship & Star.
Sparrow Corner.
Minories. London.

Heute hatten wir eine lange Audienz bei Herrn Elkington über Ihre neue Erfindung zum Vergolden etc. etc. Er hat sich zu nichts entschliessen können aus folgenden Gründen:

1. Meint Herr E., dass, wenn Sie mit einer galvanischen Batterie vergolden, Sie, wie man im Englischen sagt, infringe his patent, d. h. dass Sie es gar nicht thun dürfen, ohne Gefahr zu laufen.
2. Kann Herr E. (wie er sagte) nicht einsehen, dass Ihre Methode mehr Vortheile, wie die seinige geniesst, ausser dass Sie vergolden können, ohne der Politur der Gegenstände zu schaden.
3. Meint Herr E., dass Sie gar zu viel dafür fordern; denn er sagte, Sie haben nichts Neues erfunden, sondern nur eine Verbesserung.

Er kann sich jedoch nicht darüber erklären, ob er geneigt zu kaufen oder nicht. Ist es nur eine Verbesserung, so steht er gerne bereit, darüber zu handeln, muss aber erst genaue Auskunft darüber haben und möchte gern Etwas von Ihrer Vergoldung sehen. Kurz, wir möchten Ihnen rathen, mit Ihren Apparaten hieher zu kommen; dieses ist auf jeden Fall nöthig, sonst kommen Sie nicht weiter mit ihm.

Mit der Erwartung Sie bald hier zu sehen — wir möchten rathen, sobald wie möglich zu kommen — grüssen wir

freundschaftlichst

Beach & Minte."

Wilhelm folgte diesem Rathe und begab sich nach Birmingham, um Messrs. Elkington zu sehen, wie in seiner Ansprache erwähnt ist. Darauf studirte er die betreffenden Patente durch und besprach den Gegenstand nochmals ausführlich in seiner Correspondenz mit seinem Bruder Werner in Berlin, was eine weitere Untersuchung und Verbesserung seiner Methoden zur Folge hatte, welche Messrs. Elkington derart befriedigte, dass die Herren ihn daraufhin bevollmächtigten, ein neues Patent auf ihre Kosten zu nehmen.

Dieses Patent wurde am 25. Mai 1843 (Nr. 9741) auf den Namen Moses Poole, als „Mittheilung vom Auslande" (a communication from abroad) herausgegeben. Der Titel desselben lautete: „Verbesserungen im galvanischen Niederschlagen gewisser Metalle sowie in dazu gehörigen Apparaten" (Improvements in the deposition of certain metals, and in apparatus connected therewith), und die Patent-Specification wurde am 25. November desselben Jahres in vorgeschriebener Weise registrirt.

Die Erfindung bestand in der Verwendung gewisser neuen Gold-, Silber- und Kupferlösungen für galvano-plastische Zwecke, sowie in der Benutzung der „thermo-elektrischen" Batterie (so benannt vom Patentinhaber) zum Niederschlagen dieser Lösungen. Diese Batterie bestand abwechselnd aus vertikalen Neusilber- und Eisenstäben, welche, in gewohnter Weise verbunden, in einen Rahmen eingesetzt waren, wobei die unteren Enden der Stäbe in ein fast zur Rothgluth erhitztes Sandbad eintauchten, während die oberen Enden durch einen Zufluss von kaltem Wasser kühl gehalten wurden. Diese Batterieform bildete einen besonderen Anspruch der Patent-Specification, abgesehen von dem für die Lösungen, und zwar: „um zum metallischen Niederschlage verwendbare elektrische Ströme zu erzeugen" (for the purpose of generating electrical currents applicable to the deposition ofmetals).

Messrs. Elkington wussten die erfolgreichen Bemühungen des Erfinders wohl zu schätzen und zahlten ihm für seine Erfindung die Summe von £ 1600, abzüglich £ 110 für Patentkosten. Wilhelm brachte eine geraume Zeit in deren Fabrik mit Experimenten für seine Methode zu, und einer der dort heute noch beschäftigten Assistenten erinnert sich recht wohl des Interesses, welches man damals den Arbeiten des „jungen Deutschen", wie er genannt wurde, zollte. Von seinem Verfahren wird behauptet, dass es vollständig erfolgreich gewesen sei; in Folge verschiedener Abänderungen in der Fabrikationsweise jedoch ist es commerziell nicht in ausgedehnterem Maasse zur Anwendung gekommen und hat seitdem sparsameren Methoden Platz machen müssen. Messrs. Elkington waren jedoch mit ihrem Handel wohl zufrieden; der junge Mann und sein ganzes Wesen gefiel ihnen, und sie sind stets seine einflussreichen Freunde und Gönner geblieben.

Der Erfolg dieses ersten geschäftlichen Unternehmens überstieg selbst die sanguinischsten Hoffnungen der Familie, und als der junge Siemens nach Deutschland zurückkehrte, wurde er überall als ein Heros betrachtet. Frau Himly schrieb am 7. Juli 1843, wie folgt:

„Von unserem lieben Goldfisch erhielt ich vor wenigen Tagen die erste Nachricht, seit er Dich gesehen. Deine Freude über Wilhelm's Erscheinen als Croesus! wird wohl so ziemlich so gewesen sein als die meine; bis dahin hatte mich noch nie eine Freude so ausser Fassung gebracht. Ach! Werner — warum mussten dies die theuern, seligen Eltern nicht erleben! — Werdet Ihr das Geld denn brüderlich theilen? Ich bin überzeugt, dass Wilhelm noch mehr so glücklich spekuliren wird und so nimm es nur gern an. . . .“

In einem Briefe an Wilhelm selbst sagt sie:

J. —, W. — & W. — trugen mir Grüsse und Glückwünsche für unseren Goldbruder auf. Von Deiner Verlobung war uns bis dahin noch nichts zu Ohren gekommen; freilich sind selten Gerüchte ganz ungegründet! . . . . So reiche Männer, wie Du, haben aber viel der Art auszustehen; die Mädchen sehen Dich gewiss auch mit ganz anderen Augen an, wie sonst. Carl fragt, ob Du denn noch keine Ebbe wieder in Deinem Beutel spürtest? . . . . . .“

Wenn man nun auch dem so sehr natürlichen Familienstolz unter den Umständen manche Ueberschwänglichkeit zu Gute halten, und auch die ausnahmsweise günstige Aufnahme bei Elkingtons in Betracht ziehen muss, so können wir doch nicht umhin, Wilhelms Verhalten bei seinem ersten wirklichen Geschäftsversuche zu bewundern. Ein junger Mann von kaum 20 Jahren, fast ohne alle Erfahrung in commerziellen Angelegenheiten, fast ohne Mittel oder Freunde und selbst nur mit beschränkter technischer Kenntniss der Sache, über die er zu verhandeln hatte, übernahm es, im fernen Lande, dessen Sprache ihm noch dazu fremd war, den Verkauf einer neuen Erfindung zu betreiben, und durch seine Ausdauer, Intelligenz und Gewandtheit gelang ihm dies auch in einer Weise, welche die Erwartungen derjenigen, welche ihn auf diese Mission ausgesandt hatten, bei Weitem überstieg. Solch ein Anfang, wenn auch, wie wir später sehen werden, von zeitweiligen Misserfolgen gefolgt, liess jedenfalls im Jüngling den Besitz jener geistigen Eigenschaften und Kräfte zur Genüge durchblicken, welche den Mann zu seiner bedeutenden Stellung und seinen Namen zur Berühmtheit gebracht haben.

Dieser Erfolg war gerade zu der Zeit ausserordentlich segenbringend. Die beiden Brüder befanden sich durch die grosse Verantwortlichkeit, die sie mit der Sorge für die jüngeren Geschwister sich selbst auferlegt hatten, in hart bedrängter Lage, und der Ertrag aus Wilhelms Geschäftsvermittlung kam ihnen daher als Unterstützung zur Erfüllung dieser frommen Pflicht sehr gelegen.

Wilhelm nahm seinen früheren Platz in der Stollberg'schen Fabrik in Magdeburg wieder ein, woselbst er bis zum Ende des Jahres verblieb. Doch der verhältnissmässig leichte Erwerb des Elkington'schen Geldes hatte die Brüder zur Hervorbringung neuer Erfindungen angespornt, und ihre Correspondenz hierüber wurde daher mit grossem Eifer fortgesetzt.

Aus einem vom 28. November 1843 datirten Briefe von Werner in Berlin an Wilhelm in Magdeburg geht hervor, dass sie eine dritte Person, einen tüchtigen Mechaniker, Namens Leonhard, in ihr Vertrauen gezogen hatten. Der im letzten Kapitel erwähnte „chronometrische Regulator" war der Hauptgegenstand ihres Studiums gewesen, und es ward bestimmt, dass Wilhelm eine zweite Reise nach England unternehmen solle, um den Versuch zu machen, den Regulator an den Mann zu bringen. Der hieraus etwa gelöste Ertrag sollte in gleichen Theilen zwischen den Dreien vertheilt werden. Einige Monate verstrichen noch in fernerer Berathung der Erfindung, welche unterdessen in Deutschland patentirt wurde, und nachdem auch Versuche im kleineren Maassstabe damit zur Zufriedenheit ausgefallen waren, verliess Wilhelm Magdeburg im Anfange des Jahres 1844.

Beim Abschied erhielt er folgendes Abgangszeugniss:

Wilhelm Siemens aus Menzendorf hat bei hiesiger Maschinenfabrik circa zwei Jahre als Eleve gestanden und gearbeitet und in dieser Zeit sich fleissig, treu und gesittet betragen.

Neben einigen Handarbeiten ist er besonders mit Maschinenzeichnen beschäftigt gewesen und ist darin zu einer gewissen Fertigkeit gelangt.

Magdeburg, den 19. Januar 1844.
Gräflich Stollberg'sche Maschinenfabrik
Schöttler.

Er trat sodann sofort seine Reise nach London an, wo er am 8. Februar landete. Dieser Besuch war für seine zukünftige Lebenslaufbahn entscheidend. Seine Bemühungen, der neuen Erfindung in England Eingang zu verschaffen, brachten ihn mit den ersten Ingenieuren und bedeutendsten Männern der Wissenschaft in Berührung, wodurch er zu der Ansicht gelangte, dass sich ihm in England am Ende ein angemesseneres und ergiebigeres Feld für seine Arbeiten eröffnen dürfte, als in seinem Geburtslande; und England wurde daher von jetzt ab seine Heimath.

Seine Reise galt hauptsächlich der Erfindung des Regulators; dies war jedoch nicht der einzige Zweck derselben. Die Brüder hatten unter ihren mannigfachen Projecten auch einem eigenthümlichen, kurz vorher in Deutschland erfundenen Druckverfahren ihre besondere Aufmerksamkeit gewidmet, und in Gemeinschaft einige wichtige Verbesserungen darin zu Stande gebracht. Es wurde daher so angeordnet, dass Wilhelm zugleich mit dem Regulator auch diese Erfindung betreiben solle.

Diese beiden Gegenstände nahmen für einige Jahre seine ernste Thätigkeit in Anspruch, und es dürfte daher angemessen erscheinen, seine Fortschritte in Bezug auf jeden derselben einzeln zu verfolgen.

Der chronometrische Regulator.

Wilhelm hat offenbar keine Zeit verloren, da noch heute eine kurze Beschreibung über den allgemeinen Charakter dieser Maschine im Manuscript vorhanden ist, welche er gleich am nächsten Tage nach seiner Ankunft in London, nämlich am 9. Februar 1844, in keineswegs klassischem Englisch (sonst aber vollständig sachgemäss und verständlich) geschrieben und mit „Wilh. Siemens, Civil-Engineer of Berlin" unterzeichnet hat.

Kapitel IV.

Mit diesem Schriftstück ausgerüstet, machte er dem damaligen preussischen General-Consul, Herrn Bernhard Hebeler, seine Aufwartung, der ihn nicht nur freundlich empfing, sondern sich ihm späterhin auch als sein wahrer und einflussreicher Freund erwiesen hat. Herr Hebeler machte ihn auf die Nothwendigkeit aufmerksam, dass er sich mit Jemandem in Verbindung setze, der ihn in dem technischen Theile seiner Arbeit unterstützen könne und stellte ihn zu diesem Zwecke dem Mr. Joseph Woods, einem damals in London ansässigen, achtbaren Ingenieur vor. Wilhelm erkannte sofort den Vortheil einer solchen Verbindung und, nach gebührender Auseinanderlegung seiner Projecte und Pläne, wurde ein Abkommen zwischen ihm und Mr. Woods zu gemeinsamer Thätigkeit getroffen.

Der zunächst erforderliche Schritt war, die Erfindung durch ein englisches Patent zu sichern, welches am 18. April 1844 auf Mr. Wood's Namen genommen wurde. Es dürfte hier am Platze sein, eine kurze Beschreibung dieser Erfindung zu geben.

Dampfmaschinen zum Treiben irgend welcher Art von Maschinerie sind stets Unregelmässigkeiten in der Geschwindigkeit ihrer Bewegung unterworfen, deren Grund theilweise in den Variationen des Dampfdruckes und theilweise in der Verschiedenheit der Widerstände, welche die zu verrichtende Arbeit bietet, zu suchen ist. Mancherlei Vorrichtungen sind benutzt oder versucht worden, um eine Gleichförmigkeit in der Bewegung zu erzielen, worunter der von Watt erfundene, wohl bekannte „Regulator" wohl zuerst genannt zu werden verdient. Derselbe bestand aus einem Centrifugal-Pendel, welches so angebracht war, dass es mit der Dampfmaschine rotirte und mit dem den Dampf einlassenden Drosselventil in Verbindung stand. Wenn die Bewegung beschleunigt wird, hebt sich das Pendel und verringert den Dampfdruck, wenn dagegen die Bewegung verzögert wird, fällt das Pendel und verursacht Beschleunigung dadurch, dass es dem Dampf grösseren Spielraum gewährt.

Die Ingenieure waren sich jedoch darüber vollständig klar, dass diese für gewöhnliche Zwecke zumeist genügende Vorrichtung keineswegs ein vollkommener Regulator genannt werden konnte, da ihre Wirkung gewisse Schwankungen in der Schnelligkeit der Rotation nicht zu verhindern vermochte, und da die beiden Brüder Siemens der Ueberzeugung waren, dass eine grössere Gleichförmigkeit des Maschinenganges erwünscht sei, machten sie sich sogleich daran, diese Art der Regulirung zu verbessern. Sie kamen auf den geistreichen Gedanken, an der Seite der Maschinenwelle eine andere, unabhängig rotirende Bewegung zu schaffen, deren Geschwindigkeit unveränderlich sein sollte, und welche gleichzeitig dazu dienen sollte, den Gang der Dampfmaschine zu reguliren. Diese zweite Bewegung wurde durch ein Gewicht herbeigeführt, und die Gleichförmigkeit seiner Rotation (da die erstere weder Kraft- noch Belastungs-Veränderungen unterworfen war) durch einfache Regulirungsvorrichtungen mit Leichtigkeit gesichert. Durch einen höchst genialen Mechanismus wurde das Verhältniss zwischen der gleichförmigen und veränderlichen Bewegung nicht nur automatisch registrirt, sondern gleichzeitig dadurch auch die Regulirung selbst bewerkstelligt. Die Hauptmaschinenwelle drehte eine Schraube ohne Ende, welche in ein mit dem gleichförmigen Motor in Verbindung stehendes Getriebe eingriff und gleichzeitig in der Längenrichtung ihrer Achse hin- und hergleiten konnte. So lange die beiden Geschwindigkeiten correspondirten, rotirte die Schraube ohne Verschiebung; sobald aber der Gang der Dampfmaschine zu variiren anfing, begann die Schraube ihre Bewegung in der Längenrichtung, und dies bewirkte in Folge einer Verbindung derselben mit dem Dampfzulass eine höchst wirksame und empfindliche Regulirung. Durch eine von Herrn Siemens im Jahre 1845 patentirte Verbesserung wurde an Stelle der Schraube und des Vorgeleges eine konische Rad-Vorrichtung angebracht, und fernere Verbesserungen geringerer Bedeutung wurden in dem Patente vom 22. December 1847 beansprucht.

Wie hieraus hervorgeht, fungirte der hinzugefügte gleichförmige Motor, worin die wirkliche Verbesserung der Erfindung bestand, als Chronometer, mit dessen Zeitangaben die Rotationsgeschwindigkeit der Dampfmaschine verglichen werden konnte; und daher datirt denn auch der Name der Erfindung: „chronometrischer Regulator".

Wilhelm, dem die angenehme Erfahrung, welche er mit seinen galvano-plastischen Erfindungen gemacht hatte, noch frisch im Gedächtniss schwebte, beabsichtigte zunächst sein vollständiges Patentrecht, dessen Werth er auf eine ungeheure Summe, nämlich auf ungefähr £ 36 000 schätzte, zu verkaufen. Er fand jedoch bald, dass ein derartiges Geschäft ausser Frage war und versuchte daher, im Vereine mit Mr. Woods, andere Mittel, um die Erfindung ergiebig zu machen. Man beschloss, Privilegien zur Benutzung dieser Erfindung zu gewähren; doch auch das wollte nicht gehen, und die Herren Siemens und Woods fanden sich daher am Ende genöthigt, Maschinen dieser Art unter ihrer eigenen Aufsicht bauen zu lassen und wirklich zu liefern, um Fabrikanten zum Versuche derselben zu bewegen.

Um die Aufmerksamkeit der Ingenieurwelt noch mehr auf die Sache hinzulenken, legte Mr. Woods am 10. März 1846 dem Institut der Civil-Ingenieure in London eine Abhandlung über diesen Gegenstand vor, worin eine vollständige Beschreibung des Apparates und eine Erklärung seiner Vortheile gegeben war. Die Erfindung fand sehr viel Anklang, und in der Diskussion, welche der Verlesung der Abhandlung folgte, legten verschiedene hervorragende Ingenieure, unter Anderen Mr. Robert Stephenson, Mr. Charles May und Mr. Joshua Field Zeugniss zu Gunsten derselben ab. Einige Monate später hat Mr. John Penn (eine der grössten Autoritäten in solchen Angelegenheiten) sich in einem vom 1. September 1846 datirten Briefe an den General-Consul Hebeler in folgender Weise ausgedrückt:

„Ich habe und hatte stets eine höchst günstige Meinung vom Siemens'schen Regulator und bin der Ansicht, dass derselbe dem Erfinder alle Ehre macht. Ich hoffe ihn noch in ausgedehntem Maassstabe angewendet zu sehen und bezweifle nicht, dass dies, sobald derselbe erst allgemeiner bekannt geworden ist, auch der Fall sein wird."

Unter solchen Auspizien konnte dieser Erfindung der Erfolg kaum fehlen. Die Regulatoren sind mit vielen Dampfmaschinen in verschiedenen Theilen Grossbritanniens zur Verwendung gekommen und in manchen Fällen auch in den bedeutendsten Maschinenfabriken. Einige derselben haben ihren Zweck vollständig erfüllt, und ist in solchen Fällen demgemäss auch darüber berichtet worden; wie es aber bei den meisten Neuerungen auf dem Gebiete der Mechanik der Fall zu sein pflegt, so hat auch die Anwendung des Regulators gelegentlich viel Mühe und Aerger verursacht und selbst Misserfolge waren nicht ausgeschlossen. Die Fabrikation ward viele Jahre lang betrieben und wird in späteren Perioden dieser Lebensbeschreibung wieder erwähnt werden.

Ein Arbeitsmodell des Regulators wurde im Jahre 1849 in der Society of Arts und später im Jahre 1851 in der Grossen Internationalen Ausstellung im Hyde Park in London ausgestellt. In dem Berichte der Preisrichter wird der Regulator als „wohl bekannt und bewährt" bezeichnet und ist mit einer „Preis-Medaille" gekrönt worden.

Das anastatische Druckverfahren.

Die andere Erfindung, welche Wilhelm Siemens im Jahre 1846 mit nach England brachte, hat zur Zeit bedeutendes Aufsehen erregt und die Geschichte ihrer ersten Einführung in die Oeffentlichkeit dürfte nicht ohne Interesse sein.

Im October 1841 erhielten die Eigenthümer des Journals „Athenaeum" von einem Correspondenten in Berlin einen Abdruck von vier Seiten ihrer Journal-Nummer vom 25. September, welche zudem verschiedene Abbildungen im Holzschnitt enthielten. Der Abdruck des Textes sowohl als auch der Holzschnitte war ein so vollkommenes Facsimile, dass die Verleger selbst wohl niemals auf den Gedanken gekommen wären, dass derselbe aus einer anderen, als aus ihrer eigenen Druckerei hervorgegangen sei, wäre ihnen dieselbe unter anderen Verhältnissen zugegangen. Auf ihr dringendes Verlangen nach einer Erklärung erfuhren sie weiter nichts, als dass dieser und ähnliche Abdrücke aus anderen illustrirten Blättern nach einem kürzlich entdeckten, neuen Verfahren, das bis dahin noch ein tiefes Geheimniss sei, genommen worden seien.

Das Athenaeum veröffentlichte hierüber am 4. December 1841 einen „Druck und Nachdruck" überschriebenen Artikel und wies auf den ungeheuren Schaden hin, welchen diese Erfindung den Verlagsbuchhandlungen zu verursachen im Stande sei, besonders wo es sich um kostspielige illustrirte Werke handele, deren Nachahmung man bis dahin für zu schwierig gehalten habe, um von unberechtigter Hand auch nur versucht zu werden. Der erhaltene Abdruck, welchen die Verleger an die Regierung eingesandt hatten, wurde von Lord Monteagle der zur Untersuchung von Schatzkammer-Schein-Fälschungen berufenen Commission vorgelegt; jedoch scheint man weiter keine Notiz von der Sache genommen zu haben.

In der Zwischenzeit wurden mit dem Druckverfahren in Deutschland weitere Versuche gemacht. Der Erfinder war ein gewisser Herr Baldamus, welcher ursprünglich in Erfurt ansässig war, späterhin aber nach Berlin übersiedelte. Während seiner Bemühungen zur Vervollkommnung seiner Erfindung wurde er mit den Brüdern Werner und Wilhelm Siemens bekannt, denen er sein Verfahren auseinandersetzte; und diese, von dem Werthe desselben und dem daraus aller Wahrscheinlichkeit nach zu erzielenden Gewinn überzeugt, kamen überein, mit ihm gemeinschaftliche Sache darin zu machen. Wilhelm hat bei diesen Verbesserungen, besonders durch Construction von speziell für diesen Zweck geeigneten Druckpressen getreulich mitgewirkt, wobei ihm seine Erfahrung auf dem Gebiete der Mechanik sehr wohl zu statten kam; unter diesen Pressen befindet sich auch die erste rasch druckende Walzenpresse, welche in der Buchdruckerkunst zur Verwendung gekommen ist.

Bei Abschliessung des geschäftlichen Uebereinkommens Wilhelms mit Mr. Joseph Woods wurde dieses Verfahren mit eingeschlossen, und Mr. Woods nahm darauf am 6. Juni 1844 ein englisches Patent. Dasselbe war betitelt: „Verbesserungen im Hervorbringen und Vervielfältigen von Abdrücken von Plänen sowie im Copiren von Drucksachen und Schriftstücken" („Improvements in producing and multiplying copies of designs and impressions of printed or written surfaces"), und das Patent sicherte die folgenden zwei Ansprüche: erstens, ein Verfahren, um auf metallischen Flächen umgekehrte Facsimiles von Drucksachen, Stichen und Holzschnitten, von Plänen und Schriftstücken u. s. w. herzustellen und zweitens, die Construction mechanischer Pressen zum Nehmen von Abdrücken solcher umgekehrten Facsimiles.

Der Prozess wurde allgemein „Anastatisches Druckverfahren" genannt, d. h. die ἀνάστασις oder das Auffrischen von Abdrücken*).

---

*) Diese höchst angemessene Bezeichnung war von Mr. Edward Woods,

Es ist eine wohl bekannte Thatsache, dass ein Theil der Schwärze eines neu gedruckten Buches oder Holzschnittes durch einfaches Drücken auf eine darunter befindliche glatte Platte übertragen werden kann, und dies hatte man sich zur Hervorbringung von umgekehrten Facsimiles auf Zinkplatten zu Nutzen gemacht. War die Schwärze alt, so wurde die Uebertragung durch Anwendung chemischer Mittel erleichtert. Die Platte wurde sodann, wie bei der Lithographie, abwechselnd mit Wasser und öliger Schwärze behandelt und davon mit Hülfe von geeigneten Pressen die gewünschte Anzahl von Abdrücken genommen. Die Druckpressen waren zweierlei Art: entweder kleine Handpressen oder grössere, automatisch arbeitende Platten-Druckmaschinen mit Dampfbetrieb.

Druckproben wurden der Society of Arts am 27. November 1844 vorgelegt, und das Verfahren ward am 18. und 25. Januar 1845 im Athenaeum wiederum als ein viel Bewunderung erregendes erwähnt, wobei auch diesmal eine gewisse Besorgniss in Bezug auf die möglicher Weise daraus hervorgehenden Resultate nicht ausgeschlossen war.

Einen oder zwei Monate nachher wurde es dem Präsidenten und vielen einflussreichen Mitgliedern der Royal Society vorgezeigt und zog die Aufmerksamkeit von Professor Faraday auf sich, welcher das neue Verfahren für wichtig genug hielt, um ihm einen der Freitagabende, an denen er seine Vorlesungen in der Royal Institution zu halten pflegte, zu widmen. Dieser Vortrag wurde am 25. April gehalten*); der Professor erklärte das Verfahren in seiner gewöhnlichen klaren Weise, und während der Beschreibung nahm Mr. Wood, welcher zu dem Zwecke mit seiner Presse und Druckern zugegen war, einen vollständigen Abdruck einer Seite aus einem gedruckten Werke mit Holzschnitten nach dem anastatischen Verfahren. Wilhelm hat in späteren Jahren erklärt, dass diese günstige Beurtheilung Faraday's ihm eine Einführung in die englischen wissenschaftlichen

---

dem nachmaligen Präsidenten des Instituts der Civil-Ingenieure in London und Bruder des Herrn Joseph Woods, vorgeschlagen worden.

*) Einen Auszug dieses Vortrages findet man in der Nummer des Athenaeums vom 3. Mai 1845, Seite 437.

Kreise verschafft habe und ihm behülflich gewesen sei, sich während der ungünstigeren Periode, welche er bald darauf durchzumachen hatte, durchzuhelfen.

Wilhelm hegte zuerst in Bezug auf diese Erfindung dieselben sanguinischen Hoffnungen, wie im Falle des Regulators und schätzte das Patentrecht auf die hohe Summe von £ 50000. Da sich aber auch hier wieder kein Käufer dafür finden lassen wollte, so wurde beschlossen, dass Herr Siemens und Mr. Woods gemeinschaftlich die Einführung derselben in die Industrie betreiben und durch praktisches Arbeiten dieselbe auszubeuten versuchen sollten.

Viel hing von den Pressen ab; und es war daher zunächst nothwendig, damit zu experimentiren und dieselben zu verbessern, vor Allem die automatisch wirkende Dampfpresse, welche als bei Weitem der wichtigste Factor für den gewünschten Erfolg betrachtet wurde. Die Pressen waren zweien der bedeutendsten Maschinenfabriken, der Messrs. Easton & Amos in Southwark und der Messrs. Ransomes & May in Ipswich in Arbeit gegeben worden, und viel Sorgfalt wurde auf ihre Erbauung verwandt. Nachdem deren Leistungsfähigkeit genugsam erprobt war, hielt man es für gerathen, eine sogenannte „Grosse Druck-Anstalt" („Grand Printing-Establishment") zu gründen, worin das anastatische Verfahren für industrielle Zwecke geschäftlich betrieben werden konnte. Drucker mussten besonders dazu angelernt und Geschäftsverbindungen mit verschiedenen, mit Literatur und Kunst im Zusammenhang stehenden industriellen Zweigen angeknüpft werden, was Alles viel Zeit wegnahm, viel Geld kostete und den Unternehmern manche schlaflose Nacht verursachte.

Diese Arbeiten nahmen einige Jahre in Anspruch. Es ist keineswegs so leicht, die verschiedenen Entwicklungs-Phasen dieses geschäftlichen Unternehmens genau zu verfolgen; zuweilen ist wohl von günstigen Resultaten die Rede; meistens aber hört man nur von Schwierigkeiten und Enttäuschungen, wodurch Wilhelm sich schliesslich auch veranlasst sah, die Sache vollständig fallen zu lassen.

Derselbe war während dieser ganzen Zeit, von Anfang bis zu Ende, von einem Deutschen, Namens Appel, einem vormaligen Arbeiter von Herrn Baldamus, in seinen Bemühungen getreulich unterstützt worden; am 30. December 1846 sah sich Wilhelm jedoch genöthigt, demselben folgenden Brief zu schreiben:

Lieber Appel!

„Es thut mir leid, Ihnen anzeigen zu müssen, dass unsere Auslagen für den Zweck, das Drucken zu praktischer Vollkommenheit zu bringen, so sehr angeschwollen sind, und dass vor der Hand wenigstens so geringe Aussichten vorhanden sind, Vortheile davon zu ziehen, dass wir uns genöthigt sehen, die Sache im nächsten Jahre ganz aufzugeben.

Die angenommenen Aufträge müssen jedoch erst ausgeführt werden; auch möchte ich eine vollständige Sammlung von Proben aller Art besitzen, um zu gelegener Zeit Gebrauch davon machen zu können, (20 bis 25 Abdrücke von jedem); doch habe ich mich mit Herrn Woods dahin geeinigt, dass am 15. Januar die Bude geschlossen werden soll."

Wilhelm erging sich dann noch des Näheren über den, seiner Ansicht nach von Herrn Appel in Zukunft einzuschlagenden Weg und bot sich an, dem Letzteren in jeder Beziehung nach Kräften behülflich zu sein. Die Folge hiervon war, dass Herr Appel noch einige Jahre lang das Verfahren auf eigene Rechnung weiter betrieb, und es auch auf der Internationalen Ausstellung vom Jahre 1851 nochmals vorzeigte. Dasselbe ward jedoch schliesslich von anderen Verfahren verdrängt, und es scheint, vom geschäftlichen Standpunkte aus betrachtet, den Erwartungen seiner Erfinder und Gönner nicht entsprochen zu haben.

Schwierigkeiten und Sorgen.

Die ersten drei Jahre seines Aufenthalts in England brachte Wilhelm hauptsächlich mit Versuchen zur Einführung der beiden oben beschriebenen Erfindungen zu; und es waren für ihn sowohl wie für seine Angehörigen fürwahr drei denkwürdige Jahre, der vielen Enttäuschungen und Sorgen wegen, welche mit diesen Versuchen verknüpft waren.

Sein erster glänzender Erfolg hatte in ihm ungebührlich sanguinische Hoffnungen wachgerufen, wie aus dem höchst übertriebenen Geldwerthe, welchen er diesen Erfindungen beilegte, hervorgeht. Und wenngleich es ihm nicht gelang, Käufer dafür zu finden, so scheint er doch an der Ueberzeugung festgehalten zu haben, dass ein Versuch, die neuen Erfindungen auf eigene

Faust praktisch und commerziell zu betreiben, verhältnissmässig leicht und höchst ergiebig ausfallen müsse. Man darf jedoch nicht vergessen, dass neben der Jugend Unerfahrenheit auch ihr Vertrauen ihm eigen war, und so war es ihm vorbehalten, seine Erwartungen bitter getäuscht zu sehen.

Zunächst war es nothwendig, Geld zu schaffen und keineswegs mit kärglicher Hand zu verausgaben. Er selbst deckte die ersten Auslagen, indem er ein kleines, ihm noch gut stehendes Erbtheil von ungefähr 700 Thalern erhob, was nebst all' seinem baaren Gelde gar bald verbraucht war. Dann trugen sein Bruder Werner und seine Schwester Frau Himly, die beide seine Erwartungen theilten, auch zu den Kosten ihr Scherflein bei. Darauf musste Mr. Woods bedeutende Vorschüsse machen, und nachdem alle diese Summen aufgezehrt waren, wurden noch grössere Beträge, hauptsächlich durch den Consul Hebeler, beschafft. In einem vom 12. Dezember 1844 datirten Briefe an den letztgenannten Herrn spricht Wilhelm demselben seinen wärmsten Dank für frühere Hülfeleistungen aus, und während er ihn der Aussicht auf Erfolg versichert, drückt er zugleich sein Bedauern über die schweren Unkosten aus und bittet um fernere Vorschüsse.

Dabei handelte es sich nicht nur um die nöthigen Geldmittel, um die beiden Erfindungen in England allein zu betreiben, sondern so unerschütterlich war das Vertrauen, welches die Brüder darein setzten, dass Patente in Frankreich, Belgien, Preussen, Oesterreich, Baiern und den meisten anderen deutschen Staaten darauf genommen wurden, was Alles bedeutende Zahlungen erforderte, mit sehr fern gelegenen Aussichten auf dereinstige Erstattung. Dabei waren einzelne Posten der verausgabten Summen zuweilen auch etwas sonderbarer Natur; so spricht Wilhelm in einem seiner Briefe von den Regulatoren, welche „gehörig geschmiert" werden müssten, um sie ordentlich arbeiten zu machen (d. h. dass die damit arbeitenden Leute gute Trinkgelder verlangten).

Ueberdies trieb der fruchtbare Erfindungsgeist der Brüder dieselben immerfort zu neuen erfinderischen Producten. So finden wir in ihrer Correspondenz Projecte zu Verbesserungen in der Papier-Fabrikation, für Schiffe mit neuen Betriebsarten, für geflügelte Raketen und Fliege-Apparate, für nach neuen Grundsätzen zu erbauende Lokomotiven und für Eisenbahn-Constructionen, kurz eine lange Reihe der verschiedenartigsten Erfindungen erörtert, die alle patentirt und ausprobirt werden sollten, sobald die nöthigen Geldmittel dazu beschafft werden könnten. In einigen dieser Fälle rann Wilhelms ungestümes Genie wohl auch mit seinem besseren Verständniss davon, so dass der ältere Bruder ihm einigermaassen die Zügel anlegen musste. So sagt Werner einmal:

„Es ist doch eine schöne Sache mit der Vaterfreude! Schade nur, dass sie auch den Einsichtsvollsten blind für die Fehler und Schattenseiten der Kinder macht!"

Auf der anderen Seite kann Wilhelm zuweilen seine „Furcht" vor gewissen Projecten, für welche Werner ihn zu begeistern sucht, nicht verhehlen.

Und nicht allein beschränkte sich die Aufmerksamkeit der Brüder auf ihre eigenen Erfindungen, sondern sie interessirten sich auch für die Ideen anderer Erfinder. So sagt Werner in einem seiner Briefe:

„Wir haben hier schon Renommée erhalten. Alle Nase lang wendet sich einer direct oder indirect an mich und will uns eine Erfindung zur Betreibung in England anbieten. Man könnte auf diese Weise ein ganz hübsches Geschäft machen! . . . ."

Und natürlich „Erfindungen einführen" hiess, wie gewöhnlich, die nöthigen Geldmittel dafür zu beschaffen.

Unter Anderem trat Wilhelm im Jahre 1845 mit Mr. Frederick Ransome aus Ipswich (in dessen Hause er, während die anastatischen Druck-Arbeiten im Gange waren, als Gast verweilte) bezüglich eines, von diesem erfundenen und patentirten Verfahrens zur Fabrikation von künstlichen Steinen in Geschäftsverbindung. Wilhelm verwandte auf die Untersuchung dieses Verfahrens in England viel Zeit, während Werner sich alle mögliche Mühe gab, um die Einführung desselben auf dem Continente zu betreiben. Das Verfahren ist heutzutage als ein erfolgreiches und werthvolles wohlbekannt; die Bemühungen der Herren Siemens scheinen jedoch damals für sie selbst zu keinem ergiebigen Resultate geführt zu haben.

Kapitel IV.

Die ihnen aufgedrungenen Erfindungen waren aber selten von gesundem Charakter. So wandte sich einstmals ein Bildhauer aus Mecklenburg, der sich einbildete das „Perpetuum mobile" erfunden zu haben, mit dem dringenden Ansuchen an Wilhelm, einen dem Vernehmen nach in England dafür ausgesetzten hohen Preis dort zu beanspruchen, und begleitete seine schriftliche Eingabe mit officiellen Attesten der Civil-Behörden, worin die vollständige Leistungsfähigkeit der Maschine bezeugt wurde.

Als man nun die unangenehme Erfahrung machte, dass alle Geldmittel verschwanden, ohne irgend welche Aussicht auf umgehende Zurückzahlung, fingen naturgemäss einige von denen, welche die Vorschüsse gewährt hatten, an, unruhig zu werden, während zuerst Alles voll Zuversicht war. So schrieb z. B. einer von Wilhelms Freunden von Berlin aus:

„Hoffentlich werde ich Dich auch hier sehen, wenn Du den Goddams wieder einige Tausend Pfund Sperlinge abgenommen haben wirst."

Oft auch ist von „darauf bezüglichen Hoffnungen", „Rückzahlung der gemachten Vorschüsse mit Wucherzinsen" und dergleichen mehr die Rede.

Diese sanguinischen Erwartungen sollten sich doch bald als trügerisch herausstellen. Schon im Anfange des Jahres 1844 fing Werner an über die unzulänglichen Nachrichten zu klagen, welche sein Bruder nach der Heimath sandte und über seine Schwester schrieb er:

„... doch Mathilde schwögt gewaltig über unsere, wie sie meint, schon ganz verloren gegangene Speculation ..."

Mit der Zeit wurden diese Klagen immer lauter. Für Werner, welcher seine eigenen grossen Unkosten zu decken hatte, waren die, durch diese Erfindungen verursachten, unaufhörlichen Auslagen besonders drückend, welche ihn aus der „ewigen Geldnoth", wie er sich auszudrücken pflegte, gar nicht mehr herauskommen liessen. Selbst die dabei beschäftigten Arbeiter mussten darunter leiden; denn anstatt ihren Lohn zur Beschaffung der nothwendigen Lebensmittel zu erhalten, mussten sie sich mit Versprechungen auf einen Antheil an späterem Gewinn vertrösten lassen.

Der Geldverlust war aber noch nicht das Schlimmste bei der Sache, sondern die beständigen Enttäuschungen und Misserfolge gaben bei den interessirten Parteien, wie es am Ende auch nicht anders zu erwarten war, zu Klagen, Misshelligkeiten und gegenseitigen Beschuldigungen Veranlassung, welche für die Zukunft die allerübelsten Folgen gehabt haben könnten, hätte nicht allerseits ein so gutes Einvernehmen und so grosse Mässigung vorgeherrscht. Wilhelm Siemens befand sich selbst in einer höchst misslichen Lage. Leben musste er nun einmal, und es war ihm gewiss nicht angenehm, dazu die von seinen Verwandten und Freunden vorgeschossenen Gelder mit in Anspruch zu nehmen. Es würde ihm nicht schwer gefallen sein, einen weniger dornenvollen Pfad zur Erwerbung seines Lebensunterhaltes einzuschlagen (auch war ihm bereits das Anerbieten gemacht worden, nach Deutschland zurückzukehren, um dort eine Fabrik zu leiten); seine Gewissenhaftigkeit hielt ihn jedoch zurück, indem er sich bewusst war, seine Freunde veranlasst zu haben, im Vertrauen auf seine Zusicherungen ihr Geld vorzuschiessen; er war daher ehrenhalber verpflichtet, mit denselben auszuhalten und Alles aufzubieten, deren Interessen zu fördern.

Folgende Auszüge aus einigen seiner von dieser Zeit her datirenden Briefe werden genügen, um zu zeigen, in welcher Gemüthsstimmung er sich damals befand. Am 31. Mai 1845 schrieb er:

„Ich konnte es nicht länger mehr mit ansehen, wie meine Hoffnungen täglich mehr und mehr geschädigt und vereitelt wurden ... Augenblicklich schäme ich mich fast zu sagen, dass ich mit dem anastatischen Druck-Verfahren etwas zu thun habe ... Die ganze Geschichte hapert und kommt nicht vom Fleck, während ich dazu verurtheilt bin, als stummer Zuschauer dabei zu stehen, um den Schaden, welcher meinem eigenen und dem mir anvertrauten Eigenthum angethan wird, sowie den Verfall und Ruin meiner zukünftigen Aussichten mit anzusehen ... Ich bitte nur noch um die nöthigen Mittel, um meine dringendsten Schulden abzahlen zu können, da ich seit einiger Zeit nicht einmal mehr im Stande gewesen bin, meine Hauswirthin zu befriedigen."

Am 16. October schrieb er ferner:

„Es muss eine grosse Aenderung in der Art und Weise unserer Geschäftsbetreibung eintreten; zunächst will ich aber, im Andenken an den heutigen Jahrestag der glorreichen Schlacht bei Leipzig, auch einen Sieg über mich selbst gewinnen, der darin bestehen soll, dass ich allen Groll aus meinem Herzen vertreibe . . . Ich bin jetzt vollständig mit mir darüber einig, diese eitle, qualvolle Lebensart aufzugeben und eine, wenn auch noch so bescheidene Stellung anzunehmen, wodurch ich mir die für meinen Lebensunterhalt nöthigen Mittel verdienen kann . . . Schliesslich biete ich Ihnen noch meine Hand an und schlage vor, in Zukunft alle feindlichen Gefühle fallen zu lassen, die mich so wie so schon krank gemacht haben . . ."

Da Wilhelm somit wünschte, abgesehen von dem Patentgeschäfte etwas zu verdienen, so unternahm er im Herbste des Jahres 1845 die Ausführung einiger Eisenbahn-Arbeiten. Es lässt sich heute nicht mehr feststellen, worin dieselben bestanden haben, wo es gewesen ist, oder wie sich ihm die Gelegenheit geboten hat; da es aber gerade zur Zeit der grossen Eisenbahn-Manie war, wo die Dienste der Ingenieure sehr gesucht waren, so wird er sich wahrscheinlich um eine derartige Beschäftigung nicht weit umzusehen gehabt haben. Jedenfalls war er glücklich genug, dafür bezahlt zu werden, und das auf diese Weise verdiente Geld versetzte ihn in den Stand, zur Regulirung einiger Privat-Angelegenheiten nach Deutschland zu reisen.

Bis zu Ende dieses Jahres hatte sich die Sachlage jedoch so sehr verschlimmert, dass die Brüder gleichzeitig zu der Ueberzeugung gelangten, dass der Versuch, die Erfindungen zu betreiben, ganz und gar fallen gelassen werden müsste. Wilhelms erster dahin gehender Schritt war, seinen Bruder von aller ferneren Verantwortlichkeit zu entlasten, und alle noch erübrigenden Verpflichtungen vollständig auf seine eigenen Schultern zu nehmen. Sein Brief an Werner, worin er diesen Entschluss ausprach, ist leider verloren gegangen; der allgemeine Charakter desselben dürfte jedoch aus den folgenden Stellen von Werners Antwortschreiben vom 3. Januar 1846 einigermaassen zu ersehen sein.

„Deinen lieben Brief, den ich gerade am Neujahrs-Abend (Sylvester) erhielt, hat mir und uns allen grosse Freude gemacht. Wir sassen ruhig zusammen und hatten die Absicht, bald zu Bette zu gehen, da wir keine Veranlassung fühlten uns am Jahreswechsel dem alten Jahre erkenntlich zu zeigen oder das neue Jahr freudig oder auch nur mit besonderen Hoffnungen zu bewillkommnen. Die Freude über Deinen Brief und meine besondere über die Uebereinstimmung des Ganges unserer An- und Absichten stimmte uns dahin, zu dem kranken Meyer zu gehen und bei ihm ein Glas Grog zu trinken, um darin so manche verfehlte Hoffnung des verflossenen Jahres zu ertränken! Doch wurde die trübe Stimmung durch die neue Bahn, die ich mir zum 30. Geburtstage geschenkt habe, gemildert. Ich habe mich im alten Jahre aller sanguinischen Hoffnungen, aller der vielen, sich theils durchkreuzenden Pläne erledigt und will, mit Deinem Rathe übereinstimmend, alle meine Kräfte dem einen Ziele, der galvanischen Telegraphie und was daran hängt und dazu nützt, widmen! Ich will versuchen, mich mit aller Anstrengung aus der verzweifelten Lage, in der ich mich jetzt befinde, heraus zu arbeiten und wünsche mir selbst Ausdauer und Gesundheit dazu! Es freuet mich, dass Du zu gleichen Entschlüssen gekommen bist. Sieh zu, dass es Dir dort gelingt. Benutze dazu von unseren bisher gemeinschaftlichen Sachen, was Du willst, das Andere wirf weg. Ich kündige Dir hiermit unsere Kompagnieschaft und entsage allen Ansprüchen auf die, aus einer, durch Dich vielleicht herbeigeführten glücklichen Wendung unserer bisherigen gemeinsamen Angelegenheit entspringenden Einnahmen! Wir können darum doch treue Brüder bleiben, können uns gegenseitig rathen und helfen. Kannst Du mir helfen, mein begonnenes schweres Werk, die Erziehung unserer Brüder, zu vollenden, so wirst Du es nach Kräften thun, das weiss ich, und gern werde ich stets Deine Hülfe annehmen, selbst wenn es mir gelungen wäre, mich in eine sorgenfreie Lage hineinzuarbeiten. — Du hast nicht nur die Pflicht, sondern auch das Recht, die Sorge für sie zu theilen.

Glaub' aber ja nicht, dass ich in momentaner Aufregung schreibe, und dass es mich je reuen könne, was ich ausgesprochen habe. Der Entschluss steht schon lange bei mir fest, und es fehlte nur eine passende Gelegenheit ihn gegen Dich auszusprechen. Mache daher nicht etwa Gegenvorstellungen, die doch nichts nutzen würden. Wir haben aber doch noch Manches abzuwickeln . . .

. . . Den ganz todt liegenden Regulator mögte ich ebenfalls gern loszuwerden suchen. Ich selbst kann und will nichts mehr damit zu thun haben, um meine Kräfte nicht mehr zu zersplittern. Ich mögte dem jungen S— die vorhandenen 3 Exemplare und die ganze Geschichte . . . . zum Kauf anbieten, oder besser wenn Du es thätest. Was meinst Du dazu? . . . .

Leb' wohl, lieber Bruder! Von ganzem Herzen wünsche ich und die Brüder sowie auch Meyer Dir ein, wenn auch nicht durchweg fröhliches, doch glückliches und erfolgreiches Neujahr. Mögen unsere, sich jetzt trennenden Wege uns einzeln zu demselben, von uns erstrebten Ziele führen! Glück auf also! . . . .

Wilhelm selbst konnte sich nicht so ohne Weiteres von dem Patentgeschäfte lossagen. Er war zunächst gezwungen, Alles daran zu setzen, um sich auf eine ehrenvolle Art von den eingegangenen Verpflichtungen zu befreien, und sein Vertrauen in den Regulator wenigstens hatte er auch damals noch nicht verloren. Nachdem er daher Werner die Sorgen um denselben abgenommen hatte, setzte er sich mit einer Hamburger Firma in Verbindung, welcher er die Agentur zur Betreibung dieser Erfindung auf dem Continente übertrug.

Im Mai 1846 wurde ihm von der Regierung in Peru eine Stelle in jenem Lande angeboten; er hielt jedoch die dortigen staatlichen Verhältnisse noch nicht für genügend geregelt, um die Annahme dieses Anerbietens zu rechtfertigen.

Am 19. Juni schrieb er einen langen Brief an seinen Londoner Collegen, welcher folgende Stellen enthielt.

„Sie haben sich an diesen beiden Erfindungen betheiligt, welche ich von ganzem Herzen niemals kennen gelernt zu haben wünsche. So lange mein eigenes Vermögen ausreichte, hegte ich nicht den geringsten Zweifel, dass die Patente zu dem Preise verkauft werden würden, den sie vor Erschöpfung meiner Mittel werth waren. Ich fand mich jedoch getäuscht . . . . Ich hatte unter den ungünstigsten Verhältnissen zu arbeiten und war beständig den gemeinsten Chikanen ausgesetzt . . . . Als ich von Deutschland zurückkehrte, fand ich die Druckerei sehr vernachlässigt und unter der Leitung eines verkommenen Schulmeisters. Ich versuchte dieselbe wieder zu heben; er aber gab ihr den Gnadenstoss durch eine so gänzlich verrückte Anordnung, dass ich mich nicht länger für berechtigt hielt, noch mehr Zeit daran zu verschwenden . . . . Neben alledem, was ich durchzumachen hatte, fehlten mir zuweilen sogar die nöthigen Mittel zum Leben, da mein kleines väterliches Erbtheil nebst all' meinem übrigen Besitzthum vollständig verzehrt war. So habe ich zwei und ein halbes Jahr in vollständiger Eingezogenheit und peinlichster Erwartung verlebt und meine beste Lebenskraft gänzlich diesen beiden Erfindungen gewidmet, deren Geschick ich noch nicht einmal zu kontrolliren im Stande bin . . . . Die erhaltenen Vorschüsse verpflichten mich, ehrenhalber unsere gemeinschaftliche Sache weiter zu betreiben, ohne auch nur die geringste Hoffnung, auch in

Zukunft irgend einen Vortheil für mich daraus zu erzielen . . . . Ich habe bereits zwei Anerbieten, die mir ein sorgenfreies Leben gesichert hätten, aus diesem Grunde ausschlagen müssen . . . . . Wie ich unter diesen Umständen meine volle Energie der Sache widmen könnte, ist mir unerklärlich. Ich liebe die Arbeit, und möglichst viel Beschäftigung ist das Einzige, was mich glücklich macht."

Auseinandersetzungen dieser Art finden wir noch mehrere, bis es ihm am Ende desselben Jahres endlich gelang, die ganze Angelegenheit zum Abschlusse zu bringen.

So bedauerlich das Alles nun auch gewesen sein mag, so hatte es doch auch insofern sein Gutes, dass es dazu beigetragen hat, Wilhelm für seine zukünftige Carriere heranzubilden und tüchtig zu machen. Trotz seines grossen Talentes fehlte es ihm immer noch an der nöthigen praktischen Erfahrung, um den vielen technischen Schwierigkeiten, welche neue Erfindungen auf dem Gebiete der Mechanik gleichsam bestürmen, erfolgreich zu begegnen; noch unerfahrener war er, wo es sich darum handelte, die mannigfaltigen Hindernisse zu überwinden, welche sich der erfolgreichen geschäftlichen Betreibung solcher Erfindungen entgegenstellen. Die Ansicht, dass eine Erfindung, weil sie dem Erfinder vielversprechend erscheint, auch sofort ihre einträgliche praktische Verwendung bei den industriellen Gewerben finden müsse, ist ein Wahn, von welchem der jugendliche und sanguinische Sinn nur zu oft bestrickt wird, und der fast nur durch die bittersten Erfahrungen mit der Wurzel ausgerottet werden kann. Diese Jahre der Prüfung dienten dazu, des jungen Siemens Sinn von manchen solchen trügerischen Ansichten zu läutern, und er erlangte während dieser Zeit nicht nur eine weit ausgedehntere und den jeweiligen Umständen leichter anzupassende technische Erfahrung (ist es doch ein alter Grundsatz in der Ingenieurkunst, dass Fehler die besten Lehrmeister seien), sondern sie gaben ihm auch vollauf Gelegenheit, sich mit der geschäftlichen Routine, welche bei der industriellen Betreibung solcher Erfindungen vor Allem erforderlich ist, genauer bekannt zu machen, und diese Errungenschaften haben ihn für die damals überstandenen Sorgen im späteren Leben vollständig schadlos gehalten.

Luftpumpen.

Während dieser Periode erfand Wilhelm eine Verbesserung in der Methode der Luftentleerung mit Hülfe mechanischer Kraft, die, wenn sie ihm auch weiter nichts eingebracht hat, doch verdient hier erwähnt zu werden.

Im Jahre 1845 ward seine Aufmerksamkeit auf das atmosphärische Eisenbahnsystem hingelenkt, welches zu der Zeit gerade bedeutendes Interesse erregte, und am 10. März desselben Jahres schlug er dem Mr. Charles May (einem hervorragenden Ingenieur, welcher sich selbst mit der Sache beschäftigt hatte), in einem Briefe eine Verbesserung in der Art der Luftentleerung der atmosphärischen Röhre vor. Damals wurde aus der Sache nichts, nach ungefähr einem Jahre ward sie jedoch nochmals angeregt. Die Erfindung war von Mr. (später Sir William) Cubitt, Mr. Brunel und Mr. Samuda, den Gründern und Gönnern der atmosphärischen Bahn geprüft und als praktisch ausführbar anempfohlen worden, und es ward beschlossen, einen Versuch nach der neuen Methode zu machen; ehe es jedoch dazu kam, gerieth der Betrieb der Eisenbahn in Unordnung und das System wurde ganz aufgegeben.

Wilhelm schloss jedoch die Erfindung in die Beschreibung seines zweiten Regulator-Patents vom 24. December 1845 mit ein. Der Haupttheil, wie er von ihm selbst in seinem Patentanspruch beschrieben wird, bestand aus „einer doppelcylindrischen Luftpumpe zum Comprimiren resp. Verdünnen luftförmiger Flüssigkeiten im Allgemeinen, wobei der Widerstand derselben gleichmässiger auf den Auf- und Niedergang der Kolben vertheilt wird." Die beiden Cylinder waren von verschiedener Grösse und so eingerichtet, dass die comprimirende Seite des ersten oder grösseren Cylinders mit der Saugseite des zweiten oder kleineren Cylinders in Verbindung stand, wodurch die Verdünnung bis auf einen weit höheren Grad ausgedehnt werden konnte.

Das Verfahren ist später für andere Zwecke mit Erfolg angewandt worden, besonders zur Entleerung bei der Zuckersiederei.

Wärme und ihre Nutzbarmachung.

Die Regenerativ-Dampfmaschine.

Nachdem Wilhelm der vielen Sorgen mit den Regulator- und Druckerpatenten allmählich überdrüssig geworden war, beschloss er, sich ein anderes Feld für seine Thätigkeit zu schaffen.

Im Laufe des Jahres 1846 hatte er Gelegenheit die Fabriksbezirke von Lancashire zu besuchen, und da er dort Aussicht auf eine einträgliche Beschäftigung fand, so siedelte er im Anfange des Jahres 1847 nach Manchester über, wo wir ihn zunächst unter der Adresse No. 4, Town Hall Buildings und später unter No. 11, Talavera Place, sowie unter No. 50, Burlington Street, Green Hays wiederfinden.

Er war dort für mehrere Firmen bei verschiedenen Ingenieur-Unternehmungen thätig; seine Haupteinnahmequelle stammte jedoch von einem Engagement in der Druckerei der Messrs. Hoyle and Sons in Mayfield her. Indem er nun die Experimente, welche er früher im Elkington'schen Etablissement gemacht hatte, weiter verfolgte, verfiel er auf ein Verfahren zur galvanoplastischen Bekleidung von Metallwaaren und zwar nicht etwa, wie früher, hauptsächlich zur Verschönerung des äusseren Ansehens, sondern zur Bekleidung mit einem dickeren und solideren Niederschlage, der auch für industrielle Zwecke dienlich sein könnte; und im Zusammenhang hiermit schlug er ferner vor, einen ausgedehnteren Gebrauch von dem electrolytischen Processe zum Vervielfältigen von gravirten Arbeiten zu machen. Unter Anderem hat er in der Mayfielder Druckerei auch vielfach Versuche gemacht, um mit Hülfe des obigen Verfahrens die verschiedenen Methoden zur Herstellung der bei der Kattundruckerei zur Verwendung kommenden gravirten Kupferwalzen zu verbessern.

Die wichtigste Folge seines Aufenthaltes in der Provinz Lancashire war jedoch die Aufmerksamkeit, welche er auf die Natur der Dampfkraft verwendet hat. Auf ihr beruhte die Gesammt-Industrie des Landes; die Dampfkraft aber hing wiederum ab von der Verwerthung der Wärme, und Wilhelms scharfe Beobachtungsgabe belehrte ihn bald, dass dieses Element bis dahin nur wenig verstanden war und seinem erfinderischen Geiste möglicherweise ein ergiebiges Wirkungsfeld darbieten dürfte.

Seine Erwartungen haben ihn nicht getäuscht, und man darf wohl sagen, dass die Wärme von da ab der Hauptgegenstand seines Studiums geworden ist. Er hat sich mit derselben, in der einen oder anderen ihrer Gestalten, während seines ganzen übrigen Lebens beschäftigt und seine späteren, darauf bezüglichen Arbeiten nahmen eine Ausdehnung an, welche die jeder anderen seiner vielen Beschäftigungen weit hinter sich zurückliess.

Er hatte theoretische Wärmelehre studirt und mit allen neueren Entdeckungen auf diesem Gebiete gleichen Schritt gehalten. Er arbeitete sich hinein in die tiefgehenden Erforschungen Joule's, Mayer's, Carnot's und anderer und hatte sich mit dem viel umfassenden Lehrsatz der Erhaltung von Energie, wovon die Resultate der Thermodynamik so unantastbaren Beweis geliefert haben, wohl vertraut gemacht.

Und indem er seinen überaus praktischen Sinn den theoretischen Erwägungen anzupassen verstand, konnte es ihm nicht lange unbekannt bleiben, welch' eine ungeheuer grosse Masse werthvoller Energie fast bei allen Fabrikations- und industriellen Verfahren beständig durch Wärme-Verschwendung verloren gehe, und es ward daher sein eifrigstes Bestreben, Mittel und Wege ausfindig zu machen und einzuführen, um dieser Kraftvergeudung Einhalt zu gebieten. Bereits gegen Ende des Jahres 1846 hatte er die Wirkung der Wärme als kraftgebendes Element mit seinem Bruder Werner gründlich erörtert, und er war stets bereit, jede sich ihm darbietende Gelegenheit zur Fortsetzung seiner Untersuchungen auf dem Gebiete der Praxis zu benutzen.

Seine ersten Bemühungen waren naturgemäss der Dampfmaschine zugewendet, da es ja einer der ersten Folgesätze der theoretischen Thermodynamik war, dass diese Maschine, selbst in der vollendetsten Form, nur einen ganz geringen Bruchtheil der durch Kohlenverbrennung entwickelten Energie ausnutzte.

Während er im Frühjahre 1847 in der Fabrik von Mr. John Graham in Manchester beschäftigt war, hatte er Gelegenheit, einige Versuche mit dem Kondensations-Apparate der Dampfmaschine anzustellen, und indem er die Ursachen des Wärmeverlustes nochmals gründlich in Erwägung zog, kam er auf den Gedanken, eine mechanische Vorrichtung zu construiren, wodurch er einen Theil dieser verschwendeten Wärmemenge zu ersparen hoffte.

Nachdem er die Sache des Längeren und Breiteren mit seinem Bruder Werner erörtert hatte, wusste er Mr. John Hick, einen der ersten Maschinenbauer in Bolton, in's Vertrauen und zu Rathe darüber zu ziehen, und Mr. Hick sprach nach einigen von ihm selbst gemachten dahin gehenden Versuchen die Ansicht aus, dass vor der praktischen Verwerthung dieser Erfindung zwar zunächst noch manche Schwierigkeiten zu überwinden sein würden, dass das Princip dagegen gut und vielversprechend und somit auch wohl eines Versuches werth sei. Er erklärte sich ferner in freigebigster Weise bereit, unter Wilhelms Anleitung eine Versuchsmaschine construiren zu lassen, um deren praktische Verwendbarkeit zu prüfen.

Gegen Ende des Jahres wurde eine Dampfmaschine von vier Pferdekräften fertig und die damit erzielten Resultate waren soweit zufriedenstellend, dass sie Wilhelm Siemens bewogen, mit dem Entnehmen eines Patentes dafür vorzugehen, welches denn auch am 22. December 1847 unter dem Titel: „Verbesserungen in Maschinen, welche mit Dampf oder anderen Flüssigkeiten betrieben werden" („Improvements in Engines to be worked by Steam and other Fluids") gewährt wurde.

Neben dieser von Mr. Hick erbauten Maschine war er auch mit den Messrs. Hoyle einig geworden, für dieselben einen Versuchs-Kondensator sowie einen Trockenapparat, welche beide das neue Princip praktisch verkörpern sollten, zu construiren, und mit der Ausführung dieser Constructionen, sowie mit der weiteren Ausarbeitung und Verbesserung seines Problems verlief der grössere Theil des Jahres 1848.

Nachdem die Probeconstructionen soweit zu Stande gekommen waren, sah sich Herr Siemens nach Theilnehmern zur industriellen Betreibung seiner Erfindung um, und Mr. Woods führte ihn zu diesem Zwecke bei Messrs. Fox, Henderson and Co., den Inhabern einer der bedeutendsten und leistungsfähigsten Maschinenbau-Anstalten in Smethwick bei Birmingham ein. Einige geschäftliche Unterhandlungen fanden statt, deren Natur aus folgendem Briefconcept, welches sich noch unter Wilhelms Papieren vorgefunden hat, zu ersehen ist.

3. Barge Yard Chambers, Bucklersbury, 20. June 1848.
Messrs. Charles Fox und John Henderson.

„Bezüglich unserer Unterredung über mein Patent für „Verbesserungen in Maschinen, welche mit Dampf oder anderen Flüssigkeiten betrieben werden", welches am 22. December 1847 in Kraft getreten ist, erlaube ich mir Ihnen die ganz ergebenste Mittheilung zu machen, dass es mir sehr erwünscht wäre, wenn Sie mir zur ernstlichen Betreibung der Fabrication solcher Maschinen Ihre Hülfe zusagen wollten und zwar insofern, dass Sie die etwa damit verknüpften Kosten, mit Ausnahme der von Mr. Hick in Bolton bereits gemachten Auslagen, wofür derselbe zu einer Vergütung von £ 1 Sterling pro Indikator-Pferdekraft von 70 000 Fusspfund berechtigt ist, übernähmen.

Es ist mein Wunsch und meine Absicht, dass Sie die ausschliessliche Berechtigung zur Betreibung des Patentes besitzen sollen und zwar in der Weise, wie es für alle dabei Interessirten am vortheilhaftesten erscheinen dürfte, und um Sie zu veranlassen, mit voller Energie die Einführung dieser Verbesserungen zu betreiben, bin ich bereit, Ihnen ein Drittheil an dem Besitze der besagten Patente für England und Schottland für die Summe von £ 1000 Sterling zu überlassen, welche in folgenden Raten zu entrichten wäre: — £ 500 binnen eines Monats vom heutigen Datum ab gerechnet und der Rest durch einen Wechsel, welcher 6 Monate nach der ersten Ratenzahlung fällig ist.

Ich bescheinige hiermit den Empfang einer ersten Anzahlung von £ 100 auf Abschlag der ersten Rate, wofür ich mich beehre, Ihnen mein durch das Patent geschütztes Accept mit dem ergebensten Bemerken zu überreichen, dass Ihnen dies als Bürgschaft bis zum endgültigen Abschluss unseres Contractes dienen soll, damit Ihnen die qu. £ 100 zurückerstattet werden, im Falle aus irgend einem Grunde ein Uebereinkommen zwischen uns nicht zu Stande kommen sollte.

Mit vorzüglichster Hochachtung
ganz ergebenst
C. W. Siemens."

Das Brief-Concept ist, wie es sich herausgestellt hat, von Mr. Joseph Woods geschrieben worden, welcher stets als Herrn Siemens Rathgeber fungirt hat, bis er im Herbste des Jahres 1849, zu der Zeit, wo in London die Cholera so schrecklich grassirte, dieser Krankheit plötzlich erlag. Wilhelm betrauerte diesen Verlust aufrichtig, denn, abgesehen von einigen geringen Meinungs-Verschiedenheiten, wie sie wohl gelegentlich vorkommen, war Mr. Woods stets einer seiner besten Freunde gewesen.

Die Geschäftsunterhandlungen mit Messrs. Fox und Henderson scheinen damals zu keinem bestimmten Abschluss gekommen zu sein; auch ist Herr Siemens diesmal offenbar schon nicht mehr so zuversichtlich mit Bezug auf den Erfolg seiner Erfindung gewesen, was wohl daraus hervorgehen dürfte, dass er im Anfange des Jahres 1849, bei Gelegenheit eines Besuches bei seiner Schwester in Kiel, mit dem ernstlichen Gedanken zum Vorschein kam, in Begleitung seiner Brüder Fritz und Carl nach Californien zu den Goldminen, welche damals der Anziehungspunkt für ganze Haufen von Unternehmungslustigen waren, hinüberzugehen. Dieser Vorschlag wurde in der gewohnten Weise in der vom Januar bis zum März zwischen den Brüdern gepflogenen Korrespondenz erörtert, und einige charakteristische Bemerkungen darüber aus Werner's Briefen verdienen hier angeführt zu werden.

Er sagt:

„Dein Drang in die Ferne auf Abenteuer zu gehen, ist mir erklärlich; ich würde ihn in Deiner Lage auch haben und namentlich gehabt haben. Ich bin auch nicht gesonnen, Dir ein nüchternes Gegenexempel zu machen; denn es würde Dich doch nicht überzeugen. Dich durch meinen Wunsch, auf den Du vielleicht Rücksicht nähmest, zurückhalten, will ich auch nicht. Ich rede daher nicht ab, obschon ich gestehen muss, dass es mir ein trauriges Gefühl verursacht, Dich und Fritz so fortziehen zu sehen in eine Ferne, die uns vielleicht für immer trennt! Doch das ist dummes Zeug. Wenn Ihr dort Euer Glück machen könnt, so wird es mich ebenso freuen, als wenn es hier wäre . . . .

Obschon mir nun das Goldholen nicht so sehr einfach scheinen will, obgleich ferner zu bedenken ist, dass Du, Fritz, sowie Carl aus Euerem Lebensberuf, in dessen bester Ausbildung Ihr begriffen seid, herausgerissen werdet, so ist auf der anderen Seite dort augenscheinlich ein im schnellem Aufschwunge befindlicher Culturpunkt und da findet ein arbeitsamer und unterrichteter Mann immer guten Boden. Amerika geht bergan, wir hinab, das ist klar. Drum, so wehe es mir thut, Dich, Fritz und Carl so auf lange, vielleicht auf immer, von Europa scheiden zu sehen — habt Ihr einmal Lust zum Abenteuern und seid Ihr ent-

Kapitel IV.

-schlossen, so will ich Euch nichts in den Weg legen, Euch im Gegentheil nach Kräften behüflich sein . . . . Ich glaube übrigens, dass man viel besser thut mit dem Vorsatz hinzugehen, kein Gold zu suchen, sondern zu machen. — Der Preis der Handarbeit wird sich ausgleichen müssen, und da das Goldsuchen eine Maschine geworden ist, wird diese Arbeit die schlechteste sein. — Bier brauen, Branntwein brennen, Werkzeug machen etc. wird das beste Goldsuchen sein . . . ."

Die Auswanderungslust verschwand und die Geschäftsunterhandlungen mit Messrs. Fox und Henderson wurden wieder aufgenommen. Ende November begab sich Mr. Fox in Begleitung seines Ober-Maschinenmeisters, Mr. Edward Cowper, nach Mr. Hick's Fabrik in Bolton, um die neue Dampfmaschine zu besichtigen, welche Herr Siemens den Herren dort vorzeigte und erklärte. Die Arbeit der Maschine war damals jedoch noch nicht sehr zufriedenstellender Natur; nichtsdestoweniger entschloss sich die Firma, nach weiterem Hin- und Herverhandeln, die Sache in die Hand zu nehmen. Da man es aber für wünschenswerth erachtete, dass Herr Siemens an Ort und Stelle zur persönlichen Leitung zugegen sei, so wurde derselbe für eine Zeitlang in der Fabrik von Messrs. Fox und Henderson angestellt, wofür er nicht nur seinen Patentantheil, sondern auch ein festes jährliches Gehalt von £ 400 erhielt, was ihn jeder Sorge für seinen Lebensunterhalt überhob.

Er begab sich daher nach Birmingham, wo er im Anfange des Jahres 1849 seine Arbeit begann, während er seinen Wohnsitz in Summerfield Cottage, Birmingham Heath, eine oder zwei englische Meilen von der Fabrik, in welcher er beschäftigt war, aufschlug. In der Fabrik hatte er sein eigenes Bureau und der Vorsteher des technischen Bureaus ward ihm zur Seite gestellt, um bei seinen Entwürfen behülflich zu sein. Einige Zeit später wurde auch sein Bruder Friedrich, der von Berlin herübergekommen war, von derselben Firma mit einem wöchentlichen Gehalte von £ 2 angestellt, um bei der Vorbereitung der Zeichnungen, sowie bei anderen, auf die Erfindungen Bezug habenden Arbeiten thätig zu sein.

Dieses Engagement dauerte einige Jahre und war für Wilhelms Zukunft vom grössten Nutzen, da er dadurch in den Stand gesetzt wurde, Experimente auszuführen, welche gleichsam als Vorbereitung für die glänzenden Errungenschaften, die er im späteren Leben auf dem Gebiete der praktischen Wärmeverwerthung erzielte, gedient haben; und, was nicht weniger wichtig war, durch seine Thätigkeit und seine aufmerksamen Beobachtungeu in einer Fabrik, die als eine der besten Schulen in der Maschinenbaukunde im Lande bekannt war, gewann er eine bedeutende praktische Erfahrung, deren Werth für seine zukünftige Carriere nicht hoch genug angeschlagen werden konnte. Auch aus dem Rathe und Beistand des Mr. Cowper hat er grossen Nutzen gezogen. Derselbe blieb Wilhelm's treuer Freund für's ganze Leben und hat ihm auch bei seinen späteren Erfindungen auf dem Gebiete der Wärme wesentlichen Vorschub geleistet.

Es dürfte rathsam erscheinen, hier eine kurze Beschreibung von dieser Erfindung, deren Betreibung nunmehr ernstlich in die Hand genommen wurde, zu geben.

Das Patent vom Jahre 1847 zeigt, dass Wilhelm bei seinem ersten Versuche zur Wärme-Ersparniss die überaus einfache und praktische Idee, welche nachher bei seinen grossartigen, auf der Nutzbarmachung der Wärme beruhenden Erfindungen den leitenden Factor bildete, nämlich das sogenannte „Regenerativ-Princip" praktisch zu verwerthen sich bemüht hat.

Er fand, dass fast überall da, wo Brennmaterial für industrielle Zwecke zur Verwendung kam, Wärme durch das Entweichen von Luft-Strömen, die bis auf einen hohen Wärmegrad erhitzt waren, verloren ging, und er verfiel auf den Gedanken, dass dadurch, dass man diesen Strömen entsprechende Massen einer festen, Wärme leitenden Materie entgegensetze, die überflüssige Wärme der ersteren von der letzteren aufgefangen und später in irgend einer nutzbringenden Weise wieder verausgabt werden könnte.

Die einfachste Veranschaulichung dieses Verfahrens giebt uns der von schwindsüchtigen Personen benutzte gewöhnliche „Respirator" (wenngleich derselbe für einen anderen Zweck bestimmt ist). Eine durchlöcherte metallene Platte ist über den Mund befestigt, und wenn der warme Athem ausgehaucht wird,

wird seine Wärme von dem Metalle aufgefangen, so dass bei der folgenden Einathmung die von der entgegengesetzten Richtung durch die durchlöcherte Platte eindringende kalte Luft die in der ersteren aufgehäufte Wärme wieder aufnimmt und somit erwärmt wird, ehe dieselbe in die Lungen eintritt.

Die praktische Anwendung dieses Princips auf die industriellen Gewerbe ist leicht verständlich. Wenn ein bei irgend einem Heizungsverfahren entweichender, auf einen hohen Temperaturgrad erhitzter Strom durch einen solchen „Respirator" passiren muss, ehe er die atmosphärische Luft erreicht, so wird er einen gewissen Theil seiner Wärme an das Metall abgeben, und wenn darauf ein kalter Luftstrom aus der Atmosphäre in entgegengesetzter Richtung durch dieses Metall gesandt wird, so nimmt derselbe die darin angesammelte Wärme wieder auf und wird erwärmt, wodurch Brennmaterial erspart wird. Hierin besteht das „Regenerativ-Princip". Der Name ist nicht bezeichnend, da von einer Wiedererzeugung der Wärme nicht die Rede sein kann: es findet nur eine vorübergehende Absorption und nachfolgende Wiederabgabe statt, etwa wie Wasser für eine Zeitlang von einem Schwamme aufgesaugt wird; die Bezeichnung ist jedoch nun einmal für dieses Verfahren gang und gebe und durch den Gebrauch sanctionirt worden und wird heute auch wohl kaum wieder verdrängt werden können*).

Wir dürfen nicht vergessen hier zu bemerken, dass das in Frage stehende Princip von Herrn Siemens nicht als seine ur-

---

*) Diese irrthümliche Bezeichnung ist jedoch nicht Wilhelm, sondern Dr. Stirling, dem Erfinder des Apparates, zuzuschreiben. Wilhelm schrieb in einem vom 1. Oktober 1853 datirten Briefe an Mr. Manby: „Haben Sie die Güte, Mr. Stirling meine Versicherung zu geben, dass ich keineswegs sein und seines Bruders Verdienst unterschätzen möchte, ein Verdienst, welches ich in der That für sehr gross erachte, seitdem ich belehrt worden bin, dass diese Herren die eigentlichen Urheber des Respirators (oder Regenerators) sind. Ich werde stets gerne bereit sein, aus irgend welcher ferneren Berichtigung oder irgend einem weiteren Vorschlag, den Mr. Stirling zu machen wünscht, für meine Arbeiten Vortheil zu ziehen; und da ich gemerkt habe, dass Mr. Stirling den Namen „Respirator" verwirft, so würde derselbe meines Erachtens der Nachwelt eine Wohlthat erweisen, wenn er seinem Kinde einen passenden Namen geben wollte, da die Bezeichnung „Regenerator" jedenfalls unrichtig ist und leicht zu irrthümlichen Auffassungen Veranlassung geben dürfte."

sprüngliche Erfindung beansprucht worden ist. Dasselbe war in einem bereits im Jahre 1816 vom Rev. Dr. Stirling herausgenommenen Patente deutlich beschrieben und von ihm sowohl wie von Capt. Ericsson bei kalorischen Maschinen zur Anwendung gebracht worden; es wurde jedoch damals von den Ingenieuren als im Princip falsch angesehen, und seine praktische Anwendung hat daher zu sehr wenig günstigen Resultaten geführt. Herr Siemens aber hatte nicht nur seine theoretische Richtigkeit, sondern auch seinen grossen praktischen Werth erkannt, und die damit späterhin erzielten grossen Erfolge haben seine Ansichten in jeder Beziehung als begründet erwiesen.

Das Patent umfasste zwei Verkörperungen dieses Princips, nämlich: eine „Regenerativ-Dampfmaschine" und einen „Regenerativ-Condensator". Die erstere war eine höchst sorgfältig ausgearbeitete Maschine. Dieselbe folgte im Grossen und Ganzen dem Principe der früher construirten kalorischen Maschine, wobei jedoch überhitzter Dampf die Stelle der Luft vertrat. Der Dampf kam in einem einfach wirkenden Vertikal-Cylinder zur Anwendung, dessen unterer Theil durch einen Ofen erhitzt wurde. Nachdem der Kolben aufwärts getrieben, wurde der Dampf aus dem Cylinder entfernt und durch einen Respirator gelassen, an den er einen grossen Theil seiner Wärme übertrug, abgekühlt wurde und an Druckkraft verlor, wodurch der Niedergang des Arbeitskolbens ermöglicht wurde. Hierauf durch den Respirator zurückgetrieben, nahm der Dampf einen Theil der vorhin abgesetzten Wärme wieder auf und seine Temperatur ward durch das Feuer noch auf einen höheren Grad gebracht, wodurch eine Wiederholung des Kolbenspiels in der vorher beschriebenen Weise bewirkt wurde.

Eine geringe Masse von ungebrauchtem Hochdruckdampf (jedoch nicht mehr als etwa ein Zehntel des Cylinder-Inhaltes) wurde sodann beim Beginn eines jeden Arbeitshubes aus dem Dampfkessel zugelassen, während man eine entsprechende Quantität des expandirten und abgekühlten Dampfes in die äussere Atmosphäre oder in den Condensator entweichen liess.

Zwei Cylinder dieser Art arbeiteten nebeneinander mit abwechselndem Kolbenhub und wirkten auf dieselbe Kurbelwelle.

Der Athmungs- oder „Regenerativ"-Process kam zuerst in

einer Reihe von Kammern zur Ausführung; späterhin wurde das Verfahren jedoch dahin vereinfacht, dass an Stelle der Kammern ein Regenerativ-Cylinder nebst Kolben, sowie Regenerativflächen traten, welche der ursprünglichen einfachen Construction des Apparates näher kamen.

Ein anderer wichtiger Anspruch des Patentes war, was Wilhelm seinen „Regenerativ-Condensator" nannte, den er nachher durch eine Abänderung, welche er am 20. März 1849 patentirte, noch weiter verbessert hat. Um eine gute Abführung des Dampfes zu erzielen, war es wünschenswerth, den Condensator in kaltem Zustande zu erhalten, während auf der anderen Seite die Speisung des Dampfkessels dadurch gefördert wurde, dass das aus dem Condensator einfliessende Wasser möglichst heiss war. Wilhelm entwarf einen sinnreichen Plan, um durch Verwerthung des Regenerativ-Princips diesen beiden sich widerstreitenden Bedürfnissen zu genügen. Er liess den Abdampf zunächst durch einen metallenen Respirator passiren, um einen grossen Theil seiner Wärme dort abzugeben, ehe derselbe in den eigentlichen, kühl gehaltenen Condensator eintrat. Hierauf wurde das in dem Condensator angesammelte Wasser durch den Respirator zurückgetrieben, um die in den metallenen Oberflächen abgelagerte Wärme wieder aufzunehmen, wodurch es in dem „Heisswasserbehälter" (hot well) in gehörig erhitztem Zustande zur Speisung des Dampfkessels anlangte. Die Vortheile, welche er dadurch zu erreichen suchte, bestanden hauptsächlich in der in Folge der besseren Condensation erzielten grösseren Kraft sowie in der durch Anwendung von siedendem Speisewasser ersparten Wärme.

Der Bau der Maschine wurde in der Fox und Henderson'schen Fabrik dem Uebereinkommen gemäss sofort unternommen, schritt jedoch nur sehr langsam vorwärts. Ein Condensator nach der verbesserten Construction vom Jahre 1849 wurde im September desselben Jahres fertig und an einer Dampfmaschine von 16 Pferdekräften in der Saltley'schen Fabrik bei Birmingham angebracht. Derselbe war zwar noch nicht vollkommen, diente jedoch dazu das Princip zu veranschaulichen.

Hierdurch sah Wilhelm sich veranlasst im Mai 1850 vor der „Society of arts" in London eine Beschreibung seines

Condensators zu geben, wobei er das Princip, nach dem derselbe construirt war, erklärte und gleichzeitig über die Resultate der Arbeit desselben berichtete. Mr. Robert Stephenson führte den Vorsitz, und nach der Verlesung der Abhandlung fand eine längere Discussion statt, an welcher der Vorsitzende, sowie Mr. Scott Rusell, Mr. Crampton und andere sich betheiligten und bei der Neuheit und Genialität der Erfindung allgemein anerkannt wurde. Die Folge davon war, dass die „Society" Wilhelm Siemens für seine Erfindung ihre goldene Medaille officiell zuerkannte, welche demselben am 22. Juli desselben Jahres eingehändigt wurde.

Im Jahre 1851 schrieb er eine andere Abhandlung für die „Institution of mechanical Engineers" betitelt: „Ueber einen neuen Regenerativ-Condensator für Hoch- und Niederdruck-Dampfmaschinen" (On a new Regenerative Condenser for High and Low Pressure Steam-engines). Dieselbe wurde am 30. Juli 1851 vor der Versammlung des Instituts in Birmingham verlesen. Der Verfasser gab einen kurzen historischen Ueberblick über den Dampfmaschinen-Condensator im Allgemeinen und erklärte seine neue Vorrichtung sowie deren praktische Anwendung auf verschiedene Maschinen-Constructionen.

Ungefähr um dieselbe Zeit wurde der Bau einer der vollständigen Regenerativ-Dampfmaschinen begonnen, welcher jedoch viel Zeit in Anspruch nahm; auch ergaben die damit veranstalteten Versuche keine zufriedenstellenden Resultate. Am 26. März 1851 schrieb Werner:

„Deine ausbleibende Meldung des Gelingens des Versuchs mit Deiner Maschine macht mich etwas besorgt, doch denke ich, Du wirst wohl noch manche Mängel gefunden haben, welche beseitigt werden mussten. Behalte nur den Kopf oben, wenn der Versuch auch anfänglich fehlschlägt. Du hast ja Fundament genug, um drauf fortzubauen."

Am 2. Juni schienen die Aussichten etwas günstiger zu sein, jedoch verwarnte Werner immer noch zur Geduld. Er sagte:

„Doch zuerst von dem glücklichen Ereignisse, dem glücklichen Lebensantritt Deiner Maschine! Gratulor! Quantitative Bestimmungen müssen freilich erst den Werth der Sache beweisen und längere Experimente werden auf alle Fälle noch viele Modificationen im Gefolge haben. In einem Tage ist Rom nicht gebaut! Ich würde an Deiner Stelle daher die Maschine zwar mit aller Energie fortführen, aber mich nicht damit übereilen . . . ."

Werner hatte richtig geurtheilt; denn am Ende des Jahres 1851 waren die mit der Dampfmaschine erzielten Resultate so zweifelhafter Natur, dass man zu dem Beschluss kam, eine ganz neue nach verändertem Plan zu construiren.

Regenerativ-Verdampfung.

Während Wilhelm mit seiner Dampfmaschine beschäftigt war, drängte sich ihm die Frage auf, ob das Regenerativ-Princip nicht auch für andere Zwecke, wo Wärmewirkung erforderlich ist, anwendbar wäre, unter anderen, um Flüssigkeiten in grösserem Maassstabe zu verdampfen, wie bei der Salz- oder Zuckerfabrikation, sowie bei Destillations-Verfahren. Gegen Ende des Jahres 1848 setzte er sich dieserhalb mit einigen der bedeutenderen Salzfabrikanten in Verbindung, und trotzdem er von dieser Seite wenig Unterstützung erhielt, so schloss er doch den Apparat in sein Patent vom Jahre 1849 mit ein.

Er nannte denselben „Regenerativ-Verdampfer". Es handelte sich um eine sorgfältig erdachte Anordnung von Verdampfungspfannen; doch dürfte der allgemeine Charakter derselben aus folgendem Auszug aus der Patentschrift deutlicher zu erkennen sein.

„Die Verbesserung in dem Verfahren, Salzsoole oder andere Flüssigkeiten zu verdampfen, besteht darin, für diesen Zweck Apparate so zu construiren, dass Wasser- oder irgend ein anderer Dampf, welcher in Folge der Verdampfung der besagten Flüssigkeit gebildet wird, sich entweder anhäuft oder in einen engeren Raum comprimirt wird, wobei der Wärmegrad des Dampfes zunimmt, und er wird auf diese Weise zur Beförderung der weiteren Verdampfung derselben Flüssigkeit durch seine eigene continuirliche Recondensation nutzbar gemacht, wodurch eine grosse Ersparniss an Brennmaterial erzielt wird."

Nach diesem Processe wird, nach Wilhelms Erklärung, der Dampf

„durch ein Anhäufungs-Verfahren gezwungen, seine latente Wärme beständig an die verdampfende Soole wieder abzugeben, wodurch die Wirkung des Feuers unbegrenzt vervielfältigt werden kann."

Wilhelm legte dieser Erfindung grosse Wichtigkeit bei und hoffte grosse Dinge von ihrer Einführung auf dem Continente, wo die Salz- und Zucker-Industrie in bedeutendem Maassstabe betrieben wird, und wo die Ersparniss an Brennmaterial, des hohen Preises desselben wegen, von der höchsten Wichtigkeit ist.

Er hatte die Sache, wie gewöhnlich, seinem Bruder Werner mitgetheilt, der auch vollständig auf seine Ansichten einging und sich einige Jahre lang eifrig für die Einführung dieser Erfindung in Deutschland bemühte. Dieselbe wurde in vielen Ländern patentirt und Geschäftsverbindungen nach allen Richtungen mit einflussreichen Personen, welche mit Salinen, Zuckersiedereien, sowie mit anderen industriellen Anstalten, wo die Erfindungen voraussichtlich zur Anwendung kommen konnten, in Verbindung standen, angeknüpft.

Mit den deutschen Fabrikanten erging es aber gerade so, wie es früher mit den englischen der Fall gewesen war; sie zeigten sich ausserordentlich zurückhaltend, wenn es sich darum handelte, das neue Verfahren zu adoptiren, um so mehr, als die Einführung desselben eine vollständige Umgestaltung ihrer Fabriken und daher die Verausgabung bedeutender Capitalien erforderlich machte, wozu sie sich nicht verstehen wollten, ohne vorher zu der Ueberzeugung gelangt zu sein, dass diese Neuerung sich auch durch den Erfolg bezahlt mache.

Hierin lag die Schwierigkeit. Die Herren Siemens stützten sich auf eine grosse Anzahl statistischer Daten; sie brachten alle ihre Vernunftgründe vor, um die zu erwartenden Vortheile zu beweisen und liessen Arbeitsmodelle anfertigen, um durch Vorzeigung und Erklärung derselben ihre Ansichten zu bekräftigen. Jedoch die Fabrikanten waren nun einmal so leicht nicht zu überreden; sie wollten von all' den Beweisgründen nichts wissen und führten dagegen an, dass kleine Modelle leicht täuschen könnten; sie verlangten daher, dass ihnen positive und unbestreitbare praktische Resultate durch Versuche in dem zum Betriebe erforderlichen Maassstabe vorgeführt würden, ehe sie sich darauf einlassen könnten, ihr Capital für die benöthigten Aenderungen in die Wagschale zu werfen.

Werner sah ein, dass sich gegen diese gerechten Forderungen

nichts erwidern liess, und er beschloss daher in Deutschland, auf seine und seines Bruders Rechnung, einen betriebsfähigen Apparat in der gehörigen Grösse zu erbauen, woran sie selbst experimentiren und den sie vervollkommnen könnten, um sodann die damit erzielten praktischen Resultate den Interessenten vorzuzeigen. Dies geschah und Friedrich wurde nach Berlin geschickt, um den Bau zu leiten. Trotzdem der letztere mit grossen Unkosten verknüpft war, fielen die damit erzielten Resultate doch nicht günstig genug aus, um einen geschäftlichen Erfolg zu sichern.

Inzwischen wurden die Versuche zur Einführung des Apparates auf dem englischen Markte erneuert. Um die Mitte des Jahres 1850 begab sich Wilhelm nach Northwich in Cheshire, wo er verschiedene Versuche machte, um seinen Regenerativ-Verdampfer in einigen der dortigen Salinen zur praktischen Anwendung zu bringen. Nachdem Messrs. Fox und Henderson sich über die Resultate dieser Experimente vergewissert und dieselben soweit zufriedenstellend befunden hatten, unternahmen sie neben dem Bau der Regenerativ-Dampfmaschine auch die Fabrikation dieses Apparates.

Man schlug vor, eine Compagnie zur Betreibung der Erfindung zu bilden; jedoch die englischen Salzfabrikanten trugen immer noch ihre Bedenken, der Einführung der Neuerung Vorschub zu leisten, deren Vortheile bei dem geringen Preise des von ihnen verwendeten Brennmaterials, denselben nicht recht einleuchten wollten.

Dagegen waren die Bemühungen der Messrs. Fox und Henderson insofern erfolgreich, dass ihnen eine Bestellung zur Aufstellung eines vollständigen Apparates in den „Anciennes Salines Nationales de l'Est" in Lons-le-Saulnier in Frankreich zuging. Dieser Apparat war gegen Ende des Jahres 1851 zur Absendung bereit, wurde aber in Folge einiger, von Seiten der französischen Steuerbehörden erhobenen Schwierigkeiten in London zurückgehalten und erreichte nie den Ort seiner Bestimmung. Wilhelm begab sich selbst nach Frankreich, um zu versuchen, die Erlaubniss zur Einführung des Apparates zu erlangen, jedoch ohne Erfolg; und die Verluste, welche dieses verunglückte Geschäft im Gefolge hatte, führten zu manchen unliebsamen Erörterungen zwischen ihm und Messrs. Fox und Henderson.

Das Verhältniss zwischen beiden war in der That seit einiger Zeit ein etwas „gespanntes" geworden, da die Fabrikanten, nachdem sie gefunden hatten, dass die Erfindungen sich nicht so ergiebig erwiesen, als sie wohl erwartet hatten, sich dem Erfinder gegenüber nicht mehr so zuvorkommend zeigten. Diese für beide Parteien keineswegs behagliche Situation währte eine Zeit lang, bis die Verluste und Unannehmlichkeiten in Lons-le-Saulnier es soweit brachten, dass Wilhelms persönliches Engagement mit Messrs. Fox und Henderson aufgegeben wurde.

Arbeit auf dem Gebiete der Electricität.

Nachdem Wilhelm einige Jahre in England verweilt hatte, begann er seine Thätigkeit auf dem Gebiete der Electricität, welche später so bedeutende Dimensionen angenommen hat.

Seine und seines Bruders erste galvano-plastischen Verfahren sind bereits erwähnt worden. Nach Wilhelms Abreise nach England fing Werner jedoch an, sich auch im weiteren Sinne mit der Electricität zu beschäftigen, indem er der Theorie und praktischen Construction des electrischen Telegraphen, der damals in Deutschland ausserhalb der wissenschaftlichen Kreise noch kaum bekannt war, seine specielle Aufmerksamkeit zuwendete. Als der Telegraph aber anfing eine mehr praktische Gestalt anzunehmen, ungefähr im Jahre 1844, da brachte Werner seinen Reichthum an Kenntnissen und sein erfinderisches Talent zur vollen Geltung. Er construirte Telegraphen und liess sich wichtige, darauf bezügliche Verbesserungen patentiren, deren Wert bald allgemein anerkannt wurde.

Er verfertigte jedoch im Anfange solche Apparate nicht selbst; ihre wirkliche Construction wurde vielmehr während der Jahre 1844, 1845 und 1846 von verschiedenen Fabrikanten, mit welchen er Uebereinkommen getroffen hatte, ausgeführt, unter denen der Mechaniker Leonhard, dessen Name bereits früher erwähnt und mit der Erfindung des chronometrischen Regulators in Verbindung gebracht worden ist, zuerst genannt zu werden verdient. In einem Briefe an Wilhelm, datirt vom 3. Januar 1846, erklärt Werner die Einzelheiten seines Uebereinkommens mit diesen Fabrikanten und erwähnt zugleich die wichtigen in

Aussicht genommenen Arbeiten, wobei er die Absicht ausspricht, sich von nun ab mit Leib und Seele der Ausbildung und Förderung der Telegraphie zu widmen.

Am 13. December desselben Jahres schrieb er wiederum:

„Ich bin nämlich jetzt ziemlich entschlossen, mir eine feste Laufbahn durch die Telegraphie zu bilden, sei es in oder ausser dem Militär. Die Telegraphie wird eine eigene, wichtige Branche der wissenschaftlichen Technik werden, und ich fühle mich einigermaassen berufen, organisirend in ihr aufzutreten, da sie, meiner Ueberzeugung nach, noch in ihrer ersten Kindheit liegt."

Ein Resultat dieses „Berufes" war der Entschluss, eine eigene Fabrik in Betrieb zu setzen, sobald die Gelegenheit sich dazu darbieten würde. Er war mit einem Mechaniker, Namens Halske, bekannt geworden, auf den er grosse Stücke hielt, welcher aber zur Zeit mit einem anderen Fabrikanten contractlich in Geschäftsverbindung stand. Es traf sich nun, dass um die Mitte des Jahres 1847 dieser Gesellschaftsvertrag aufgelöst wurde, worauf Werner sofort mit Herrn Halske in Unterhandlungen trat, welche in der Gründung einer Fabrik unter dem gemeinschaftlichen Namen der Firma „Siemens und Halske" endigten.

Aus dieser kleinen Werkstatt ist eine der bedeutendsten und leistungsfähigsten Telegraphenbau-Anstalten, die existiren, hervorgegangen, welche auf Wilhelms Lebenslaufbahn einen überaus grossen Einfluss ausgeübt hat; es dürfte deshalb wohl interessant sein, die einfache und anspruchslose Chronik ihres Entstehens und Emporblühens in Werners eigenen Worten, welche verschiedenen, zu seiner Zeit an seinen Bruder gerichteten Briefen entnommen sind, wiederzugeben. Werner schreibt im August 1847:

„Ich habe mit dem Mechanicus Halske, der sich schon von seinem Compagnon getrennt hat, definitiv die Anlage einer Fabrik beschlossen, und hoffentlich wird sie in sechs Wochen schon in vollem Gange sein."

Darauf erklärt er, in welcher Weise das dazu nothwendige Capital verschafft werden soll und fährt fort:

„Halske, den ich völlig gleich mit mir gestellt habe in der Fabrik, bekommt die Leitung der Fabrik, ich die Anlage der Linien, Contraktabschlüsse etc. Wir wollen vorläufig nur Telegraphen, Läutewerke für

Eisenbahnen und Drahtisolirungen mittelst Gutta-Percha machen; doch, denke ich, nennen wir uns einfach: **Maschinen-Bau-Anstalt**, um die Hand ganz frei zu behalten. Was meinst Du dazu? — Das nöthige Capital ist eigentlich nur gering. Einige tausend Thaler genügen für die Anlage, und wir können, wenn wir Glück haben, hundertmal so viel im Jahre umsetzen. Es fehlt eine solche Anstalt bisher gänzlich, wir sind daher ohne Concurrenz und ausserdem durch mein Patent und meinen schon ziemlich bedeutenden Einfluss geschützt . . . . . .

Nach langem Suchen ist endlich ein passendes Quartier für unsere neue Werkstatt gefunden und gemiethet, mit den Fenstern nach dem anhaltinischen Bahnhofe hinaus. Da ich die Acquisition dieser Bahn für sicher halte, und jedenfalls in einigen Wochen die Legung meines isolirten Drahtes (1 $^{1}/_{2}$ Meilen) dort stattfindet, so hat diese Lage manches Bequeme für uns, da wir in der Werkstatt schon die Instrumente auf der Linie prüfen können. Ich wohne Parterre, die Werkstatt eine Treppe, Halske zwei Treppen hoch, in Summa für 300 Thlr. Bald nach dem 1. October wird die Arbeit beginnen . . . ."

Am 11. dieses Monates schreibt er:

„Ich sitze jetzt schon seit 8 Tagen in der neuen Wohnung (Schoeneberger Strasse Nr. 19). Über mir feilt und quikt es schon bedeutend, 2 Treppen hoch wohnt Halske. Die Werkmaschinen fehlen noch sehr, da erst eine Drehbank eingesprungen ist von den 5, welche wir am 1. October haben sollten. Zwei sollen endlich morgen kommen. Die Sache geht ganz gut an. Halske ist ein durchaus braver und talentvoller Mensch, mit dem ich sehr gut fertig werde . . . .

Der Electro-Magnetismus ist noch ein wissenschaftlich und technisch namentlich ganz unbebautes Feld und einer ungemeinen Ausdehnung fähig. Mit dem verständigen und durchaus praktischen Halske im Bunde, **fühle ich mich gerade berufen, ihn zu Ehren zu bringen** . ."

Am 20. December sagt er:

„Unsere Werkstatt ist ganz besetzt und wird von sonst seltenen Arbeitern überlaufen. (10 Mann jetzt.) . . . .

Halske darf der Werkstatt nicht entzogen werden, wir müssen also nothwendig, wenn es Ernst wird, uns nach mehr Kräften umsehen . ."

Im Jahre 1848—49 übernahm die Firma einen bedeutenden Contract für Telegraphenleitungen von Berlin nach Frankfurt und Cöln; und im December 1849 schrieb Werner:

„Die Werkstatt zählt jetzt 32 Arbeiter, soll aber bald auf 45 gebracht werden. . . . . . . Wir können jetzt 4 Apparate wöchentlich liefern . . . . Erhalten wir diese Aufträge, so können wir unsere Leistungen bald bis auf 6 steigern . . . . ."

„. . . . Ich hoffe überhaupt, dass unsere Prüfungszeit jetzt überwunden ist und dass das Leben uns allen jetzt seine angenehmen Seiten zukehren wird. Du, lieber Wilhelm, hast es durch Dein langes und hartnäckiges Kämpfen mit seiner Ungunst gewiss verdient und auch Fritz hat sich stets eifrig und redlich bemüht, vorwärts zu kommen . . . ."

Am Ende des Jahres 1850 war die Fabrik noch mehr im Aufschwung begriffen; Geld war im Ueberfluss vorhanden, indem die Firma etwa 10000 Thaler bei ihrem Banquier niedergelegt hatte und bedeutende Verbesserungen waren in vollem Gange.

1851, auf der grossen internationalen Ausstellung im Hyde Park von London stellte die Firma Siemens und Halske eine grosse Auswahl von Proben ihrer Telegraphen-Apparate und -Materialien aus, „wie sie auf allen preussischen Staatslinien sowie auf den meisten norddeutschen Eisenbahnlinien, auf einer Gesammtstrecke von 3000 Meilen, im Betriebe waren, abgesehen von ausgedehnten Linien, welche in Russland und in anderen Ländern im Bau begriffen waren." Unter den Ausstellungs-Gegenständen befand sich ein neues System electro-magnetischer Telegraphen mit unterirdischen Leitungsdrähten und „Proben des zuerst von Werner Siemens erfundenen und seit 1847 in ausgedehntem Maassstabe von ihm verwendeten, mit Gutta-Percha isolirten elektrischen Leitungsdrahtes." Dieselben wurden von dem Ausschuss der Ausstellungs-Commission mit dessen Preismedaille (Council medal) gekrönt und das neue System war in dem von den Preisrichtern veröffentlichten Berichte sehr gelobt worden.

Gegen Ende des Jahres 1851 sah die Firma sich veranlasst, bedeutende grössere Fabriks-Räumlichkeiten zum Preise von 50000 Thalern zu erstehen, und von dieser Zeit an ist das Geschäft beständig emporgeblüht. Die Anfragen wurden sehr bedeutend, die Contrakte immer zahlreicher und die Natur der Arbeiten mehr umfassend, so dass die Telegraphen-Bauanstalt sich schliesslich bis zur Stellung eines der Haupt-Centralpunkte zur Anwendung von Electricität und Magnetismus auf die industriellen Gewerbe emporgeschwungen und durch die Grossartigkeit ihrer Unternehmungen und die Vorzüglichkeit der von ihr gelieferten Arbeit sich einen weltberühmten Namen erworben hat.

Nachdem Werner's Telegraphenarbeiten auf dem Markte erst festen Fuss gefasst hatten, verlor dieser keine Zeit, seinen Bruder Wilhelm dazu zu engagiren, um ihm bei der Einführung seiner Erfindungen in England behülflich zu sein und sich zu bemühen, ihm Bestellungen von dort zu verschaffen; und nachdem die Fabrik in's Leben gerufen war, wurde dieses Zusammenwirken noch erwünschter. Wilhelm unterwarf sich daher dieser Aufgabe um so bereitwilliger, als sie sich mit dem Fortgange der mit seinen Erfindungen im Zusammenhang stehenden Arbeiten in der Fox und Henderson'schen Fabrik sehr wohl vereinbaren liess.

Um die Mitte des Jahres 1848 kam Friedrich Siemens, welcher eine Zeitlang als Gehülfe in Berlin thätig gewesen war, mit neuen Probemaschinen und -Apparaten nach England herüber, um Wilhelm in seinen Bemühungen zur Einführung derselben behüflich zu sein.

Am 9. Juni 1849 schrieb Werner an Wilhelm folgenden Brief. Betreffs der Ausführung etwaiger, aus England eingehender Bestellungen erwähnte er:

„Leider habe ich Deine Zahlen nicht deutlich lesen können, weiss daher nicht, ob der englische Eingangszoll 10 oder 20 Prozent ist. In letzterem Falle wäre es vielleicht schon vortheilhaft, in England eine besondere Werkstatt einzurichten, um ihn zu umgehen. Schade, dass Fritz nicht bei Halske früher eine Zeitlang gearbeitet hat! Die mechanische Arbeit ist von der Maschinenarbeit zu wesentlich verschieden, als dass beide über einen Kamm geschoren werden könnten. In England ist erstere sehr wenig ausgebildet, was Du schon daraus entnehmen kannst, das wissenschaftliche Instrumente für England meist in Paris, hier oder Wien angefertigt werden. Ich denke künftig wirst Du doch selbst eine Maschinenfabrik in England anlegen. Dann müssen wir uns so arrangiren, dass Du eine mechanische Filial-Werkstatt anlegst, wozu Dir Halske einen tüchtigen Werkführer schickt, und wir dagegen für Deine Sachen eine durch Dich eingerichtete Maschinenwerkstatt anlegen! Freilich müssen dazu einige Hunderttausend Thaler über gespart sein, was aber in einigen Jahren wohl eintreten kann, wenn's in bisheriger

Progression fortgeht! — ..... Für englische Verhältnisse sollst Du bald Telegraphen bekommen, die in ihrer Leistung die bisherigen weiter überflügeln sollen, wie meine bisherigen die alten in der Theorie. Die Praxis ist doch erst die wahre Erkenntnissquelle! ..... Deinen Gewinnantheil bestimme selbst, doch nicht zu gering; **denn ich sehe natürlich lieber fünf Thaler in Deiner Tasche als zwei in der meinigen.** Keinenfalls unter 10 Prozent, wenn von hier die Apparate bezogen werden . . . ."

Was Werner so vertrauensvoll über die Anlage einer Fabrik in England vorausgesagt, hat sich später, wie wir sehen werden, in der glänzendsten Weise verwirklicht.

Am 30. Juli 1849 verlas Wilhelm vor der „Society of Arts" eine Abhandlung, worin er die Telegraphen-Constructionen seines Bruders beschreibt und an Modellen und durch Diagramme erläuterte, und diese Beschreibung scheint damals grosses Interesse erregt zu haben.

Im Jahre 1850 hatte die englische Agentur eine solche Wichtigkeit erlangt, dass ein mehr förmlicher Vertrag folgenden Inhalts zwischen den Interessenten abgeschlossen wurde:

London, den 16. März 1850.

„Die Unterzeichneten kamen am heutigen Tage dahin überein, dass — Werner Siemens für sich und im Namen der Compagnie „Siemens und Halske" dem Wilhelm Siemens die Ausbeutung von mehreren Erfindungen im Gebiete der electro-magnetischen Telegraphie für England übergiebt.

Wilhelm Siemens übernimmt sämmtliche Arbeiten und Mühewaltungen und führt Verkäufe und andere, ihm zweckmässig scheinende Maassregeln nach seinem Ermessen aus.

Die aus der Patentirung etc. erwachsenden Kosten werden von der Compagnie getragen, und ist dem Wilhelm Siemens ein Vorschuss von £ : 210 Sterling bereits übergeben, zu dessen Empfangnahme derselbe sich hierdurch bekennt.

Der aus dem Unternehmen erwachsende Verdienst wird in der Weise unter die Contrahenten getheilt, dass die Compagnie Siemens und Halske zwei Drittel und Wilhelm Siemens ein Drittel des Nettogewinnes erhält.

Für Bestellungen an Apparaten für England, die Wilhelm Siemens bei der Fabrik in Berlin macht, kann derselbe $12^{1}/_{2}$ Procent Aufschlag für seine Bemühungen anrechnen. Mehreinnahmen werden nach obiger Weise wie 2 : 1 getheilt.

Wilhelm Siemens wird, wenn seine Zeit nicht erlaubt allen Geschäften, die ihm durch diesen Contract erwachsen, allein vorzustehen, Friedrich Siemens zum Assistenten nehmen und demselben als Entschädigung ein Viertel seines Gewinnantheils überlassen.

Weiter fand sich nichts zu erinnern.

V.   g.   u.
(gez.)   Werner Siemens.
C. Wm Siemens."

Wilhelm's erstes Werk unter diesem Contrakte war die Einführung der von seinem Bruder erfundenen Gutta-Percha-Isolirung des Drahtes bei der British Electric Telegraph Company, und einige Monate später traf er die nöthigen Anordnungen, um die Fabrikation der Gutta-Percha-Drahtbekleidung in England selbst zu betreiben.

Er wusste ferner Messrs. Fox und Henderson selbst für Telegraphenarbeiten zu interessiren, und dieses führte zu Contrakten für grössere Telegraphenbauten, welche theils von der oben benannten Firma, theils von Siemens und Halske unter Wilhelm's persönlicher Leitung auf der Lancashire und Yorkshire-Eisenbahn sowie auf anderen Strecken ausgeführt wurden.

Kapitel V.

Die ersten Jahre der unabhängigen Thätigkeit.

Im Alter von 29 bis 36 Jahren.

1852 bis 1859.

Wilhelm beginnt sein Geschäft in London. — Die Regenerativ-Dampfmaschine wird auf der französischen Ausstellung vorgezeigt. — Compagnie auf dem Continent zur Betreibung der Erfindung. — Regenerativ-Verdampfung. — Der Regenerativ-Ofen. — Friedrich Siemens. — Ein Abkühlungs-Verfahren. — Der Wassermesser. — Sein grosser Erfolg. — Der chronometrische Regulator. — Arbeit auf dem Gebiete der Electricität. — Unterseeische Kabel. — Eine Londoner Werkstätte in Millbank eingerichtet. — Häusliches Leben. — Professor Lewis Gordon und seine Familie. — Wilhelms Vermählung und Naturalisirung als britischer Unterthan. —

Nachdem Wilhelm durch seine siebenjährige, wenn auch nicht immer erfolgreiche praktische Thätigkeit in England bedeutende Erfahrungen auf dem Gebiete der Technik sowohl, wie auch in geschäftlicher Beziehung gesammelt hatte, beschloss er, auf eigene Rechnung ein Geschäft anzufangen.

Von Birmingham kehrte er nach London zurück, wo er eine Zeitlang im Panton Hotel auf dem Haymarket wohnte; im März 1852 aber miethete er ein Bureau in No. 7 John Street, Adelphi, mit der Absicht, sich als Civil-Ingenieur dort niederzulassen. Er war als talentvoller Erfinder auf dem Gebiete der Mechanik bereits ziemlich bekannt geworden, und während er die Bemühungen zur Einführung seiner wichtigsten Erfindungen fortsetzte, hatte er sich gleichzeitig vorgenommen, alle die

Arbeiten, welche in sein Fach schlügen und ihm Geld einbringen würden, zu übernehmen.

So kam es, dass er während dieser Zeitperiode fast stets viele Projecte zu gleicher Zeit zu behandeln hatte; jedoch die ihm eigene und ihn vor anderen in so hohem Grade auszeichnende Begabung, Mittel und Wege zu finden, um seine theoretischen Kenntnisse den jeweiligen Umständen praktisch anzupassen, hat es ihm möglich gemacht, jeder der ihm gestellten Aufgaben die speciell erforderliche Aufmerksamkeit zu widmen. Um die Natur dieser Arbeiten besser zu erkennen, wollen wir die verschiedenen Gegenstände derselben hier einzeln anführen.

Die Regenerativ-Dampfmaschine.

Seine Hauptthätigkeit war dem Versuche gewidmet, die Principien der Wärmelehre in einer neu gestalteten Dampfmaschine zur praktischen Anwendung zu bringen. Wir haben in dem vorigen Kapitel den Ursprung und die Natur dieser Maschine erklärt und über Wilhelms vergebliche Bemühungen, seine Theorie in praktische Form zu kleiden, welche mehrere Jahre seines Lebens in Anspruch genommen haben, berichtet. Jedoch trotz aller Schwierigkeiten, welche sich seinen Bestrebungen entgegensetzten, arbeitete er mit voller Energie und anerkennungswerther Ausdauer fort.

Im Jahre 1852 unternahm er, seiner eigenen Genugthuung wegen, eine Reihe von wichtigen Experimenten über die Gesammt-Wärmemenge und Expansion des im abgesonderten Zustande befindlichen Dampfes, über deren Resultate er am 29. Juni 1852 vor der „Institution of Mechanical Engineers" in London Bericht erstattete. Dieser Bericht ist auch in's Deutsche übersetzt und in „Dingler's Polytechnischem Journal" veröffentlicht worden.

In der Zwischenzeit setzte er seine Arbeiten in Bezug auf die praktische Construktion seiner Maschine, womit er bereits während seines Engagements bei Messrs. Fox und Henderson sich beschäftigt hatte, ununterbrochen fort. Am 9. October 1852 nahm er ein Patent auf Verbesserungen an seiner Maschine, die im Allgemeinen in Veränderungen der früheren Construktion in Verbindung mit einem eigenthümlichen Heizapparate bestanden, wodurch er grosse Kraft (zur Begegnung des Hochdruckes) zu erzielen und gleichzeitig eine bedeutende Heizfläche im engeren Raume zu entwickeln hoffte.

Gegen Ende des Jahres 1852 war diese modificirte Construktion vollendet und Messrs. Fox und Henderson, welche ihr praktisches Interesse für die Erfindung noch nicht verloren hatten, erklärten sich zum Bau einer neuen Maschine bereit. Wilhelm beschloss, der Construktion dieser Maschine und den dazu erforderlichen Versuchen für eine Zeitlang seine ganze Aufmerksamkeit zu widmen; er schlug daher seinen Wohnsitz abermals in Birmingham auf, während er sich an seinen damals in Paris verweilenden Bruder Carl wandte, um den Geschäften in seinem Londoner Bureau vorzustehen. Diese Arbeit beschäftigte Wilhelm mehr oder weniger vom Januar bis zum April 1853.

Er schrieb sodann an Messrs. Fox und Henderson lange und ausführliche Berichte über seine Versuche und die damit erzielten Resultate. Er behauptete, dass das in der Maschine verkörperte Princip sich bei der praktischen Arbeit derselben als vollständig richtig erwiesen, sowie dass die Maschine bedeutende Kraft entwickelt habe; auf der anderen Seite zeige dieselbe in ihrer damals noch unvollkommenen Form verschiedene bedeutende Mängel, besonders was Verluste durch Undichtigkeit anbelange, und er empfahl die Vollendung derselben mit einigen Abänderungen.

Er hielt es jetzt an der Zeit, einen neuen Versuch zu machen, die Ingenieurwelt für seine Arbeit zu interessiren und verfasste daher eine andere, mehr vorgeschrittene und ausführlichere, als seine frühere Abhandlung, worin er die wissenschaftlichen Principien, auf denen seine Erfindung beruhte, sowie auch mehr im Allgemeinen die Lehrsätze und praktischen Erfahrungen, so weit sie sich auf die Wärme als mechanische Kraftquelle bezogen, erklärte.

Er legte seine Abhandlung der „Institution of Civil Engineers" vor, und dieselbe wurde in der am 17. Mai 1853 stattgehabten Versammlung des Instituts verlesen. Sie war betitelt: „Ueber die Umsetzung von Wärme in mechanische Arbeit" und in drei Hauptabtheilungen eingetheilt. Die erste: „Ueber die Beziehungen der Wärme zum mechanischen Nutzeffect" war nichts anderes, als eine etwas ausführliche Auseinandersetzung des damals noch wenig bekannten Lehrsatzes der Thermo-Dynamik, insofern derselbe in der Ingenieurkunst im Allgemeinen und besonders bei Wärmemotoren zur praktischen Anwendung kommt. Die zweite Rubrik befasste sich mit „der Wirkung der Dampfmaschine in ihrer damaligen Form, einschliesslich der kalorischen Maschinen", und die dritte behandelte die „nothwendigen Eigenschaften einer vollkommenen Dampfmaschine". Diese Abhandlung zeugte von grosser Fachkenntniss und Fähigkeit und war Veranlassung zu einer interessanten Diskussion, woran verschiedene hervorragende Ingenieure sich betheiligten*); auch erhielt Wilhelm in Anerkennung dafür von dem Institut dessen silberne Telford-Medaille (Telford Silver Medal). Der Vortrag ist später in's Italienische übersetzt und von der Compagnie, die sich hernach zur Betreibung der Erfindung gebildet hat, in Genua veröffentlicht worden.

In der Zwischenzeit hatten Messrs. Fox und Henderson die ihnen von Wilhelm eingesandten Berichte über die Arbeit der Probemaschine, sowie seine Vorschläge über deren Vollendung in Erwägung gezogen. Sie betrachteten jedoch die Frage mehr von dem geschäftlichen als vom wissenschaftlichen Standpunkte und erachteten die sich ihnen darbietenden Aussichten auf Erfolg für nicht genügend. Sie erörterten die Angelegenheit mit Wilhelm und trafen im Juli 1853 mit ihm ein Uebereinkommen dahin, dass man sich an Mr. Crampton, einen in der Dampfmaschinenbaukunde sehr erfahrenen Ingenieur wenden solle, damit dieser sein allgemeines Gutachten über die neue

---

*) Bei Gelegenheit dieser Versammlung nahm der Verfasser dieses Werkes Veranlassung, Herrn Siemens' Ansichten über die Wirkung des Respirators, welche bei dieser sowie bei vorhergehenden Gelegenheiten in Frage gestellt worden war, in eingehender Weise zu vertheidigen.

Kapitel V.

Erfindung abgebe. Sein Urtheil, dem auch Wilhelm beistimmen musste, lautete dahin, dass die Form der Maschine sich für eine vortheilhafte Verwerthung des Principes nicht eigne, und man kam daher überein, dass Wilhelm Zeichnungen für eine andere, dem Zwecke mehr entsprechende Construktion entwerfen solle.

Diese Enttäuschung nach so lang andauernder Arbeit untergrub seine Gesundheit, und die Nothwendigkeit einer Ausspannung fing an, sich bei ihm fühlbar zu machen. Doch durfte die Construktion der neuen Maschine auch nicht zu sehr in die Länge gezogen werden, und er gab daher seinem zur Zeit in Stettin sich aufhaltenden Bruder Friedrich schriftlich Anweisung, Alles, was in dessen Kräften stünde, für die Anfertigung der neuen Zeichnungen zu thun. Er selbst begab sich im Anfange des September, da sein Befinden sich etwas gebessert hatte, nach Berlin und kehrte, nachdem er einen Monat im unmittelbaren Verkehr mit den Seinigen angenehm verbracht hatte, ziemlich wieder hergestellt nach London zurück.

Die Entwürfe für die neue Maschine nahmen viel Zeit in Anspruch und waren erst im März 1854 soweit fertig, dass die Zeichnungen, fünfzehn an der Zahl, den Messrs. Fox und Henderson unterbreitet werden konnten, welche dieselben, nach eingehender Prüfung an Mr. Hick in Bolton, der in diesem Falle den Bau der Maschine übernommen hatte, weitergaben. Die Maschine, welche 15 Pferdekräfte besass, wurde im Januar 1855 geprüft und ergab weit bessere Resultate.

Daraufhin wurden noch verschiedene andere Maschinen von 5 bis zu 40 Pferdekräften erbaut und an verschiedenen Industrieplätzen in England, Frankreich und Deutschland aufgestellt. Zwei derselben, eine von 5 und die andere von 20 Pferdekräften, wurden auf der im Jahre 1855 in Paris abgehaltenen „Exposition Universelle" ausgestellt und in Gang gesetzt, worauf die Erfindung mit einer Preismedaille erster Klasse gekrönt wurde. Der Regenerator erfüllte, nach Wilhelms Angabe, seinen Zweck in auffallender Weise, und wurde eine bedeutende Ersparniss an Heizmaterial erzielt. Und obgleich die Maschine zu der Zeit, wo sie gerade dem Kaiser vorgezeigt werden sollte, aus irgendwelchem Grunde zum Stillstehen kam, so wurde sie dennoch von einem französischen Fabrikanten, der ihre Arbeit eine Zeitlang genau beobachtet hatte, für einen nicht unbedeutenden Preis käuflich erstanden.

Am 11. April 1856 beschrieb Wilhelm seine Maschine in einem Vortrage vor der „Royal Institution" in Albemarle Street. Nachdem er die dynamische Wärmetheorie vorübergehend behandelt, erklärte er, dass bei einer gewöhnlichen Dampfmaschine, vom Standpunkte der neuen Theorie aus betrachtet, nur ein Vierzehntel der dem Kessel mitgetheilten Gesammtwärmemenge wirklich in mechanische Arbeit umgesetzt würde, während die erübrigenden dreizehn Vierzehntel hauptsächlich im Kondensator verloren gingen. Er beschrieb sodann seine verbesserte Maschine, welche, wie er sagte, das Resultat fast zehnjähriger Experimente sei und die, wie er glaubte, die erste praktische Anwendung der dynamischen Wärmetheorie repräsentire. Mit Hülfe derselben behauptete er, eine motorische Kraft mit dem dritten oder vierten Theil des Kostenaufwandes und des Raumes, den die gegenwärtige Dampfmaschine erfordere, schaffen zu können.

Im Juni entnahm er ein Patent für Verbesserungen an einzelnen Maschinentheilen, sowie für den Gebrauch von überhitztem Dampfe.

Der Erfolg, den die Maschine auf der Pariser Ausstellung gehabt hatte, erregte viel Interesse auf dem Continent, weil dieselbe eine bedeutende Ersparniss an Brennmaterial erwarten liess, und es bildete sich in Folge dessen noch in demselben Jahre eine Compagnie auf dem Continente, um die Fabrikation der Maschine zu betreiben. Dieselbe hatte ihren Hauptsitz in Genua, nannte sich die „Società Anonima Continentale, per le Machine a Vapore, systema Siemens", und Wilhelm war ihr Ingenieur. Es scheint eine Compagnie von ziemlicher Bedeutung gewesen zu sein, welche ihre Filialen in Paris, Wien, Liège, sowie in anderen Städten auf dem Continente hatte. Folgender Brief an Wilhelm giebt uns einen Begriff von der hohen Achtung und dem Vertrauen, welches die Compagnie zu ihm und seiner Erfindung hegte:

Kapitel V.

Gênes, 24. November 1855.

Monsieur!

„Le Conseil d'Administration de la Société Continentale a reçu, par la Direction générale, la nouvelle, que votre machine, qui a fonctionnée avec tant de succès à l'Exposition Universelle de Paris, a obtenu la médaille de première classe.

Nous n'ignorons pas contre quels éléments vous avez dû combattre parmi le Juri de l'Exposition, ni la loi qui malheureusement a appuyé ces éléments contraires; et croyez que cette médaille est, pour vos associés et pour Gênes, plus importante qu'une médaille exceptionnelle accordée aux personnes qui n'ont pas eu l'honneur d'exciter des grandes jalousies, ni de blesser de grands intérêts.

Le Conseil me charge de vous exprimer ses félicitations, attendu que vous avez été reconnu, par tout le monde, comme un des plus illustres inventeurs et savants de nos temps.

Vous savez, Monsieur, qu'il n'y a pas d'invention intéressante qui ne doit marcher à travers de grands obstacles; votre assurance, basée sur la sûreté de votre découverte, l'énergie du Directeur-Général, Marquis Cusani, qui a tant de droits à notre reconnaissance, ont dispersé ces obstacles, et maintenant notre Société, qui est en possession d'une si grande entreprise, vous exprime ses remerciments par le moyen de son Conseil.

Agréez, Monsieur, ces sentiments avec lesquels j'ai l'honneur de me signer.

Le Président du Conseil

Nicolas Barthélémy

Delle Vianetz."

Die Compagnie begann ihre Thätigkeit an verschiedenen Plätzen; unter andern wurde eine Maschine in Stettin erbaut. Dieselbe wurde im Januar 1856 geprüft, arbeitete jedoch unbefriedigend, und kam, nachdem sie einige Tage gegangen war, in Folge des Bruches einer ihrer Cylinder zum Stillstehen.

Für Wilhelm war dies ein harter Schlag; seine Schwester Mathilde schrieb ihm am 11. Januar:

„Du klagst, warst krank an Leib und Seele! Ach, Wilhelm, nimm die Geschäftsachen nicht zu schwer, ich fürchtete gleich, als Crome an Sophie von dem gesprungenen Cylinder schrieb, dass Dir dies Ereigniss einen bösen Stoss geben würde. Du bist zu empfindlich, zu ehrgeizig; lass auch mal fünf gerade sein; es ist nun einmal nichts Vollkommenes auf dieser mangelhaften Erde!............."

Es lag jedoch keineswegs in seinem Charakter, sich durch einen unglücklichen Zufall auf längere Zeit entmuthigen zu lassen; und so finden wir ihn denn zu derselben Zeit eifrig damit beschäftigt, die Patentirung seiner Erfindung in Russland und Polen zu betreiben; auch beschloss er sofort nach Stettin zu reisen, um daselbst, unter seiner persönlichen Leitung, den Schaden wieder ausbessern zu lassen. Als er dort ungefähr sechs Wochen gearbeitet hatte, ereignete sich im Anfange Februar ein anderer Unfall und zwar der Art, dass Werner sich veranlasst sah, ihm Glück zu wünschen, „dass er mit heiler Haut davon gekommen sei."

Nachdem die Maschine bis Ende Februar wiederum soweit in Gang gesetzt und Wilhelm nach London zurückgekehrt war, stellten seine Brüder Werner und Friedrich im Verein mit Halske eine Reihe von Versuchen damit an, deren Resultate nicht günstig ausfielen. Eine andere Maschine, welche von der Compagnie in Beauvais gebaut worden war, hatte auch viel zu schaffen gemacht.

Die Compagnie wünschte eine Probemaschine auf ihrem Hauptgeschäftsplatze vorzeigen zu können, und es wurde daher für diesen Zweck in Paris eine Maschine von vier Pferdekräften erbaut und im Anfange des Jahres 1857 in Genua zum Treiben einer Mahlmühle aufgestellt. Es ergab sich dabei eine grosse Ersparniss an Brennmaterial, und eine Commission von italienischen Regierungs-Ingenieuren, an deren Spitze Signor Paleocapa, der Minister der öffentlichen Arbeiten stand, wurde beauftragt, mit der Maschine Experimente anzustellen.

Trotz dieser vielversprechenden Aussichten wurden jedoch fast unaufhörlich Klagen laut über Undichtigkeiten, Zerstörung einzelner Arbeitstheile, übermässigen Verbrauch von Heizmaterial, über mangelhafte Wirkung und so fort. Kurz, wie Wilhelm selbst in einem Falle bemerkt hat, „nichts wie Unglück" schien der Bau seiner Maschinen im Gefolge zu haben, welches er selbst mit all seiner Ausdauer und seinem erfinderischen Talente nicht erfolgreich zu bekämpfen im Stande war.

Kapitel V.

Am 24. April 1858 verfasste er einen anderen langen Bericht, welcher der Compagnie bei Gelegenheit ihrer jährlichen General-Versammlung vorgelegt wurde. Er constatirte darin, dass finanzielle Rücksichten Versuche in ausgedehnterem Maassstabe verhindert hätten, und dass er in Folge dessen nur über das Fortschreiten der in Händen befindlichen Arbeit zu berichten habe. Er führte die Schwierigkeiten an, denen er dabei begegnet sei, welche er aber durch verbesserte Constructionen zu beseitigen hoffe. Die Spekulation verlor jedoch täglich mehr Grund, bis zuletzt die Aktionäre sich weigerten, noch weitere Vorschüsse zu gewähren; 1859, auf der nächsten jährlichen General-Versammlung kam es dann zu dem Beschlusse, das Unternehmen fallen zu lassen und die Compagnie aufzulösen.

Dieser Beschluss wurde Herrn Siemens officiell mitgetheilt, und seine Antwort darauf war folgende:

>Monsieur le Marquis Cusani, ex-Directeur de la Société Continentale, Gênes.
>
>Londres, 20. Juillet 1859.
>
>Monsieur!

„J'ai appris que l'Assemblée Générale des Actionnaires de la Société Continentale a prononcé la dissolution de la dite Société. Dans l'état actuel des choses et après les graves sacrifices que nous tous avons faits pour la réussite de notre entreprise, je crois que la détermination qui a été prise est la plus convenable et la plus judicieuse. Malgré tous nos efforts, nous n'avons pas pu réussir à obtenir une application utile et profitable pour la Société d'une invention qui a eu l'approbation des hommes les plus capables de l'époque (témoins le Rapport des ingénieurs nommés par le gouvernement de Piedmont). Les actionnaires se refusant au versement des sommes ultérieures, il était impossible de maintenir les appareils, et de fournir aux dépenses nécessaires pour le maintien.

Confiant comme je suis toujours dans la vérité de mon invention, et dans le progrès futur de son application, je continuerai, avec mes moyens particuliers, et peut-être sous de meilleures conditions que celles d'une Société anonyme sans beaucoup de moyens, l'exploitation des machines à vapeur régénérée, et j'espère que la Providence voudra couronner mes efforts.

Voulant témoigner à tous ceux qui se sont associés à cette entreprise et qui voulurent la seconder en prenant des actions, mon sentiment de reconnaissance, et de justice, je viens par le présent à dé-

Die ersten Jahre der unabhängigen Thätigkeit.

clarer que, si par mes efforts particuliers l'invention sera productive dans l'avenir, je participerai aux actionnaires l'avantage que j'en tirerai en proportion de leurs actions et aux termes de l'acte de Société et des statuts approuvés par le gouvernement Garde.

* * *

Agréez, monsieur le Marquis, l'assurance de ma parfaite considération.

C. W. Siemens."

Wilhelm hat sein Wort redlich gehalten und seine Forschungen weiter verfolgt; denn im August 1860 nahm er wiederum ein anderes Patent für die Einführung des Regenerativ-Ofens, sowie für weitere Neuerungen an seiner Maschine; doch, wie er ein oder zwei Jahre nachher*) gesagt hat: „viele praktische Schwierigkeiten verhinderten die Verwirklichung des Erfolges, den Theorie und Experiment zu versprechen schienen". In der That, die Regenerativ-Dampfmaschine ist, trotz aller ihrer theoretischen Verdienste, zuletzt doch selbst von ihrem talentvollen Erfinder als eine praktische Unmöglichkeit erklärt worden.

Regenerativ-Verdampfung.

Die Arbeiten an seiner Dampfmaschine verhinderten Wilhelm nicht, gleichzeitig auch seine Bemühungen in Bezug auf die Verwendung des Regenerativ-Princips für Verdampfungszwecke weiter zu betreiben.

Im Jahre 1852 und 1853 waren wiederholte erfolglose Versuche gemacht worden, die Cheshire Salz-Fabrikanten dafür zu interessiren und Messrs. Fox und Henderson gingen eine Zeitlang mit dem ernstlichen Gedanken um, Salzwerke auf ihre eigene Rechnung in Gloucester anzulegen.

Die Experimente mit dem in Berlin angefertigten Apparate waren ebenfalls mit bedeutendem Kostenaufwande fortgesetzt worden, jedoch ohne zufriedenstellende Resultate zu ergeben. Werner schrieb am 6. April 1853:

---

*) Verhandlungen des „Inst. Mechanical Engineers, 1862, Seite 22".

„.... und der Verdampfer macht auch Kopfschmerzen. Heute ist er wieder probirt. Ueberhitzung durch besonderen, mit Coaks geheizten Ofen sehr gut, aber ohne besseren Erfolg. Sie scheint im Gegentheil den Effect verschlechtert zu haben. Uebermorgen will ich noch einen Versuch machen . . . . Viel Erfolg kann ich nicht hoffen . . . ."

Eine Woche darauf hatte er das Misslingen seines Versuches zu berichten und bot sich an, die ganze Angelegenheit einer anderen Firma, welche an der Salz- und Zuckerindustrie besonderes Interesse nahm, zu übergeben. Diese weigerte sich jedoch, ohne Wilhelm's persönlichen Beistand in der Sache weitere Schritte zu thun, und dabei ist es auch geblieben.

Im Jahre 1853 und 1854 trat Wilhelm mit einer damals, zur Ausbeutung eines in Carrick Fergus aufgefundenen, natürlichen Salzlagers neugegründeten Bergbau-Actiengesellschaft in Belfast in Unterhandlung, um dieselbe zu bewegen, den Apparat, welcher (wie in Kapitel IV bereits mitgetheilt worden ist) für die Salinen in Lons-le-Saulnier in Frankreich bestimmt war, versuchsweise in Betrieb zu setzen. Weil jedoch das Urtheil der Cheshire'schen Fabrikanten nicht günstig für den neuen Plan ausgefallen war, so wollte auch diese Compagnie längere Zeit nicht darauf eingehen, bis sie sich endlich doch dazu entschloss, den Apparat für ein Jahr lang probeweise arbeiten zu lassen, um denselben sodann, wenn er sich bewährt hätte, käuflich zu erwerben. Er wurde daher ungefähr am Schlusse des Jahres 1855 in Carrick Fergus aufgestellt; doch verlautet nichts darüber, ob derselbe von da ab fortdauernd in Betrieb geblieben ist.

Im November 1855 kam er um ein anderes Patent für Verbesserungen in seinem Verfahren ein, welche wesentlich in der Anwendung eines permanenten Gases an Stelle des Dampfes der verdampften Flüssigkeit bestanden; man liess es jedoch mit der ersten Instanz, dem vorläufigen Patentschutze (provisional protection) bewenden. Ueberhaupt gestalteten sich die Aussichten für diese Erfindung so wenig ermuthigend, dass Wilhelm sich veranlasst sah, nicht weiter Zeit und Mühe darauf zu verwenden; und so ist denn der Regenerativ-Verdampfer, wie die Regenerativ-Dampfmaschine, allmählich in Vergessenheit gerathen.

Der Regenerativ-Ofen.

Das Fehlschlagen der Versuche zur praktischen Verwerthung dieser Erfindungen auf dem Gebiete der Wärme muss für Wilhelm eine noch weit härtere Enttäuschung gewesen sein, als die Misserfolge, denen er in einer früheren Lebensperiode begegnet ist, insofern als er jetzt begründetere Aussichten auf Erfolg hatte. Das Regenerativ-Princip war ohne Zweifel ein gesundes, und zehn bis zwölf seiner besten Lebensjahre hatte er auf die Versuche zur praktischen Nutzbarmachung desselben verwendet. Während dieser geraumen Zeit hatten ihm viele hervorragende Ingenieure zur Seite gestanden; in der praktischen Ausführung war er von zweien der besten Maschinenbau-Anstalten des Landes unterstützt worden, und in financieller Beziehung standen ihm auch noch die Capitalien einer einflussreichen Actien-Gesellschaft zur Disposition. Es fehlte daher weder an theoretischer Kenntniss noch an praktischer Erfahrung, weder an erfinderischem Talent noch an mechanischer Fertigkeit, weder an Ausdauer noch an einflussreicher Fürsprache. Und trotz aller dieser vielversprechenden Vortheile sollte die Regenerativ-Dampfmaschine weder Watt's einfache Maschine verdrängen, noch gelang es dem Regenerativ-Verdampfer die altmodischen Salzpfannen bei Seite zu schaffen.

Es ist nicht leicht nach so langer Zeit den Grund dieser Misserfolge zu erklären. Möglicher Weise dürften sie darin zu suchen sein, dass man von vornherein zu hohe Ziele in's Auge gefasst hatte und vielleicht verwickeltere Constructionen einzuführen versuchte, als sich mit der Natur der Maschinen vertrug.

So sollte z. B. bei der Dampfmaschine an Stelle der einfachen Methode der Verdampfung und Recondensation von Wasser, wobei selbst der gewöhnlichste Handwerker kaum irre gehen konnte, mit Hülfe des Regenerators eine abwechselnde Erwärmung einer permanenten luftförmigen Flüssigkeit bis auf einen sehr hohen Temperaturgrad und darauffolgende Wiederabkühlung derselben erzielt werden, wodurch nicht nur eine complicirtere Construktion der Maschine erforderlich, sondern auch die Hantierung derselben erschwert wurde und zwar in Folge der intensiveren Wärme, welche den Arbeitstheilen der Maschine mitgetheilt wurde.

Und beim Regenerativ-Verdampfer kam neben dem, in Folge seiner complicirteren Zusammensetzung erforderlichen grösseren Kostenaufwande und der schwierigeren Handhabung des Apparates noch dazu, dass zuweilen sogar die Qualität der Fabrikate gefährdet wurde.

Diesen Schwierigkeiten trat Wilhelm mit seinem erfinderischen Talente energisch entgegen, und es unterliegt keinem Zweifel, dass in vielen Fällen mit den neu construirten Maschinen zufriedenstellende Resultate erreicht worden sind; im Grossen und Ganzen genommen haben jedoch die langen und wiederholten Versuche erwiesen, dass die bei der Construktion dieser Apparate unvermeidlichen verwickelteren Zusammensetzungen, sowie die in Folge dessen erschwertere Hantierung derselben sich durch die aus der Ersparniss an Brennmaterial erzielten Vortheile, vom geschäftlichen Standpunkte aus betrachtet, nicht bezahlt gemacht haben.

Eine so bittere Enttäuschung würde manchem Manne die Sache vollständig verleidet haben; bei Wilhelm diente dieselbe jedoch nur dazu, seine Charakterstärke noch mehr hervortreten zu lassen. Er verliess sich auf die Richtigkeit der von ihm adoptirten theoretischen Principien in Bezug auf die Möglichkeit der Wärme-Ersparniss und kam zu dem einfachen Schlusse, dass, wenn diese Principien sich auf den einen Gegenstand nicht anwenden liessen, er eben Mittel und Wege ausfindig machen müsse, um dieselben auf eine andere Weise praktisch nutzbar zu machen.

In diesem Bestreben wurde er von seinem Bruder Friedrich treulich unterstützt. Letzterer war, wie bereits im vorigen Kapitel mitgetheilt worden ist, im Jahre 1848 nach England hinüber gekommen und bei allen mit der Dampfmaschine und dem Verdampfer gemachten Experimenten mit thätig gewesen.

Im Laufe des Jahres 1856 verfiel Friedrich Siemens auf die glückliche Idee, dass das Regenerativ-Princip, welches Wilhelm so lange und eifrig bemüht gewesen war durch complicirte Constructionen von Dampfmaschinen und Verdampfern praktisch zur

Geltung zu bringen, am Ende auf eine viel einfachere Weise nutzbar gemacht werden könne, indem man es direct bei den gewöhnlichen Oefen, worin das Brennmaterial verbraucht wird, zur Anwendung brächte.

Wenn man den geschichtlichen Verlauf einer Erfindung verfolgt, so findet man sehr oft, dass gerade die einfachste Form die letzte ist, worauf der Erfinder verfällt; und der vorliegende Fall bestätigt dies in auffallender Weise.

Die neue Verbesserung war in der That im Princip ausserordentlich einfach. Es war wohl bekannt, dass der beim Arbeiten eines wirksamen Ofens durch die Verbrennung erzeugte Rauch sowie die daraus entstehenden Gase in einem auf einen sehr hohen Temperaturgrad erwärmten Zustande in den Dunstkreis entweichen, während die dem Feuer zugeführte Luft beim Eintreten in den Ofen nur den gewöhnlichen atmosphärischen Wärmegrad besitzt. Der Erfinder brachte daher einfach in Vorschlag, das Regenerativ-Princip mit Hülfe eines „Respirators", welcher die überflüssig gewordene Wärme der entweichenden Gase auffinge und absorbire und an die zur Speisung des Feuers eingelassene Luft zur Erwärmung derselben wieder abgebe, in Anwendung zu bringen. Auf diese Weise würde nicht nur der Wärmeverschwendung Einhalt gethan, sondern auch eine bedeutend intensivere Wirkung des Ofens erzielt werden.

Beide Brüder liessen sich das Studium dieses Gegenstandes sehr angelegen sein, und Wilhelm war besonders behülflich bei der Verbesserung der Vorrichtungen zur praktischen Verwerthung der Erfindung; da letztere jedoch Friedrichs ursprüngliche Idee war, so verstand sich von selbst, dass auch das darauf nachgesuchte Patent in seinem Namen genommen wurde, und es ward demgemäss dem „Ingenieur Friedrich Siemens, wohnhaft in London, 7. John Street, Adelphi" am 2. December 1856 auch gewährt. Wilhelm hat jede Gelegenheit mit Freuden wahrgenommen um zu erklären, dass das Verdienst dieser Erfindung ursprünglich seinem Bruder Friedrich zukomme.

Das Patent war überschrieben: „Verbesserungen in Oefen, welche überall da angewandt werden können, wo höhere Wärmegrade erforderlich sind". („Improved arrangement of furnaces, which improvements are applicable in all cases where great heat is required.") Der Hauptgegenstand dieser Erfindung, nämlich die Verwendung des Respirators oder des „Regenerativ"-Princips, wurde in dem ersten Patent-Anspruche erklärt, welcher folgendermassen lautete:

„Oefen in einer derartigen Weise zu construiren, dass die Wärme ihrer Verbrennungsprodukte dadurch aufgefangen wird, dass die letzteren durch Kammern geleitet werden, welche feuerfeste Materialien enthalten, die so angeordnet sind, dass sie ausgedehntere, Wärme absorbirende Flächen darbieten; die so aufgefangene Wärme wird Luftströmen oder anderen Gasen, welche man nachher über dieselben erwärmten Oberflächen passiren lässt, mitgetheilt."

Das Princip wurde durch die Patentzeichnung, den Plan eines Glühofens näher erläutert. Die Verbrennungsprodukte wurden, nachdem sie den Ofen verlassen hatten, durch eine „Regenerativ"-Kammer geleitet, welche feuerfeste Ziegel enthielt, deren Flächen den Strömen so dargeboten waren, dass letztere frei zwischendurch passiren konnten, um sodann, nachdem sie einen bedeutenden Theil ihrer Wärme an die feuerfesten Steine abgegeben hatten, nach dem Schornstein zu entweichen. Nachdem der Regenerator genügend erwärmt worden war, wurde der Feuerstrom von ihm abgewendet und in eine ähnliche, an der entgegengesetzten Seite gelegene Kammer geleitet; und zur selben Zeit wurde die zur Speisung des Feuers bestimmte atmosphärische Luft in umgekehrter Richtung durch den erhitzten Regenerator dem Herde zugeführt. Auf diese Weise wurden die kalte Luft oder die kalten Gase zuerst mit dem weniger erhitzten Material in der nächsten Nähe des Schornsteins und darauf mit den mehr erhitzten Abtheilungen in Berührung gebracht, bis sie schliesslich über den dem Feuerplatz zunächst gelegenen Theil der Wärmeflächen passirten und in Folge dessen bis auf den höchsten Wärmegrad erhitzt wurden. Das durch diesen Plan erzielte Resultat war, dass die Luft, ehe sie den Herd erreichte, bereits fast bis auf den Temperaturgrad des Feuers selbst erhitzt wurde, wodurch nicht nur eine grosse Menge Brennmaterial erspart, sondern auch eine fast unbegrenzte Steigerung der Hitze erzeugt wurde.

Während die Luft auf diese Weise durch den Regenerator No. 1 in den Ofen eintrat, erwärmte der vom Feuer herkommende erhitzte Strom den Regenerator No. 2; und wenn der erstere hinreichend abgekühlt und der letztere genügend erwärmt war, wurden die beiden Ströme vermittelst einer einfachen Schieberklappe umgewendet, und auf diese Weise wurde die abwechselnde Wirkung, je nach Erforderniss, von Zeit zu Zeit erzielt.

Das Patent umfasste einige Arten von Oefen, welche für den Gebrauch von Kohlenwasserstoff- oder von anderen brennbaren Gasen an Stelle des festen Brennmaterials eingerichtet waren, und ausserdem noch verschiedene andere Anordnungen zur praktischen Anwendung des Princips.

Die Erfindung wurde von Wilhelm in einer, am 24. Juni 1857 vor der „Institution of mechanical Engineers" in London verlesenen Abhandlung beschrieben, und da dies die erste öffentliche Ankündigung eines Apparates war, welcher später so hohe Bedeutung gewonnen hat, so dürften die folgenden Auszüge der Abhandlung nicht ohne Interesse sein:

„Die hohe Bedeutung der auf der Erdoberfläche vertheilten Vorräthe an Brennmaterial macht deren verschwenderische Verausgabung und ihre so ausserordentlich rasch fortschreitende Abnahme an vielen Stellen der Erde zu einem Gegenstande der ernstesten Erwägung. Es liegt in der That, der Ansicht des Verfassers nach, für die Ingenieure sowie überhaupt für die Männer der Wissenschaft unserer Zeit keine würdigere Aufgabe vor, als nach Kräften dahin zu wirken, dass die Erzeugung und praktische Anwendung der Wärme nach wissenschaftlichen und ökonomischen Principien betrieben werde. Unsere Kenntniss der Natur der Wärme ist in den letzten Jahren bedeutend fortgeschritten . . . . Wenn wir die verschiedenen Verfahren zum Schmelzen und Glühen von Metallen — und überhaupt irgend einen Process, wobei intensivere Wärme erforderlich ist, — genauer betrachten, so werden wir finden, dass dabei eine bedeutende Wärmemenge verloren geht, welche sich in einigen Fällen auf mehr als 90 Procent der Gesammtmasse der erzeugten Wärme beläuft. Von der Richtigkeit dieser Ansichten überzeugt, hat der Verfasser es sich viele Jahre lang sehr angelegen sein lassen, verschiedene seiner eigenen Ideen, die darauf ausgingen, der Wärme den gehörigen Nutzeffekt abzugewinnen, zur Ausführung zu bringen; einige der erzielten Resultate sind den Mitgliedern dieses Instituts bereits bekannt. Das Regenerativ-Princip hat sich als höchst wichtig herausgestellt und ist fast in allen Fällen anwendbar; und der Zweck der vorliegenden Abhandlung besteht darin, eine Verwendung dieses Princips auf Oefen aller Art zu beschreiben.

Kapitel V.

Die Erfindung des Regenerativ-Ofens ist Friedrich Siemens, dem Bruder des Verfassers, zuzuschreiben; auch ist dieselbe während der letzten Monate von dem Verfasser selbst noch weiter ausgebildet und auf verschiedene Art zur Anwendung gebracht worden. Das Resultat hat in allen Fällen eine bedeutende Ersparniss, welche sich auf 70 bis 80 Procent der Gesammtmasse der bis dahin verbrauchten Wärmemenge beläuft, ergeben.

Der angewendete Apparat ist überdies höchst einfach und dauerhaft, und besitzt neben der Ersparniss an Brennmaterial noch andere Vortheile, worunter die gänzliche Verhütung von Rauchbildung sowie eine allgemeine Verbesserung der Qualität der Fabrikate besonders hervorzuheben ist..."

Die ersten Versuche wurden von den beiden Brüdern mit einem von denselben zu diesem Zwecke in Scotland Yard erbauten Ofen angestellt; Oefen von der für praktische Zwecke erforderlichen Grösse sind jedoch erst im Anfange des Jahres 1857, unter der Leitung von Friedrich Siemens, in dem Stahlhüttenwerk von Messrs. Marriott and Atkinson in Sheffield zum Schmelzen und Schweissen von Stahl, sowie in der Fabrik von Messrs. Lloyd, Fosters and Co. in Wednesbury in Staffordshire zum Schweissen von Eisen errichtet und in Betrieb gesetzt worden.

Diese Oefen arbeiteten mit Erfolg, insofern die damit erzielte Ersparniss an Brennmaterial sehr gross, in der That weit grösser war, als man erwartet hatte. Doch gab es auch noch manche sehr bedenkliche Schwierigkeiten zu überwinden, besonders was die Beschaffung von Materialien anbelangte, welche feuerfest genug sein mussten, um der im Ofen erzeugten intensiveren Hitze zu widerstehen. Die Experimente wurden daher noch einige Jahre lang hauptsächlich in Sheffield und Staffordshire fortgesetzt. Während dieser Zeit, im Mai 1857, nahm Wilhelm in seinem eigenen Namen ein Patent auf einige detaillirte praktische Anordnungen, die erforderlich waren, um den Ofen für gewisse besondere Zwecke verwendbar zu machen.

Als die Regenerativ-Dampfmaschine und der Verdampfer endgültig aufgegeben werden mussten, waren diese Versuche in gutem Fortschreiten begriffen, und es unterliegt wohl kaum einem Zweifel, dass die Aussicht auf den Erfolg derselben viel dazu beigetragen hat, den Schlag etwas zu mässigen, welcher Wilhelm sonst gewiss sehr hart getroffen hätte.

Unterdessen war eine höchst wichtige und erfolgreiche Anordnung gemacht worden, um das Regenerativ-Princip auch zum Erhitzen des Windes für Hochöfen praktisch zu verwerthen.

Dieselbe war von Mr. E. A. Cowper vorgeschlagen und im Jahre 1857 in seinem Namen patentirt worden. Der Regenerator musste so construirt werden, dass er unter bedeutendem Luftdrucke arbeiten konnte; und um ihn für diesen Zweck tauglich zu machen, wurde er von einer aus feuerfesten Ziegeln aufgeführten Bekleidungsmauer eingeschlossen, welche als Ausfütterung im Innern eines luftdichten, schmiedeeisernen Mantels, welcher den Druck des Gebläses auszuhalten vermochte, angebracht war, während die innere Backsteinausfütterung als Schutz gegen die im Ofen erzeugte Hitze diente.

Wilhelm erkannte den Werth dieser Anordnung vollständig an, welche er „eine der interessantesten praktischen Verwerthungen seines Regenerativofens" nannte; er leistete Mr. Cowper jedmöglichen Beistand, und in einem der verschiedenen, für Verbesserungen dieses Ofens genommenen Patente späteren Datums ist auch sein Name wieder genannt worden.

Diese Winderhitzungsapparate sind in fast allen Ländern, in welchen die Eisen-Industrie betrieben wird, zur Anwendung gekommen, und die Vorzüge derselben sind von Wilhelm in folgender Weise kurz zusammengefasst worden:

1. Keine Abnutzung des Rohr-Systems.
2. Kein Verlust durch Undichtigkeit (welcher sich bei gewöhnlichen Oefen auf 20 Procent beläuft).
3. Eine höhere Eisen-Produktion in demselben Ofen und mit derselben Gebläseluftmenge.
4. Grosse Ersparniss an Brennmaterial zum Erhitzen der Luft.
5. Noch bedeutendere Ersparniss an Brennmaterial im Ofen selbst, und zwar in Folge der erhöhten Temperatur des Gebläses, welche gewöhnlich bis auf 1500 Grad Fahrenheit gesteigert wird.

Diese Ersparnisse sollen sich in der Gesammt-Eisen-Industrie der Welt heute schon bis auf den Werth von etwa zehn Millionen Reichsmark belaufen.

Abkühlung (Refrigeration).

Als ein Beweis dafür, wie gründlich Wilhelm die Wärmetheorie studirt hat, verdient hier erwähnt zu werden, dass derselbe auch — wenn man so sagen darf — die negative Phase der Wärme, nämlich den Abkühlungs- oder Refrigerations-Process keineswegs ausser Acht gelassen hat.

Schon im Jahre 1852 hatte er diesen Gegenstand mit seinem Bruder Werner erörtert, und unter Friedrich's Leitung sind auch verschiedene Versuche gemacht worden. Vom praktischen Gesichtspunkte betrachtet scheinen jedoch nach dieser Richtung keine weiteren Schritte gethan worden zu sein, bis Wilhelm am 30. October 1855 ein Patent (No. 1105) für ein „verbessertes Verfahren zum Abkühlen und Gefrieren von Wasser und anderen flüssigen Körpern" (Improvements in cooling and freezing water and other bodies) nahm.

Dieses Verfahren basirte auf der Temperatur-Abnahme beim Auflösen gewisser chemischer Salze. Man liess Wasser durch eine Masse krystallinischen Chlorcalciums durchsickern, und nachdem die auf diese Weise bereitete Lösung eine reducirte Temperatur angenommen hatte, wurde dieselbe dazu benutzt, um andere Körper, wie z. B. in Flaschen befindliches Wasser etc. dadurch abzukühlen, dass man die Lösung darum circuliren liess. Das Patent beschrieb einen für diesen Zweck höchst sinnreich erdachten Apparat, und die Einzelheiten des Verfahrens zeigen in einem anderen Patente vom 13. September 1858 noch weitere Verbesserungen. Am 29. Juli 1857 kam er um ein Patent für ein Abkühlungsverfahren durch Luftexpansion (das seitdem so vielfach in Anwendung gekommen ist) ein, welches jedoch aus dem einen oder anderen Grunde wieder fallen gelassen worden ist.

Im Jahre 1857 liess Wilhelm einen solchen Apparat in seiner Werkstätte in Millbank Street Westminster construiren, und das Verfahren ist auf den Dampfern der „Peninsular and Oriental Company" nicht ohne Erfolg angewendet worden. Einige dieser Maschinen sind auch an Brauereien geliefert worden; in ausgedehnterem Maass ist die Erfindung jedoch nicht zur Anwendung gekommen.

DER WASSERMESSER.

Zu Seite 111.

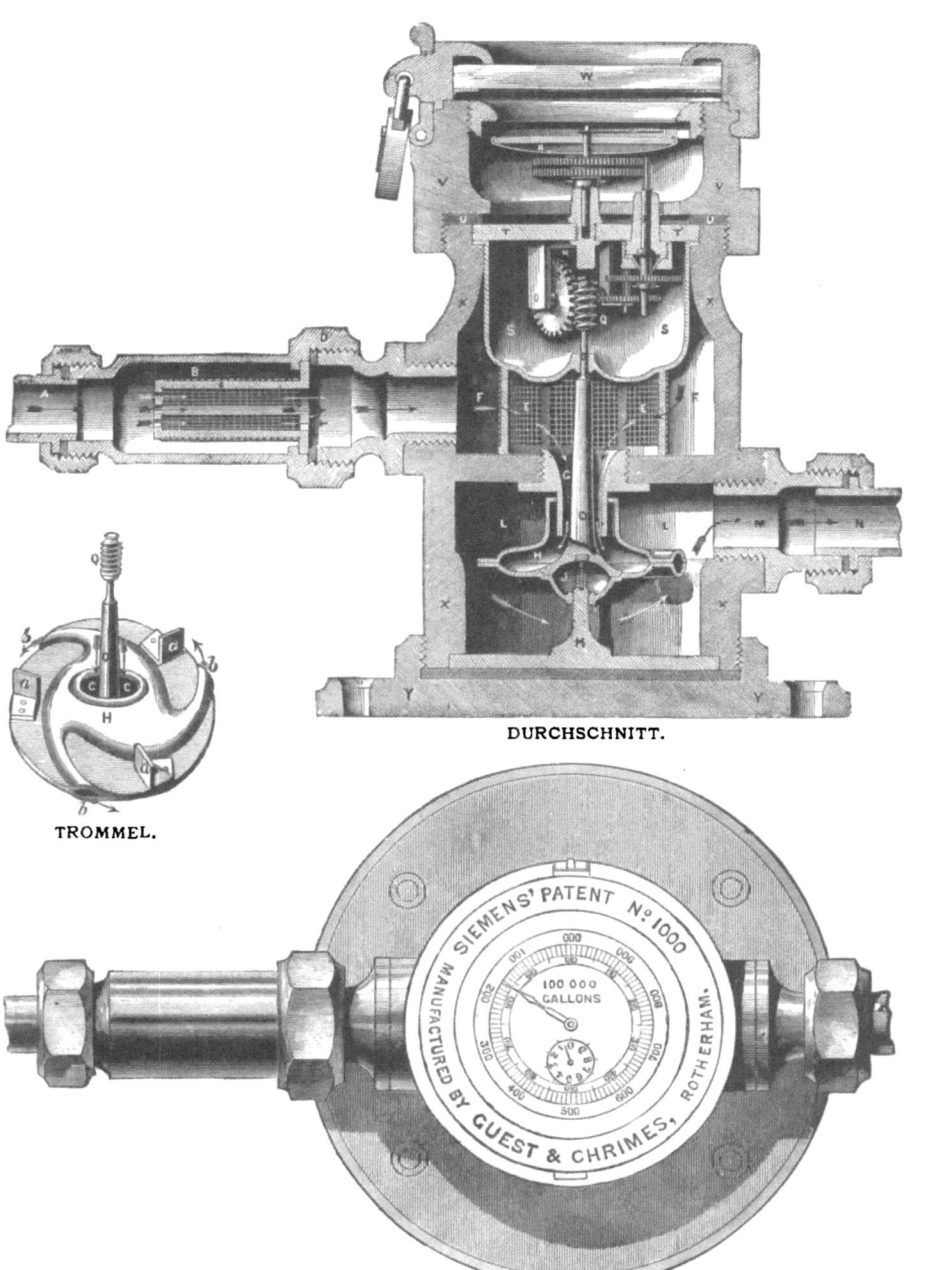

DURCHSCHNITT.

TROMMEL.

GRUNDRISS.

Die ersten Jahre der unabhängigen Thätigkeit. 111

Der Wassermesser.

Der erste effektive und unbestreitbare Erfolg, den Wilhelm seit seinem Aufenthalt in England erzielt hat, war ein im Jahre 1851 von ihm erfundener Apparat zum Messen des Volumens von fliessendem Wasser.

Etwa um die Mitte dieses Jahrhunderts fand eine bedeutende sanitäre Bewegung statt, und eine der nächstliegenden Folgen davon war, dass die allgemeine Aufmerksamkeit vor allem der Wasserversorgung der Städte zugewendet wurde. Oeffentliche Untersuchungen wurden angeordnet und gesetzliche Maassregeln für Verbesserungen in der Versorgung getroffen. Grosse Unzufriedenheit machte sich geltend in Bezug auf die Art und Weise der Vertheilung des Wassers auf die einzelnen Häuser, besonders was die grosse Verschwendung anbelangte, mit welcher, wie sich herausgestellt hatte, dabei zu Werke gegangen wurde. Es war deshalb der Wunsch laut geworden, dass Wasser, analog der Gas-Vertheilung, nach einem gewissen Maasse geliefert werde.

Obgleich jedoch viele Versuche gemacht worden waren, einen die Quantität des gelieferten Wassers registrirenden Apparat zu construiren, so hatte bis dahin doch noch Keiner einen Apparat zu Stande gebracht, zu welchem der Verkäufer sowohl als der Käufer genügendes Vertrauen haben konnten*). Wilhelm hatte sich überzeugt, dass das Bedürfniss für einen solchen Apparat vorliege, und da er die Vortheile, welche ein zuverlässiger Wassermesser sowohl dem Publikum als auch dem Erfinder darbieten würde, sehr wohl erkannte, so kam er zu dem Beschluss, selbst die Lösung dieser Aufgabe zu versuchen.

Schon im Jahre 1845 hatte er einen höchst geistreichen Mechanismus ersonnen, welcher mit Hülfe eines Laufwerkes den Zufluss für eine gegebene Zeit durch ein beschwertes Ventil registriren sollte; die Nothwendigkeit des Aufziehens des Werkes machte den Apparat jedoch für den allgemeinen Gebrauch zu umständlich. Darauf machte er den Vorschlag, das Aufziehen

---

*) Siehe: „Proceedings of the Institution of Civil Engineers, vol. XII. 60.

durch eine vom Wasserstrom selbst gedrehte Schraube zu besorgen. Kaum hatte er jedoch begonnen, diese Idee weiter zu verfolgen, als er auf den Gedanken kam, ob nicht, im Falle es ihm gelingen sollte, die Schraube mit einer Geschwindigkeit, welche mit der des Wasserstromes im Verhältniss stünde, rotiren zu lassen (was ihm höchst wahrscheinlich schien), ganz ohne die complicirtere Anordnung des belasteten Ventils und Laufwerkes zum Ziele zu gelangen sei, und zwar indem er die Schraube selbst als Messer benutzte, ohne irgend welche weiteren Nebeneinrichtungen, als die gewöhnliche einfache Vorrichtung zum Registriren der Umdrehungen.

So entstand die Idee, einen Messer zu construiren, indem man eine Schraube ohne Ende oder ein System von spiralförmigen Schaufeln an zwei Punkten so placirte, dass sie in der Achse einer sich bewegenden cylindrischen Wassersäule schwebten.

Der Erfinder sah jedoch wohl ein, dass noch viele praktische Schwierigkeiten zu überwinden sein würden, um einen solchen Apparat zuverlässig genug zu machen, und die Ausführung wurde daher noch auf einige Jahre hinausgeschoben.

Im Anfange des Jahres 1848 berieth Wilhelm sich mit seinem Freunde Mr. Woods über seine Idee einer „rotirenden Messer-Pumpe", welche dem letzteren auch einzuleuchten schien. Der erste entscheidende praktische Schritt nach dieser Richtung hin wurde jedoch erst im Jahre 1851 gethan, nachdem es Wilhelm gelungen war, mit Hülfe seines Bruders Werner in der Berliner Fabrik ein Modell eines Wassermessers herzustellen, welches gute Resultate versprach.

Hiermit ausgerüstet, liess Wilhelm durch Herrn Schwabe, einen Freund in Manchester, eine Eingabe an den dortigen Stadtrath machen, welcher eine Commission zur Prüfung der Erfindung einsetzte. Das Resultat war, dass sechs Messer auf eine zweimonatliche Probezeit bestellt wurden, welche aber erst, nachdem sie diese Zeit über zur Zufriedenheit gearbeitet hätten, bezahlt werden sollten.

Um die nöthigen Experimente ausführen zu können, hatte Wilhelm sich von Herrn Schwabe die Summe von £ 250 vorstrecken lassen, und er übergab diese Arbeit Messrs. Guest and Chrimes in Rotherham, einer Firma, welche sich eines bedeutenden Rufes für Wasseranlagen erfreute, und welche von Herrn Siemens contractlich das Privilegium erwarb, diese Messer anzufertigen und zu liefern, vorausgesetzt, dass die Erfindung sich bewährte.

Die Messer für Manchester wurden im Frühjahr 1852 vollendet und arbeiteten so vorzüglich, dass Wilhelm wohl berechtigt war, ein Patent auf seinen „Flüssigkeits-Messer" zu nehmen, welches vom 15. April desselben Jahres datirt. Dieses enthielt einfach die Anwendung des oben erwähnten Princips in verschiedenen Modificationen, und die Erfindung bestand der Beschreibung gemäss aus:

„verschiedenen Anordnungen von Schrauben oder Spiralen, welche dadurch, dass man Wasser oder andere Flüssigkeiten hindurch leitet, zum Rotiren gebracht werden, ferner aus den in Verbindung mit solchen Schrauben oder Spiralen zur Regulirung und Leitung des Stromes oder der Flüssigkeit angelegten Führungen und Kanälen, sowie aus verschiedenartigen Einrichtungen zum Registriren der Anzahl der Schraubenumdrehungen."

Das Patent umfasste ebenfalls eine Anwendung desselben Princips in der Gestalt einer Schraubenlogge zum Messen der Geschwindigkeit des Schiffslaufes — eine Erfindung, welche seitdem vielfach in Gebrauch gekommen ist.

Obgleich jedoch das Princip einfach genug war, so erforderte die passende Einkleidung desselben in eine praktische Form doch grosses technisches Talent, und es hat dem Erfinder viel Nachdenken gekostet, ehe er die wirksamste und zuverlässigste Einrichtung ausfindig machte. Die zu diesem Zwecke angestellten Experimente und Proben wurden theilweise in der Berliner Fabrik und theilweise von Guest und Chrimes ausgeführt. Dieselben haben einige Zeit in Anspruch genommen und zur Entnahme eines zweiten, vom 23. März 1853 datirten Patentes geführt. Dieses wurde im Vereine mit Mr. Joseph Adamson, einem in Leeds ansässigen Ingenieur, genommen, welcher sich gerade zu der Zeit vielfach mit Wassermessern befasst und bereits einige darauf bezügliche Erfindungen gemacht hatte. Wilhelm hatte diese Erfindungen geprüft und man kam überein, dass die neueste Erfindung in Beider Namen patentirt werden sollte.

Dieses Patent für „Verbesserungen von rotirenden Flüssigkeitsmessern" führte einen von dem früheren wesentlich abweichenden Plan vor, indem es sich hier um eine Verwerthung des Reaktions-Princips handelte, wie es vorher für hydraulische Zwecke beim „Reaktionsrad" (Barker's Mill) und bei der „Turbine" in Anwendung gekommen war. Diese beiden Formen, sowie eine weitere, ähnlich dem gewöhnlichen unterschlächtigen Mühlrade, wurden in das Patent mit eingeschlossen. Die Form des Reaktionsrades hat sich schliesslich als die für allgemeine praktische Zwecke geeignetste erwiesen, und der Apparat ist fast ausschliesslich in derselben auf den Markt gekommen. Seine Construktion ist auf der Tafel, welche Messrs. Guest und Chrimes die Güte hatten für dieses Werk anfertigen zu lassen, dargestellt.

Die Einfachheit und Leistungsfähigkeit des Apparates hat ihm sehr bald allgemeine Anerkennung verschafft. Schon im Jahre 1852 waren über hundert Messer in Bestellung gegeben worden und der Bedarf nahm rasch zu. Der Wassermesser ist nicht nur in vielen Städten Englands in ausgedehnterem Maasse adoptirt worden, sondern hat auch auf dem Continente und in Amerika viel Anklang gefunden.

Im Januar 1854 verlas Wilhelm Siemens vor der „Institution of Mechanical Engineers" eine Abhandlung über Wassermesser im Allgemeinen, welcher am 30. Juli 1856 ein weiterer Vortrag über die verbesserte und endgültig adoptirte Construktion des Wassermessers folgte. Am 2. December desselben Jahres fand auch in der „Institution of Civil Engineers"[*]) eine Diskussion über diesen Gegenstand statt, bei welcher Gelegenheit Wilhelm Siemens einige erklärende Bemerkungen über seine eigene Erfindung machte und zugleich constatirte, dass ihm das Prioritätsrecht gebühre, einen Messer, welcher unter hohem Wasserdruck zu arbeiten im Stande sei, in Gebrauch gebracht zu haben. Messer verschiedener Art wurden des Längeren und Breiteren

---

*) Minutes of Proceedings Inst. C. E., vol. XVI., p. 46.

besprochen und dem von Wilhelm Siemens erfundenen von verschiedenen hervorragenden Wasserbau-Ingenieuren besondere Anerkennung gezollt.

Einige weitere Patente waren von Wilhelm Siemens im November 1856, im December 1860, sowie im März 1867 genommen worden; jedoch scheinen die früher construirten Formen allen Anforderungen des Publikums vollständig genügt zu haben.

Der rasche Erfolg dieser Erfindung kam Wilhelm höchst gelegen, da ihm dieselbe bereits vom Jahre 1853 ab, obgleich das Patent damals erst ein Jahr alt war, ein angemessenes Einkommen gewährte, wodurch er von den pecuniären Sorgen, welche ihn seit seiner Ankunft in England stets mehr oder weniger gedrückt hatten, befreit wurde. Der Bedarf und Verkauf nahm beständig zu, und die an Wilhelm auf Grund seines Patentrechtes in Grossbritannien allein zu zahlenden Gebühren beliefen sich mehrere Jahre lang auf jährlich mehr als £: 1000 Sterling (Rm. 20 000), wozu noch ein bedeutender Zuschuss für die auf dem Continente fabricirten Messer, wo die Erfindung ebenfalls patentirt war, kam.

Folgende äusserst belehrende Bemerkungen über die wissenschaftlichen Verdienste der Erfindung sind einem, von Sir William Thomson für die „Royal Society" in London verfassten Artikel entnommen:

„Der Wassermesser entsprach genau einem wichtigen Bedürfnisse, welches sich in der Praxis fühlbar gemacht hatte, und hat einen dreissigjährigen glänzenden Erfolg hinter sich. Derselbe verkörperte in sich auffallend spitzfindige hydraulische Principien, welche, ganz abgesehen von dem praktischen Werthe des Apparates, schon an und für sich hoch interessant sind. Man stelle sich ein Reactionsrad (Barker's mill) vor, welches absolut ohne jeglichen Widerstand rotirt. Das abfliessende Wasser muss beim Verlassen der Rohrmündungen annähernd Null absolute Geschwindigkeit besitzen, mit anderen Worten, seine Geschwindigkeit im Verhältniss zu den Ausflussröhren muss annähernd der entgegengesetzten absoluten Geschwindigkeit der Ausflussröhren gleich sein. Der Apparat wird daher in einfacher Proportion zu der durch denselben passirenden Wassermenge rotiren. Durch weitere Verfolgung ähnlicher Erwägungen lässt sich leicht nachweisen, dass, wenn das Rad, anstatt ohne Widerstand zu laufen, eine Kraft, welche genau proportional dem Quadrate seiner Winkelgeschwindigkeit ist, zu überwinden hat, seine Geschwindigkeit immer noch proportional der pro Zeiteinheit durchfliessenden Wassermenge sein müsste. Wenn man dieses Widerstandsgesetz gelten lässt, so ergiebt sich, dass der ganze Winkel, den das Rad beim Umdrehen beschreibt, die ganze Menge des passirten Wassers misst. Nun bedenke man die Schwierigkeiten, welche Siemens zu überwinden hatte, um dieses Princip in seinem Apparate praktisch zu verkörpern. Was man gewöhnlich unter dem Namen „Reactionsrad" verstand, musste in allen seinen Einzelheiten in dem Rohrsystem der Wasserleitung wiedergegeben werden, dessen Ausflussmündungen ihren Inhalt in Wasser und nicht in die Luft entleerten. Dabei durfte der Apparat nur sehr geringe Dimensionen haben, um ihn der Praxis anpassen zu können, und seine Lager mussten stets gehörig eingeölt sein, nicht allein um den Apparat gegen durch jahrelanges Arbeiten herbeigeführte Abnutzung so viel wie möglich zu schützen, sondern auch um es möglich zu machen, die beständig wirkende Frictionskraft, welche durch Reibung einer Masse auf die andere erzeugt wird, so zu reduciren, dass dieselbe sozusagen verschwindet im Vergleich zu dem Widerstande, proportional dem Quadrate der Geschwindigkeit, welcher von der umgebenden Flüssigkeit auf ein darin rotirendes Rad mit scharfkantigen Flügeln ausgeübt wird. Nach einigen Versuchsjahren war es dem Erfinder gelungen eine Schwierigkeit nach der anderen zu bewältigen und sein Apparat arbeitete mit der für praktische Zwecke erforderlichen Genauigkeit und Leichtigkeit.

Es war unserer Ansicht nach der Schutz des englischen Patentgesetzes, welcher, gerade bei dieser Erfindung, es Herrn Siemens ermöglichte, seinen Apparat in England auszuarbeiten, und welcher dadurch viel dazu beigetragen hat, dass er schliesslich sein Daheim bei uns gefunden und uns zunächst die Früchte seiner reichen Erfindungsgabe nach allen Richtungen hin hat zukommen lassen, während damals noch der Mangel eines ähnlichen Schutzes unter deutschem Gesetze es dem Erfinder praktisch unmöglich gemacht hätte, eine so schwierige Arbeit in seinem eigenen Heimathslande durch ihre verschiedenen Stadien der Vollendung zuzuführen."

Vom praktischen Standpunkte betrachtet, ist der Siemens'sche Wassermesser eine der nützlichsten und werthvollsten Erfindungen, welche die Wassermaschinen-Baukunst jemals hervorgebracht hat; nichts ist bis dahin erfunden worden, was den besonderen Zwecken, wofür der Apparat bestimmt ist, besser entspräche, und keine wesentliche Verbesseruug ist seit seiner endgültig adoptirten

Form, welche der Wassermesser unter dem Patente vom Jahre 1853 erhalten hat, daran gemacht worden. Derselbe ist heute noch in ausgedehntem Maassstabe im Gebrauch. Bis zum Ende des Jahres 1885 sind von Messrs. Guest and Chrimes allein etwa 130 000 Wassermesser geliefert worden, und in vielen Fällen ist derselbe von den Wasserleitungs-Anstalten als Normal-Messapparat zur Verrechnung der zugeführten Wassermenge adoptirt worden.

Erfindungen geringerer Art.

Der chronometrische Regulator. — Obgleich Schwierigkeiten und Misserfolge bei den Versuchen der praktischen Verwerthung dieser Erfindung keineswegs zu den Seltenheiten gehörten, so hat Wilhelm mit seiner zähen Ausdauer sich dadurch doch nicht in der Fortsetzung seiner darauf bezüglichen Bemühungen und Experimente entmuthigen lassen. Der Apparat ist bis zu einem gewissen Grade im Gebrauch geblieben, und das Recht, solche Regulatoren zu liefern, ist mehreren Firmen in verschiedenen Theilen von England contractlich ertheilt worden, wobei Messrs. Hick in Bolton die Haupt-Geschäfts-Vermittler gewesen sind.

Um die Verdienste dieser Erfindung mehr in den Vordergrund zu bringen, sandte Wilhelm im Jahre 1853 an die „Institution of Mechanical Engineers" eine von ihm verfasste, darauf bezügliche Abhandlung ein, welche am 27. Juli desselben Jahres in der zu Birmingham abgehaltenen Versammlung verlesen wurde.

Manche Versuche sind noch mit dem Apparate gemacht worden. Wenngleich aber die Schönheit und Genialität der Erfindung unbestreitbar war, so besass der Regulator auf der anderen Seite doch eine grössere Empfindlichkeit, als für gewöhnliche Dampfmaschinenzwecke erforderlich war; er ist auch in Folge dessen nicht allgemein zur Anwendung gekommen. Derselbe ist dagegen mit Erfolg für feinere Zwecke verwendet worden, wie z. B. zur Regulirung der Bewegungen der chronometrischen Instrumente auf der Greenwicher Sternwarte. Der verstorbene königliche Astronom, Sir G. B. Airy, hat diese Anwendung, welche heute noch besteht, mit Wilhelms Zustimmung ursprünglich bestimmt.

Die Frage der gleichförmigen Bewegung hat für Wilhelm stets eine grosse Anziehungskraft besessen, und in einer späteren Periode seines Lebens ist er auch wieder darauf zurückgekommen.

Fabrikation von Bleiröhren. — Am 29. März 1859 zeigte Wilhelm in der „Institution of Civil Engineers" eine Maschine seiner eigenen Erfindung zum Verbinden von Bleiröhren vor, und zwar einfach vermittelst Druckes zwischen den Metallflächen an Stelle der Löthung. Wilhelm und sein Bruder Werner hatten dem Gebrauch von Bleiröhren als Schutzhüllen für unterirdische elektrische Kabelleitungen viel Aufmerksamkeit zugewandt, und diese Verbesserung in der Bleirohr-Verbindung war im Laufe der darauf bezüglichen Experimente entstanden.

Thätigkeit auf dem Gebiete der Electricität.

Nachdem Wilhelm angefangen hatte in London für eigene Rechnung zu prakticiren, war er eher im Stande, die elektrischen Telegraphen-Anlagen, welche er kurz vorher in Angriff genommen hatte, auszuführen, und diese Thätigkeit hatte den grossen Vortheil, dass sie eine Erwerbsquelle ohne jegliches Risico war.

Er liess es sich daher nunmehr besonders angelegen sein, die Interessen der Berliner Fabrik zu betreiben, indem er die Erfindungen seines Bruders in England einzuführen und überhaupt elektrische Anlagen daselbst zu fördern sich bemühte.

Am 2. März 1852 und in den beiden folgenden Versammlungen wurde in der „Institution of Civil Engineers" in London die elektrische Telegraphenfrage erörtert, und Wilhelm betheiligte sich an der Discussion, indem er eine lange und ausführliche Beschreibung des deutschen Telegraphen gab. Er führte an, dass die Einrichtungen für Apparate und Drahtleitungen, welche von seinem Bruder Werner in Deutschland und in anderen Ländern auf dem Continente in ausgedehnterem Maassstabe adoptirt und ausgeführt worden seien, sich von anderen Systemen wesentlich unterschieden. Er beschrieb sodann, mit Zuhülfenahme von Mustern und Modellen, die deutschen Zeiger- und Drucktelegraphen, wovon die Letzteren die gegebenen sowie die empfangenen Depeschen in gewöhnlichem Typendruck auf Papierstreifen druckten und auf diese Weise eine doppelte Controlle der telegraphischen Correspondenz an beiden Endstationen der Linie gewährten, die für Jedermann leserlich wäre und wodurch jede Möglichkeit eines Irrthums beseitigt würde. Herr Siemens erwähnte ferner ein eigenthümliches, zum Drahtlegen adoptirtes System und beschrieb die Mittel, welche zur Auffindung und Verbesserung von Isolationsfehlern im Gebrauch wären. Dies war die erste wichtige Mittheiluug, welche Wilhelm vor dem Institut gemacht hat, dessen so hervorragendes Mitglied er später geworden ist.

In demselben Jahre verbrachte er einige Zeit in Paris und bemühte sich eine Agentur daselbst einzurichten; die damals von ihm angeknüpften Unterhandlungen wurden späterhin von seinem Bruder Carl fortgeführt.

Als er im Herbste des Jahres 1853 zu seiner Erholung eine Reise nach Berlin unternahm, führte sein persönlicher Verkehr mit der dortigen Firma zu einer Aenderung in seinen geschäftlichen Beziehungen mit derselben. Er war bis dahin einfach nur Agent des Berliner Hauses gewesen; jetzt wurde jedoch bestimmt, dass er von nun an Theilhaber am dortigen Geschäfte werden und dass seine Thätigkeit in England den Charakter einer speciellen Branche des Telegraphengeschäftes unter seiner persönlichen Leitung annehmen solle. Als Folge hiervon werden wir finden, dass Wilhelm von jetzt ab Contrakte von ansehnlicher Grösse übernommen hat, worunter grosse Lieferungen von Materialien, Instrumenten und Apparaten für die Staatstelegraphen in Indien zu vermerken sind.

Etwa um diese Zeit eröffnete sich dem Unternehmungsgeiste des Telegraphen-Ingenieurs ein neues Wirkungsfeld, über welches hier etwas ausführlicher zu sprechen wünschenswerth erscheinen dürfte, da dieser neue Zweig der Telegraphie sehr bald grosse Bedeutung gewann und in der That für eine Zeitlang den wichtigsten Gegenstand auf dem Gebiete der Electricität, dem Wilhelm seine volle Thätigkeit gewidmet hat, bildete. Es handelte sich nämlich um die Anlage einer überseeischen Telegraphen-Verbindung mit Hülfe von unterseeischen Kabeln.

Die Gebrüder Siemens haben dieser Frage seit ihrem ersten Auftauchen mehr oder weniger nahe gestanden. Als der elektrische Telegraph zuerst in's Leben trat, hing man die Leitungsdrähte, welche der electrische Strom zu passiren hat, über der Erde an mit Isolatoren versehenen Pfosten auf, und da die Luft unter gewöhnlichen Verhältnissen auch als ein Nicht-Leiter zu betrachten ist, so war dies die einfachste Manier, um die erforderliche Isolation zu erzielen.

Im Jahre 1846 jedoch wurde die auffallende isolirende Eigenschaft der Guttapercha von Werner Siemens entdeckt, welcher angesichts der grossen Plasticität dieses Materials sowie der Leichtigkeit, mit welcher es sich behandeln liess, den Vorschlag machte, von demselben für die Bekleidung von Telegraphendrähten Gebrauch zu machen, so dass man im Stande sei, die Telegraphenleitungen unterirdisch anzubringen, was nach Werners Ansicht eine weit sicherere Methode sein würde. Im Frühjahre 1847 schlug er dieselbe der preussischen Regierung vor, und nachdem er im Herbste desselben Jahres die erste Versuchslinie von 20 Meilen Länge glücklich vollendet hatte, adoptirte man seinen Plan, worauf während der Jahre 1848 und 1849 ungefähr 3000 englische Meilen auf diese Weise gelegt wurden.

Dieses System ist seitdem mit grossem Erfolge angewendet worden. Es hat die Luftleitung nicht etwa aus dem Felde geschlagen, aber es hat sich jedenfalls so zu sagen mit derselben in die Telegraphenarbeit getheilt. Jedes der beiden Systeme hat seine ihm eigenthümlichen Vortheile und beide sind in weit ausgedehntem Maasse im Gebrauch.

Werner Siemens kam bald darauf auch zu der Ueberzeugung, dass mit Hülfe seiner Isolationsmethode Leitungsdrähte nicht nur durch feuchten Boden, sondern auch durch das Wasser selbst — welches bekanntlich ein Leiter für Electricität ist — geführt werden könnten; und, um die Richtigkeit und Ausführbarkeit seiner Idee nachzuweisen, legte er im März 1848 mehrere Meilen mit Guttapercha bekleideten Kupferdrahtes in die Kieler

Bucht, um eine unterseeische Telegraphen-Verbindung zwischen dem Ufer und verschiedenen Punkten in dem tiefen Kanal, wo kurz vorher Seeminen für Kriegszwecke gelegt worden waren, herzustellen; und dies war unzweifelhaft der erste Versuch, welcher jemals gemacht worden ist, um eine unterseeische elektrische Verbindung herzustellen. Etwa um dieselbe Zeit führte er auch mit Erfolg einen Telegraphendraht von Deutz nach Cöln durch den Rhein, der durch eine Eisenarmatur gegen Beschädigung durch Schiffsanker geschützt war*).

Die Idee war zu werthvoll, um sie einschlafen zu lassen, und es fiel offenbar England in seiner Eigenschaft als Insel zunächst zu, sich dieselbe sobald als möglich zu Nutzen zu machen. Die Frage einer Telegraphen-Verbindung zwischen England und Frankreich war schon häufig aufgeworfen worden, und Mr. Jacob Brett, ein hervorragender englischer Telegraphen-Ingenieur, hatte im Jahre 1847 von der französischen Regierung eine provisorische Concession für diesen Zweck erhalten; da jedoch die praktische Ausführbarkeit des Projectes in Zweifel gezogen wurde, so hat man die Concession damals verfallen lassen.

Werner Siemens' Erfolge hatten jedoch nun dem Stand der Dinge ein ganz anderes Aussehen verliehen. Im Jahre 1849 wurde ein glücklicher Versuch in der offenen See nach Dover zu von Mr. C. V. Walker, dem elektrischen Ingenieur der South Eastern Railway gemacht, und nachdem man eine zweite Concession erlangt hatte, wurde am 25. August 1850 thatsächlich ein unterseeisches Kabel durch die Meerenge von Dover nach Cap Grisnez gelegt. Dasselbe bestand einfach aus einem mit Gutta-Percha bekleideten Kupferdrahte, jedoch ohne weitere Schutzhülle; es war ungefähr einen halben Zoll stark und mit Bleigewichten beschwert, um es nach unten zu halten. Die

---

*) Diese Daten sind von Wilhelm Siemens am 13. Januar 1857 der Institution of Civil Engineers bei Gelegenheit einer Discussion über unterseeische Telegraphen-Verbindungen mitgetheilt worden. Dieselben bedürfen jedoch insofern einer Correktur, als die angeführten durch Umsetzung mit Guttapercha noch Werner's Erfindung ist, die bei Leitungen zur elektrischen Zündung von Uebersee-Minen verwendet wurden, welche Werner im Kieler Hafen zum Schutze desselben gegen die dänische Flotte vorlegte.

telegraphische Verbindung war da, und es sind auch einige beglückwünschende Depeschen durch's Meer gesandt worden; als jedoch am folgenden Morgen die damit officiell betrauten französischen Ingenieure zur Prüfung der Telegraphen-Verbindung erschienen, wollte der Draht nicht mehr arbeiten, und da die Regierung sich nicht zu dem Glauben verstehen wollte, dass derselbe jemals gesprochen habe, so wurde die Concession annullirt.

Man ist jedoch dem Geheimnisse hernach auf den Grund gekommen. Ein fleissiger Fischer, welcher in der Nähe des Cap Grisnez seinem Berufe nachging, hatte das Kabel in seinem Schleppnetze mit aufgefangen und in die Höhe gezogen und sich ein Stück davon abgeschnitten, welches er im Triumph mit nach Boulogne nahm, wo er es als ein gar seltenes Seegras, dessen Mitte mit Gold ausgefüllt sei, vorzeigte! Dieses komische Ereigniss bewies, dass neben der genügenden Isolation noch eine andere Bedingung zu erfüllen sei, nämlich dass das Kabel geschützt werden müsse — eine Bedingung, welche seitdem stets als eine höchst wichtige betrachtet worden ist und viel Grund zum Nachdenken gegeben hat.

Die aus dieser Bedingung erwachsende Schwierigkeit hat jedoch damals zu grosser Enttäuschung Anlass gegeben und Manchen von dem Unternehmen abgeschreckt. Zwar wurde im Jahre 1851 eine dritte Concession erlangt und die „Submarine Telegraph Company" gebildet; das Project ward jedoch von verschiedenen Ingenieuren in England keineswegs mit günstigen Augen betrachtet und die französischen Ingenieure erklärten es für geradezu unmöglich. Contrahenten, welche sonst ihrer Spekulationslust und Freigebigkeit wegen bekannt waren, wollten mit diesem Unternehmen nichts zu thun haben, während das Publikum, an welches man sich durch einen ausgezeichneten Vermittler um Fonds gewandt hatte, so von der Vorzüglichkeit des Projectes überzeugt war, dass es in liberalster Weise bis zur Höhe von £ 300 zeichnete.

Als nun bis zum Ablauf der Concessionsfrist nur noch sieben Wochen übrig waren, trat endlich Mr. Thomas Crampton, ein Ingenieur und Unternehmer, welcher bei dem Bau der London Chatham und Dover Eisenbahn in hervorragender

Weise thätig gewesen und ausserdem als Aktionär persönlich in hohem Grade interessirt war, hervor, um sich der Sache anzunehmen. Er bezeugte öffentlich sein volles Vertrauen in die Ausführbarkeit dieses Projectes und bot sich nicht allein zur Ausführung des Werkes selbst an, sondern erklärte sich auch bereit, die Hälfte der dazu erforderlichen Kapitalien zu beschaffen. Sein Anerbieten wurde angenommen, und in dem Zeitraume von sieben Wochen waren Mittel und Wege zur Ausführung eines Unternehmens geschaffen, wie man es bis dahin noch nie gekannt hatte: eine allen Anforderungen entsprechende Kabeltype wurde bestimmt, die zur Kabelfabrikation erforderliche Maschinerie erfunden und construirt, das Kabel selbst gesponnen und am 25. September 1851 mit vollständigem Erfolg durch den Kanal gelegt. Dasselbe war 24 Meilen lang und bestand aus vier mit Guttapercha isolirten Kupferdrähten, war dann mit getheertem Hanfe bekleidet und besass darüber eine äussere Schutzhülle von verzinkten Eisendrähten. Es ist heute noch in vollkommenem Arbeitszustande und bildet nach wie vor eine der zwischen den beiden Ländern bestehenden Telegraphen-Verbindungen.

Nachdem die unterseeische Telegraphie auf diese Weise einmal in's Leben gerufen war, breitete sie sich naturgemäss gar bald nach allen Weltrichtungen aus. Im Jahre 1853 wurde ein 60 Meilen langes Kabel zwischen Dover und Ostende gelegt, ein anderes von 115 Meilen Länge zwischen Orfordness in Suffolk und Scheveningen in Holland, und nachdem England den Weg gebahnt hatte, folgten die anderen Regierungen sehr bald seinem Beispiele. Tüchtige Ingenieure nahmen die Sache in die Hand und die Zahl der unterseeischen Telegraphen begann in allen Welttheilen zu wachsen.

Es war gewiss nicht anzunehmen, dass gegen die um diesen neuen Zweig der angewandten Electricitätslehre bemühten Ingenieure die Siemens'schen Brüder zurückbleiben würden, und zwar fand deren persönliche Einführung in den aktiven Wirkungskreis dieser neuen Telegraphenbranche auf folgende Weise statt.

Kapitel V.

Die bedeutende Firma der Drahtseilfabrikanten R. S. Newall & Co. in Gateshead-on-Tyne hatte, auf Grund des rasch anwachsenden Bedarfes, eine Fabrik zur Construktion von unterseeischen Kabeln in ausgedehnterem Maassstabe angelegt. Messrs. Newall & Co. sahen ferner sehr wohl ein, dass der Entwurf, die Fabrikation und die Legung von unterseeischen Kabeln Fragen von sehr grosser Schwierigkeit auf dem Gebiete der wissenschaftlichen Electricitätslehre sowohl als auch auf dem der praktischen Ingenieurkunst eröffnen würden, und man kam daher zu dem weisen Entschluss, sich die Mithülfe von in diesen Fächern besonders bewanderten und erfahrenen Männern zu sichern. Die Wahl hätte auf keine besseren Mitarbeiter als die Herren Siemens fallen können. Messrs. Newall & Co. engagirten daher die Firma Siemens & Halske förmlich, um in unterseeischen Kabelangelegenheiten als ihre electrischen und leitenden Ingenieure zu fungiren.

In dieser Eigenschaft haben die Herren Siemens während der Jahre 1858 und 1859 die electrischen Prüfungen vieler der früheren Kabel sowohl während ihrer Fabrikation wie während ihrer Legung ausgeführt. Darunter dürften folgende Kabel bemerkenswerth sein:

Von Bona in Algier nach Cagliari in Sardinien für die Französische Regierung;

Von Cagliari nach Malta und Corfu für die Mediterranean Extension Company;

Von den Dardanellen nach Scio und Candia für die Levant Company;

Von Syra nach Scio für die griechische Regierung;

Von Singapore nach Batavia für die Holländische Regierung;

Von Weymouth nach den Channel Islands;

Von Suez nach Suakim und Aden, und von Aden nach Kurrachee für die Read Sea and India Telegraph Company.

An der Legung Bona-Cagliari und des Rothen Meereskabels betheiligte sich Werner Siemens persönlich, und bei der Heimreise von Aden war er einer der Passagiere, welche auf dem Dampfer Alma der Peninsular and Oriental Company Schiffbruch erlitten. Das Schiff verliess Aden für Suez um 6 Uhr

Morgens am 11. Juni 1859 und hatte etwa 400 Personen an Bord, darunter verschiedene Herren, welche mit der Telegraphen-Legung beschäftigt gewesen waren, unter Anderen Mr. Newall selbst, seinen Compagnon, Professor Lewis Gordon, Mr. Lionel Gisborne, den Ober-Telegraphen-Ingenieur, und Herrn Siemens. In der folgenden Nacht strandete das Schiff auf einem Korallen-Riffe im Rothen Meere, welches nur zum Theil aus dem Wasser hervorragte. Die Passagiere und Schiffsmannschaft wurden eiligst auf dem Riffe gelandet, und nachdem sie mehrere Tage lang ohne Obdach und ohne Wasser alle Entbehrungen erduldet hatten, von dem englischen Kriegsschiffe „Cyclops" aus ihrer misslichen Lage befreit, ohne dass der Verlust eines Menschenlebens dabei zu beklagen gewesen wäre. Eine volle Beschreibung dieses Unfalles finden wir in der „Times" vom 7. Juli 1859. Man stelle sich die schrecklichen qualvollen Stunden vor, welche die Familien der Schiffbrüchigen durchgemacht haben müssen, bis sie von der Rettung ihrer Angehörigen benachrichtigt wurden.

Wilhelm Siemens nahm einen bedeutenden Antheil an den Arbeiten für Mr. Newall und war verantwortlich für die elektrischen Prüfungen; am Kabellegen hat er sich jedoch damals nicht betheiligt. Um diese Zeit fing er an, seine Erfindungskraft auch auf dem Gebiete der Electricität zu versuchen, und wir finden, dass er während der Jahre 1854, 1856, 1858 und 1859 Patente für Verbesserungen verschiedener Art in der Telegraphie entweder in seinem eigenen Namen oder als Communicationen seines Bruders Werner genommen hat.

Einige Jahre lang nach der Errichtung der Londoner Filiale der Firma Siemens & Halske wurden die in der Telegraphie gebräuchlichen Apparate entweder in Berlin fabrizirt oder von englischen Fabrikanten bezogen. Als jedoch die Bestellungen bedeutenderen Umfang anzunehmen begannen, da drängte sich die Frage auf, ob es nicht vortheilhaft sei, eine besondere Werkstätte in London einzurichten, in Uebereinstimmung mit dem Wunsche, welchem Werner schon vor Jahren Ausdruck verliehen hatte*).

---

*) Siehe Seite 89.

Kapitel V.

Am 28. October 1856 schrieb Wilhelm Siemens in einem Briefe an den ostindischen Regierungs-Agenten, Dr. O'Shaughnessy wie folgt:

„Nachdem ich manches Jahr in diesem Lande verlebt habe, bin ich jetzt zu dem festen Entschlusse gekommen, ein Etablissement zur Fabrikation von Telegraphen-Materialien in England zu errichten, sobald ich sehe, dass genügende Nachfrage dafür vorhanden ist."

Und im folgenden Juli machte er in einem Briefe an einen anderen Bekannten eine ähnliche Bemerkung.

Im nächsten Jahre, 1858, that er Schritte, um diesen Vorsatz zur Ausführung zu bringen. Er fand in Westminster, No. 12 Millbank Row (in der Gegend, wo heute die Lambeth-Brücke steht) Räumlichkeiten, welche ihm für seinen Zweck zu passen schienen, und unter Mitwirkung der Berliner Firma liess er dieselben mit den nöthigen Werkzeugsmaschinen und mit Handwerksgeräth ausstatten. Ein tüchtiger und erfahrener Gehülfe der Berliner Fabrik, Mittelhausen, war im October des Jahres 1858 nach London gesandt worden, um ihm in der Ausstattung und Leitung der Werkstätte zur Seite zu stehen, welche gegen Ende des Jahres in Betrieb gesetzt wurde.

Diese kleine Fabrik war im Stande, einige 80 bis 100 Arbeiter zu beschäftigen. In ihr wurden meistens Telegraphen-Arbeiten kleinerer Art, wie z. B.: Instrumente, Apparate, Isolatoren u. s. w. ausgeführt.

Sie hatte aber auch noch einen anderen Zweck, dem Wilhelm grosse Wichtigkeit beimass, nämlich für sich selbst passende Räume zu schaffen, wo er seine Experimente in Verbindung mit den neuen Erfindungen und Verbesserungen, welche sein nie rastender, fruchtbarer Erfindungsgeist ihn stets von Neuem antrieb zu erdenken, auszuführen im Stande war. Er war bis dahin in der keineswegs angenehmen Lage gewesen, immer nur mit solchen Räumlichkeiten fürlieb nehmen zu müssen, welche ihm von anderen Fabrikanten für diesen Zweck gerade zur Verfügung gestellt werden konnten; es war jedoch selbstredend bei Weitem vorzuziehen, einen Platz zu haben, wo er seine Versuche, unbehelligt von fremder zudringlicher Neugierde und unter seiner persönlichen Leitung ausführen konnte.

In dieser Werkstatt sind nicht nur die Einzelheiten mancher Neuerung auf dem Gebiete der Electricität ausgearbeitet worden, sondern auch die der Ofen-Einrichtungen, des Abkühlungs-Apparates, des Pyrometers, des Widerstandsmessers, des Bathometers sowie vieler anderer Erfindungen, welche mit Erfolg vor die Welt getreten sind; hier ist aber auch manches weniger glückliche Erzeugniss, das Wilhelms Geiste entsprungen, im Keime erstickt worden, weil es die Kraft nicht zu haben schien, den Kampf um's Dasein aufzunehmen.

Die Millbanker Werkstätte ist bis zum Jahre 1866 im Betrieb gewesen, dann wurde dieselbe dem grösseren Etablissement einverleibt, von welchem im folgenden Kapitel die Rede sein wird.

Häusliches Leben.

Es dürfte jetzt wohl an der Zeit sein, auch etwas über Wilhelms häusliches und Privat-Leben während dieser Periode zu sagen.

In den ersten Jahren seines Aufenthaltes in England hatte er kein bestimmtes Daheim. Währenddem er in London schon frühzeitig mit den Sorgen zu kämpfen hatte, welche ihm seine Patente verursachten, bezog er eine bescheidene Wohnung und benutzte als seine Geschäftsadresse die des Bureaus seines Freundes Woods in Barge Yard Bucklersbury.

Dann folgte sein Wanderleben mit den verschiedenen Beschäftigungen in den Provinzen und seine Thätigkeit bei Fox and Henderson, und als er sich darauf im Jahre 1852 in London etablirte, wusste er sich eine angenehme Wohnung nebst Beköstigung in No. 7 Adelphi Terrace, in passender Nähe von seinem Geschäftslokale zu verschaffen. Hier trat er in den Familienkreis des Mr. William Hawes ein, eines wohlbekannten Professors der Musik, der gleichzeitig einer der Chor-Vicare und Lehrer der Chorknaben in der Kathedrale von St. Paul und dessen Tochter die berühmte Contralto-Sängerin Maria B. Hawes war. Während er bei dieser Familie wohnte, wurde er im Jahre 1853 von einer sehr schweren Krankheit, dem Typhus, heimgesucht und höchst liebevoll von den Familienmitgliedern gepflegt, sowie besonders auch von seinem Freunde Luigi Scalia, der wie ein Bruder um ihn besorgt war. Wilhelm hat sich stets mit Dankbarkeit der freundlichen Behandlung erinnert, welche ihm damals zu Theil geworden ist.

Er wohnte bei der Familie Hawes noch bis zum Jahre 1854 oder 1855 und miethete sich dann, als seine Aussichten sich zu bessern anfingen, selbst ein Haus in Kensington Crescent und nahm seine Brüder Friedrich und Otto als Hausgenossen zu sich. Hier verblieb er bis zu seiner Verheirathung. Seine Vorliebe für's Landleben und frische Luft bestimmte die Lage seiner Wohnung, die er stets möglichst in der Nähe von grünen Bäumen wählte.

Er war jetzt auch in der Lage, sich mehr und freier in Gesellschaft zu bewegen und in bescheidener Weise seine Freunde bei sich zu empfangen, und trotz seiner mannigfaltigen und vielfach mit Sorgen verknüpften Arbeiten fehlte es ihm doch nie an Zeit, wenn es sich darum handelte, Anderen seine wohlwollende Aufmerksamkeit zu schenken. Gastfreundschaft ist überhaupt damals sowohl als auch während seines ganzen späteren Lebens so zu sagen ein Theil seiner Natur gewesen.

Er wählte sich gewöhnlich Männer von Fähigkeit zu Freunden, die auch einen Lebenszweck zu verfolgen hatten. Mit vielen der hervorragenden Flüchtlinge, welche nach den Unruhen des Jahres 1848 ihre Zuflucht in England suchen mussten, war er genauer bekannt. Darunter waren der berühmte Architekt Semper, Richard Wagner, Bucher (mit dem er sehr befreundet war), Kinkel, dessen Sohn er später in seinem Geschäfte angestellt hat, sowie die Brüder Luigi und Alphonso Scalia, mit denen er einen engen Freundschaftsbund schloss, der nie gelockert worden ist, selbst dann nicht, als die Brüder England verliessen, um sich Garibaldi's Freischaaren in Italien einverleiben zu lassen.

Er war ein häufiger Gast in den Familienkreisen vieler Freunde, wo er Gelegenheit hatte, mit hervorragenden Männern der Literatur, Kunst und Wissenschaft zusammenzutreffen und auf diese Weise mit manchen der Ersten unter seinen Standesgenossen vertraut zu werden.

Die ersten Jahre der unabhängigen Thätigkeit.

Von diesen ermuntert und unterstützt, gedachte Wilhelm nun auch förmlich einer der Ihrigen zu werden, indem er der "Institution of Civil Engineers" beitrat. Er hatte in der That schon viel früher, im Jahre 1846, den Versuch gemacht, konnte aber damals nicht aufgenommen werden, weil er das vorschriftsmässige Alter von 25 Jahren noch nicht erreicht hatte. Seine Wahl als "Associate" des Instituts fand im Jahre 1854 und zwar am 4. April, an seinem Geburtstage, statt. Seine Qualificirung lautete dahin, "dass er seit den letzten drei Jahren auf eigene Rechnung ein Geschäft betrieben habe und mit ausgedehnteren unterseeischen und anderen Telegraphen-Anlagen auf dem Continente, sowie überhaupt mit Ingenieurarbeiten beschäftigt gewesen sei." Seine Aufnahme wurde von Sir Charles Fox vorgeschlagen und dessen Vorschlag von vielen hervorragenden Standesgenossen befürwortet.

Unter den Ingenieuren, mit denen er Bekanntschaft gemacht hatte, befand sich auch Mr. Lewis D. B. Gordon, der Sohn von Joseph Gordon, Esq., W. S. aus Edinburg. Dieser junge Mann hatte eine gründliche Ausbildung als Civil-Ingenieur erhalten und sich in der Ingenieurwissenschaft bereits so hervorgethan, dass er schon in dem jugendlichen Alter von 24 Jahren mit dem wichtigen Posten eines Professors der Ingenieurwissenschaft an der Universität in Glasgow betraut wurde. Daneben practicirte derselbe aber auch als Ingenieur in London, und es traf sich so, dass auch er, wie Wilhelm Siemens, sich vielfach mit elektrischen Fragen und Anlagen beschäftigte. Die Verwandtschaft ihrer Thätigkeit und wissenschaftlichen Tendenzen führte zu einem innigen Freundschafts-Verhältnisse zwischen den beiden jungen Leuten, welches noch dadurch gefördert wurde, dass Mr. Gordon eine Hannoveranerin geheirathet hatte, welche mit Wilhelm weitläufig verwandt war, da ihre Schwester die Gattin seines Vetters, des Oberamtsrichters Gustav Siemens in Hannover, war.

Schon seit dem Jahre 1851 waren Unterhandlungen in Bezug auf eine permanente Geschäftsverbindung zwischen Wilhelm Siemens und Professor Gordon zur gemeinschaftlichen Betreibung eines grossen und wichtigen elektrischen Unternehmens im Gange, und obgleich die Sache zu keinem Abschluss gekommen war, so kamen sie doch in Folge der geschäftlichen Verbindungen Wilhelms mit der Firma Newall and Co., deren Theilhaber Professor Gordon war, häufiger geschäftlich mit einander in Berührung.

Auf diese Weise bildete sich ein persönliches Freundschaftsverhältniss, welches auch zu einem intimeren Umgange zwischen Wilhelm und den übrigen Mitgliedern der Gordon'schen Familie Veranlassung gab; und hieraus entspann sich zuletzt eine innige und zarte Zuneigung zwischen ihm und Miss Anne Gordon, der jüngsten Schwester des Professors.

Jetzt fasste Wilhelm auch den Entschluss, sich in England, wo von nun an alle seine Interessen concentrirt waren, naturalisiren zu lassen, und am 19. März 1859 legte er, wie er sich scherzhafter Weise auszudrücken pflegte, zwei Damen an einem Tage den Lehnseid ab: der Königin des Landes und der Dame seines Herzens, seiner zukünftigen Gattin.

Zwei Auszüge aus Briefen, welche er während seiner Verlobungszeit geschrieben hat, dürften hier am Platze sein. Miss Gordon war eine geschulte Sängerin (eine Schülerin von Manuel Garcia), und als sie einmal an einer Erkältung gelitten hatte, schrieb er:

„Dein Brief, worin Du mir mittheilst, dass Deine Gesundheit und sogar Deine Stimme sich rasch wieder erholt, hat meinem Herzen so recht wohlgethan; denn mag man die anderen guten Eigenschaften des Vogels auch noch so hoch anschlagen, so ist der singende Kanarienvogel dem in der Mauser befindlichen am Ende denn doch vorzuziehen."

Und als seine Braut in einem Briefe an ihn ihr Interesse an seiner Regenerativ-Dampfmaschine kundgethan hatte, schrieb er:

„Wie glücklich fühle ich mich, dass Du nicht nur an mir selbst, sondern auch an meiner Maschine einigen Antheil nimmst. Meine Erfindungen sind die Sprösslinge meines Nachdenkens, deren Erziehung noch zu vollenden ist, und Du wirst ihnen gewiss eine gütige Stiefmutter sein, nicht wahr? —"

Die Trauung, welche in Folge des von Werner Siemens und Professor Gordon im Rothen Meere erlittenen Schiffbruches auf einige Zeit vertagt worden war, fand am 23. Juli 1859 in der St. James-Kirche in Paddington statt. Das neuvermählte Paar reiste sofort nach Deutschland ab, damit auch die dortige

Familie das eben in ihren Kreis eingetretene englische Mitglied kennen lerne.

Die Ehe war eine durchaus glückliche. Jeder, der den Vorzug gehabt hat, in den häuslichen Kreis Wilhelms eingeführt zu werden, weiss, welche Gehülfin Wilhelm in der Gattin seiner Wahl gefunden hatte, und wie seine Arbeitsbürden durch das freundliche Daheim, das sie ihm bereitete, erleichtert wurden.

Sie bezogen eine reizende kleine Villa in der Nähe von Twickenham, wo sie die ersten drei bis vier Jahre ihrer Ehe verlebten.

Die folgenden Auszüge aus einigen Gratulationsschreiben, welche Wilhelm bei dieser freudigen Gelegenheit erhielt, lassen erkennen, wie seine eigene Familie diesen wichtigen Schritt seines Lebens beurtheilte.

Von seinem Bruder Werner.

Wien, den 24. März 1859.

„Eben beim Einpacken, kommt Deine grosse, lang gehoffte und erwartete Neuigkeit! Nimm meinen innigsten Glückwunsch, mein lieber Wilhelm; möge Dir Glück und Segen aus der beabsichtigten Verbindung in Fülle erwachsen! Sag' auch Deiner lieben Braut, die ich freudig als künftige Schwägerin willkommen heisse, meinen brüderlichen Gruss. Dass sie Deine Auserwählte sein würde, war mir und uns Allen, namentlich aber meiner Frau längst klar. Letztere verbot mir nur Dir Anspielungen zu schreiben, da Du Deinen lang conservirten Junggesellen - Trotz noch länger conserviren könntest! Miss Gordon ist sowohl mir wie Fritz und Meyer stets als ein so liebenswürdiges, kluges und braves Mädchen erschienen und geschildert, dass ich Dir nur Glück wünschen kann, dass Du sie errungen hast! Zum Sommer hoffe ich bestimmt Euch zu sehen und namentlich Deine Braut näher kennen zu lernen. Mache nun nur bald ein Definitum und stelle uns Deine junge Frau in der Heimat vor. Es wird ihr schon bei uns gefallen, wenigstens wird es an liebevoller Aufnahme nicht fehlen!"

Von Werners Gemahlin.

Berlin, den 29. März 1859.

„Mehr, lieber Wilhelm, hättest Du uns nicht erfreuen können, als durch Deinen gestrigen Brief. Ich muss gestehen, seitdem es Dir mitten, oder vielmehr an der Spitze eines Geschäfts-Briefes einfiel, den Namen Anna hübsch zu finden und darüber Betrachtungen anzustellen, dass es bis jetzt noch keine Anna Siemens*) gäbe, hatte ich immer meinen geheimen Argwohn, dass für Deine Maschine eine gewisse Rivalin gefunden sei und Deiner Zeit grausame Verluste bevorständen! Um so mehr sage ich Dir nun meinen herzlichsten Glückwunsch, lieber Wilhelm; Du wirst nun noch was Besseres kennen lernen, als Ruhm und Ehre u. s. w.; ja Deine Arbeit wird Dir doppelt lieb werden, da Du nun ein Herz besitzest, das in Deinen Leistungen auch seine grösste Freude und Ehre findet.......... Otto drehte sich vor Freuden auf dem Absatz herum, über „das famose herrliche Mädel". ... Ich hoffe, dass die Zeit nicht mehr fern sein wird, wo Du sie uns als Dein liebes Weib vorstellen wirst. Vor der Hand kommst Du nur und da freuen sich schon alle Geschwister gar sehr darauf, wie schade, dass mein trauter Werner nicht auch dabei sein kann........."

Von seinem Bruder Otto.

„Ich habe schon längst auf die Nachricht Deiner Verlobung mit Anne Gordon gewartet und mein Instinct oder vielmehr meine Ahnung hat mich nicht getäuscht. Dein doch im Ganzen bis jetzt freudeloses Leben wird sich in Zukunft an der Seite eines, wenigstens nach meinen schwachen Begriffen, so liebenswürdigen Mädchens, wie Anne Gordon, gänzlich umändern, und der kurzköpfige alte Wilhelm wird noch der best temper'd aller Ehegatten werden........"

Seine älteste Schwester, Mathilde, welche stets einen so regen und liebevollen Antheil an seinen häuslichen Angelegenheiten genommen hatte, schrieb ihm natürlich auch einen langen und charakteristischen Brief bei Gelegenheit dieses freudigen Ereignisses, der aber leider verloren gegangen ist. Sie hiess ihre neue Schwägerin bei ihrer Zusammenkunft auch auf das aufrichtigste und herzlichste willkommen.

---

*) Wilhelm äusserte später seine Freude darüber, dass die erste Tochter seines Bruders Werner den Namen Anna erhalten habe. — „Ein Name," sagte er, „den ich liebe."

Kapitel VI.

Aufblühen des Geschäftes.

Alter vom 37. bis zum 46. Lebensjahre.

1860 bis 1869.

Wilhelms Stellung und Aussichten im Anfange dieser Periode. — Zum Mitglied der Royal Society ernannt. — Der Regenerativ-Ofen. — Der Gas-Erzeuger. — Vortrag von Faraday. — Erfolg. — Puddelöfen. — Die Stahl-Fabrikation. — Messrs. Martin. — Das Birminghamer Muster-Stahlwerk. — Fabrikation von Stahl-Eisenbahnschienen. — Das Landore Stahlwerk. — Erfindungen verschiedener Art. — Die British Association. — Arbeit auf dem Gebiete der Electricität. — Die Fabrik in Charlton. — Das algierische Kabel. — Der indo-europäische Telegraph. — Kabel im Schwarzen Meere. — Häusliches Leben.

Nach seiner Verheirathung nahm Wilhelm seine Arbeiten mit neuem Muthe und frischer Kraft wieder auf. Seine Aussichten waren allerdings günstiger, wie sie je zuvor gewesen waren.

Zunächst hatte er eine höchst erfolgreiche Erfindung, den Wassermesser, in vollem Betriebe, welcher ihm ohne jegliche Bemühung von seiner Seite ein ansehnliches Einkommen einbrachte. Zweitens hatte er, was die praktischen Wärme-Verwerthungen anbelangte, die unwirksamen Maschinen, welche ihm so viele Sorgen und Enttäuschungen bereitet hatten, jetzt ganz bei Seite gesetzt und beschäftigte sich an deren Stelle mit dem Regenerativofen, dessen Erfolg und Popularität fast mit Bestimmtheit vorauszusehen war. Drittens endlich verschafften ihm seine elektrischen Arbeiten eine vorzügliche Stellung, sicherten ihm ein gutes und bestimmtes Einkommen neben aller Wahrscheinlichkeit einer zukünftigen Verbesserung, und boten ihm eine Thätigkeit, die seinen Neigungen und Fähigkeiten durchaus entsprach.

Er war daher nicht länger mehr darauf angewiesen, die aufreibenden Bemühungen zur Einführung von Neuerungen noch weiter fortzusetzen und unerprobte Erfindungen so zu sagen der Oeffentlichkeit aufzudringen, was seine Zeit während der letzten sechzehn Jahre in Anspruch genommen, seine und seiner Freunde pecuniäre Hülfsquellen erschöpft und ihn nebenbei noch in einem beständigen Zustande von Angst und Sorge erhalten hatte. In einem Briefe an einen vertrauten Freund hat er dies deutlich ausgesprochen. Er schrieb:

„Eine grosse Veränderung ist mit mir vorgegangen. Anstatt in meinem Wunsche, eine gewisse Idee auf Kosten der Gesundheit und des Wohlstandes zu verwirklichen, eigensinnig zu verharren, um dieselbe dann wieder bei Seite zu werfen, wenn sie gerade anfangen sollte, Früchte zu tragen, suche ich mich jetzt vielmehr dahin zu bestreben, einen vernünftigeren Weg einzuschlagen, da mir weit mehr an dem Resultate selbst, als an der undankbaren Aufgabe, nur immer Neuerungen hervorzubringen gelegen ist. . . . ."

Er kam daher zu dem vernünftigen Entschluss, seine Aufmerksamkeit hauptsächlich solchen Arbeiten, die ihm auch etwas einzubringen versprachen, zuzuwenden — und nicht etwa seine Stellung und sein Wohlsein dadurch aufs Spiel zu setzen, dass er sinnreichen mechanischen Neuerungen nachjagte.

Er war damit aber noch keineswegs von der Ausübung seiner productiven Erfindungskraft ausgeschlossen. Um diese zu bethätigen, war, wie wir sehen werden, bei der Verfolgung seiner Hauptpläne fortwährend hinreichende Gelegenheit vorhanden. Der Unterschied bestand nur darin, dass seine Erfindungen jetzt entweder einen Theil seiner Hauptbeschäftigung bildeten, oder aber, im Falle sie damit nichts zu thun hatten, so beschaffen waren, dass er sich zu der Zeit wohl schon ohne Gefahr eine derartige Ausschweifung erlauben durfte.

Einer seiner ersten Schritte war, seine Stellung unter seinen Berufsgenossen zu befestigen. Im Jahre 1854 war er zum

„Associate" der „Institution of Civil-Engineers" erwählt worden; jetzt trachtete er danach, zum vollen Range eines Mitgliedes befördert zu werden.

Dies war eine Sache, die ihre Schwierigkeiten hatte, weil Wilhelm Unternehmer und Fabrikant war und nach den Statuten des Institutes diese Klassen von der vollberechtigten Mitgliedschaft ausgeschlossen waren, ausgenommen in solchen Fällen, wo der Candidat ganz besonderes Verdienst durch die Genialität seiner Enfwürfe sowie durch die Vorzüglichkeit der praktischen Ausführung von Ingenieurprojecten aufzuweisen hatte. Diese Ausnahme wurde in Wilhelms Falle als zulässig erklärt. Die Empfehlung seiner Aufnahme war von 10 der hervorragendsten Ingenieure unterzeichnet, und wurde er am 11. December 1860 zum Grade des vollberechtigten Mitgliedes des Instituts erhoben.

Seine nächste Sorge war, sich eine anerkannte Stellung in der wissenschaftlichen Welt zu verschaffen, und darin fand er wenig Schwierigkeit. Seine wissenschaftlichen Arbeiten während seines Aufenthaltes in London waren so bekannt geworden, dass eine Anzahl einflussreicher Freunde ihn der Beachtung des Ausschusses der Royal Society empfahlen.

Folgendes ist eine Copie der „Qualifikationen des Candidaten", wie sie in dem officiellen Certifikate, welches der Empfehlung an den Ausschuss zu Grunde gelegt war, aufgeführt worden waren:

Carl Wilhelm Siemens. 3, Great George Street.
Westminster, Mem.-Inst. C. E., Civil-Ingenieur.

„Der Entdecker eines Gesetzes in Bezug auf die Expansion des Dampfes durch Wärme, sowie gewisser Eigenschaften isolirender Materialien.

Der Verfasser von Abhandlungen über „Die Umsetzung von Wärme in mechanische Arbeit"; — „Ueber die Expansion des Dampfes durch Wärme"; — „Ueber die Prüfung von unterseeischen Kabeln" u.s.w., nebst Abhandlungen und Vorträgen über besondere Erfindungen, die alle vollständig veröffentlicht worden sind.

Der Erfinder oder Verbesserer des chronometrischen Regulators; eines anastatischen Druckverfahrens; — des Hochdruck-Wassermessers; — der Regenerativ-Dampf- oder Gasmaschinen; — des Regenerativ-Gasofens; — eines Bathometers*); — eines Electrischen Widerstands-Thermometers*); — sowie von gewissen Methoden, die bei der Fabrikation von unterseeischen Kabeln in Anwendung kommen.

Ausgezeichnet durch seine Kenntniss der angewandten Wissenschaften; hervorragend als Telegraphen-Ingenieur, als welcher er im Vereine mit seinem Bruder, Dr. Werner Siemens, bedeutende Arbeiten ausgeführt hat, sowie auch von der englischen Regierung als deren elektrischer Ingenieur für die Herstellung des Telegraphen von Malta nach Alexandria engagirt worden ist."

Das Empfehlungsschreiben war von den folgenden Mitgliedern der „Royal Society" unterschrieben:

John Hawkshaw; J. F. Bateman; T. Graham; G. B. Airy; M. Faraday; J. Percy; A. W. Williamson; W. Thomson; R. Fitzroy; C. Wheatstone; J. P. Gassiott; J. Field; G. Rennie; C. Manby; T. Webster; W. Pole; J. G. Appold; J. P. Joule.

Er wurde von dem Ausschusse als einer der 15 Candidaten auserlesen, welche der Gesellschaft zur Wahl vorgeschlagen werden sollten; er wurde zum Mitgliede erwählt am 5. Juni 1862 und förmlich als solches eingeführt in der Versammlung der Gesellschaft am 19. Juni.

Im Jahre 1859 verlegte er sein Geschäftslokal von John Street, Adelphi, nach No. 3 Great George Street, Westminster, um in der Nähe des Ingenieur-Hauptquartiers zu sein, und hier besorgte er gleichzeitig seine eigenen Geschäfte und die der Telegraphen-Firma.

Während der Periode, welche dieses Kapitel umfasst, war er fast ausschliesslich mit zwei bedeutenden Gegenständen beschäftigt, welche seine Thätigkeit in der That seitdem für den Rest seines Lebens mehr als irgend ein anderes Problem in Anspruch genommen haben; nämlich mit der **Wärme und ihrer praktischen Nutzbarmachung**, insbesondere für metallurgische Zwecke, und mit der **wissenschaftlichen und angewandten Electricitätslehre**. Er wusste aber auch noch Zeit zu erübrigen, um seine wissenschaftlichen und technischen Schriften, worin er später eine grosse Fertigkeit gewann und wodurch er

---

*) Beschrieben im Kapitel VII.

in der mechanischen und wissenschaftlichen Welt bekannter geworden ist, weiter fortzusetzen.

Diese Beschäftigungen sollen im Folgenden spezieller beschrieben werden.

Der Regenerativ-Ofen.

Im letzten Kapitel ist bereits mitgetheilt worden, dass dieser Ofen im Jahre 1856 von Friedrich Siemens erfunden und durch die vereinigten Bemühungen der beiden Brüder erfolgreich in die Praxis eingeführt worden sei.

Die Experimente wurden mehrere Jahre lang fortgesetzt, wobei man einmal die Vervollkommnung des Apparates und zweitens die Anwendbarkeit desselben für verschiedene Zwecke im Auge hatte. Während dieser Versuche kamen die beiden Brüder zu der Ueberzeugung, dass sich ihnen hier ein neues Wirkungsfeld von grosser Bedeutung eröffnen würde durch die ungewöhnlichen Eigenschaften und auffallende Ausbeutungsfähigkeit dieser Erfindung.

Man fand sehr bald, dass durch Anwendung des neuen Regenerativ-Apparates bei den gewöhnlichen Oefen eine bedeutende Menge Brennmaterial erspart werden könne; doch stellte sich dies nur als einer der geringeren Vortheile heraus. Es wurde damit ein weit wichtigerer Erfolg durch Hervorbringung von bedeutend gesteigerten Temperaturen und in Folge dessen durch Erzeugung von weit grösserer Kraft erzielt.

Der Respirator fing die früher durch den Schornstein in die Luft entweichende Wärme auf, um sie hernach wieder zu benutzen — hieraus ergab sich die Ersparniss an Brennmaterial. Derselbe bewirkte jedoch noch mehr. Er führte dem Ofen seinen Speiseluft-Bedarf nicht wie früher in der gewöhnlichen atmosphärischen Temperatur, sondern stark erhitzt zu, was eine sehr lebhafte Verbrennung des Brennmaterials zur Folge hatte, und wenn die hieraus hervorgegangene Wärme zu der bereits stark erhitzt eintretenden Luft hinzutrat, so wurde eine Temperatur erzeugt, welche weit höher war, wie die, welche mit irgend einem hohe Hitzegrade produzirenden Apparate jemals vorher erzielt worden war. Es war daher klar, dass der neue Ofen einen weit höheren Nutzeffekt bei metallurgischen Operationen und chemischen Processen im Allgemeinen ergeben werde.

Die Experimente wurden daher nunmehr hauptsächlich darauf gerichtet, diese neue Kraft zu prüfen, sowie zu bestimmen, auf welche Weise dieselbe am Erfolgreichsten und Vortheilhaftesten praktisch zu verwenden sei. Das Resultat ergab eine enorme Fähigkeit zur Erzeugung hoher Temperaturen; die grosse Schwierigkeit bestand nun darin, feuerfeste Baumaterialien ausfindig zu machen, resp. den Ofen so zu construiren, dass derselbe beim praktischen Gebrauch selbst der erzeugten grossen Hitze widerstehen könne. Die ersten Misserfolge bestanden in der That meistens in der Zerstörung des Ofens selbst oder seines Zubehörs bei den Versuchen, die Wärme auf die zu behandelnden Gegenstände einwirken zu lassen.

Im Verlaufe dieser Versuche verfielen die beiden Brüder auf eine Modifikation, welche an und für sich als eine neue, höchst wichtige Erfindung zu betrachten war. Es stellte sich heraus, dass der Gebrauch von festem Brennmaterial im Heizraume des Ofens dem vortheilhaften Arbeiten dieses Systemes Schwierigkeiten in den Weg setze, und man kam auf die Idee, gasförmiges Heizmaterial an Stelle des festen treten zu lassen, indem das feste Brennmaterial in einer eigens dazu construirten Kammer, dem sogenannten „Gaserzeuger", in verbrennbare Gase umgesetzt wurde.

Diese Erfindung wurde am 22. Januar 1861 auf den Namen der beiden Brüder patentirt. Im Patente hiess es:

Ein wesentlicher Punkt unserer Erfindung besteht darin, dass das solide Brennmaterial in einem besonderen Apparate zersetzt wird, um die Einführung von solidem Brennmaterial in den Ofen ganz und gar zu vermeiden; und abgesehen von dem Vortheile, welcher sich aus der Erwärmung des gasförmigen Brennmaterials, ehe es zur Verbrennung kommt, ergiebt, erzielen wir noch einen ferneren grossen Vortheil durch die gänzliche Abwesenheit von solider Kohle oder Asche in der Arbeitskammer des Ofens, wodurch wir in den Stand gesetzt sind, Operationen, welche früher nur in bedeckten Gefässen und Töpfen ausgeführt werden konnten, nunmehr auf dem offenen Herde des Ofens vorzunehmen.

Die Patent-Specifikation beschrieb verschiedene Arten von Oefen, welche mit derartigen „Gas-Generatoren" versehen waren.

Die neue Erfindung ist von Wilhelm Siemens in einer zweiten Abhandlung, welche am 30. Januar 1862 vor der „Institution of Mechanical Engineers" verlesen wurde, beschrieben worden. Nachdem er zunächst einige allgemeine Bemerkungen über die ursprüngliche Form des Ofens gemacht hatte, fährt er fort:

„Bei den Versuchen jedoch, dieses Princip bei Puddel- und anderen grossen Oefen praktisch zu verwerthen, stiessen bedenkliche praktische Schwierigkeiten auf, welche eine geraume Zeit lang allen Bemühungen, sie zu beseitigen, Trotz boten, bis zuletzt durch Adoptirung des Planes: solides Brennmaterial zuerst zu verflüchtigen und dann erst in vollständig gasförmigem Zustande für Heizzwecke zu benutzen, praktische Resultate erzielt worden sind, welche selbst die sanguinischsten früher gehegten Erwartungen überstiegen.

Das hierzu verwandte Brennmaterial, welches von einer sehr geringen Qualität sein kann, wird zunächst in einer besonderen Kammer in ein rohes Gas umgesetzt, dessen naturgemäss nur geringe Heizkraft auf dem Wege nach dem Verbrennungsraume bedeutend erhöht wird, indem es fast bis auf den hohen Temperaturgrad des Ofens selbst erhitzt wird, und dabei gewisse chemische Veränderungen erfährt, wodurch die entwickelte Wärme bei der darauf erfolgenden Verbrennung dieses Gases noch gesteigert wird. Der Heiznutzeffekt wird dann ferner noch dadurch vermehrt, dass die zur Verbrennung erforderliche Luft ebenfalls vor ihrem Eintreten in die Heizkammer des Ofens auf dieselbe hohe Temperatur gebracht wird."

Ausführliche und vollständige Beschreibungen des verbesserten Ofens, wie er für verschiedene Zwecke in Anwendung kommt, waren in dieser Abhandlung gegeben.

Diese Erfindung verbesserte den Ofen ganz bedeutend und machte ihn für weit ausgedehntere Zwecke verwendbar, während zu gleicher Zeit auch seine Betriebsfähigkeit in hohem Grade gesteigert wurde.

Die Möglichkeit, Brennmaterialien geringerer Qualität zu benutzen, war ebenfalls ein grosser Vortheil; in der That, brennbare Stoffe, welche zur Speisung eines gewöhnlichen Ofens gänzlich nutzlos sein würden, konnten in dem neuen Gaserzeuger ohne Schwierigkeit gebraucht werden. — Alle Stoffe wie: Sägespäne

Torf, Braunkohle, Sinterkohle oder Kohlengrus konnten durch einfache Veränderungen des Apparates nutzbar gemacht werden, so dass bedeutende Vorräthe von Brennstoffen, die bis dahin als Abfall-Material betrachtet worden waren, zur Verwerthung kamen und ihren Preis im Markte erhielten. Bemerkenswerth war auch, dass aus der Construktion des Feuerrostes selbst ein neues und unerwartetes Heizungsmittel erstand, nämlich durch Dissociation des unter den Roststäben befindlichen Wassers, welches verdampfte, und indem es als Dampf durch das Feuer hindurchging, zersetzt wurde, wodurch Wasserstoffgas in brennbarer Form gewonnen wird.

Eine andere, besonders werthvolle Eigenschaft der neuen Construktion bestand in der Möglichkeit, eine genaue Controlle über die Qualität des Heizungsmittels auszuüben, da dasselbe direkt auf die zu behandelnde Substanz einwirkte. Beim Ofen der älteren Construktion enthielten die Flamme und die vom Brennmaterial ausgehenden erhitzten Ströme Unreinigkeiten und fremde Substanzen mancher Art, welche für die Qualität des producirten Fabrikates häufig nachtheilig waren. Bei der Behandlung des Eisens zum Beispiel enthielt die Kohle Schwefel, Phosphor und Silicium, welche das im Ofen befindliche Material beschädigten; — und bei vielen chemischen Processen feinerer Natur verursachten die in dem festen Brennmaterial enthaltenen Unreinigkeiten grosse Unannehmlichkeiten.

Durch die Einführung des neuen Gasfeuers jedoch wurden viele Unreinigkeiten in dem Gaserzeuger zurückgelassen, und die wirkende Flamme verlor in hohem Maasse die Möglichkeit zu schaden. Für empfindlichere chemische Arbeit hatte man bald Mittel ausfindig gemacht, um das Gas zu reinigen und es zu einem einfachen reinen Heizfaktor zu gestalten, wodurch die Funktionen des Ofens vereinfacht und das Fabrikat verbessert wurden. Dies war eine der Eigenschaften, welche dem Ofen für die Glas-Manufaktur so bedeutendes und allgemeines Ansehen verschafft haben.

Ein Versuchs-Gasofen wurde von Friedrich Siemens in der Fabrik von Siemens und Halske in Berlin erbaut, und nachdem die Details genügend festgestellt und das Patent gesichert war, wurden andere Oefen für den wirklichen Betrieb construirt. Der erste von diesen Oefen, welcher im Jahre 1861 in der Flintglasfabrik von Lloyd and Summerfield in Birmingham errichtet wurde, war nach Wilhelm's Angabe im Jahre 1867 noch im Betrieb und erzielte eine Ersparniss an Brennmaterial von 50 Procent. Ein anderer, welcher bald darauf in Yorkshire für die Glasfabrik in Mexborough erbaut wurde, arbeitete eben so gut, und die Erfindung wurde dann sofort als ein Erfolg in der Glas-Industrie*) anerkannt.

Unter den ersten, welche diesen Ofen adoptirten, befanden sich die wohlbekannten bedeutenden Glasfabrikanten, Messrs. Chance in der Nähe von Birmingham, welche auf die Empfehlung des Mr. Cowper hin sich veranlasst sahen, die Leistungsfähigkeit des Ofens zu prüfen. Der Erfolg war ein so schneller und auffallender, dass diese Firma die Zahl ihrer Oefen allmälig bis auf dreizehn gebracht hat, abgesehen von einem zur Fabrikation von optischen Linsen für Leuchtthürme besonders construirten Ofen, eine Fabrikation, welche viel Sorgfalt und Vollkommenheit in der Ausführung erfordert.

Es traf sich nun im März 1862, dass Professor Faraday, welcher die Chance'sche Fabrik in anderen Geschäfts-Angelegenheiten besuchte, einen dieser Oefen in Thätigkeit sah, was ihn veranlasste, folgendes Ansuchen an Wilhelm zu stellen:

---

*) Mr. Cowper erzählt einen komischen Vorfall, der uns einen Begriff davon giebt, wie neu und unvorausgesehen die grosse Wärme-Produktion dieser Oefen war. Der Direktor eines bedeutenden Glashüttenwerks besuchte eine der Fabriken, wo einer dieser Oefen im Betrieb war; er wollte sich jedoch nicht von der Möglichkeit überzeugen lassen, dass eine so intensive Temperatur von der geringen Quantität Brennmaterial, welche er vor seinen Augen brennen sah, mit einem so ruhigen und beständigen Zuge erzeugt werde. Er bildete sich nämlich ein, dass die Wärme kurz vor seiner Ankunft auf irgend eine verstohlene Weise durch kräftigere Mittel hervorgerufen worden sei; und da er erwartete, dass die künstlich erzielte Wirkung bald nachlassen werde, so blieb er die ganze darauffolgende Nacht an Ort und Stelle, um die allmälige Abkühlung zu beobachten und den Betrug blosszustellen. Erst mit Tagesanbruch, als der Ofen immer noch mit derselben Intensität arbeitete, kam er zu der Ueberzeugung, dass sein Verdacht unbegründet gewesen sei.

Kapitel VI.

Royal Institution of Great Britain.
Den 22. März 1862.
Lieber Herr Siemens!

Ich bin eben von Birmingham zurückgekehrt, wo ich in der Chance'-schen Fabrik die praktische Anwendung eines Ihrer Oefen zur Glasfabrikation zu beobachten Gelegenheit hatte. Ich muss gestehen, ich war vollständig überrascht von Allem, was ich dort gesehen habe.

Nun wünscht unser Vorstand, dass ich unsere Freitagabend-Vorträge nach Ostern hier beendige; ich habe mich auch bereits nach einem passenden Thema umgesehen, da ich selbst keins besitze. Wenn Sie nichts dagegen haben, so möchte ich wohl über die Wirkungen sprechen, welche ich in der Chance'schen Fabrik beobachtet habe. Könnten Sie mir wohl, falls Sie damit einverstanden sein sollten, mit einigen Zeichnungen, Modellen oder sonstigen Illustrationen, gleichviel ob dieselben auf wissenschaftliche Erforschungen oder auf Experimente begründet sind, behülflich sein?

Ich bitte Sie aber ausserhalb noch nicht viel darüber sprechen zu wollen, da ich noch nicht zu einem endgültigen Entschlusse gekommen bin, auf welche Weise ich (mit Ihrer Zustimmung) den Gegenstand behandeln werde.
Ihr ergebenster
M. Faraday..."

Wilhelm war über dieses schmeichelhafte Anerbieten höchst erfreut. Er setzte sich sofort mit Professor Faraday in Verbindung und erklärte ihm ausführlich die ganze Construktion, Thätigkeit und Leistungsfähigkeit der Erfindung. Faraday fand an diesen Auseinandersetzungen fast noch mehr Interesse, als er bei Besichtigung der Oefen selbst empfunden hatte, und dieselben gaben ihm eine so neue Anschauung von der Sache, dass er, auf Wilhelm's dringendes Ersuchen, sich bereit erklärte, Birmingham einen zweiten Besuch abzustatten, um weitere Beobachtungen unter Wilhelm's Anleitung zu machen. Ein fernerer Brief von Faraday lautete:

Royal Institution of Great Britain.
Mittwoch, den 28. Mai 1862.
Lieber Herr Siemens!

„Als ich eben nach oben gehen wollte, fiel mir ein, dass ich am Montag den neunten oder Dienstag den zehnten doch nicht nach Birmingham gehen kann. Ich soll nämlich bei Gelegenheit der Einsetzung des Herzogs von Devonshire als Kanzler der Universität in

Cambridge den L. L. D.-Titel der Universität erhalten, und ob der dazu bestimmte Tag nun Montag oder Dienstag sein wird, ist noch zweifelhaft.

Wenn Ihnen aber Mittwoch, der 11., genehm ist, so will ich an dem Abende, unserer Verabredung gemäss, mit dem Zuge 6 Uhr Nachmittags nach Birmingham fahren.

Ihr ergebenster
M. Faraday."

Die beiden Herren fuhren daraufhin zusammen nach Birmingham, und Wilhelm hat oft nachher der beiden Tage, welche er in Faraday's Gesellschaft verbracht hat, als zweier der glücklichsten seines Lebens gedacht. Es war für ihn nicht nur ein besonderer Genuss, seinen Apparat einem Beobachter erklären zu können, welcher die Sache so vollständig zu würdigen verstand, sondern er war überhaupt, wie er sich ausdrückte, von dem ganzen Benehmen Faraday's geradezu entzückt und von Bewunderung des Charakters und der vorzüglichen Eigenschaften des Mannes erfüllt.

Der Vortrag, welchen Faraday übernommen hatte, wurde unter dem Vorsitze des Herzogs von Northumberland am Abende des 20. Juni 1862 vor der Royal Institution gehalten. Faraday beschrieb den Ofen in der ihm eigenen klaren Weise, und dieser Vortrag ist desshalb noch ganz besonders bemerkenswerth geworden, als es der letzte war, welchen dieser grosse Philosoph gehalten hat. Man findet ihn in den Verhandlungen der Royal Institution auf Seite 537, vol. III.

Der Ofen wurde auf der Internationalen Ausstellung von 1862 mit dem Wassermesser und der auf Seite 162 erwähnten Gasmaschine öffentlich vorgezeigt. Für diese Erfindungen wurde Wilhelm eine Preismedaille zuerkannt und als besondere Gründe dafür der „Praktische Erfolg des Ofens und Wassermessers, sowie die Originalität dieser Erfindungen insgesammt" angeführt.

Hierauf wurde der Regenerativ-Gasofen allgemein als ein grosser und unbestreitbarer praktischer Erfolg anerkannt und bald für zahlreiche industrielle Zwecke verwendet. Vor Schluss des Jahres 1862 waren etwa 100 dieser Oefen in England und auf dem Continente für verschiedene industrielle Zwecke im Betrieb.

Man darf jedoch nicht glauben, dass die ersten Experimente ohne alle Mühe abgelaufen wären. Viele wirkliche Schwierigkeiten waren zu beseitigen, ehe die beste Construktion erreicht und die praktischsten Anordnungen getroffen waren; und selbst, nachdem die Oefen schon in allgemeineren Gebrauch gekommen waren, kamen doch noch manche Fehler und in Folge dessen Misserfolge vor, wenn es sich darum handelte, den Ofen für neue Zwecke verwendbar zu machen oder ungewöhnliche Bedingungen zu erfüllen, oder wo der Ofen nicht in der gehörigen Weise und nach der Anordnung des Erfinders bedient wurde. Diese Misserfolge unterschieden sich jedoch wesentlich von denen, welche Wilhelm bei seinen früheren, auf die Wärme bezüglichen Erfindungen zu bekämpfen gehabt hatte, da dieselben offenbar nur als Ausnahmefälle zu betrachten waren und von dem allgemeinen unbestreitbaren Erfolg vollständig in den Hintergrund gedrängt wurden.

Die Wärme-Ersparniss zeigte sich an der reducirten Temperatur des in die Atmosphäre entweichenden Stromes. Bei den gewöhnlichen Oefen war die Hitze dieses Stromes oft so gross, dass man ganze Flammenmassen aus dem Schornsteine emporsteigen sehen konnte, und da in der That ein gewaltiges Feuer für die zu verrichtende Arbeit unterhalten werden musste, so waren eben keine erfolgreichen Mittel da, um zu verhindern, dass ein grosser Theil der so erhitzten Gase entwich. Bei dem Regenerativofen dagegen stellte sich heraus, dass, trotz der Hitze im Innern des Ofens von vielleicht über 4000° Fahrenheit, die entweichenden Gase bis auf 300 und 200 Grad abgekühlt werden konnten, d. h. auf einen Temperaturgrad, der gerade noch genügte, um einen Zug in den Kaminröhren zu erzeugen.

In den London and North Western Werkstätten in Crewe adoptirte man einen sinnreichen Plan, um dies zu controlliren. Ein Stück frisch abgeschnittenes Holz wurde in den Rauchfang eingeschlossen und daselbst eine gewisse Anzahl von Tagen unter Schloss und Riegel gehalten. Stellte es sich dann bei der Untersuchung heraus, dass das Holz verbrannt oder auch nur stark verkohlt war, so wurden die Arbeiter, welche den Ofen bedient hatten, wegen Mangels an Sorgfalt und wegen Brennmaterial-Verschwendung bestraft.

Folgende Auszüge aus einigen Briefen Wilhelm's berichten über die erzielten Resultate. In Bezug auf einen der Glasöfen sagte er:

„Die Ersparniss an Brennmaterial wird dadurch am deutlichsten erwiesen, dass man einen gewöhnlichen, mit derselben Anzahl von Schmelzhäfen versehenen Ofen neben einem Regenerativofen arbeiten lässt. Während der Ofen der alten Construktion wöchentlich 14 Karrenladungen von Kohle verzehrt, consumirt der der neuen nur 6. Dagegen ist der neue Ofen dem alten an Leistungsfähigkeit so bedeutend überlegen, dass er einen Glaseinsatz in der Hälfte der Zeit fertig liefert.

Hieraus ergiebt sich eine Ersparniss von mehr als drei Viertel des Heizmaterials; ein ebenso grosser, wenn nicht wichtigerer Vortheil wird jedoch mit dem neuen Ofen durch die bessere Qualität des Glases erzielt, welche man aus einer bestimmten Mischung von Materialien erhält."

In einem anderen Falle schrieb er:

„Wo Oefen Tag und Nacht im Betrieb sind, werden im Allgemeinen 50 % Brennmaterial im Gewicht erspart, und wo kostspieliges Material, wie z. B. Koke, bis dahin zur Heizung gebraucht worden, ist eine noch grössere Ersparniss dadurch eingetreten, dass an Stelle des Kokes jetzt gewöhnliche lose Abfallkohle (Kohlengrus) zur Verwendung kommt. . . ."

Dann wiederum bezüglich der Intensität der erzeugten Wärme schreibt er in einem seiner Briefe:

„Der höchste Wärmegrad, welcher durch direkte Verbrennung von Koke und Luft erzeugt werden kann, ist ungefähr 4000° Fahrenheit. Mit meinem Regenerativofen dagegen könnte ich die Temperatur ohne Schwierigkeit bis auf 10 000 Grad bringen, sowie überhaupt auf irgend einen Grad, so lange das Material, woraus der Ofen besteht, denselben auszuhalten im Stande ist.

Der Ofen schmilzt Stahl in Tiegeln sehr leicht; die einzige Schwierigkeit besteht erfahrungsgemäss nur darin, dass er zuweilen auch die Tiegel mitschmilzt! . . ."

Ueber die Eigenschaften des Ofens fand im Jahre 1865 in Birmingham, in der Versammlung der British Association, auf Grund einer Abhandlung von Mr. S. H. F. Cox, einem der Assistenten Wilhelm's, eine Discussion statt, bei welcher Gelegenheit Prof. Miller (der berühmte Chemiker), Mr. Bessemer und Sir William Armstrong sich ganz besonders zu Gunsten des Ofens aussprachen.

Kapitel VI.

Auf der Pariser Weltausstellung im Jahre 1867 wurde dem Siemens'schen Regenerativ-Gasofen (Siemens Four à Gaz, à Chaleur Regénérée) einer der grossen Preise (Grands Prix) zuerkannt und zwar hauptsächlich des grossen Erfolges wegen, welchen diese Oefen in den Haupt-Glashüttenwerken in Frankreich erzielt hatten.

Nachdem die Vorzüge dieser Erfindung in der industriellen Welt in ausgedehnterem Maasse bekannt geworden waren, nahm die Nachfrage nach solchen Oefen von Jahr zu Jahr beständig zu. An Wilhelm's persönliche Arbeitskraft wurden dabei durch Construiren und Anordnen der verschiedenen Verwendungsarten des Ofens starke Zumuthungen gestellt, um so mehr als durch diese Nachfragen beständige persönliche Zusammenkünfte und eine Unmasse von Correspondenz unvermeidlich geworden waren. Wilhelm wurde dabei nicht nur von seinem Bruder Friedrich, sondern auch von tüchtigen Zeichnern seines technischen Bureaus, sowie von einem Stabe von erfahrenen, hin- und herreisenden Assistenten unterstützt, welche die Errichtung zu überwachen und die Betriebsfähigkeit der Apparate zu prüfen hatten. Im Jahre 1868 war der Bedarf so bedeutend geworden, dass das Bureau-Personal nicht mehr gleichen Schritt damit halten konnte. Der Ofen hatte nicht nur in sämmtlichen Zweigen der Glasmanufaktur Eingang gefunden, in welcher seine Erfindung eine hervorragende Epoche bildete, sondern er wurde auch bei den verschiedenartigsten Arbeiten der Eisen- und Stahlhüttenwerke verwendet, zur Erhitzung von Gasretorten, zum Schmelzen und Reduciren von Erzen und anderen metallurgischen Processen, zu chemischen Zwecken, sowie überhaupt bei allen in der Industrie vorkommenden Operationen, bei denen Erhitzung erforderlich ist. Für diese verschiedenen industriellen Zwecke waren hunderte von Oefen gebaut worden, manche nach ganz neuem Entwurfe und einige von vorher nie dagewesenen Dimensionen.

Dieser Erfolg brachte Wilhelm wegen der ihm aus den Patenten zustehenden Rechte eine beträchtliche Vermehrung seines Einkommens. Die für Abtretung dieser Rechte von ihm verlangten Gebühren waren dabei sehr mässig und betrugen gewöhnlich nur den achten Theil der erzielten Ersparniss oder zuweilen auch 10 bis 20 Pfund Sterling jährlich für jeden im Betrieb befindlichen Ofen. Nachdem sich aber die Vortheile der Erfindung bei den Fabrikanten selbst erst fühlbar gemacht hatten, wandelten die Letzteren diese Zahlungen häufig in eine Zahlung in Bausch und Bogen um. Im Ganzen und Grossen genommen waren die daraus erwachsenden Einnahmen sehr bedeutend und vergrösserten sich fortwährend.

Die Erfahrungen, welche während des seit der Einführung dieser Erfindung verflossenen Vierteljahrhunderts gemacht wurden, haben nur dahin geführt, den Werth derselben stets mehr zur Anerkennung zu bringen und ihre praktische Verwerthung auf immer weitere Zwecke auszudehnen. Man darf wohl sagen, dass kaum irgend ein industrielles Verfahren, wobei grosse Hitze erforderlich ist, existirt, welches nicht aus dem Gebrauche des Siemens'schen Ofens Nutzen gezogen hätte; und die Vortheile desselben bestehen nicht nur in der ganz enormen Ersparniss an Brennmaterial und der Erzeugung einer weit höheren Temperatur, sondern auch in der bedeutend erleichterten Anwendung und Bedienung des Ofens, in der vollkommneren Verbrennung und in der gänzlichen Abwesenheit von Rauch.

Im Jahre 1880, also nachdem der Ofen beinahe 20 Jahre in Betrieb gewesen und die ausgedehnteste Verwendung erfahren hatte, beschrieb Sir Henry Bessemer, der gewiss mit Autorität über den Gegenstand sprechen durfte, den Ofen als den im Princip mit der Vernunft am meisten im Einklang stehenden, als den wirksamsten in der Arbeit und als die sparsamste aller Constructionen, welche die Wärmeerzeugung durch Verbrennung von Heizmaterial zum Gegenstande hätten.

Das Eisenpuddeln.

Einer der Zwecke, welche Wilhelm ganz besonders für den Regenerativ-Ofen im Auge hatte, war seine Verwendung zur Puddelarbeit, d. h. zur Herstellung von schmiedbarem Eisen aus Roheisen oder Gusseisen, welches durch Schmelzen des Erzes gewonnen wird. Auf diese Aufgabe verfiel er fast unmittelbar nach der Erfindung des Ofens. Um die Mitte des Jahres 1857 liess er einen Ofen zu diesem Zweck in dem Eisen- und Stahlhüttenwerk von Rushton and Eckersley in Bolton in der Provinz Lancashire errichten. Er selbst experimentirte an diesem Ofen und erbot sich, die Erfindung in einigen der grösseren Eisenwerke in Staffordshire einzuführen; jedoch scheinen die Resultate der Experimente nicht sehr ermuthigend gewesen zu sein.

Von dem Gegenstande hat er sich jedoch viele Jahre lang nicht trennen können, und er hat häufig seine diesbezüglichen Vorschläge an Fabrikanten erneuert, indem er darauf bestand, dass dieselben Vortheile daraus erzielen könnten. Im Jahre 1863 schloss er in eine den Herren Martin in Frankreich contraktlich gewährte Patentlicenz den „four à puddler" mit ein, und im Jahre 1864 erbot er sich, der Mersey Steel and Iron Company Puddelöfen auf sein eigenes Risico zu bauen.

In Folge dieser Vorschläge sind einige Oefen errichtet worden, jedoch waren die Resultate immer noch zweifelhaft; Wilhelm kehrte daher zu seinen eigenen früheren Versuchen in Bolton mit dem Entschlusse, dieselben weiter durchzuführen, zurück.

Er war so von den Resultaten, welche diese Versuche erwarten liessen, befriedigt, dass er im Jahre 1868 den Ofen in einer der British Association vorgelegten Abhandlung beschrieb. Der Ausschuss der Association war von der Wichtigkeit dieser Abhandlung so durchdrungen, dass er unaufgefordert beschloss, dieselbe „in extenso" und nicht, wie gewöhnlich, im Auszuge in den Verhandlungen der Association zu veröffentlichen, eine Ehre, welche nicht häufig gewährt wurde. Die Abhandlung galt für die beste, welche in der Versammlung verlesen worden war.

Nach einer sorgfältigen wissenschaftlichen Analyse des chemischen Theiles der Puddelarbeit hiess es darin:

„Auf Grund dieser chemischen Betrachtungen und eigener praktischer, auf Beobachtung dieses Gegenstandes basirender Erfahrung, bin ich zu der Schlussfolgerung gelangt, dass die Puddelarbeit, wie sie gegenwärtig betrieben wird, ausserordentlich verschwenderisch im Gebrauche von Eisen und Brennmaterial ist, dabei unendlich mühsam, um schliesslich ein Metall zu liefern, das nur unvollkommen von den darin vorhanden gewesenen Unreinigkeiten geläutert ist..."

Nach Beschreibung des neuen Ofens verwies er auf dessen Vortheile dem alten gegenüber, nämlich: auf die Ersparniss an Zeit, Brennmaterial und Arbeit, auf die Leichtigkeit der Bedienung, sowie auf die Vermehrung der Quantität und Verbesserung der Qualität des erzeugten Metalles. Er fügte noch hinzu, dass die Anwendung des Ofens für diesen Zweck in nächster Zeit von einigen unternehmenden Eisenhüttenbesitzern versucht werden würde, was späterhin auch geschehen ist.

Im Jahre 1871 wurde von dem „Iron and Steel Institute" eine Commission ernannt, „um die verschiedenen Werke, in welchen die verbesserten Apparate und Einrichtungen für die Puddelarbeit im Betrieb waren, zu besichtigen". Diese Commission legte der Versammlung im Jahre 1872 ihren Bericht vor, in welchem verschiedene Plätze, wo Puddelöfen nach dem Siemens'schen Plane im Gebrauch waren, aufgeführt waren. In einigen Fällen waren die Berichte günstig, in anderen war man auf Hindernisse gestossen; im Ganzen jedoch scheint der Regenerativ-Ofen für diesen Zweck nicht in ausgedehnterem Maasse zur Anwendung gekommen zu sein.

Die Stahlfabrikation.

Ein weit wichtigerer und erfolgreicherer Gebrauch des Ofens wurde jedoch von Wilhelm während der Periode, welche dieses Kapitel umfasst, zur Einführung gebracht, nämlich seine Anwendung zur Stahlfabrikation; und da diese sich hernach als eine der wichtigsten Arbeiten seines Lebens herausgestellt hat, so dürfte dieselbe hier wohl eine etwas ausführlichere Behandlung verdienen.

Die gewöhnliche Methode der Stahlfabrikation nach dem sogenannten Cementations-Verfahren, d. h. durch lange andauerndes Erhitzen von Stabeisen in Berührung mit Holzkohle, war mühsam und kostspielig. Andere Verfahren sind hier und da in Anwendung gekommen; vor der Einführung des Bessemer-Processes jedoch, zwischen 1856 und 1860, vermochte man dieses Metall nicht in grossem Maassstabe und für einen billigen Marktpreis herzustellen. Auch dieses Verfahren erforderte aber einen besonderen und umständlichen Apparat und es machte sich daher naturgemäss das Bedürfniss nach einfacheren Mitteln zur Erreichung desselben Zweckes fühlbar. Ein solches Mittel war wirklich schon im Jahre 1722 von Réaumur, dem ausgezeichneten französischen Physiker, ausgedacht worden, welcher vorschlug, Stahl in grösseren Quantitäten durch einfaches Zusammenschmelzen von Schmiede- und Gusseisen auf dem offenen Herde eines Reverberirofens zu fabriciren. Dieser Vorschlag wurde später von Heath, einem wohlbekannten Stahlfabrikanten in Sheffield, erneuert.

Das Experiment war versucht worden, jedoch ohne Erfolg wegen der mangelhaften Construktion und ungenügenden Kraftentwicklung im Innern des Ofens. Wilhelm war der Ansicht, dass er vielleicht mit Hülfe seines Regenerativofens diese Idee zur Ausführung bringen könnte, und Friedrich und Wilhelm Siemens machten daher, bald nach Erlangung des ersten Patentes, einige Versuche nach dieser Richtung hin. Dieselben waren jedoch sehr unvollkommener Natur und erst, nachdem die grosse Verbesserung durch Einführung des Gebrauchs von gasförmigem Brennmaterial im Jahre 1861 erzielt worden, waren berechtigte Hoffnungen für die Stahlfabrikation vorhanden.

Die Vortheile dieser Verbesserung hinsichtlich der letzteren bestanden nicht allein in der erhöhten Kraft, sondern auch in der Ausschliessung von solidem Brennmaterial, wodurch es möglich geworden war, dem Schmelzprodukt einen Grad von Reinheit zu sichern, welcher mit gewöhnlichen Reverberiröfen nie erreichbar gewesen wäre.

Ueber die Verwendung des Gasofens zur Stahlfabrikation waren die Brüder Siemens vollständig im Klaren, als sie den Ofen zuerst in die Oeffentlichkeit brachten, was aus folgender Stelle in dem Original-Patente vom Januar 1861 hervorgeht:

„Wir nehmen jetzt Arbeiten im offenen Ofen vor, welche bis dahin nur in bedeckten Gefässen und Tiegeln ausgeführt werden konnten. Auf diese Weise sind wir in den Stand gesetzt, Flint und andere Glassorten besonderer Qualität in offenen Häfen zu schmelzen, Thonwaaren zu brennen, ohne dieselben in Brennkapseln einzuschliessen, oder auch Stahl und andere Substanzen auf dem offenen Herde ohne jedwede Beschädigung des Produktes zu schmelzen."

Aufblühen des Geschäftes.

In einem anderen Passus der Patentschrift wird eine Ofenconstruktion beschrieben, von der gesagt wird,

„dass sie mit Vortheil zum Schmelzen von Eisen, zur Stahlfabrikation und zum Rösten von Kupferstein und anderen Erzen verwendet werden könne."

Bei dem Versuche, diese Idee auszuführen, stiess man auf grosse Schwierigkeiten. Es warf sich die Frage auf, ob Stahl bei einem Temperaturgrade, welcher den Schmelzpunkt der feuerfestesten Steine überstieg, auf dem offenen Herde eines Ofens geschmolzen und in seiner Eigenschaft als Stahl erhalten werden könne. Die Praktiker waren im Allgemeinen geradezu entgegengesetzter Ansicht, und die Verwirklichung dieser Idee erforderte viel Zeit und Geduld.

Während des Jahres 1861 legte Wilhelm Herrn Abraham Darby aus Ebbw Vale in Süd-Wales diese Frage vor, und es wurden einige Experimente von den beiden Brüdern mit Zuhülfeziehung einiger Fabrikanten in Sheffield, dem bedeutenden Centralpunkte der Stahlfabrikation, ausgeführt. Die Versuche schlugen jedoch fehl, einmal wegen der mangelhaften Construktion der Oefen früheren Datums, hauptsächlich aber aus dem Grunde, weil es den Fabrikanten und ihren Arbeitern an Ausdauer fehlte.

Die erste erfolgreiche Verwendung, welche der Siemens'sche Ofen für Stahlprocesse gefunden hat, bestand nicht in der eigentlichen Produktion von Stahl, sondern einfach in der Schmelzung desselben in grösseren Quantitäten. Zur Erklärung mag hier bemerkt werden, dass eine der wichtigsten Operationen bei der Stahlfabrikation darin besteht, das Material einem Schmelzverfahren in Tiegeln zu unterwerfen, um auf diese Weise sogenannten Gussstahl zu produciren. Stahl, welcher durch das Cementations- oder durch irgend ein anderes, auf Kohlenstoff-Verbindung beruhendes Verfahren aus dem Eisen umgesetzt worden ist, wird in Stücken in Tiegeln oder Töpfen, welche einer bedeutenden Hitze im Ofen ausgesetzt werden, geschmolzen, und werden dem Metalle zuweilen noch bestimmte Ingredienzien hinzugefügt, um die chemische Zusammensetzung zu modificiren. Der Zweck dieser Schmelzung ist, die Qualität bedeutend zu verbessern und Stahl in seiner werthvollsten Form zu produciren.

In einem solchen Tiegel kann natürlich nur eine beschränkte Quantität von Stahl geschmolzen werden; die Zubereitung ist mühsam und das ganze Verfahren kostspielig. Eine der ersten Fragen war daher, ob mit Hülfe des Siemens'schen Ofens, das Schmelzen von Stahl ohne den Gebrauch von Schmelztiegeln ausgeführt werden könne.

Im Jahre 1862 correspondirte Wilhelm eine Zeitlang mit Mr. Charles Attwood von dem Tow Law Eisenhüttenwerk bei Durham über diesen Gegenstand und construirte für denselben einen Ofen, welcher im Stande war, 5 Ctr. Stahl auf dem offenen Herde zu schmelzen. Ueber die Details der von Mr. Attwood gemachten Versuche ist weiter nichts verlautet, das Endresultat war jedoch, dass der Ofen, welcher seinen Zweck allerdings vollständig erfüllte, auf der anderen Seite doch nicht im Stande war, Stahl in der gewünschten Qualität zu erzeugen; die Fabrikation wurde daher nicht weiter fortgesetzt.

Inzwischen hatte ein Freund Wilhelm's, der hervorragende französische Metallurge M. Lechatelier, sich bemüht, den Oefen im Auslande Eingang zu verschaffen, und auf dessen Ansuchen hin hatte Wilhelm der „Société Boigues Rambourg & Cie." in Fourchambault eine Patentlicenz für den Gebrauch seines Heizungssystems in Verbindung mit einem von M. Lechatelier erfundenen Verfahren gewährt. Ein Ofen wurde errichtet und einige Stahlproben darin erzeugt, doch schmolz bald darauf die Decke des Ofens ein, wodurch die Eigenthümer allen Muth verloren und ihre Versuche aufgaben.

Die Sache wurde sodann von einer anderen Firma, den Eisen- und Stahlfabrikanten Pierre und Émile Martin in Sireuil im Departement der Charente mit besserem Erfolg wieder aufgenommen. Diese Firma trat mit Wilhelm in eine Correspondenz, welche schliesslich zu dem aus folgendem Briefe ersichtlichen Uebereinkommen führte:

Londres, 26. Mars 1863.
A Monsieur Émile Martin, 12, Rue Chaptal à Paris.

„Me référant à la conversation que j'ai dernièrement eu l'avantage d'avoir avec vous à Paris, il est entendu que vous êtes autorisé d'appliquer mes procédés de chauffage à vos fours à puddler, à rechauffer, à souder, et à fondre l'acier sur un sol ouvert dans vos forges de Sireuil.

Les redevances qui me seront acquises semestriellement sur vos applications seront à raison de

500 fr. par an. par four à puddler
1000 - - - - - à souder ou à rechauffer
2000 - - - - - à fondre l'acier,

d'une capacité suffisante pour produire six tonneaux d'acier fondu par 24 heures. Si vous construirez des fours à fondre l'acier d'une capacité plus grande, les redevances seraient augmentées proportionellement.

Au reçu d'un croquis des positions de vos forges et des indications accessoires sur les dimensions de vos premières applications je m'occuperai immédiatement des plans détaillés.

Si vous désirez avoir un de mes ingénieurs pour surveiller les constructions et la mise en marche de vos nouveaux fours, je mettrai une personne capable à votre disposition, ses frais de voyage aller et retour, ainsi que ses appointements à raison de 20 francs par jour, demeurant à votre charge.

C. W. Siemens."

Die Herren Martin liessen auf Grund dieses Privilegiums einen Ofen unter Wilhelm's Anleitung construiren. Dieselben beschränkten den Gebrauch desselben jedoch nicht auf das einfache Schmelzen des bereits erzeugten Stahles, sondern benutzten den Ofen auch zur Produktion des Metalles selbst, und zwar nach dem von Réaumur und Heath vorgezeichneten Verfahren, nämlich durch Zusammenschmelzen von Guss- und Schmiedeeisen. Auf diese Weise gelang es den Herren Martin, Stahl von ausgezeichneter Qualität und verschiedener Härte zu produciren. Sie erhielten von Wilhelm im Jahre 1866 eine neue und ausgedehntere Licenz, und ihr Produkt wurde, nachdem es noch weiter verbessert worden war, auf der Französischen Weltausstellung im Jahre 1867 durch eine goldene Medaille ausgezeichnet.

Im Jahre 1865 wurden auf Wilhelm's Anregung weitere Experimente in Barrow sowie an anderen Industrieplätzen in England und Schottland gemacht. Die Resultate dieser Versuche waren insofern erfolgreich, als sie einen Stahl von guter Qualität ergaben; jedoch stiess man immer noch auf Schwierigkeiten, hauptsächlich infolge der Wirkung der grossen Hitze auf das Baumaterial des Ofens, und auch die Fabrikation selbst konnte keineswegs eine einträgliche genannt werden.

Wilhelm hielt nichtsdestoweniger an seiner Ansicht fest, dass der Process, wenn er erst genügend vervollkommnet wäre, sowohl in wissenschaftlicher als auch in commercieller Beziehung von grossem Werthe sein würde, und da er nachgerade daran verzweifelte, denselben durch Fabrikanten erfolgreich durchgeführt zu sehen, so beschloss er, seinen Operationsplan zu ändern. Bisher hatte er nur die Oefen selbst geliefert und die Stahlfabrikation resp. die Operationen des Schmelzens vollständig den Fabrikanten überlassen; jetzt beschloss er jedoch, vor seinen eigenen Augen eine Reihe umfassender Versuche bezüglich der Stahlfabrikation ausführen zu lassen, um die Frage gründlich zu untersuchen.

Im Jahre 1865 bot sich hierzu eine günstige Gelegenheit. Es traf sich so, dass gerade ein kurze Zeit vorher nach dem Siemens'schen Principe auf einem zu No. 20, Hampton-Street, in Birmingham gehörigen Grundstücke errichteter Ofen ausser Betrieb gesetzt worden war, und dieses Grundstück wurde Wilhelm angeboten. Er sah ein, dass dieser Platz sich für seine Stahl-Experimente gut eignen würde, und es wurde ein einjähriger Miethscontrakt mit dem Eigenthümer des Grundstücks abgeschlossen, jedoch unter dem Vorbehalte, dass er den Ofen ganz nach seinem Belieben ändern und benutzen dürfe.

Derselbe wurde im Anfange des Jahres 1866 in Besitz genommen, und am 29. März schrieb Wilhelm an Mr. Attwood:

„Der Stahlofen in Birmingham ist in Betrieb gesetzt und arbeitet so weit ganz gut. Die erste Beschickung wird am Sonnabend geschmolzen.."

Im August sagte er:

„Der Stahlschmelzofen, den ich in Birmingham errichtet habe, ist seit einiger Zeit in vollem Betriebe und darf wohl in jeder Beziehung ein vollständiger Erfolg genannt werden. Seit den letzten fünf Wochen bestand seine Arbeit darin, Tag und Nacht extra weichen Stahl für Draht zu schmelzen, und die innere Ofenfütterung ist noch vollständig unversehrt. Der Ofen kann Jahre lang aushalten und seine Fütterung im Nothfalle in einem Tage ersetzt werden.

Der Brennmaterial-Verbrauch beträgt nicht mehr als 1½ Tonnen Kohlengrus für jede Tonne des erzeugten Gussstahls der weichsten Art....... Ich kann eine Tonne Gussstahl billiger herstellen als Bessemer, und dabei besitzt der Stahl noch eine bessere Qualität..."

Die Experimente wurden ununterbrochen fortgeführt und waren so erfolgreich und die Resultate derselben so wichtig, dass Wilhelm sich veranlasst sah, einen Miethscontract auf vierzehn Jahre für das Grundstück nebst Gebäulichkeiten abzuschliessen. Es war ihm damals keineswegs darum zu thun als Stahlfabrikant zu gelten oder den Industriellen in irgend einer Weise Eintrag zu thun, sondern er zog es vielmehr vor, Hand in Hand mit denselben zu arbeiten. Zu dem Zwecke wusste er es so einzurichten, dass ihn die verschiedenen Firmen mit der Fabrikation von Stahl für ihre Rechnung beauftragten und ihn gleichzeitig mit dem dazu benöthigten Material und in einzelnen Fällen auch mit den erforderlichen Arbeitskräften versahen, während er selbst dagegen die Fabrikation in allen ihren Einzelheiten anordnete und leitete. Er wollte überhaupt den Fabrikanten Gelegenheit geben, sich selbst davon zu überzeugen, was geleistet werden könnte, wenn sein Verfahren in einer richtigen und gründlichen Weise durchgeführt würde.

Wie nun aber seine Wirksamkeit immer mehr um sich griff, da wurde es ihm allerdings sozusagen unmöglich gemacht, die Ausführung einlaufender Bestellungen zu umgehen, und er beschloss daher gegen Ende des Jahres 1867, seine Fabrik zu vergrössern und mehr Oefen zu errichten, um in der Lage zu sein, Stahl, wenn auch nur in beschränkterem Maassstabe, für den Markt zu fabriciren. Dabei hielt er jedoch immer noch an dem Wunsche fest, den Schein eines Concurrenten in der Stahlindustrie zu vermeiden, und das war der Grund, wesshalb er seinem Stahlwerke einen Namen zu geben beschloss, welcher den demselben ursprünglich zugedachten, begrenzten Zweck deutlich bezeichnen sollte. Zuerst verfiel er auf den Namen „Muster-Stahlwerk" (Model Steel Works); späterhin überlegte er jedoch, dass dieser Name einen Grad der Vollkommenheit erwarten liesse, den das Werk unter den damaligen Verhältnissen wohl kaum zu erreichen im Stande sei; und er änderte daher den Namen in „Siemens'sches Probir-Stahlwerk"

(The Siemens' Sample Steel Works) um, unter welcher Bezeichnung dasselbe hernach allgemein bekannt geworden ist.

Die ersten Arbeiten wurden unter sehr ungünstigen Verhältnissen ausgeführt; — die Verfahren waren neu und Wilhelm musste sich erst selbst seine eigenen Arbeiter heranbilden; doch wurden die Schwierigkeiten mit der gehörigen Geduld und Ausdauer eine nach der anderen überwunden, und die Resultate der Versuche waren insofern von sehr grossem Nutzen für ihn, als er dadurch in den Stand gesetzt wurde, nicht allein die Einzelheiten der verschiedenartigen Verfahren mit Erfolg durchzuarbeiten, sondern dieselben auch den Stahlfabrikanten vorzuführen und ihre Vortheile darzulegen.

Es gelang ihm, Stahl in jeder beliebigen Qualität herzustellen, und Proben der auf seinem Stahlwerk fabricirten Produkte erhielten, wie die der Herren Martin, auf der Pariser Weltausstellung vom Jahre 1867 einen der grossen Preise.

Jetzt nahm er sein erstes Patent speciell für Stahlfabrikation. Es war vom 21. August 1867 datirt und betitelt „Verbesserungen in Oefen sowie in den Processen und Apparaten, welche damit in Verbindung stehen, insbesondere in ihrer Anwendung auf metallurgische Verfahren." In der Patentbeschreibung wurde zunächst hervorgehoben:

„Stahl kann direkt aus dem Erze erzeugt werden . . . . Oder es kann auch producirt werden durch Zusammenschmelzen von Gusseisen (vorzugsweise manganhaltigem) und Abfalleisen, oder Bruchstahl, oder aus dem Flammofen kommendem Puddeleisen- oder Stahlluppen, — oder es kann endlich fabricirt werden durch gleichzeitige Verwendung beider Verfahren."

Die für diesen Zweck verbesserten Ofeneinrichtungen wurden sodann beschrieben, und die Patentansprüche in Betreff derselben waren folgende:

„Zweitens. — Das Verfahren: Gussstahl auf dem offenen Ofenherde zu fabriciren, indem man Schmiedeisen, Stahl oder weisses Gusseisen in geneigten Schächten oder durch Trichter, wo das Material allmählich erhitzt wird, in ein Schmelzbad von Gusseisen unter dem Einflusse von sehr intensiver Hitze herabgleiten lässt, woselbst dann das Metall aufgelöst und in Gussstahl umgesetzt wird.

Drittens. — Die Anwendung des Regenerativofens für die benannten Verfahren ...... in einer solchen Weise, dass ein Theil der Verbrennungsprodukte zum Zwecke der Erhitzung der durch ihre eigene Schwere in den Ofen herabgleitenden Materialien entzogen wird, während die zurückgebliebenen Verbrennungsprodukte, welche durch Berührung mit kaltem Material nicht in ihrer Temperatur reducirt worden sind, durch die Regeneratoren in der gewöhnlichen Weise nach dem Schornsteine passiren, wodurch bewirkt wird, dass der Ofen durch Einführung von solchem kalten Material in seiner Temperatur nicht beeinträchtigt wird."

Im Mai 1868 erklärte Wilhelm seine Erfindung in einem vor der „Chemical Society" in London gehaltenen Vortrage; — und es dürfte am Platze sein, die von ihm angewandten Verfahren hier kurz zu beschreiben:

Die Basis ist in allen Fällen der Gebrauch von Roheisen, welches geschmolzen wird, um ein „Bad" im Ofen zu bilden. Dieses enthält jedoch zuviel Kohle, und um den Kohlengehalt des Bades auf das geringe Verhältniss, welches zur Stahlbildung nothwendig ist, zu reduciren, muss die flüssige Masse durch eine Behandlung mit irgend einer anderen Substanz bis zu einem gewissen Gehalte entkohlt werden, und diese Entkohlung kann auf zweifache Weise geschehen.

Erstens kann die Entkohlung dadurch bewirkt werden, dass man schmiedbares Eisen und zwar gewöhnlich in der Form von sogenanntem „Abfalleisen" zugiebt. Einem Bade, welches aus etwa 30 Ctr. des auf einen hohen Temperaturgrad erhitzten Rohmetalles auf dem Ofenherde bereitet ist, werden 4 bis 5 Tonnen Abfallmetall oder Rohschienen in erhitztem Zustande allmälich zugeführt. Das beigegebene Metall schmilzt und vermischt sich bald mit dem Rohmetall, und dieses Verfahren wird so lange fortgesetzt, bis man eine flüssige Mischung erhält, deren Kohlengehalt nicht mehr als 0,1 Procent beträgt, wovon man sich mit Leichtigkeit durch Prüfung einer dem Bade entnommenen Probe überzeugen kann. Ferro-Mangan oder Spiegeleisen wird dann noch in solchen Quantitäten hinzugefügt, als zur Herstellung des richtigen Verhältnisses von Kohle und Mangan erforderlich erscheint, je nach der Qualität der Stahlsorte, die man erzeugen will.

Dieser Process wurde von Wilhelm der „Abfall" (Scrap) oder „Siemens-Martinsche" Process genannt in Anerkennung der

Bemühungen der Herren Martin bei der ersten Einführung desselben mit Hülfe des Siemens'schen Regenerativ-Gasofens.

Zweitens kann die Entkohlung auch durch Beigabe von Eisenerz erzielt werden. Aus 6 bis 7 Tonnen geschmolzenen Rohmetalls wird ein Bad zurechtgemacht und demselben Erz — namentlich solches, welches vorher mit schmelzbarem Materiale in solchem Betrage zusammengeschmolzen ist, als erforderlich ist, um mit der erdigen Masse des Erzes und dem im Rohmetall enthaltenen Silicium eine Grundschlacke zu bilden — nach und nach zugeführt, bis durch die Reaktion des Eisenoxyds auf die Kohle und das Silicium des Bades die letzteren Substanzen verzehrt sind und ein flüssiges Bad von fast reinem Eisen erhalten wird, worauf dann diese Operation beendet ist, und Spiegeleisen wie vorher hinzugefügt wird.

Dieser Process wurde der „Siemens'sche" oder „Erz" Process genannt, und hat derselbe, nach Ansicht der Sachverständigen dem vorhin beschriebenen Verfahren gegenüber den Vortheil, dass er eine grössere Garantie für günstige Resultate bietet, da die Zusammensetzung der verwendeten Materialien bekannt ist, was nicht der Fall sein kann, wenn man mit grossen Quantitäten von vermuthlich vielen verschiedenen Quellen entstammendem Abfallmetall zu thun hat.

Einer der für diese beiden Verfahren am offenen Herde beanspruchten Vortheile besteht darin, dass man dabei in Bezug auf die Resultate derselben nicht an eine bestimmte Zeit gebunden ist. Die Ofenhitze ist so intensiv, dass das flüssige Metallbad, nachdem es einmal auf den niedrigsten Grad seines Kohlengehaltes gebracht worden ist, eine geraume Zeitlang in diesem Zustande erhalten werden kann. Während dieser Zeit können Proben genommen und Zugaben entweder von Rohmetall, von Schmiedeisenabfall oder Erz gemacht werden, um die Härte des zu producirenden Metalles je nach Wunsch zu reguliren. Sodann wird die erforderliche Quantität von Spiegeleisen oder Ferro-Mangan beigegeben, und auf diese Weise erhält man ein Metallbad, dessen chemische Beschaffenheit in allen seinen Theilen genau bekannt ist. Dieser Umstand macht das Material für gewisse Zwecke brauchbar, für welche bis dahin meistens nur Tiegelstahl zur Verwendung gekommen ist*).

Nachdem Wilhelm die Leistungsfähigkeit seiner Verfahren nachgewiesen und die Einzelheiten derselben bestimmt hatte, beschloss er Schritte zu thun, sie in die Praxis einzuführen, und sein erster Versuch nach dieser Richtung hin war eine Eingabe an die London und North-Western Eisenbahn-Compagnie. Er verfiel auf den Gedanken, dass seine Erfindungen sich vielleicht mit Nutzen für einen Zweck verwenden liessen, welcher sich den Eisenbahn-Direktoren sofort von selbst empfehlen musste, nämlich für die Verwerthung der alten, abgenutzten eisernen Schienen, um daraus mit geringem Kostenaufwande neue aus Stahl, also aus einem Metall von besserer Qualität zu fabriciren. Den grossen Vortheil der Stahlschienen vor den eisernen in Bezug auf Dauerhaftigkeit fing man damals gerade an zu würdigen; jedoch waren die Herstellungskosten für neue Stahlschienen so bedeutend, dass Wilhelm wohl einsah, dass, wenn er sich erböte, den Compagnieen die nöthigen Mittel an die Hand zu geben, um solche Stahlschienen selbst billig anzufertigen, er denselben damit jedenfalls einen sehr annehmbaren Vorschlag machen würde.

Er schrieb daher an Mr. Ramsbottom, den Oberingenieur der Werkstätten der London und North-Western Eisenbahn in Crewe:

„Der Gegenstand, worüber ich Sie zu sprechen wünsche, ist von grosser Wichtigkeit, und da ich meine Experimente zum Abschluss gebracht habe, so glaube ich Ihre Zeit und Bemühung dadurch am wenigsten in Anspruch zu nehmen, dass ich Ihnen und durch Sie Ihrer Compagnie einen bestimmten und klaren Vorschlag unterbreite.

Es ist mir jetzt vollständig gelungen, Stahl in Chargen von zwei bis vier Tonnen auf dem offenen Herde meines Regenerativgasofens zu schmelzen. Die Güte des auf diese Weise producirten Stahles steht der des mit denselben Materialien hergestellten Tiegelmetalls in keiner Weise nach, und das Verfahren selbst kann mit der grössten Leichtigkeit ausgeführt werden.

---

*) Antrittsrede in dem Eisen- und Stahl-Institut im Jahre 1877.

Der Preis für das Schmelzen von einer Tonne Abfallmetall und der dazu gehörigen Quantität (von 10 Procent) Rohmaterial, einschliesslich Heizmaterial, Lohn für Arbeitskräfte, Reparaturkosten für den Ofen und erforderlichen Beigabe von Ferro-Mangan beträgt nicht über 30 Schillinge pro Tonne.

Der Preis für vier Oefen nebst Erzeugern, welche mit Leichtigkeit jährlich 5000 Tonnen Gussstahl produciren könnten, würde sich auf nicht mehr als £ 3000 Sterling belaufen. Sie würden wahrscheinlich zum Schmelzen Ihres Bruchstahles einer so grossen Anzahl von Oefen nicht bedürfen; die Oefen sind aber ebensowohl für Eisen verwendbar, und da ist mir denn eingefallen, dass Ihre Compagnie am Ende ein grosses Interesse daran haben dürfte, alte Schienen in Stahl von genügend hoher Qualität umzuwandeln, um daraus Stahlschienen anzufertigen. Die alten Schienen müssten in Stücke von etwa drei Fuss Länge geschnitten werden, und das Gewicht der auf diese Weise producirten Stahlbarren würde ebensoviel als das der Schienen mit dem Rohmaterial zusammen genommen betragen; Verluste würden ausser dem geringen Gewichtstheile, welcher durch Beigabe des Ferro-Mangans wieder ersetzt wird, bei diesem Verfahren weiter keine stattfinden.

Ich hoffe im Stande zu sein, Ihnen demnächst die Mittel an die Hand zu geben, um diesen Process in meinem eigenen Stahlwerk in Birmingham in einem Ofen, der 16 Ctr. Chargen aufnimmt, zu versuchen....."

Die Direktoren überlegten sich die Sache gründlich und beschlossen nach einigem Verzug, den Versuch zu machen. Am 4. Juni 1868 sandte Wilhelm, auf deren Ersuchen, einen formelleren Antrag ein, nach dessen Annahme einige Oefen unter Wilhelm's Leitung errichtet wurden. Dieselben erfüllten ihren Zweck in jeder Beziehung, und das Umwandlungsverfahren von alten Schienen in neue mit Hülfe derselben ist bis auf den heutigen Tag in vollem Gebrauch.

Im Jahre 1868 stellte er der Great Western Eisenbahn Compagnie einen ähnlichen Antrag; jedoch ging er dabei in anderer Weise zu Werke. Er wusste sich eine Waggonladung von alten Schienen dieser Bahn aus Swansea zu verschaffen. Diese liess er nach seinem Stahlwerk in Birmingham bringen, schmolz sie dort in Stahlbarren um, und schickte die letzteren nach Sheffield zum Walzwerke von Sir John Brown & Co., um sie daselbst in neue Schienen nach dem Great Western Modell walzen zu lassen. Dieselben wurden sodann der Compagnie zur Prüfung eingesandt und von derselben von so ausgezeichneter Qualität befunden, dass der Werth des Verfahrens in keiner Weise mehr in Zweifel gezogen werden konnte*).

Das Resultat dieser Anträge war, dass Wilhelm im Jahre 1868 den Bau verschiedener Oefen zur Ausführung seiner Stahlfabrikations-Verfahren zu leiten hatte.

Es wäre vielleicht besser gewesen, wenn er hier stehen geblieben wäre und die Entwicklung und weitere Ausbeutung der neuen Erfindung den Fabrikanten überlassen hätte, indem er sich wie im Falle des Regenerativofens mit den ihm nothwendig zufallenden, sehr einträglichen Gebühren für seine Patentrechte zufrieden gegeben hätte. Er hegte jedoch den natürlichen Wunsch, immer weiter zu gehen. Der Erfolg der Versuche in seinem Probir-Stahlwerk, das allgemeine Interesse, welches seinen Verfahren gezollt wurde, sowie die Aussicht, ein werthvolles Produkt von ausgezeichneter Güte für einen beständig zunehmenden Markt zu Preisen, welche einen bedeutenden Gewinn abwarfen, zu liefern, verleitete ihn zu einem Schritte, den er früher unter allen Umständen vermeiden wollte, nämlich als Fabrikant in grossem Maassstabe in der Stahlindustrie aufzutreten.

Gegen Ende des Jahres 1867 gingen Wilhelm und einige seiner Freunde mit dem Gedanken um, eine Privatgesellschaft zur Anlage eines Stahlwerkes behufs Ausbeutung des neuen Verfahrens zu gründen. Zuerst dafür in Aussicht genommen war ein Platz am Ufer der Themse oder im Norden von England; nach reiferer Ueberlegung wurde jedoch dem Bezirke von Südwales der Vorzug gegeben. In dieser Gegend wurden dann auch Erkundigungen eingezogen und die Aufmerksamkeit auf ein gewisses Werk in Landore bei Swansea, das Eigenthum des Parlamentsmitgliedes Mr. L. L. Dillwyn gerichtet, wo Wilhelm einige Jahre vorher Oefen errichtet hatte. Im Juli stattete er dieser Gegend einen Besuch ab, zog aber auch noch andere

---

*) Diese Schienen wurden, trotzdem sie mehr als den gewöhnlichen Verkehr auszuhalten hatten, erst im Jahre 1878 ausgewechselt, und es stellte sich heraus, dass sie selbst dann noch nicht ausgenutzt waren.

Plätze in Betracht; doch schrieb er am 6. August an einen der Interessenten:

„Es ist wirklich die allerhöchste Zeit, dass wir uns endlich einmal in Bewegung setzen; was mich anbetrifft, so bin ich ganz damit einverstanden, dass wir an Landore festhalten und an's Werk gehen. Ich hoffe Sie recht bald zu sehen, sonst verlieren wir noch das ganze Jahr."

Man kam darauf zu irgend einem Uebereinkommen und bildete eine kleine Compagnie unter dem Namen „Landore Siemens Steel Company", mit Mr. Dillwyn als Präsident und Mr. Donald Gordon (Wilhelm's Schwager) als leitenden Direktor.

Das Werk wurde käuflich erworben und so rasch als möglich die für den neuen Zweck erforderlichen Umänderungen gemacht. Dasselbe wurde um die Mitte des Jahres 1869 in Betrieb gesetzt und sind daselbst wöchentlich 75 Tonnen Stahl von ausgezeichneter Qualität producirt worden.

Erfindungen verschiedener Art.

Regenerativ-Gasmaschine. — Im Jahre 1860 construirte Wilhelm eine Maschine für Gasbetrieb, auf die er im August des vorhergehenden Jahres ein Patent genommen hatte. Dieselbe wurde durch eine Verbindung von Leuchtgas und Luft getrieben und zwar dadurch, dass die Mischung bei jedem Kolbenhub durch einen elektrischen Funken entzündet wurde. Die Maschine war mit einem Regenerativ-Apparat zur Nutzbarmachung eines grossen Theiles der sonst mit den Gasen entweichenden Wärme versehen.

Eine Maschine nach diesem Plane ist wirklich erbaut worden; dieselbe war auf der internationalen Weltausstellung vom Jahre 1862 ausgestellt und befindet sich augenblicklich in dem Museum in Süd-Kensington. Sie wurde von Wilhelm bei einer Discussion in der am 4. April 1882 von der Institution of Civil Engineers in London abgehaltenen Versammlung erwähnt. Derselbe bemerkte bei dieser Gelegenheit, dass die Gasmaschine in ihrem gegenwärtigen Stadium sich, seiner Ansicht nach, ungefähr in derselben Verfassung befinde, wie die Dampfmaschine zur Zeit Newcomen's. Seine eigene Maschine verspräche recht gute Resultate zu geben; doch sei er zur Zeit ihrer Erfindung zu sehr mit anderen Sachen beschäftigt gewesen, als dass er derselben die gehörige Aufmerksamkeit hätte widmen können. Jetzt sei jedoch der Zeitpunkt gekommen, wo die Frage gründlich untersucht werden sollte, da dieselbe heutzutage für den Ingenieur von grosser Wichtigkeit sei.

Erfindungen auf dem Gebiete der Geschützkunst. — Auch der Kriegsbaukunst ist Wilhelm nicht ganz fern geblieben. Im Jahre 1861 baute er eine eigenthümliche Art von Kriegsschiff, welches dazu bestimmt war, eine grosse Bombe zu werfen, von der er erwartete, dass sie ein Loch in den Rumpf eines feindlichen Schiffes machen würde, welches sich nicht wieder repariren liesse. Er nahm ein vorläufiges Patent auf diese Erfindung und hat auch der englischen Admiralität seine Idee auseinandergesetzt; doch ist weiter nichts aus dem Kanonenboot geworden.

Im Jahre 1867 wurde er um seinen Rath und Vorschläge angegangen, auf welche Weise der Rückstoss der Lafette beim Feuern des Geschützes gehemmt werden könnte. Er empfahl für diesen Zweck die Verwendung hydraulischen Druckes, welche späterhin auch adoptirt worden ist und zwar, wie Wilhelm sich beklagte, ohne irgend welche Anerkennung seiner Dienste in dieser Angelegenheit*).

Die Gesellschaft der Birminghamer Gas-Consumenten. — Nachdem der „Gaserzeuger" in seiner Anwendung zum Heizen der Oefen die Probe richtig bestanden hatte, kam Wilhelm auf den Gedanken, dass derselbe auch zur Ersetzung der gewöhnlichen Bereitungsarten von Leuchtgas benutzt werden könnte. Im Jahre 1863 bewog er einige seiner Birminghamer Freunde, die Sache in die Hand zu nehmen und eine Compagnie zusammenzubringen, um ihre Stadt mit nach dem neuen Verfahren bereitetem Gase zu versorgen. Er liess Pläne für einen Gas-

---

*) Journal of the Iron and Steel Institute, 1881, Vol. 1, p. 489.

erzeuger anfertigen, welcher, wie er behauptete, Gas von der höchsten Leistungsfähigkeit sowohl für Beleuchtungs- als auch für Heizzwecke erzeugen würde. Auf das Heizgas legte er einen ganz besonderen Nachdruck, welches nach seiner Behauptung zum Preise von einer halben Mark (6^d) pro tausend Fuss geliefert werden könnte. Mit Hülfe dieses Apparates würde auch Coke producirt werden, welcher den gewöhnlich in Gasanstalten bereiteten in seiner Qualität bei weitem überträfe. Die Compagnie sollte die Gesellschaft der Birminghamer Gas-Consumenten genannt werden. Zur gesetzlichen Installirung dieser Gesellschaft wurde dem Parlamente im Frühjahre 1864 ein Gesetzvorschlag zur Genehmigung vorgelegt, welcher jedoch von der mit der Untersuchung der Angelegenheit betrauten Commission verworfen wurde, und der Vorschlag ist seitdem nicht wieder erneuert worden.

Regulator. — Während dieser Periode hat er auch den Gegenstand seines alten chronometrischen Regulators, dem er eine besondere Anhänglichkeit bewahrt zu haben scheint, wieder aufgenommen.

Am 25. Januar 1866 las er darüber eine zweite Abhandlung vor der Institution of Mechanical Engineers. Nachdem er auf die frühere Beschreibung seiner Erfindung Bezug genommen und besonders hervorgehoben hatte, dass der Apparat in Greenwich mit nahezu mathematischer Genauigkeit arbeitete, beschrieb er eine neuerdings von ihm eingeführte, verbesserte Form desselben.

Die Grundidee, nämlich die Regulirung der Bewegung durch Vergleichung mit einer chronometrischen Wirkung, war dieselbe geblieben, jedoch war an Stelle der früheren Pendel-Vorrichtung jetzt eine Flüssigkeit enthaltende, rotirende Halbkugel getreten, deren Centrifugal-Wirkung das regulirende Element bildete. Er erklärte die Anwendbarkeit des Apparates für Uhren sowohl als für Dampfmaschinen und schloss seine Abhandlung mit den Worten:

„Wie der Verfasser vor 23 Jahren seine praktische Laufbahn mit dem Versuche, den chronometrischen Regulator einzuführen, begonnen hat, so hofft er auch heute noch, trotz der vielen anderen Gegenstände, welche seitdem seine Aufmerksamkeit in Anspruch genommen haben, dass diese Anwendung eines neuen Arbeitsprincips zu einer vollständigeren Verwirklichung des in Aussicht genommenen Zieles führen möge, nämlich zur Erreichung einer wirklich gleichförmigen Rotation im Mechanismus."

Wilhelm hatte jedoch mit dieser Erfindung einen höheren Zweck als die einfache praktische Regulirung des Ganges der Dampfmaschinen im Auge. Er betrachtete die „gleichförmige Rotation" als einen Gegenstand von allgemein wissenschaftlichem Interesse und legte daher der Royal Society eine Abhandlung unter diesem Titel vor; dieselbe wurde in deren Versammlung am 12. April 1866 gelesen und demnächst für würdig befunden unter den „Philosophical Transactions" der Gesellschaft veröffentlicht zu werden.

Die hier beschriebene Verbesserung hatte am 2. Mai 1865 Patentschutz erhalten; wir können jedoch nicht finden, dass die Erfindung irgend einen bedeutenden praktischen Erfolg gehabt hätte, dagegen wurde dieselbe später für einen Zweck verwendet, wozu sie ursprünglich gar nicht bestimmt war. Man hatte bemerkt, dass der Regulator beim Reguliren des Ganges einer Dampfmaschine gewissermaassen einen Theil der überflüssigen Kraft absorbire, und hierdurch kam man auf den Gedanken, denselben an die Stelle der Tretmühle oder der Kurbel für Zwangsarbeit in Gefängnissen treten zu lassen. Der Apparat ist auf diese Weise in den Zuchthäusern in Liverpool, Manchester, Leicester, Stafford und an anderen Plätzen zur Verwendung gekommen und hat überall zur vollen Zufriedenheit gearbeitet.

British Association. — Während dieser Periode nahm Wilhelm einen lebhaften Antheil an den Verhandlungen der British Association zur Beförderung der Wissenschaften. Eine Gesellschaft, welche sich eine solche Aufgabe gestellt hatte, musste natürlich für den gleichgesinnten Mann eine grosse Anziehungskraft besitzen. Im Jahre 1856 war er als Mitglied der Gesellschaft beigetreten und hatte seitdem vielen ihrer Versammlungen beigewohnt, Vorträge daselbst gehalten, Abhandlungen verlesen und sich an den Diskussionen betheiligt.

Im Jahre 1869 wurde er auf der Versammlung in Exeter

zum Präsidenten der Section G für Mechanik erwählt, bei welcher Gelegenheit er vor dieser Abtheilung eine wirkungsvolle und passende Antrittsrede hielt. Es war dies keineswegs, wie es sonst bei vielen solchen Anreden der Fall zu sein pflegt, ein einfacher Bericht über die in der Mechanik gemachten Fortschritte und vollendeten Arbeiten, sondern er erörterte auch verschiedene interessante Gegenstände in einer Weise, welche grossen Gedankenreichthum und Originalität offenbarte.

Unter den behandelten Gegenständen sind besonders zu vermerken: Die technische Ausbildung, die Patentgesetze, die Nutzbarmachung der Wärme und die Wichtigkeit und Nützlichkeit der Abkühlungs-Processe, welche sich in späteren Jahren so bedeutend entwickelt haben.

Arbeiten auf dem Gebiete der Electricität.

Wir müssen uns jetzt dem anderen grossen Wirkungsfelde Wilhelm's, nämlich dem Gebiete der Electricität, zuwenden. Während er von der Ausarbeitung der mannigfaltigen chemischen, mechanischen und metallurgischen Probleme, welche seine gigantischen Ofen-Operationen im Gefolge hatten, vollauf in Anspruch genommen zu sein schien, führte er sein Telegraphen-Geschäft Schritt für Schritt mit beharrlicher Ausdauer fort, und dasselbe fing jetzt in der That bereits an, grosse Bedeutung zu erhalten.

Gegen Ende der Periode, welche das vorhergehende Kapitel umfasst, nämlich im Jahre 1859, war Wilhelm's Stellung die des leitenden Theilhabers der englischen Filiale der Firma Siemens und Halske, und ferner hatte er eine kleine Fabrik unter seiner eigenen Aufsicht in London im Betrieb. Diese Fabrik hatte bereits bedeutende Contrakte für Telegraphen-Anlagen ausgeführt und Wilhelm hatte sich in der Telegraphenwelt seiner besonderen Kenntniss der unterseeischen Kabeltelegraphie wegen bereits einen grossen Ruf erworben.

Kabelverbindung zwischen Malta und Alexandrien. — Im Jahre 1860 wurde die Firma Siemens und Halske von der englischen Regierung damit beauftragt, die technischen und elektrischen Arbeiten bei der Fabrikation und Legung eines Kabels, welches ursprünglich für eine telegraphische Verbindung zwischen Falmouth und Gibraltar bestimmt war, und deren Ausführung die Herren Glass, Elliott & Co. contraktlich in Händen hatten, zu überwachen und zu inspiciren. Der Bestimmungsort dieses Kabels war unterdessen geändert worden und man beschloss, dasselbe zwischen Rangoon und Singapore zu legen; es wurde zu dem Zwecke gegen Ende des Jahres an Bord des Dampfers Queen Victoria gebracht. Das Schiff hatte jedoch im Canal einen heftigen Sturm zu bestehen und musste zur Ausbesserung in den Hafen von Plymouth einlaufen. Nachdem es aber soweit wieder seetüchtig geworden, war es nicht mehr möglich, noch während der besseren Jahreszeit die Küste von Malaga zu erreichen, und das Projekt wurde daher aufgegeben.

Im Januar 1861 kam man dann zu dem endgültigen Entschluss, das Kabel zwischen Malta und Alexandrien zu legen, und dieses Projekt wurde im folgenden Sommer auch glücklich durchgeführt. Diese Kabel-Verbindung bestand aus drei Unterabtheilungen: der ersten von Malta nach Tripolis; der zweiten von Tripolis nach Benghazi und der letzten von Benghazi nach Alexandrien, und die Gesammtlänge derselben betrug ungefähr 1350 englische Meilen.

Das Kabel wurde von der englischen Regierung gelegt und die Brüder Siemens fungirten während der Legung als Electriker derselben.

Gummi als Isolator. — Die beiden Brüder Werner und Wilhelm, welche um diese Zeit bereits bedeutende Erfahrung auf dem Gebiete der unterseeischen Kabeltelegraphie gesammelt hatten, beschlossen nunmehr einige der von ihnen erzielten, wichtigeren Resultate bekannt zu machen und verfassten daher im Jahre 1860 zusammen eine Abhandlung für die British Association, worin sie ihre „Studien der Principien sowie ihre praktischen Erfahrungen in Bezug auf die elektrische Beschaffenheit und die darauf bezügliche Behandlung von elektrischen unterseeischen Kabeln" auseinandersetzten.

Diese Abhandlung bezog sich vorzugsweise auf die Isolation und den Gebrauch von Gummi als Isolationsmaterial. Eine sinnreiche Maschine zur Verarbeitung und Verwendung dieses Materials für die Kabelfabrikation war von den beiden Brüdern construirt und von Wilhelm Siemens in einer der Institution of Mechanical Engineers am 8. August 1860 vorgelegten Abhandlung ausführlich beschrieben worden.

Einige andere veröffentlichte Schriften. — Wilhelm hatte aber auch noch andere Erfahrungen bei demselben Kabel gemacht, welche, seiner Ansicht nach, wohl bekannt gemacht zu werden verdienten. Im Mai 1862 händigte er der Institution of Civil Engineers in London eine sorgfältig ausgearbeitete Abhandlung: „Ueber die während der Construktion des Malta- und Alexandrien-Telegraphen vorgenommenen elektrischen Prüfungen, sowie über die Isolirung und Beschützung von unterseeischen Kabeln" ein. Er hatte bei dieser Gelegenheit neue Prüfungsmethoden eingeführt, deren Anwendung, seiner Ansicht nach, diesem langen Kabel eine bedeutende Ueberlegenheit über alle früheren Kabel in Bezug auf seine Haltbarkeit und Transmissionskraft sicherte, und er beschrieb in seiner Abhandlung ausführlich die Einzelheiten dieser Methoden und der damit erzielten Resultate. Im Verlaufe dieser Prüfungen sah er sich veranlasst, die Construktion von unterseeischen Kabeln mehr im Allgemeinen zu studiren, und er fügte jetzt einige Bemerkungen über sein persönliches Urtheil, welches er sich dabei gebildet hatte, vornehmlich über die Beschützung und die Isolirung der Kabel bei. Dieser Abhandlung wurde ein besonderer Preis zuerkannt.

Er hatte sich ferner die Fabrikation dieses Kabels noch insofern zu Nutzen gemacht, als er einige Experimente über die allgemeinen elektrischen Eigenschaften und Bedingungen der unterseeischen Kabel anstellte, über deren Resultate er vor der British Association in der Versammlung in Newcastle-on-Tyne im Jahre 1863 Bericht erstattete.

Weltausstellung im Jahre 1862. — Die Firma Siemens und Halske sandte zu dieser Ausstellung eine grosse Auswahl von elektrischen Apparaten verschiedener Art ein, und trat sowohl als englische als auch als ausländische Ausstellerin in die Oeffentlichkeit. Die Sammlung der von ihr ausgestellten Gegenstände erregte grosses Interesse, und wurde mit drei verschiedenen Preismedaillen gekrönt, nämlich

mit einer Medaille für „die allgemeine Vorzüglichkeit ihrer Telegraphen-Apparate";

ferner mit einer Medaille für „eine wohl construirte Telegraphendraht-Bekleidungsmaschine", zur Isolirung des Drahtes mit Gummi;

und endlich mit einer Medaille für „ihren mechanischen Transmitter für den Morse-Telegraph, sowie für ihre Volta'sche Induktionsrolle, der kräftigsten der ausgestellten."

Während der Ausstellung verfasste Wilhelm für das „Practical Mechanic's Journal" eine allgemeine Beschreibung der auf derselben zur Schau gestellten elektrischen Instrumente und Telegraphen-Apparate. Dieser Artikel, welchem eine historische Uebersicht des elektrischen Telegraphen vorausging, war mit Holzschnitten reichlich illustrirt und so vollständig und sorgfältig ausgearbeitet, dass er einen vollständigen Ueberblick über die elektrische Telegraphie in ihrem damaligen Stadium gewährte.

Das atlantische Kabel. — Nachdem die erste, über den atlantischen Ocean im Jahre 1858 gelegte Kabelverbindung missglückt war, beauftragte das englische Handelsministerium (Board of Trade) eine aus dem damaligen Ingenieurcapitain (jetzt Sir) Douglas Galton, Professor Wheatstone, Mr. (später Sir) William Fairbairn und Mr. G. P. Bidder bestehende Commission, sich mit dem Ingenieurstabe der „Atlantic Telegraph Company" in Verbindung zu setzen, um gemeinschaftlich mit diesem eine gründliche Untersuchung über „die beste Form für die Zusammensetzung und äussere Schutzbekleidung von unterseeischen Kabeln" anzustellen. Dieses vereinigte Comité hat beinahe zwei Jahre lang getagt und eine grosse Masse von Material nach den Aussagen erfahrener und sachverständiger Personen gesammelt.

Unter den Letzteren befand sich auch Wilhelm Siemens, welcher zweimal, nämlich am 1. December 1859 und am 9. März 1860 über seine Ansichten verhört wurde. Er berichtete genau die Ergebnisse seiner Erfahrungen mit unterseeischen Kabeln, beschrieb seine eigenen Experimente und Beobachtungen, erklärte in ausführlichster Weise seine Ansichten über die richtigste Construktion eines Tiefsee-Kabels, und fügte noch hinzu, dass er keinen Grund einsehe, warum einem in einer Tiefe von 2000 Faden liegenden Kabel eine geringere Lebensdauer als dem in flacherem Wasser gelegenen zugemessen werden sollte. Ausserdem reichte er auch noch eine von ihm selbst und seinem Bruder Werner verfasste Broschüre ein, worin sorgfältig ausgearbeitete Berechnungen und Beobachtungen über elektrischen Widerstand und Induktion für mehrere, auf verschiedene Weise construirte und aus verschiedenen Materialien gefertigte Kabel gegeben wurden.

Im April 1861 legte die Commission der Regierung einen ausführlichen Bericht vor, welcher mit den Aussagen der Sachverständigen und vielen werthvollen Dokumenten als parlamentarischer Bericht veröffentlicht wurde.

Obgleich Wilhelm's Antheil an diesem ersten atlantischen Kabelunternehmen nur gering war, so ist das Studium, welches er damals auf diesen Gegenstand verwendete, doch keineswegs für ihn ohne Frucht gewesen; denn als zehn Jahre später seine eigene Firma es unternahm, weitere Kabel über den atlantischen Ocean zu legen, da kamen ihm seine damals gesammelten Kenntnisse und Erfahrungen sehr wohl zu statten.

Die Fabrik in Charlton. — Im Jahre 1863 erfuhr das Telegraphengeschäft eine bedeutende Veränderung.

Nachdem die kleine Millbanker Werkstätte einige Jahre im Betrieb gewesen war, kam die Firma zu der Ueberzeugung, dass es, in Anbetracht der beständigen Zunahme der einlaufenden Bestellungen für elektrische Apparate, für sie sehr erwünscht sei, ein ausgedehnteres Werk mit grösserer Fabrikationskraft in England zu besitzen. Zudem glaubte man, dass es sich, nach den durch Anordnung und Leitung von unterseeischen Kabelarbeiten für andere Firmen gesammelten Erfahrungen, für die Siemens'sche Firma am Ende auch recht wohl rentiren dürfte, in Zukunft derartige Kabelconstruktionen auf eigene Faust zu übernehmen.

Das Berliner Haus hatte um diese Zeit schon ganz bedeutend

an Umfang gewonnen. Es hatte nicht nur das eigene Geschäft in grossem Maassstabe erweitert, sondern auch bedeutende Filialen in Petersburg, Wien und an anderen Plätzen errichtet, und man war daher keineswegs abgeneigt, auch die Londoner Fabrik auf eine gleiche Höhe emporzubringen.

Mit dieser Aufgabe wurde Wilhelm betraut. Er fand ein für seinen Zweck geeignetes Grundstück dicht am Ufer der Themse in Charlton bei Woolwich, wo er, im Einvernehmen und unterstützt von der Berliner Firma, eine Fabrik in dem gewünschten Maassstabe errichtete, in der alle Arten von Telegraphen-Apparaten und Materialien und besonders auch unterseeische Kabel angefertigt und von da direkt auf dem Flusse verladen und weiter transportirt werden konnten.

Auf diese Weise entstand die Telegraphenbauanstalt, welche später so weit und breit bekannt und berühmt geworden ist.

Gegen Ende des Jahres 1864 zog sich Herr Halske von seiner Verbindung mit der Londoner Firma zurück, und es bildete sich eine neue Firma, mit den drei Brüdern Dr. Werner Siemens in Berlin, Carl Wilhelm Siemens in London und Carl Siemens in Petersburg als Theilhabern, welche unter dem Namen „Siemens Brothers" seit dem Beginne des Jahres 1865 ihre Geschäfte betrieb. Das Berliner Haus behielt den Namen „Siemens und Halske" bei.

Mit dem Anwachsen des Geschäfts und mit der ausgedehnteren praktischen Verwerthung der Electricität für andere Zwecke, z. B. zur Beleuchtung, Krafterzeugung u. s. w., ist auch diese Fabrik mehr und mehr erweitert worden. Die Fabrikgebäude nehmen jetzt eine Grundfläche von mehr als sechs Morgen ein; es werden dort zu Zeiten 2000 bis 3000 Arbeiter beschäftigt, und in dem Kabel-Departement können täglich 60 Meilen unterseeischen Kabels fertiggestellt werden.

Es ist kaum nöthig zu bemerken, dass die drei Brüder ein gleiches Interesse an dem Wohlergehen der Anstalt hatten; jedoch fiel Wilhelm als dem Theilhaber und Chef an Ort und Stelle auch die Hauptverantwortlichkeit in der Leitung und der grösste active Antheil an den dortigen Arbeiten zu.

Er hat der Fabrik unaufhörlich seine persönliche Aufmerksamkeit geschenkt, und das Resultat war, dass die dort ausgeführten mannichfaltigen Arbeiten und die vielen verschiedenen daselbst angefertigten Apparate vielfach den Stempel seiner Originalität und seiner Erfindungsgabe an sich trugen. Es war eine gewöhnliche Redensart in den Werkstätten, wenn es sich um die Lösung irgend eines besonderen Problemes handelte, das bereits von jedem anderen aufgegeben war: man solle es nur Herrn Siemens vorlegen, der werde schon ein halbes Dutzend Wege zur Ausführung vorschlagen, wovon zwei complicirt und praktisch unausführbar, zwei schwierig und zwei vollständig dem Zweck entsprechend sein würden.

Er hatte zu seiner Unterstützung einen ausreichenden Stab von tüchtigen Ingenieuren und Electrikern, an deren Spitze Herr Ludwig Loeffler stand, welcher vorher bei der Berliner Firma angestellt gewesen war und in einer späteren Periode der leitende Direktor des Londoner Geschäftes geworden ist.

Es würde ermüdend sein und auch zu weit führen, wenn wir hier die vielen in der Charltoner Fabrik ausgeführten Arbeiten des Längeren und Breiteren behandeln wollten. Wir müssen uns vielmehr auf solche Unternehmen beschränken, welche von besonderem Interesse sind, oder an welchen Wilhelm Siemens einen besonders bemerkenswerthen Antheil genommen hat.

Das algierische Kabel.

Die erste Arbeit von Wichtigkeit, welche die Fabrik unternahm, war die Ausführung eines Contraktes mit der französischen Regierung betreffend die Fabrikation und Legung eines unterseeischen Kabels zur telegraphischen Verbindung Frankreichs mit seinen Kolonieen in Algier. Die projektirte Kabellinie war ungefähr 140 engl. Meilen lang und erstreckte sich von Oran, einer an der algierischen Küste gelegenen Stadt, nach Carthagena in Spanien, von wo aus bereits Landtelegraphenlinien nach Frankreich führten.

Im Januar und dann nochmals im Mai 1863 ging Wilhelm nach Paris, um in der Angelegenheit geschäftlich zu unterhandeln. Es war das erste Mal, dass die Firma auf eigene Verantwortlichkeit die Legung eines Tiefseekabels unternommen hatte, und Werner schrieb am 13. Mai an Wilhelm wie folgt:

„Hoffentlich trifft dieser Brief Dich noch in Paris. Es soll mich freuen, wenn Du einen ersten Contract über Kabelanlagen zu Stande bringst. Obgleich die Tiefen, soweit ich weiss, bedeutend sind, halte ich doch die Anlage selbst nicht für sehr gefährlich. Dass man Alles im Nothfalle wieder aufnehmen könnte, glaube ich freilich nicht. Das Aufnehmen hat stets seine grossen Schwierigkeiten. Unterrennen geht noch eher. Doch das Risico ist allenfalls noch erträglich, wenn durchaus keine besseren Bedingungen zu erreichen sind. Eine wirkliche Schwierigkeit besteht in solchen Lagen immer in der Unklarheit, welche bei uns über Lage, Mittel etc. des dortigen Geschäftes herrscht. Dazu Deine aphoristische, durch die Verhältnisse allerdings bedingte und entschuldigte Kürze, welche gar keinen Einblick in die entscheidenden Gründe und Gegengründe gestattet und Zustimmung und Ablehnung ganz zu einem blinden Zutappen auf unserer Seite macht! Das stört allerdings die Freudigkeit, mit welcher man sonst auf derartige Unternehmungen eingehen würde! . . . ."

Nachdem der Contract officiell übernommen und die nöthigen Vorbereitungen in der neuen Fabrik in Charlton getroffen waren, wurde die Fabrikation des Kabels daselbst sofort in die Hand genommen. Dieses Kabel war, was seine äussere Schutzbekleidung anbetraf, nach einem erst neuerdings eingeführten Plane construirt, und zwar bestand dieselbe aus einer spiralförmigen Umwicklung von dünnen, übereinander greifenden Messing- oder Kupferstreifen, die unter grossem Drucke über die Hanfbekleidung gelegt waren. Dasselbe wurde in einer der British Association im Jahre 1865 vorgelegten Abhandlung beschrieben.

Die Anfertigung des Kabels nahm längere Zeit in Anspruch, als man im Anfange erwartet hatte; jedoch liess Wilhelm in seiner Fabrik Tag und Nacht arbeiten, bis es vollendet war, und am 10. December 1863 wurde es an Bord eines speciell für diesen Zweck ausgerüsteten französischen Schiffes gebracht, welches hernach zur Erinnerung an diesen Tag den Namen „Dix Décembre" erhielt.

Es waren Verabredungen getroffen worden, dass Werner und Wilhelm zusammen persönlich die Legung des Kabels leiten und beaufsichtigen sollten, und die Brüder verliessen daher in Begleitung von Wilhelm's Frau am 19. December London und fuhren über Paris und Madrid. Am 1. Januar 1864 schrieb Frau Siemens in ihr Tagebuch:

„Ein neues Jahr in neuem Lande! Auf nach Valencia! — sagt Schiller; und hier sind wir wirklich in Valencia, Werner, Wilhelm und ich und trinken das Wohl unserer Lieben in Deutschland und Old England."

Von da reisten sie zu Lande durch Almanza, Alicante und Murcia nach Carthagena, wo sie sich an Bord des Kabelschiffes begaben. Es war beschlossen worden, die Kabellegung von Oran aus zu beginnen, und das Schiff verliess daher Carthagena am 9. Januar und erreichte Mers-el-Kebir in der Nähe von Oran am folgenden Morgen.

Nachdem die nöthigen Vorbereitungen getroffen und das Küstenkabel gelegt war, wurde das Schiff Dix Décembre am 14. Januar an Ort und Stelle gebracht und das Ende des an Bord befindlichen Kabels mit dem des Küstenkabels verbunden, worauf die Legung um 1 Uhr Nachmittags begann. Ein Paar Stunden lang schien Alles glücklich von Statten zu gehen, als plötzlich das Kabel riss.

Nach dem Bruche kehrte das Schiff nach Mers-el-Kebir zurück. Eine Berathung wurde an Bord des Schiffes gehalten und die Frage aufgeworfen, ob es möglich sei, den Rest des noch im Schiffsraume befindlichen Kabels auf einer weit kürzeren Strecke als bis nach Carthagena, nämlich von Oran nach Almeria, einer anderen Stadt im Süden von Spanien, zu legen. Um sich hierüber genauer zu informiren, segelte das Schiff am 15. Januar nach Almeria, und nachdem einige Sondirungen gemacht worden waren, kehrte es am 19., nachdem es auf der Rückkehr einen fürchterlichen Sturm glücklich bestanden hatte, zurück. Jetzt folgten weitere Berathungen und man kam schliesslich überein, die Herstellung der Kabellinie nach Almeria zu versuchen. Zu diesem Zwecke wurde am 28. Januar eine neue Verbindung mit dem Küstenkabel hergestellt und um 6 Uhr Morgens die Legung begonnen. Etwa um 7 Uhr Nachmittags brach jedoch das Kabel zum zweiten Male, und das Schiff kehrte am folgenden Tage nach Carthagena zurück. Wilhelm begab sich darauf mit seiner Begleitung nach Madrid und späterhin nach Paris, wo ihn Unterhandlungen mit der Regierung in Bezug auf die demnächst zu ergreifenden Schritte längere Zeit zurückhielten, so dass er erst Ende Februar nach Hause zurückkehrte.

Auf dieser und auf vielen nachfolgenden Reisen trug die Gesellschaft seiner Gemahlin viel zu Wilhelms Ruhe und Behaglichkeit bei. In einem Briefe an ihre Schwester schrieb Frau Siemens:

„An der Seite eines solchen Gatten will ich gerne Allem die Stirne bieten, und da ich beständig in seiner Nähe bin, so kann ich gleichzeitig dafür Sorge tragen, dass er seine Gesundheit gehörig in Acht nimmt und vielleicht hier und da auch einigermaassen dazu beitragen, selbst diese Reise in eine Vergnügungsfahrt zu gestalten! . . . ."

Wer vor einigen 20 Jahren mitten im Winter in Spanien gereist ist, kann sich wohl einen Begriff davon machen, was eine Dame von zarter Constitution auf einer solchen Reise durchzumachen hatte. Es war nicht nur die scharfe Kälte, wogegen keinerlei Vorsichtsmaassregeln getroffen waren, sondern daneben noch viele andere Unbequemlichkeiten, welche man auszuhalten hatte, und während der sechs Wochen, in welchen Frau Siemens diese Strapazen zu erdulden hatte, hatte ihre Gesundheit nicht unerheblich gelitten.

Die französische Regierung hatte Wilhelm zu einem zweiten Versuch zur Ausführung seines Projektes ermächtigt, und dieser liess daher ohne Verzug das zur Ersetzung des verloren gegangenen Theiles erforderliche Kabel anfertigen. Dieses neue Kabel war in ein Paar Monaten fertig, und etwa im Anfange des Augusts 1864 verliess Wilhelm England und begab sich nach Toulon, von wo er an Bord des französischen Regierungsdampfers nach Algier fuhr. Er liess jedoch diesmal nicht zu, dass seine Gemahlin ihn auf der Reise begleitete.

Am 12. September erhielt letztere eine Depesche, worin ihr mitgetheilt wurde, dass das Kabel glücklich gelegt sei; am 17. folgte jedoch eine andere, worin von „quelques dérangements" die Rede war. Wilhelm blieb bis Ende October an Ort und Stelle, doch waren alle seine Bemühungen, das Kabel betriebsfähig zu machen, vergebens.

Am 11. November schrieb er an Colonel Stewart:

„Sie werden jedenfalls schon gehört haben, dass die Legung des Kabels von Oran nach Charthagena missglückt ist. Beim zweiten Versuch ist das Kabel allerdings vollständig fehlerlos gelegt worden und hatte auch ein Paar Stunden lang ausgezeichnet gearbeitet, als es plötzlich 10 Meilen von Charthagena auf dem Rande eines Abhanges, welcher aus verhältnissmässig flachem Wasser sich jählings fast senkrecht bis auf eine Tiefe von etwa 2800 Meter herabstürzt, brach.

Als das Schiff sich der Bank näherte, welche, den Sondirungen (der französischen Admiralität) zufolge, sanft ansteigt, hatte ich dem Kabel 25 Procent Spielraum gegeben. Das Kabel muss auf eine Länge von fast einer englischen Meile frei in der Schwebe gehangen haben und eine Schwankung in der Stärke der Strömungen hat wahrscheinlich seinen Bruch veranlasst.

Die französische Regierung räumt ein, dass den fehlerhaften Sondirungen die Schuld beizumessen und dass ein Kabel in einer solchen Situation eine praktische Unmöglichkeit sei; dieselbe hat daher nun beschlossen, die Kabelleitung von Algier nach Sicilien, Corsika und von da nach Nizza zu führen, und mich mit der Fabrikation der dazu noch benöthigten Kabellänge beauftragt, wobei von dem alten Kabel, soweit es mir gelingen wird, dasselbe wieder aufzunehmen, ebenfalls Gebrauch gemacht werden soll. Ich habe einen Theil des im verflossenen Januar gelegten Kabels aufgenommen und fand dasselbe ganz unverändert. Es hatte in einer Tiefe von ungefähr 2400 Meter gelegen .."

Diese neue Linie wurde von der französischen Regierung im Juni 1865 gelegt, doch gelang es nicht, einen bedeutenderen Theil des alten Kabels wieder aufzunehmen.

Der Contract mit der französischen Regierung war sehr complicirter Natur und führte zu einem Processe (welcher aber niemals entschieden worden ist, weil der deutsch-französische Krieg dazwischen kam); jedoch hat die Firma den grössten Theil der Kosten tragen müssen.

Für Wilhelm war dies ein sehr harter Schlag und zwar nicht nur des pecuniären Verlustes wegen, welcher manches weniger solide Geschäft bis an den Rand des Verderbens gebracht haben würde, sondern vor Allem auch der sehr natürlichen bitteren Enttäuschung wegen, dass gerade das erste grosse Telegraphenprojekt, dessen Ausführung er auf seine eigene Verantwortlichkeit übernommen hatte, fehlschlagen musste. Er drückte sich in diesem Sinne auch Werner gegenüber aus, der ihm in gewohnter Weise Muth zusprach und folgende Antwort gab:

"Ihr werdet inzwischen das neue Jahr hoffentlich gesund und frischen Muthes begonnen haben. Möge der Schluss desselben Deinen Hoffnungen und Erwartungen entsprechen.

Du hast Recht, das vorige Jahr hat harte Schläge gegeben, doch sie waren erträglich und haben, was die Hauptsache ist, Deinen Muth und Deine Thatkraft nicht geschwächt. Es hat mich sehr gefreut, dies aus Deinem Briefe zu ersehen.

Ist das aber nicht der Fall, so sind die materiellen Verluste von untergeordneter Bedeutung. Möglich, dass sich die Geschicke so wenden, dass sie später sogar als Gewinn erscheinen. Ofen- und Telegraphengeschäft gehen ja, Dank Deiner beharrlichen Thätigkeit und intelligenten Leitung, gut. Misserfolge haben in diesem Falle ihr Gutes, weil sie vor Uebermuth bewahren und anspornend wirken!..."

Der Indo-Europäische Telegraph.

Gegen Ende dieser Periode führten die beiden Firmen: Siemens und Halske in Berlin und Siemens Brothers in London in Gemeinschaft ein Werk von hoher nationaler Bedeutung und von grosser Verantwortlichkeit aus, nämlich die Anlage einer Linie von Landtelegraphen, welche eine direkte Verbindung zwischen England und Indien bildete und später unter dem Namen des Indo-Europäischen Telegraphen bekannt geworden ist.

Die Herstellung der ersten indo-europäischen Telegraphen-Verbindung wurde im Jahre 1860 unter Leitung der „Red Sea and India Telegraph Company" mit der Legung eines unterseeischen Kabels zwischen Aegypten und der Westküste von Indien versucht. Aegypten war bereits mit Europa in telegraphischer Verbindung und die neue Kabelleitung, welche 3500 englische Statuten-Meilen lang war, zerfiel in sechs Unterabtheilungen, und führte von Suez über Kosseir, Suakim, Aden, Hallain und Muscat nach Kurrachee zur Mündung des Indusflusses, wo es mit dem indischen Staatstelegraphen-System in Verbindung stand. Diese Kabel-Verbindung ist auf der ganzen Strecke im Februar 1860 vollendet und von der Compagnie abgenommen worden; es zeigten sich jedoch bald erhebliche Mängel und im April 1861 hatten vier von den sechs Abtheilungen aufgehört zu arbeiten.

Ueber diese Enttäuschung war natürlich eine grosse öffentliche Entrüstung, und es wurde versucht durch eine Verbindung von verschiedenen Leitungen, hauptsächlich über Land, dem Mangel abzuhelfen.

Die indische Regierung schlug vor, ein unterseeisches Kabel von Kurrachee durch den persischen Golf zu legen. Sie liess durch ihren Agenten, den Oberst Stewart, die Brüder Siemens über dieses Projekt consultiren, und Werner und Wilhelm sandten darauf im October 1862 einen gemeinsamen Rapport darüber ein. Das Projekt ist später ausgeführt und durch den persischen Golf eine Verbindung mit Fao an der türkischen und mit Bushire an der persischen Küste hergestellt worden. Von Fao wurde die Linie durch den türkischen Landtelegraphen bis nach Constantinopel fortgesetzt, wo sie sich an das allgemeine europäische Telegraphensystem anschloss.

Eine andere Linie wurde in folgender Weise gebildet: — die indische Regierung verlängerte ihre Leitung über Land von Bushire nach Teheran; die persische Regierung führte dieselbe von da bis nach Djulfa an der russischen Grenze, von wo aus die Russen die Linie über das circassische Gebiet bis nach dem Süden von Russland fortsetzten, wo dieselbe dann wiederum mit dem europäischen Telegraphensystem in Verbindung trat.

Die Brüder Siemens standen ihnen bei diesen Arbeiten mit Rath und That zur Seite und lieferten einige Materialien für die Landabtheilungen.

Die Linien wurden im Jahre 1865 dem Verkehr übergeben; es war jedoch vom allerersten Augenblicke an ersichtlich, dass dieselben den Anforderungen des Publikums in keiner Weise Genüge leisten konnten. Es war kein Verlass auf den Telegraphendienst; die Gebühren waren hoch; die Depeschen nahmen zuweilen Wochen zu ihrer Uebermittlung in Anspruch, um dann endlich verstümmelt oder gänzlich unverständlich ihren Bestimmungsort zu erreichen; dabei fanden auch häufige Depeschen-Verwechselungen statt, und grosse Verwirrung, Ungewissheit und Verluste waren die natürliche Folge davon. Dieser unzuverlässige Charakter des Telepraphendienstes wurde am Ende so beschwerlich, dass die Regierung unaufhörlich darum angegangen wurde, in der Angelegenheit endlich die nöthigen Schritte zur

Aufblühen des Geschäftes.

Abhülfe zu thun, bis zuletzt ernstliche Versuche gemacht wurden, einen besseren Stand der Dinge herbeizuführen.

Die Brüder Siemens boten Alles auf, um eine solche Aenderung zum Besseren zu bewirken. Abgesehen von ihren Beziehungen zu den bestehenden Telegraphenlinien, besassen sie auch bedeutende Erzgruben im Caucasus, welche den dortigen Verkehr sehr beförderten und den permanenten Aufenthalt ihrer eigenen Agenten an Ort und Stelle unerlässlich machten, wodurch sie sich nicht nur werthvolle Ortskenntnisse, sondern auch bedeutenden Einfluss im Lande erworben hatten.

In einer früheren Zeitperiode hatten sich die Brüder an einem Projekt zur Bildung einer Compagnie betheiligt, deren Zweck darin bestehen sollte, eine unabhängige Landtelegraphenlinie von England über Preussen, Russland und Persien nach Indien zu errichten und zu betreiben, und im Jahre 1865 waren mit den betreffenden Regierungen Unterhandlungen zur Erlangung der nothwendigen Concessionen angeknüpft worden. Diese Unterhandlungen wurden hauptsächlich von den drei Brüdern, nämlich von Carl in Russland, von Werner in Preussen und von Wilhelm in England, im Vereine mit General von Chauvin, dem General-Telegraphen-Direktor in Preussen, mit General von Lüders, welcher denselben Posten in Russland bekleidete, und mit Colonel Bateman-Champain, welcher die englischen und indischen Interessen in Persien vertrat, gepflogen.

Folgende Auszüge aus einem Briefe von Werner an Wilhelm, welcher aller Wahrscheinlichkeit nach im Anfange des Jahres 1865 geschrieben worden ist (dessen genaueres Datum aber verloren gegangen ist), dürfte eine Idee davon geben, eine wie wichtige Rolle die Brüder in dieser Angelegenheit gespielt haben:

„Eben habe ich eine lange Conferenz mit Chauvin gehabt. Da in wenigen Tagen auch Lüders herkommt, so müssen wir jetzt entscheidende Schritte in der Concessions-Angelegenheit thun. Die Sache steht nach Chauvin's Mittheilungen so:

Russland und Preussen haben sich, wie aus dem Dir zugeschickten Vertrage folgt, dahin geeinigt, dass sie die Linie London-Teheran zu Stande bringen wollen und Chauvin mit dem Abschlusse der Contrakte etc. beauftragt. Russland hat sich bereit erklärt, eine Concession für den Bau durch ganz Russland von der preussischen

Grenze ab, zu geben. Die materiellen Gegenverpflichtungen bestehen einmal in der Abgabe von 5 frcs. für die durchgehende einfache Depesche und zweitens in der Anlage eines Mehrdrahtes für interne russische Correspondenz gegen zu vereinbarende Zahlung. Dieser Draht wird als Reserve für die indische Linie dienen. Ebenso werden Preussen und Russland ihre anderen Linien zur Beförderung von Depeschen hergeben, wenn die Linie irgendwo unterbrochen sein sollte. Das ist sehr wichtig. Die 5 frcs. für Russland und die $2^1/_2$ frcs. für Preussen sollen pro Rate herabgesetzt werden, wenn die betreffenden Staaten ihre Tarife unter das bestehende Maass herabsetzen.

Preussen wird der Gesellschaft eine Concession für den Bau einer Linie von England zur preussischen Küste geben, welche die Gesellschaft jeder Zeit benutzen kann, wenn die Vereinbarung mit der Electric Company nicht zu Stande kommt oder erlischt oder die vorhandenen Drähte der Electric Company nicht ausreichen.

Preussen wird der Gesellschaft gegenüber die Verpflichtung übernehmen, stets eben so viele gute Leitungen der Gesellschaft zur Disposition zu stellen, wie diese in Russland etc. hat.

Diese Grundbedingungen sind reichlich das, was wir gewünscht haben. In Betreff Russlands ist es sogar viel mehr.

Wir werden daher jetzt, Namens der zu bildenden Gesellschaft einen Vertrag mit Preussen für sich und mit Russland schliessen müssen, der die ganze Sache regelt........

Chauvin meint, dass sich England auch daran betheiligen werde, nach Champain's Aeusserungen, sobald die Gesellschaft ein Faktum ist. Chauvin beabsichtigt sogar zu diesem Zwecke nach England zu reisen, und zwar schon in nächster Zeit. Da er von dort über Paris zurückreisen will und auch Lüders Anfang nächsten Monats nach Paris geht, so wirst Du dort mit beiden verhandeln können.

So viel ist sicher, dass Preussen wie Russland und England den lebhaften Wunsch, sogar die bestimmte Absicht haben, die direkte England-Indien-Linie zu Stande zu bringen und dass sie manche Opfer bringen werden, um die Sache durchzuführen.

Wir müssen jetzt entschiedene Schritte thun. Uns jetzt zurückzuziehen, ist wirklich gar kein Grund vorhanden. Man erwartet unsere Vorschläge und wird dann mit uns handeln. Es wäre vielleicht am besten, Du und Carl kämet her, um hier, während Lüders hier ist und auch Champain vielleicht, der nächstens eintreffen soll, die Sache mit einem Schlage zu ordnen. Jedenfalls erwarte ich schnellstens von Dir Deine Contractpropositionen. In der Form müssen wir so viel wie irgend möglich nachgeben, wenn wir in der Sache möglichst günstig gestellt werden........

Die einzige Schwierigkeit bilden die Telegraphen-Beamten in Russland. In Preussen wird man nur tüchtige Leute designiren, die wir selbst nicht so gut und billig beschaffen könnten......

Die Geldbeschaffung betreffend, so glaube ich, dass wir im Stande sein werden, sie hier zu machen. Doch wünscht Chauvin und auch wohl Russland den Hinzutritt von englischem Capital und einen englisirten Anstrich der Gesellschaft, weil man meint, dass das die Beziehungen zur englischen Regierung verbessern würde.

Die Frage ist nun, glaubst Du, dass in England das Capital, zum grössten Theil wenigstens, zu beschaffen ist? Und zwar so, dass wir sicher Bau und Remonte der Linie in der Hand behalten? Anderen Falls will ich hier mit den Vorarbeiten beginnen.

Das Wichtigste ist aber augenblicklich: Entwurf der Contrakte mit den Regierungen. Darüber erwarte ich baldigst Deine Vorschläge. Du hast doch den Carl'schen Concessions-Entwurf für Russland?......"

Von dieser Zeit an dauerten die Unterhandlungen drei Jahre lang unaufhörlich fort, und die Brüder Siemens hatten mit den nöthigen Erörterungen der immerfort aufstossenden Fragen vollauf zu thun. Zuweilen wurde Wilhelm in aller Eile nach Berlin beschieden, oder die Brüder trafen mit den Regierungsbevollmächtigten in Paris zusammen und zuweilen fanden auch Conferenzen in London statt.

Alles Dies führte zu einer ununterbrochenen Correspondenz, und zwar handelte es sich zunächst darum, über die Concessionsbedingungen zu unterhandeln, dann die Route der Linie, sowie die Constructions-Einzelheiten festzustellen und schliesslich die Art und Weise zu bestimmen, wie das Unternehmen ausgeführt werden sollte. Kurz, die ganze Arbeitslast, welche dieses Unternehmen naturgemäss mit sich brachte, hat von seinem Beginn bis zu dem Augenblicke, wo die vollendete Linie dem Verkehr übergeben wurde, vollständig auf Siemens'schen Schultern geruht.

Endlich war Alles so weit vorbereitet, dass man vom Unterhandeln zum Handeln übergehen konnte, und die Brüder setzten sofort allen ihren Einfluss in Bewegung, um eine englische Aktiengesellschaft zu bilden, welche auf privatem Wege ein Projekt zur Ausführung bringen sollte, welches die Staatsbehörden mit ihren schwerfälligen Einrichtungen nicht zu Stande gebracht hatten. Hierher gehörte die Errichtung einer neuen und unabhängigen Telegraphenlinie von einer Länge von ungefähr 2750 englischen Meilen, und zwar durch russisches und persisches Gebiet, von der preussischen Grenze bis zur persischen Hauptstadt Teheran, um auf diese Weise das bereits vorhandene deutsche Telegraphensystem (und durch letzteres auch die britischen Inseln) mit dem indischen Staatstelegraphen in der bereits beschriebenen Weise zu verbinden.

Die Compagnie wurde „The Indo-European Telegraph Company" genannt und stand in engster Verbindung mit der „Electric and International Telegraph Company". Der Prospekt wurde im April 1868 in Umlauf gesetzt, und in dem City Artikel der Times vom 16. April hiess es darüber in folgender Weise:

„Ein Prospekt ist von der Indo-European Telegraph Company veröffentlicht worden, um mit einem Anlage-Capital von £ 450 000 die projektirten Linien, für welche den Herren Siemens von der preussischen, russischen und persischen Regierung Concessionen bewilligt worden sind, zu errichten. [Hier folgen Beschreibungen des Unternehmens, Angaben der Bedingungen und Gebühren und so fort.]

Der Betrieb soll direkt und vollständig unter englischer Leitung sein. Die Concessionen werden der Compagnie von den Herren Siemens übertragen, wofür denselben ein Fünftel des Mehrgewinnes nach Abzug von zwölf Procent zugesagt ist; und dieselbe Firma hat sich anerboten, die Linie auf ihrer ganzen Strecke bis zum Ende des Jahres 1869 für die Summe von £ 400 000 zu vollenden, und deren Verwaltung und Instandhaltung für eine weitere Summe von jährlich £ 34 000 zu übernehmen.

Das Projekt beruht in allen seinen Einzelheiten offenbar auf einer durchaus soliden Basis, und das Direktorium der Compagnie ist aus praktisch erfahrenen Fachleuten zusammengesetzt. Die hohe commercielle und praktische Bedeutung dieses Unternehmens ist nicht zu verkennen. . . ."

Die eine Hälfte des erforderlichen Anlage-Kapitals war schon vor der Veröffentlichung des Prospektes und der Rest unmittelbar nachher gezeichnet worden.

Die Brüder Siemens sandten ihren Kostenanschlag für die Construktion der Linie am 27. April 1868 ein; derselbe wurde Anfangs Juni acceptirt und die Leitungen waren am 10. December 1869 vollendet.

Die vollständige, in Händen der Compagnie befindliche Telegraphenlinie von England nach Indien geht von London nach Lowestoft, von da durch ein unterseeisches Kabel nach Norderney, dann über Emden und Berlin nach Thorn an der Ostgrenze von Preussen und von da endlich schliesst sich die von den Brüdern Siemens neu errichtete Linie bis nach Teheran an, wo letztere mit dem indischen Staatstelegraphen in Verbindung tritt, welcher sich über alle Theile von Indien erstreckt.

Um der Compagnie vollständige Controlle über diese Telegraphen-Verbindung zu geben, gestattete die preussische Regierung derselben, für ihren ausschliesslichen Gebrauch und unter besonderer Verwaltung, zwei weitere Leitungsdrähte an besonderen Pfosten auf preussischem Gebiete von Norderney bis nach Thorn anzubringen. Durch diese Anordnung ist der ganze Depeschenverkehr von England nach Indien in britische Hände gekommen.

Die ganze Linie ist auf der Karte verzeichnet. Wir haben es jedoch hier lediglich mit der Strecke zu thun, welche von den Brüdern Siemens erbaut worden ist.

Dieselbe war, wie bereits angeführt worden ist, ungefähr 2750 englische Meilen lang. Sie begann an der östlichen Grenze des preussischen Königreiches und erstreckte sich über einen Theil von Polen nach Osten hin und zwar durch Alexandrowo, Warschau und Jitomir nach Odessa. Von da ging dieselbe an der Nordküste des schwarzen Meeres entlang und durch die Krim via Kertsch und Poti und durch Circassien über Tiflis bis nach Djulfa an der persischen Grenze und dann weiter über Tauris bis zu ihrer Endstation Teheran.

Auf dieser Linienstrecke befanden sich drei unterseeische Kabelverbindungen: eine von etwa ein und einer halben Meile Länge über den Dnieperfluss, eine zweite von 11 bis 12 Meilen Länge über die Kertscher Meerenge und eine dritte im schwarzen Meere im Osten der Krim zwischen Djuba und Scotcha.

Die Anlage der letzteren Kabelverbindung verlangte sehr sorgfältige Ueberlegung und hat den Brüdern Siemens viel Sorgen bereitet. In einem seiner zahlreichen und umfangreichen Briefe an Wilhelm über diesen Gegenstand, datirt vom 2. October 1867, gab Werner eine pittoreske Beschreibung der Sachlage. Er schrieb:

Kapitel VI.

„..... Du wirst Ende dieses Monats Besuch eines russischen Ingenieur-Officiers erhalten (mit meiner Karte), welcher im Auftrage der russischen Regierung die ganze schwarze Meerküste genau untersucht hat.

Demnach ist es möglich bis Anakspiga, etwa fünf Meilen nördlich von Suchum Kalais zu Lande mit Maulthieren zu gelangen, und bis dahin hält er eine Landlinie für ausführbar. Weiter keinen Schritt.

Von da ab gehen die viele tausend Fuss hohen Gebirgsrücken bis in's Meer, so dass dort schwindelnd hohe senkrechte Vorgebirge auftreten, die sich vielleicht noch ebenso tief unter die Meeresoberfläche versenken und jeder Ueberschreitung spotten! Will man aus einem Thale in's andere, so muss man ein Paar Tage reisen, landeinwärts klettern und am hohen Caucasusrücken den Uebergang suchen.

Dort in der Höhe wird ein Weg projektirt, — der uns künftig vielleicht mal nützen kann. [Die Richtigkeit dieser Annahme wird sich aus dem Späteren ergeben.]

Feststeht, dass in unmittelbarer Nähe der Küste grosse Meerestiefen vorhanden sind. Schon bei Poti, dessen Umgebung der Hafenarbeiten wegen genau untersucht ist, beobachtet man drei bis vier schroffe Terrassen-Abfälle. Die ersteren sind circa 100 Fuss hoch, die späteren weit höher. Der Ingenieur ist beschäftigt gewesen bei den Sondirungen des kaspischen Meeres. In diesen sind auch zwei grosse Tiefbecken, eins am Causasus, das andere an der persischen Küste. In letzterem soll man in der Mitte mit 6000 Faden keinen Grund gefunden haben! Er glaubt und meint, es wäre die allgemeine Ansicht der russischen Geologen und Ingenieure, dass das schwarze Meer ähnliche Verhältnisse zeigte und dass, namentlich an den Gestaden des Caucasus, sehr grosse Tiefen aufträten.

Leider muss ich sagen, dass mir dies sehr wahrscheinlich erscheint.............. die Sondirung wird eine lange und sehr beschwerliche Arbeit werden. Ihr müsst die colossalen caucasischen Formationen nicht mit bekannten Maassen messen."

Diese höchst bedenkliche Lage, in welche man sich hier versetzt sah, führte zu vielen und langen Erörterungen. Von einer Landlinie musste man absehen, einmal der Territorialverhältnisse und zwar besonders der in Werner's Briefe beschriebenen bergigen Formation dieses Länderstriches wegen, dann aber auch schon aus dem Grunde, weil die Linie durch wilde, von civilisirten Volksstämmen nicht bewohnte Distrikte hätte geleitet werden müssen; die Brüder Siemens haben auch lange

Bedenkzeit gebraucht, ehe sie sich dazu verstehen konnten, die Verantwortlichkeit für die Legung eines unterseeischen Kabels in einem solchen Meere zu übernehmen. Da jedoch die letztere Alternative immerhin die bessere zu sein schien, und nachdem noch einige Nachforschungen angestellt worden waren, beschloss Wilhelm, den sein Unternehmungsmuth niemals im Stiche liess, den Versuch zu machen, und zwar sollte die Kabellegung unter seiner eigenen persönlichen Leitung ausgeführt werden.

Die auf diese Weise zu verbindende Strecke war 92 englische Seemeilen lang und das dafür bestimmte Kabel hatte drei besondere Leiter der gewöhnlichen Art. Die Küstenenden waren mit einer aus verzinkten Eisendrähten bestehenden Schutzhülle versehen und darüber noch mit getheertem Jutehanfe hekleidet, während das Tiefseekabel mit einer biegsamen Umhüllung von Kupferblechstreifen ausgerüstet war, um gegen Angriffe der Bohrschnecken sowie gegen Einfressen des Salzwassers vollständig geschützt zu sein.

Nachdem das Kabel fertig war, verliess Wilhelm am 24. Mai 1869, wie gewöhnlich in Begleitung seiner Gemahlin, London. Nachdem dieselben einige Tage in Berlin angenehm verbracht hatten, reisten sie durch Wien die Donau hinunter nach Pest, von da nach Rustschuk und Varna und per Dampfer über das schwarze Meer nach Konstantinopel. Von hier schrieb Wilhelm am 17. Juni:

„Ich erwarte das Kabelschiff am Sonnabend und beabsichtige am nächsten Montag abzusegeln. Konstantinopel hat, wie ich höre, in Bezug auf Reinlichkeit, bedeutende Fortschritte gemacht und gefällt uns sehr gut; wir sind jedoch heute der frischen Luft wegen und weil uns dort angenehme Gesellschaft erwartet, nach Therapia übergesiedelt. Der englische Botschafter, Sir Henry Elliott und seine Gemahlin sind sehr liebenswürdige Leute und zeigen lebhaftes Interesse für unsere Kabelexpedition. Gestern speisten Carl und ich mit Halel Pascha à la Turque, was für uns höchst amüsant und eine ganz gewaltig in die Länge gezogene Geschichte war. Meine Frau lässt Euch herzlichst grüssen und mittheilen, dass sie sich ausserordentlich wohl und munter befinde, was auch auf mich zutrifft."

Sie verblieben vierzehn Tage in Konstantinopel, um einige Geschäftsangelegenheiten zu besorgen und die Ankunft des Kabelschiffes „Hull" zu erwarten. Am 21. Juni begaben sie sich an Bord dieses Schiffes und hatten während der ersten vier Tage eine angenehme Ueberfahrt. Als sie sich jedoch ihrem Landungsplatze Poti bis auf kurze Entfernung genähert hatten, wurden sie von einem der schrecklichen Schwarzen-Meeres-Stürme überrascht und erst, nachdem sie mehrere Stunden lang auf dem Meere hin und her geschleudert worden waren und durch die hohe See viel gelitten hatten, gelang es ihnen endlich zu landen, indem sie die gefährliche Strecke bis ans Ufer in einem Schleppdampfer zurücklegten. Lady Siemens giebt in ihrem Tagebuche eine graphische Beschreibung des „Gott verlassenen Ortes," wie sie ihn nennt, „dessen Hauptbewohner Frösche von enormer Grösse und Mosquiten seien." Sie war dort gefährlich krank, genas jedoch bald wiederum unter der sorgsamen und liebevollen Pflege ihres Gatten.

Nachdem man nunmehr in der Nähe der Stelle angekommen war, wo das Kabel gelegt werden sollte, und die dazu nöthigen Vorbereitungen getroffen hatte, wurde die Legung sofort begonnen, und Wilhelm hatte die Genugthuung, deren glückliche Vollendung am 14. Juli nach London berichten zu können.

Nachdem Alles soweit zur Zufriedenheit abgelaufen war, begaben sich Wilhelm und seine Frau in Begleitung von Carl und seinem Sohne wiederum an Bord ihres Schiffes und fuhren von Kertsch nach Yalta, wo sie ans Land stiegen, um von dort zur Erholung einen Abstecher durch Livadia, Orianda und Aloupka (der Residenz des Prinzen Woronzoff) und dann weiter durch das Baidarthal über Inkermann und Balaclava nach Sebastopol zu machen, welches damals noch vollständig in Trümmern lag. Von Sebastopol fuhren sie nach Odessa und begaben sich von da nach Galatz, wo sie ein nach Wien bestimmtes Schiff bestiegen. Am 26. Juli befanden sie sich in Berlin und langten am 9. August wohl und munter in London an.

Die Abwechselung und das Reizvolle der Reise hatte Frau Siemens sehr wohlgethan, denn nach ihrer Rückkehr zur Heimath schrieb ihr Gatte:

„Anna's Gesundheit hat sich merklich gebessert; sie ist jedoch in Folge der grossen Hitze und der Strapazen, welche sie auf unserer Orient-Reise hat aushalten müssen, noch sehr dünn."

Aufblühen des Geschäftes.

Der Landtelegraph war auf dieser ganzen Strecke auf eisernen Pfosten mit besonders construirten Isolatoren für ausnahmsweise dicken Draht errichtet und überhaupt mit allen neuesten Verbesserungen der Telegraphenbaukunst ausgerüstet, um einen erfolgreichen Depeschenbetrieb zu ermöglichen.

Der Bau der Linie war mit grossen Schwierigkeiten verknüpft, einmal in Folge der natürlichen und territorialen Hindernisse, hauptsächlich aber desshalb, weil die Linie durch ein verkehrsarmes und zum Theil unwegsames Gebiet führte, welches streckenweise nur von halbwilden Völkerstämmen bewohnt war.

Zunächst war es durchaus keine so leichte Aufgabe, die nöthigen Apparate u. s. w. an Ort und Stelle zu schaffen. Die Materialien für den persischen Theil der Linie, bestehend aus 11000 Eisenpfosten, 33400 Isolatoren und 900 Meilen Drahtes von bedeutendem Querschnitt wurden zunächst nach Petersburg verschifft und von da auf der Newa und Wolga nach Astrachan transportirt, um daselbst zum zweiten Male, und zwar über das caspische Meer nach Lenkoran, Astara und Rescht, den nördlichen Häfen von Persien, verschifft zu werden. An diesen Hafenplätzen fand man dann wiederum seine Schwierigkeiten, die erforderliche Anzahl von Lastthieren zu beschaffen, um die Materialien in der vorgeschriebenen Zeit auf die verschiedenen Strecken im Innern des Landes zu vertheilen.

Und nachdem die Materialien an Ort und Stelle gebracht waren, stellten sich deren Errichtung wieder neue und unvorhergesehene Hindernisse in den Weg. Die an Gesetz und Ordnung noch wenig gewöhnten Circassier trieben sich häufig bewaffnet im Lande umher und suchten dann wohl ihren Zeitvertreib darin, nach den Isolatoren zu schiessen, die Pfosten umzuwerfen und die Leitungsdrähte zu beschädigen; — und so lange es nicht gelungen war, denselben ein besseres Verständniss beizubringen, waren Arbeiter und Aufseher oft gezwungen, unter dem Schutz einer russischen Militärescorte zu reisen und zu arbeiten.

Dann traten wieder eigenthümliche Schwierigkeiten ein, welche durch die grosse Kälte im Winter, in Verbindung mit dem ganz besonders hohen Feuchtigkeitsgehalte der Luft herbeigeführt wurden. Zuweilen waren nämlich die Drähte von vollständigen Eishüllen umgeben, die bis zur Stärke von mehreren

Zollen anwuchsen und entweder die Drähte durch ihr Gewicht niederdrückten oder in einzelne Stücke auseinander barsten und dann gleich einer gewaltigen Perlenschnur zwischen den Pfosten hingen. Hieraus ergab sich die Nothwendigkeit, überall da, wo die klimatischen Verhältnisse das Auftreten von Reifeis wahrscheinlich machten, entweder extrastarke Drähte oder eine grössere Anzahl von Pfosten anzuwenden.

Dazu kamen aber noch andere Uebelstände. Zu gewissen Zeiten während des Linienbaues war eine grosse Anzahl der Leute durch Krankheit und besonders durch Fieber arbeitsunfähig geworden, dem auch einer der besten der den dortigen Linienbau leitenden deutschen Ingenieure zum Opfer fiel. Dann kamen auch manche Streitigkeiten mit den Eingeborenen vor, welche zuweilen nicht ohne Blutvergiessen abliefen; — so wurde z. B. ein treuer eingeborener Diener auf den gänzlich unbegründeten Verdacht hin, auf einen der Dorfbewohner geschossen zu haben, nach dem in dortigem Lande sehr rasch arbeitenden Gesetze ohne Weiteres verurtheilt und geköpft.

Jedoch der Takt und der gute Wille der leitenden Beamten half ihnen über alle diese Schwierigkeiten hinweg, die man in der That häufig nur von der unterhaltenden Seite betrachtete. So schrieb z. B. einer der dem in Persien stationirten Stabe zugetheilten Ingenieure im Februar 1869 an Wilhelm wie folgt:

„Der Bau von Caswien aus hat mir sehr viel Spass gemacht, obgleich wir einige Male ziemlich tief im Drecke steckten. Wir sind aber alle gesund davon gekommen und das ist ja die Hauptsache. Bei derselben Gelegenheit haben wir auch reiten gelernt, nicht gerade zum Vortheile für unsere Beinkleider. Denn als ich hier ankam, konnte ich dieses unglückliche Kleidungsstück in drei Stücken ausziehen . . .

Wir haben aber alle mehr gelacht bei der Geschichte als uns beklagt. Eines Tages standen wir mit den Arbeitern im Schnee und warteten auf Material. Die Arbeiter froren und jammerten. Da zeigten wir ihnen, wie man Schneebälle macht, theilten sie in zwei Haufen nnd lieferten eine grosse Schlacht, bis der Tscherwadar kam mit dem Material.

In den Dörfern hatten die Leute einen ganz gehörigen Respekt vor uns, brachten uns Geschenke, die wir theuer bezahlen mussten, wollten nicht arbeiten, bis wir sie prügelten, und suchten uns auf alle mögliche Weise zu betrügen. Jetzt haben wir alle eine nette Meinung über die Perser bekommen, was Aufrichtigkeit anbelangt . . . . Es heisst immer: „Morgen", und morgen hat man vergessen, was man heute versprochen hat . . . .

Gestern ritten H. und ich aus mit vielen Europäern, um Hasen zu jagen. Bei dieser Gelegenheit ist H. dreissig Fuss unter die Erde gefallen und mit einem blauen Auge davon gekommen. — Die Perser machen nämlich ihre Wasserleitungen so, dass sie Löcher, etwa drei bis vier Fuss im Durchmesser in die Erde graben. Diese Löcher sind so tief gemacht, dass unten Wasser darin ist, und liegen in einer Linie; schliesslich gräbt man von einem Loche nach dem nächsten einen Tunnel und der Canal ist fertig. In solch ein Loch fiel H. hinein, ohne sich weiter zu beschädigen; nur hat er ein blaues Auge heute. Jedenfalls ist hier in Persien die beste Gelegenheit, alles Mögliche kennen zu lernen, und ich freue mich sehr, dass ich hierher gekommen bin."

Gegen Ende Oktober war der Linienbau soweit vorgeschritten, dass Sprechversuche direkt mit London gemacht werden konnten, und gegen Ende des Jahres 1869 war, wie bereits erwähnt, der Contract, was die darin übernommenen Arbeiten im Wesentlichen anbelangt, erfüllt.

Allgemeine telegraphische Arbeiten. — Während dieser zehn Jahre hat sich Wilhelm verschiedene Verbesserungen in den Einzelheiten elektrischer Apparate patentiren lassen, von welchen viele bei den Arbeiten der Firma zur praktischen Verwerthung gekommen sind. Ferner hielt er vor der „Royal United Service Institution" zwei wichtige Vorträge über Tiefseetelegraphen, den einen am 23. Juni 1865, den anderen am 5. März des folgenden Jahres. Im Jahre 1867 legte er der British Association die Beschreibung eines neuen Apparates zum Messen des elektrischen Widerstandes vor, welcher der Einfachheit und Billigkeit seiner Construktion, der Leichtigkeit seiner Behandlung, sowie seiner leichten Transportirbarkeit wegen und besonders auch aus dem Grunde, weil er von ungeschulten und unerfahrenen Telegraphenbeamten mit der erforderlichen Genauigkeit benutzt werden konnte, von ganz bedeutendem praktischem Werthe war.

Magneto-elektrische Ströme. — Im Jahre 1867 traten die beiden Brüder mit einer höchst wichtigen wissenschaftlichen Erfindung auf dem Gebiete des Elektromagnetismus vor die

Oeffentlichkeit, nämlich mit der Erzeugung von kräftigen Strömen ohne Hülfe von permanentem Magnetismus. Da jedoch diese Erfindung sowohl in Bezug auf ihre Natur als auch auf die daraus erwachsenden Resultate unzertrennbar mit der dynamoelektrischen Maschine in Verbindung steht, welche erst einige Jahre später zu ihrer vollen Entwicklung gebracht worden ist, so dürfte es angemessen sein, die ausführlichere Behandlung dieses Gegenstandes für das nächste Kapitel aufzubewahren.

Häusliches Leben.

Wie bereits im vorigen Kapitel mitgetheilt worden ist, wählte Wilhelm seinen ersten Wohnsitz nach seiner Vermählung in Twickenham. Hier lebte er einige Jahre sehr glücklich. Er war stets ein grosser Freund des Landlebens gewesen und wusste daher die angenehme natürliche Frische und Ruhe seines ländlichen Daheims gründlich zu würdigen und zu geniessen. Freunde waren dort stets willkommen und wurden von den jungen Gatten ohne Umstände in ihrem kleinen Familienkreise aufgenommen.

Ihr Hauptvergnügen bestand im Reisen. Für Wilhelm war in der That ein häufiger Wechsel seiner Umgebung beinahe zur Nothwendigkeit geworden. Seine Geschäfts-Verbindungen und sein Beruf riefen ihn oft von Hause weg, aber er wusste gewöhnlich auf Reisen neben dem Geschäfte auch der Erholung Rechnung zu tragen und nahm stets eifrig und freudig die Gelegenheit wahr, den schwarzen Rauch der Schornsteine und das geschäftige Getöse der Telegraphenfabrik mit den schönen und friedlichen Landschaften und den abwechselnden Scenerieen der freien Natur zu vertauschen.

Im August 1860 machte er in Begleitung seiner Gemahlin und ihrer Schwester eine Vergnügungstour nach Deutschland. Am 3. September wohnten Werner und Wilhelm einer grossen Versammlung in Koburg bei, die die Förderung der deutschen Einheitsbestrebungen zum Zwecke hatte; sie trafen dann in Kösen mit den Damen wiederum zusammen, höchst begeistert von dem Erfolge der Bewegung, deren Abzeichen, das „Schwarz-rothgoldene" Band sie offen zur Schau trugen. Am 17. begaben sie sich von dort nach Dresden, um Hans Siemens zu besuchen und seine Glaswerke zu besichtigen, wo damals der neue Regenerativ-Gasofen im Begriffe war, eine so bedeutende und erfolgreiche Umwälzung hervorzurufen.

Im August 1862 unternahm er zur Erholung eine längere Rundreise mit seiner Gattin durch Deutschland und Oesterreich. Trier erregte sein besonderes Interesse, denn er hatte damals noch keine römischen Alterthümer in Italien selbst gesehen. Wien wurde ebenfalls besucht und von da ging es in einer herrlichen Fahrt nach Baden bei Wien und mit der wundervollen Semmeringbahn nach Steiermark. Hier besichtigte er das bedeutende Stahlhüttenwerk von Meyer und legte natürlich grosses Interesse für die dort angewendeten Verfahren an den Tag. Von dort kehrten sie über Salzburg und das Salzkammergut, Dresden und Berlin nach Hause zurück.

Gegen Mitte des Jahres 1862 fand er sich genöthigt, seinen Wohnsitz nach London zu verlegen. Sein Geschäft hatte bereits eine so bedeutende Ausdehnung gewonnen, dass der durch das Hin- und Hergehen zwischen seiner Wohnung und seinem Geschäftslokal verursachte Zeitverlust ernstlich in Betracht gezogen werden musste. Ausserdem ging er gerade damals mit dem Plane zur Errichtung der bedeutenden Telegraphenbauanstalt bei Woolwich um, einem Orte, welcher von London aus gerade in entgegengesetzter Richtung wie sein derzeitiger Wohnsitz lag. Dazu kam ferner noch, dass seine Pflichten als Mitglied so vieler Vereine, seine wissenschaftlichen Beschäftigungen und seine gesellschaftlichen Verpflichtungen ihn allmählich so überhäuften, dass er die grosse Entfernung von London besonders auch in dieser Beziehung hinderlich fand. Es hat ihm gewiss viel Ueberwindung gekostet, sein reizend gelegenes Landhaus in Twickenham, wo er so manche vergnügte Stunde in ländlicher Ruhe und Zurückgezogenheit verlebt hatte, aufzugeben; — doch die geschäftlichen Rücksichten waren überwiegend; und er hoffte sich in Zukunft durch häufigere und weiter ausgedehnte Vergnügungstouren für diesen Verlust schadlos zu halten.

Er wählte daher ein Haus, die „Aubrey Lodge" genannt auf Campden Hill, dem höchst gelegenen Punkte im Westen von London, und ungefähr in Wurfweite von Holland Park entfernt.

Kapitel VI.

Es war dies wohl, was frische Luft und ländliches Aussehen anbelangt, der am günstigsten gelegene Ort, der sich durch eine nicht zu lange Fahrt von seinem Geschäftslokale aus erreichen liess. Hier wohnte er bis zum Jahre 1870, und die Vortheile dieser Wohnungsänderung machten sich für ihn sehr bald bemerkbar, indem er darin nicht nur für die persönliche Abwicklung seiner Geschäfte eine Erleichterung fand, sondern auch in den Stand versetzt wurde, sich manchen gesellschaftlichen Genuss zu gestatten, auf den er früher, der grossen Entfernung von London wegen, hatte verzichten müssen.

Gegen Ende dieser Periode fing er an, seinen gastfreundschaftlichen Neigungen mehr nachzugeben, indem er von Zeit zu Zeit, wie die Gelegenheit es gerade mit sich brachte, Gesellschaften veranstaltete, wozu so viele Gäste geladen wurden, als die Räumlichkeiten seines Hauses gestatteten. Dieselben waren überaus lebhaft und interessant: Wissenschaft, Kunst und Literatur und die verschiedensten Nationalitäten waren dort vertreten und verliehen diesen Festlichkeiten hohen Glanz; und es ist wohl kaum nöthig zu bemerken, dass er bei allen diesen Gelegenheiten in seiner Gemahlin eine ganz hervorragende Stütze und würdige Vertreterin gefunden hat.

Die Zeit, welche Wilhelm durch das Wegfallen seiner früheren täglichen Eisenbahnfahrten zwischen seiner Wohnung und seinem Geschäfte gewonnen hatte, machte es ihm möglich, den Umfang seiner Studien und Beschäftigungen weiter auszudehnen. Er fing an, auch der literarischen Thätigkeit eine grössere Aufmerksamkeit zu widmen. Schon im Jahre 1851 hatte er die ersten Versuche gemacht, wissenschaftliche und technische Abhandlungen über Gegenstände, mit welchen er gerade beschäftigt war, in englischer Sprache abzufassen, und verschiedene erfolgreiche Bemühungen dieser Art sind bereits in den vorigen Kapiteln erwähnt worden. Jetzt trat er mit einer grösseren Auswahl literarischer Arbeiten vor die wissenschaftliche Welt, und legte seine Abhandlungen in verfeinertem Style und besserer Form den höheren wissenschaftlichen Kreisen vor. Während des Jahrzehntes, welches dieses Kapitel umfasst, hat Wilhelm nicht weniger als zweiundzwanzig wissenschaftliche Abhandlungen

Aufblühen des Geschäftes.

verfasst, welche alle eine sehr günstige Aufnahme gefunden haben und auf das Bereitwilligste von den Vereinen, welchen sie vorgelegt wurden, veröffentlicht worden sind. Viele davon sind bereits an einer anderen Stelle in diesem Kapitel vermerkt worden.

In einigen Fällen wurden dieselben, von den dazu bestellten Sekretären der Gesellschaften öffentlich vor der Versammlung verlesen; gewöhnlich zog er es jedoch vor, dieselben selbst vorzulesen; denn er war doch etwas stolz auf die gründlichere Kenntniss, welche er sich bereits von der englischen Sprache erworben hatte und bedachte sich daher keinen Augenblick, wenn sich eine Gelegenheit dazu darbot, von derselben Gebrauch zu machen.

Neben diesen Abhandlungen wurde Wilhelm auch häufig veranlasst, Vorträge und gelegentliche Ansprachen vor kleineren Vereinen, Schulen und anderen derartigen Instituten zu halten, die er zum Theil verlesen und zum Theil aus dem Stegreife gehalten hat. Viele davon, welche bei seinen Zuhörern gewiss den grössten Beifall fanden, hat er zur Aufbewahrung nicht bedeutend genug befunden. So hat er z. B. am 15. April 1861 auf das Ansuchen des Dr. Mortimer, des damaligen Direktors der „City of London"-Schule hin, den Schülern eine Vorlesung gehalten. Etwas Näheres ist darüber nicht erhalten worden, nicht einmal das Thema dieses Vortrages kennt man; jedoch heisst es in einem zu der Zeit geschriebenen Memorandum, dass die Schüler über die ihnen bei dieser Gelegenheit vorgeführten Experimente hocherfreut gewesen wären.

Ueber die so unglücklich abgelaufenen Kabel-Expeditionen nach dem mittelländischen Meere in den Jahren 1863 und 1864 ist bereits an der richtigen Stelle berichtet worden.

Im Frühjahr 1866 beschloss Wilhelm, einen Wunsch in Erfüllung zu bringen, welchen er schon längere Zeit gehegt hatte, nämlich Italien zu sehen. Er verliess daher London mit seiner Gemahlin im April; von Marseille fuhren sie die Riviera entlang, deren gründliche Besichtigung zehn Tage in Anspruch nahm; von Genua reisten sie dann nach Pisa und Florenz und von dort nach Padua, Ferrara und Venedig, von wo sie über Triest, Wien, Prag und Dresden nach Berlin zurückkehrten. Hier trafen fünf der Brüder Siemens: nämlich Werner, Wilhelm, Friedrich, Carl und Walter zusammen, und die grossartigen Pläne, die bei dieser Zusammenkunft zu Tage traten, waren, der Aussage eines Ohrenzeugen gemäss, geradezu erstaunlich anzuhören!

In der zweiten Hälfte des Jahres war Wilhelm jedoch durch eine höchst unerfreuliche Veranlassung gezwungen, für einige Zeit der Ruhe zu pflegen. In der Nacht des 26. Juli wurde er nämlich plötzlich gefährlich krank; und obgleich rasch und richtig angewendete Heilmittel ihn einigermassen wieder herstellten, wurde er doch auf den Rath seines Arztes hin sofort nach Bonchurch auf der Insel Wight gesandt, wo man eine hübsche kleine Villa auf einen Monat für ihn gemiethet hatte, während welcher Zeit ihm weder das Lesen noch das Schreiben gestattet war. Dieser aufgedrungenen Ruhezeit hat er oft als einer höchst angenehmen gedacht; er sagte, das wären schöne und bequeme Zeiten für ihn gewesen, als seine Frau das Lesen und Schreiben für ihn besorgt habe, und er fügte noch hinzu, dass er zuweilen gefunden habe, er könne ihr das Denken für sich ebenso anvertrauen.

Am 11. August schrieb Werner an ihn:

„Deine Mittheilung über Dein Unwohlsein hat mich recht erschreckt. Die Ruhe und Seeluft werden hoffentlich die alte Frische bald wieder herstellen, doch musst Du Dich künftig mehr schonen und in Acht nehmen vor zu grosser Aufregung und Anstrengung. Vor ungefähr sechs Jahren, also etwa in Deinem Alter, fing auch bei mir das Oberstübchen an „aufzumucken", wie der Berliner sagt! Seit der Zeit muss ich meinen Kopf schonen und fühle trotzdem eine wesentliche Abnahme meiner Arbeits- und Geisteskraft. Man muss sich mit den Jahren einschränken! . . ."

Nach seiner Heimkehr blieb Wilhelm ein bis zwei Wochen in London; es wurde ihm jedoch angerathen, zur Vollendung seiner Genesung noch eine Tour nach Schottland zu unternehmen, und diese hat ihn so vollständig wieder hergestellt, dass er mit einem ganzen Vorrathe von neuen ehrgeizigen Ideen und Plänen nach Hause zurückkehrte.

Das Weihnachtsfest 1866/67 verbrachte er in Berlin, wo er mit seinem Bruder Carl aus Petersburg und dessen Frau und mit seinem Bruder Walter aus dem Caucasus zusammentraf. Hierauf stattete er seiner in Lübeck verheiratheten Schwester einen Besuch ab, wobei es ihm ein ganz besonderes Vergnügen gewährte, seiner Gemahlin die Plätze zu zeigen, wo er als Knabe seine Schultage verlebt hatte.

Im März 1867 starb sein Bruder Hans. Wilhelm begab sich sofort nach Dresden, um dem Begräbnisse beizuwohnen und um mit seiner Familie über die Fortbetreibung des dortigen bedeutenden Glashüttenwerkes, welchem der Verstorbene vorgestanden hatte, zu berathen. Das Resultat war, dass Friedrich die Leitung dieses Geschäftes übernahm, welche seitdem auch in seinen Händen geblieben ist.

In der Mitte des Jahres, zur Zeit der grossen Weltausstellung, war er häufig in Paris. Der 30. Juni war der Tag, an welchem Napoleon die „Grands Prix" eigenhändig vertheilte, ein Fest, das mit allem éclat in Scene gesetzt wurde.

Um die Mitte des Jahres 1868 hatte er den frühzeitigen Tod seines Bruders Walter, des deutschen Consuls in Tiflis und Agenten des indo-europäischen Telegraphen in Persien, zu betrauern. Im Herbste, nachdem er den Versammlungen der British Association beigewohnt hatte, beschloss er, eine grössere Erholungsreise nach der Schweiz zu machen. Nachdem er seinen, damals am Genfersee wohnenden Schwager besucht hatte, begab er sich nach Chamouni und bestieg mit zwei Führern die Grands Mulets, einen Halteplatz auf der Hälfte des Weges bis zur Spitze des Mont Blanc, wobei ihn seine Gemahlin bis zum „Pierre pointue" begleitete. Er selbst machte den Aufstieg über die Gletscher mit seiner gewöhnlichen Energie und Hartnäckigkeit; da er jedoch an das steile Klettern über die rauhen Gebirge nicht gewohnt war, spürte er die Folgen der Ueberanstrengung und Strapazen noch längere Zeit nachher. Die Reise wurde sodann per Wagen und Maulthier über den Tête noire nach Martigny fortgesetzt, und von da nach Leukerbad, dann weiter über den Gemmipass durch das Kanderthal nach Thun, Bern und Paris; und am 23. September langte er glücklich in seiner Heimath wieder an.

Die lange Expedition nach dem schwarzen Meere zur Legung des indo-europäischen Kabels im Jahre 1869 ist bereits früher beschrieben worden.

Kapitel VII.

Fernere Entwicklung des Geschäftes.

Vom 47. bis zum 56. Lebensjahre.

1870 bis 1879.

Wilhelms Stellung. — Wärme und Metallurgie. — Die Stahl-Fabrikation. — Ausgezeichnete Qualität des Stahles. — Lieferung an die englische Admiralität. — Stahlproduktion direkt aus dem Erze. — Elektrische Telegraphen. — Die chinesischen Kabel. — Der indo-europäische Telegraph. — Verzögerung durch unvorhergesehene Zufälle und Erdbeben. — Der Schah von Persien. — Das direkte atlantische Kabel. — Das Kabelschiff: „Faraday". — Unfälle bei der Legung. — Das brasilianische Kabel. — Der Untergang des Kabelschiffes „La Plata". — Die vom Handels-Ministerium angestellte Untersuchung. — Das französisch-atlantische Kabel. — Die dynamo-elektrische Maschine. — Geschichtliches. — Die Siemens'schen Entdeckungen und Erfindungen. — Elektrische Beleuchtung. — Elektrische Kraftübertragung. — Das elektrische Pyrometer. — Das Bathometer und das Attraktionsmeter. — Das Tiefsee-Photometer. — Schiffspanzerung. — Wissenschaftliche Gesellschaften, Vorträge und Antrittsreden. — Häusliches Leben. — Doktortitel der Oxforder Universität. — Landsitz in Tunbridge Wells. — Telegraphen-Conferenz.

Wenn man Wilhelms Stellung im Anfange dieser Periode im Allgemeinen betrachtet, so wird man finden, dass die Resultate seiner zehnjährigen praktischen Thätigkeit seit seiner Vermählung und Naturalisirung für ihn ausserordentlich günstige gewesen sind.

Der Erfolg der grossen Erfindung auf dem Gebiete der Wärme, der Regenerativ-Gasofen, hatte selbst seine sanguinischsten Hoffnungen noch bei Weitem übertroffen; derselbe hatte ihm nicht nur einen grossen Ruf in der ganzen Welt erworben, sondern war auch von selbst eine Quelle des Reichthums für ihn geworden. Ferner versprach seine jüngste Erfindung, die Stahlfabrikation, für die Zukunft grosse Resultate. Die neuen Verfahren, welche von ihm selbst erfunden und mit seiner bekannten Genialität und Ausdauer ausgearbeitet worden waren, hatten zur Genüge ihren grossen Werth für die Oekonomie der englischen Industrie bewiesen; — und das Werk, welches er zur Ausbeutung dieses Verfahrens vor wenigen Monaten in Betrieb gesetzt hatte, bot zum Mindesten günstige Aussichten dar, wenn dieselben sich späterhin auch nicht verwirklicht haben.

Das Telegraphen-Geschäft war ebenfalls im Flor. Eine grosse Fabrik war mit Erfolg erbaut und in Betrieb gesetzt worden, in welcher viele und einträgliche Telegraphenarbeiten ausgeführt wurden, und welche die Uebernahme von sehr bedeutenden Contrakten ermöglichte. Einige von diesen letzteren waren allerdings ihrer Natur nach mit grossem Risiko verknüpft; das erste Kabelunternehmen war missglückt und andere schlimmere Unfälle und Verluste standen bevor; — aber der Bau des indo-europäischen Telegraphen hatte der Welt gezeigt, dass die Besitzer und Leiter der Charltoner Telegraphenbauanstalt die richtigen Männer dafür seien, grossartige Werke zu unternehmen und alle ihnen dabei in den Weg tretenden Hindernisse mit Energie zu bekämpfen, und es war daher trotz der Verluste und Unfälle nicht zu befürchten, dass den Händen der Firma bedeutendere Contrakte durch Mangel an Vertrauen entgehen würden.

Ausserdem bot diese Branche der Ingenieurkunst, deren Entwicklung und Betreibung diese neue Fabrik sich zur Hauptaufgabe gewählt hatte, gerade damals ein besonders fruchtbares und ergiebiges Wirkungsfeld dar. Die praktische Verwendung der Elektricität für industrielle Zwecke war verhältnissmässig noch etwas Neues und entwickelte sich in rasch zunehmendem Maasse. Die Möglichkeit, auf telegraphischem Wege momentane Correspondenz über die weitesten Meere zu pflegen, war zur unbestreitbaren Thatsache geworden; neue wichtige Erfindungen wuchsen unaufhörlich wie Pilze aus der Erde, während andere von noch weitgehenderer Bedeutung bereits in der Perspektive sichtbar wurden, und Niemand, der auf mässige wissenschaftliche Kenntniss oder auf einigen kaufmännischen Blick Anspruch machte, konnte auch nur einen Augenblick darüber im Zweifel sein, dass der praktischen Nutzbarmachung dieser Quelle mechanischer Energie eine grosse Zukunft sich eröffnen würde. Und es lag wohl auch auf der Hand, dass, wenn diese Zukunft kam, den Brüdern Siemens: — Männern, welche nicht allein in jeder Beziehung vollständig auf dem Gebiete der wissenschaftlichen Elektricitätslehre zu Hause waren, sondern auch wahrscheinlich mehr als irgend Jemand anders für die praktische Nutzbarmachung derselben gethan hatten — auch ihr gebührender voller Antheil an der Ernte zufallen müsse, welche aus dieser praktischen Fruchtbarmachung erwachsen würde.

Zudem erfreute sich Wilhelm schon damals eines hohen persönlichen Rufes. Vor Jahren bereits waren ihm alle die gewöhnlichen technischen Grade zuerkannt worden, welche seine wissenschaftlichen und Berufs-Fähigkeiten beglaubigten; jetzt hatte er sich zu einer Stellung emporgeschwungen, die ihn unter seinen Standesgenossen ganz besonders hervortreten liess. Er hatte praktisch bewiesen, wie vollständig er die Wissenschaften, mit denen er zu thun hatte, bemeisterte; — und seine Anschauungen und sein Urtheil verlangten Achtung und Beachtung. Die hervorragendsten Männer der Wissenschaft zählte er zu seinen Freunden, und im Kreise seiner Kollegen wurde ihm volle Bewunderung und alle gebührende Achtung gezollt.

Wilhelm hatte daher alle Ursache, mit seiner Stellung zufrieden zu sein, und, wie er im Jahre 1860 einen neuen Abschnitt seines Lebens damit begann, dass er sich mit verjüngter und vermehrter Kraft auf seine am meisten Erfolg verheissenden Beschäftigungen warf, so beschloss er auch nun im Jahre 1870, nachdem er sich einen Namen und ein reichliches Auskommen gesichert hatte, sich Beides zu Nutzen zu machen.

Und das hat er auf zweierlei Weise gethan. Zunächst nahm er sich vor, das Leben in Zukunft mehr zu geniessen, indem er seinen gesellschaftlichen und persönlichen Neigungen grösseren Spielraum gab: — theils dadurch, dass er sich selbst öfter in Gesellschaften begab, — theils durch häufigere Bewirthung seiner

Freunde und Bekannten in grösserer Anzahl und in einer seinen Mitteln entsprechenden Weise, — und theils auch dadurch, dass er für seine höchsten Genüsse, dem Leben auf dem Lande und dem Reisen in der Fremde, sich mehr Zeit vergönnte, als er dies vorher zu thun vermochte.

Dann ferner beschloss er, insofern Vortheil aus seiner verbesserten Stellung zu ziehen, dass er mehr Zeit und Aufmerksamkeit solchen Gegenständen widmete, welche, wenngleich weniger einträglich, doch seiner höheren geistigen Richtung mehr entsprachen. Er wünschte, die wissenschaftliche Seite seiner Berufsthätigkeit mehr zu cultiviren, bereits bestehende wissenschaftliche Verfahren zu studiren oder neue Erfindungen durch theoretische Betrachtung zu erdenken. Und damit im Zusammenhange ergab er sich auch mehr seinen literarischen Studien; er schrieb Abhandlungen, hielt Vorträge, wohnte vielen Versammlungen wissenschaftlicher Vereine bei und nahm thätigen Antheil an denselben u. s. w. Für solche Beschäftigungen hatte er stets eine grosse Vorliebe gehabt, aber seine unerbittlichen geschäftlichen Pflichten und Obliegenheiten hatten ihn bisher daran gehindert, denselben nach Belieben nachzugehen.

Es darf jedoch hieraus keineswegs geschlossen werden, dass Wilhelm deshalb jemals sein Geschäft oder seine praktischen Arbeiten vernachlässigt hätte, noch darf man den Werth des persönlichen Antheils, den er daran genommen, unterschätzen. Er hatte in der That immer noch vollauf zu thun und that es mit grosser Gewissenhaftigkeit. Da ihm aber jetzt durchaus fähige und zuverlässige Mitarbeiter und Gehülfen zur Seite standen, so war die Last seiner persönlichen Inanspruchnahme nicht mehr so drückend wie vorher.

Ueber Krisen im Handelsgeschäfte war Wilhelm immer noch nicht hinweg und es war ihm vorbehalten, einige harte Schicksalsschläge zu erleiden. Doch hat ihn seine erprobte Geduld und Ausdauer nicht verlassen, und in edler Weise hat er auch diese Prüfungen bestanden.

Die Hauptgegenstände, welchen Wilhelm während dieses Jahrzehntes seine Aufmerksamkeit gewidmet hat, und die hier genauer behandelt zu werden verdienen, waren: die weitere Entwicklung der Stahlfabrikation und andere metallurgische Verwendungen des Regenerativ-Gasofens, — elektrische Telegraphie, einschliesslich der unterseeischen Kabelleitungen von grossartigem Umfange, — sowie die Verwendung von kräftigen elektrischen Strömen für Beleuchtungs- und andere Zwecke. Hieran reihen sich jetzt noch unter besonderer Rubrik seine verschiedenartigen Erfindungen wissenschaftlicher Natur und ferner seine Beziehungen zu den wissenschaftlichen Gesellschaften; seine Vorträge, Antrittsreden und seine sonstigen literarischen Arbeiten.

Diese zehn Jahre umfassen die wirksamste Periode seines Lebens; sie schliesst den grössten und mannigfaltigsten Theil seiner wichtigen Unternehmungen ein; sie ist besonders reich an höchst erregenden Ereignissen, und der Bericht darüber nimmt daher nothwendiger Weise einen bedeutenden Raum in Wilhelm's Lebensbeschreibung ein.

Wärme und Metallurgie.

Die Stahlfabrikation.

Im letzten Kapitel haben wir das Nöthige mitgetheilt über den Ursprung und den Fortschritt der Siemens'schen Erfindungen in Bezug auf die Stahlfabrikation, welche schliesslich zur Anlage des Stahlhüttenwerkes der „Siemens' Steel Company" in Landore behufs Betreibung der Siemens'schen Verfahren geführt hatten. Im Anfange der gegenwärtigen Periode war dieses Hüttenwerk gerade in Betrieb gesetzt worden, so dass Wilhelm's Zeit dadurch vielfach in Anspruch genommen wurde.

Die Qualität des dort producirten Stahles war gut und die Nachfrage nach ihm daher im Zunehmen begriffen. Im Juli 1870 kamen neben den Gussstücken und dem Schmiedestahl wöchentlich mehr als 100 Tonnen Stahlschienen zur Versendung, und im August 1871 waren die Werke voll beschäftigt und hatten Bestellungen noch für lange Zeit im Voraus. Es war daher alle Veranlassung zur Erweiterung des Etablissements gegeben, zu welchem Zwecke ein sehr günstig gelegenes Stück Land angekauft und auf demselben ein neues Werk nach bedeutend erweitertem Plane angelegt wurde, welches nicht allein alle Vorrichtungen zur Stahlfabrikation, sondern auch Gebläseöfen zum

Eisenschmelzen umfasste; ausserdem erwarb die Compagnie auch einige Kohlenzechen, von welchen sie ihren eigenen Kohlenbedarf bezog.

Es ist wohl kaum nöthig zu bemerken, dass Wilhelm Alles aufbot, um dieses Hüttenwerk so vollkommen wie möglich zu machen und daselbst nicht nur die besten Resultate seiner bereits gesammelten Erfahrungen zu verwerthen, sondern auch jede Verbesserung, welche sein erfinderischer Geist erdenken konnte, einzuführen. Geld wurde bei der Errichtung der Gebäude sowie überhaupt der ganzen Anlage nicht gespart, und im Jahre 1873 producirte das Landore Hüttenwerk wöchentlich einige 1000 Tonnen Stahl und hatte den Ruhm nach den Stahlwerken von Krupp, der Barrow Company und einer bedeutenden Sheffielder Firma die bedeutendste Stahlfabrik der Welt zu sein.

Siemens begnügte sich jedoch keineswegs damit, eine sehr bedeutende Quantität Stahl zu fabriciren; es war ihm vor Allem darum zu thun, durch die Vorzüglichkeit der Qualität seines Produktes sich einen besonderen Ruf zu erwerben. Es war einigen anderen der neueren Stahlfabrikations-Verfahren zum Vorwurf gemacht worden, dass, obgleich sie im Stande wären, Stahl in grossen Quantitäten und zu einem mässigen Preise zu produciren, und trotzdem gelegentlich auch wirklich sehr gute Stahlproben auf diese Weise gewonnen würden, auf die durchschnittliche Qualität des Stahles doch nicht genug Verlass wäre, um es wagen zu dürfen, ihn für solche Zwecke zu verwenden, wo gleichmässig gute und zuverlässige Eigenschaften des Fabrikates eine absolute Nothwendigkeit wären.

Einer dieser Fälle war der Gebrauch von Stahl für den Schiffsbau. Den Schiffsbaumeistern war die Benutzung des neuen Metalls für Eisenbahnschienen an Stelle der Eisenschienen, für Maschinentheile sowie für andere wichtige Zwecke wohl bekannt. Es war zudem klar erwiesen, dass guter Stahl viel stärker sei als Eisen von derselben Dicke, und als ein Mittel, Gewicht zu ersparen, war der Gebrauch von Stahl natürlich sehr verlockend. Aus diesem Grunde waren auch Versuche gemacht worden, um den Stahl zum Schiffsbau zu verwenden; man stiess dabei jedoch auf Schwierigkeiten in Bezug auf die Zuverlässigkeit der Qualität, und die gebieterische Nothwendigkeit einer absoluten Sicherheit beeinträchtigte natürlich die praktische Verwendbarkeit dieses Metalles.

Der Kauffahrteischifffahrt, welche durch Loyd's Vorschriften gebunden ist, war es gelungen, bei Verwendung von Stahl unter strengen Bedingungen einige Concessionen hinsichtlich der Dimensionen zu erhalten; die englische Regierung aber, welche der grösseren Gefahren der Kriegsschiffe wegen auch grössere Vorsicht anwenden zu müssen glaubte, konnte sich zu einem ähnlichen Schritte noch nicht entschliessen. Im Jahre 1864 stellte die Admiralität in Chatham Dockyard eine Reihe eingehender Versuche mit Stahl an, und die dabei erzielten Resultate waren in der That höchst merkwürdig. Das Material zeigte, als es brach, eine um ein Drittel grössere Festigkeit als Eisen; indessen zeigte es eine gewisse Unregelmässigkeit im Brechen, was die Gefahr und Unsicherheit bewies, welcher aus diesem Material erbaute Schiffe ausgesetzt sein würden.

Jahre vergingen und die Unsicherheit blieb immer noch dieselbe. Die französischen Schiffsbaumeister hatten weniger Bedenken als die englischen und wandten Bessemer-Stahl beim Bau ihrer Kriegsschiffe an; jedoch war diese Verwendung mit so übertriebenen Vorsichtsmaassregeln verknüpft, dass die englische Admiralität sich weigerte, durch Nachahmung derselben sich in ähnlicher Weise die Hände binden zu lassen.

So war die Sachlage, als im Jahre 1875 Mr. (jetzt Sir) Nathaniel Barnaby, C. B., Schiffsbaudirektor der Königlich Englischen Marine, vor der Institution of Naval Architects eine Abhandlung über Eisen und Stahl für Schiffsbauzwecke verlas, an deren Schlusse er bemerkte:

„Die Unzuverlässigkeit und trügerischen Eigenschaften des Bessemer-Stahles in der Gestalt von Schiffs- und Dampfkesselplatten sind der Art, dass es aller der Sorgfalt bedarf, welche auf die Fabrikation beim L'Orient verwendet worden ist, um Fehlprodukte zu vermeiden. Die Frage, welche wir den Stahlfabrikanten vorzulegen haben, würde daher die sein: Welche Aussichten sind vorhanden, um ein Metall zu gewinnen, welches ohne so überaus vorsichtige Behandlung bei der Fabrikation und ohne soviel Furcht und Zittern verwendet werden kann? Seit Jahren haben wir Eisenplatten verwendet, welche ein Gemisch von unreinen, unter den Walzen unvollkommen zusammengeschweissten

Eisensorten von verschiedenen und unbekannten Qualitäten sind. Wir gebrauchen einen in vollkommenster Weise zusammengeschmolzenen Sturz- oder Flussstahl mit einem ganz bestimmten Kohlengehalte, dessen Form die Walzen nur zu ändern haben, um Platten mit ebenso gleichförmigen und genau bestimmten Eigenschaften wie diejenigen des Kupfers und des Geschützmetalles herzustellen, und zur Erlangung eines solchen Produktes können wir uns natürlich nur an den Fabrikanten halten.

Ich bin für meine Person bereit noch weiter zu gehen als die französischen Ingenieure und das ganze Schiff mit Bodenplatten und überhaupt in allen seinen Theilen aus Stahl zu erbauen; aber ich weiss, dass ein solches Unternehmen augenblicklich noch unendlich viel Mühe und Sorgfalt beansprucht. Wir sollten, was diesen Punkt anbelangt, nicht hinter anderen Ländern zurückbleiben, und es soll gewiss nicht meine Schuld sein, wenn es trotzdem so ist . . . ."

Diese Herausforderung war an Wilhelm keineswegs unbeachtet vorübergegangen. Sein Hauptstreben war, wie bereits erwähnt, schon seit längerer Zeit auf Vorzüglichkeit in der Qualität seines Produktes gerichtet, und er hatte dabei ohne Zweifel vornehmlich Schiffsbauzwecke im Auge gehabt. Für diesen Zweck, sei es nun für Platten oder für Barren, war ein weiches Material mit nur ganz geringem Kohlengehalt erforderlich, oder, wie es technisch bezeichnet wurde, ein Produkt „mild" in seiner chemischen Zusammensetzung, welches die mechanischen Eigenschaften einer hohen Zugfestigkeit mit grosser Streckbarkeit verband, und welches vor Allem vollständig gleichförmig und zuverlässig war.

Er nahm daher die Sache mit vermehrter Energie und Entschlossenheit in die Hand; er führte eine Reihe von Experimenten aus, die mehrere Monate in Anspruch nahmen, und hauptsächlich die Herstellung von Platten und anderen zum Schiffsbau erforderlichen Formen betrafen, und es gelang ihm, solche in der gewünschten Qualität zu produciren. Hierauf suchten die Repräsentanten des Landore Hüttenwerkes eine Zusammenkunft mit Herrn Barnaby nach und erklärten ihm ihre Bereitwilligkeit, seine Herausforderung anzunehmen.

Nachdem die englische Admiralität ihre Vorschläge wohl in Erwägung gezogen hatte und noch einige Monate mit der Prüfung von Stahlproben, die die bedeutendsten Stahlfabriken des Landes geliefert hatten, verflossen waren, wurde zwischen der Admiralität und der Landore Compagnie ein Contract abgeschlossen, wonach die letztere die Lieferung der Platten, Winkelstücke und Träger, welche für den Bau zweier armirter, auf der Pembroker Werft zu erbauender Schnelldampfer, Iris und Mercur, erforderlich waren, übernahm.

Diese Schiffe unterschieden sich von den gewöhnlichen, mit schweren Eisenplatten gepanzerten Schiffen in wichtigen Punkten, da es bei ihnen ganz besonders auf Leichtigkeit und Schnelligkeit abgesehen war. Zur Erreichung dieses Zweckes hatte man naturgemäss die Verwendung von Stahl in's Auge gefasst, und Herr Barnaby nahm daher Wilhelm's Anerbieten bereitwilligst an. Jeder der beiden Dampfer war 300 Fuſs lang und 46 Fuſs breit, mit einem Displacement von 3735 Tonnen.

Der Stahl wurde geliefert und der strengsten Prüfung unterworfen, deren Resultat den erforderlichen Bedingungen in der befriedigendsten Weise entsprach. Ein vollständiger Bericht über diese Prüfung ist von Herrn Riley, dem technischen Leiter des Landore Werkes, am 7. April 1876 vor der „Institution of Naval Architects" in einer Abhandlung: „Ueber Stahl in seiner Verwendung zum Schiffsbau, wie er für die Königliche Marine geliefert worden ist", erstattet worden.

Bei einer späteren Gelegenheit (Bericht vom 15. Juni 1882) sagt Herr Barnaby über diesen Bau:

„Die aus Mängeln sich ergebenden Schwierigkeiten, die Sorge und Mühe, welche die Untersuchung der Inspektoren-Berichte im Gefolge hatte, veranlassten uns, bei den Lords um die Ermächtigung nachzusuchen, die Iris und den Mercur aus einem Stahl von einer auf dem englischen Markte noch unbekannten Qualität, den uns jedoch Dr. Siemens genau unseren Anforderungen entsprechend zu liefern sich erboten hatte, erbauen zu dürfen."

Das Landore Hüttenwerk erlangte bald einen grossen Ruf und wurde häufig von interessirten Personen besucht, wie z. B. von den Mitgliedern der wissenschaftlichen und technischen Vereine, welche zuweilen in grösserer Anzahl die Fabrik besichtigten. Wilhelm empfing solche Gäste immer in der zuvorkommendsten Weise und zeigte ihnen Alles, was zu sehen war. Im Jahre 1876, während die Bestellungen für die Admiralitätsschiffe dort in Arbeit waren, stattete auch der Vertreter der Zeitschrift „Engineer" dem Werke einen Besuch ab, in Folge dessen Beschreibungen des letzteren in den vom 23. und 30. Juni sowie vom 7. Juli datirten Nummern dieses Journals erschienen, auf welche wir hier verweisen wollen, weil sie eine allgemeine Idee von der Grofsartigkeit der dortigen Anlagen geben.

Wir sind nun leider auch gezwungen, die Schattenseite des Bildes vorzuführen. Trotz ihres Renommés und trotz der reichlich einlaufenden Bestellungen, befand sich nämlich die Landore Compagnie vom commerciellen Standpunkte aus betrachtet, doch keineswegs in günstigen Verhältnissen. Zur Vergrösserung und Ausdehnung des Werkes war man durch die allgemeine Anerkennung der Vorzüglichkeit des Fabrikates und durch den günstigen Stand des Eisenmarktes während der ersten Jahre seines Bestehens ermuthigt worden. In späteren Jahren jedoch gingen die Marktpreise so enorm herunter und die Verwaltung des Hüttenwerks bot so bedeutende Schwierigkeiten, wozu noch andere unglückliche Ursachen hinzutraten, dass die Anlagen im Werthe bedeutend sanken, und die Aktionäre und vor allen Siemens selbst (welcher persönlich jedes Opfer brachte, um das Werk im Betriebe zu erhalten) sich grosse Verluste gefallen lassen mussten.

Es muss jedoch billigerweise hinzugefügt werden, dass dies bedauernswerthe Resultat in keiner Weise etwa einem Fehlschlagen der Fabrikationsweise zuzuschreiben war. Die Qualität des Produktes dieses Werkes hat sich stets auf derselben Höhe erhalten und der daselbst verfertigte Stahl hat auf dem Markte seinen Ruf nach wie vor behauptet. Er wurde von den besten Firmen bezogen und zu den wichtigsten Zwecken verwendet.

Das Siemens'sche und Siemens-Martin'sche Verfahren hat heutzutage allgemeine Anwendung gefunden und das darnach producirte Metall hat sich als ausgezeichnet erwiesen.

Wilhelm schätzte die Quantität des nach diesen Verfahren bis Ende 1882 producirten Stahles auf ungefähr vier Millionen Tonnen; heute wird in Grossbritannien allein jährlich fast eine Million Tonnen fabricirt.

Erzeugung von Schmiede-Eisen und Stahl direkt aus den Erzen.

Als Wilhelm zuerst sein Verfahren der Stahlbereitung erfand, war er sich auch sogleich über die Möglichkeit weiterer Verbesserungen klar. Bei seiner eigenen Methode bildete das Produkt des Hochofens, gleichviel ob es in Gestalt von Roh- oder Puddeleisen oder in beiden zur Anwendung kam, die Hauptbasis. Er sprach es jedoch als seine Ueberzeugung aus, dass die direkte Gewinnung von Schmiede-Eisen und Stahl aus den Erzen schliesslich ausführbar werden würde, und er richtete daher einen grossen Theil seiner Aufmerksamkeit auf diese Aufgabe, welche in der That vorher schon einer der Hauptversuchsgegenstände des im letzten Kapitel erwähnten Birminghamer Probirstahlwerkes gewesen war.

Im Jahre 1866 stand er mit einem Mr. Henderson aus Glasgow in Unterhandlung, um Versuche über die Reduktion gewisser Erze anzustellen; im September desselben Jahres nahm er ein Patent und entwarf einen seinen Plänen entsprechenden Ofen für Mr. Henderson.

In das Stahlfabrikations-Patent vom August 1867 wurde dieser Gegenstand ebenfalls mit aufgenommen, und im Anfange des Jahres 1868 hatte er einen neuen Ofen zur weiteren Verfolgung dieses Zweckes in Birmingham errichtet.

In seinem Vortrage vor der Chemical Society im Jahre 1868 gab er einige ausführliche Erklärungen über seine Absichten. Nachdem er zuvor den Roheisen-Process beschrieben hatte, fuhr er fort:

„Es würde unbillig sein zu erwarten, dass man Stahl von wirklich vorzüglicher Qualität aus solchen Stoffen gewinnen könne, welche bereits im Hochofen verunreinigt worden sind, und ich erwarte mit grösster Bestimmtheit, dass es mir gelingen wird, Gussstahl in besserer Qualität und zu einem billigen Preise direkt aus einer besseren Klasse von Erzen zu fabriciren. Meine nach dieser Richtung hin veranstalteten Experimente erstrecken sich über einen Zeitraum von mehreren Jahren, und im verflossenen Jahre sandte ich einige aus Rotheisenstein gewonnene Stahlbarren auf die französische Austellung, welche in der Kirkaldy'schen Maschine eine strenge Prüfung gut überstanden haben ..."

Er beschrieb dann den von ihm construirten Ofen in etwas ausführlicherer Weise.

Späterhin änderte er jedoch seine Pläne, weil die erzielten Resultate nicht befriedigend genug waren. In den Jahren 1868 und 1869 nahm er fernere Patente auf verschiedene neue Verfahren zur Erreichung seines Zweckes, unter welchen vor allen Dingen eines zu vermerken ist, bei welchem ein rotirender Cylinder, selbstredend wiederum in Verbindung mit dem Siemens'schen Ofen, der bei allen diesen metallurgischen Operationen eine hervorragende Rolle spielte, in Anwendung kam. Er hoffte grosse Dinge mit diesem Verfahren in dem Landore Werke zu Stande zu bringen, wie aus einem Briefe, welchen er im September 1868 geschrieben hat, hervorgeht. Er sagte:

„Was auch immer vorgehen mag, der Erzprocess darf unter keinen Umständen irgend etwas Anderem nachstehen; denn Stahl aus dem Erze muss das Cheval de Bataille der neuen Compagnie sein ....."

Mit diesem Ziele vor Augen, wurden Experimente in dem Landore Werke angestellt, wo ein rotirender Ofen errichtet worden war; da es sich jedoch herausstellte, dass solche Versuche ohne Störung der dortigen Geschäftseinrichtungen nicht zur Zufriedenheit ausgeführt werden konnten, so beschloss er, dieselben in seinem alten Birminghamer Probirstahlwerke wieder aufzunehmen. Diese Experimente wurden sofort in Angriff genommen und zwar unter Leitung eines seiner Verwandten, des Herrn Alexander Siemens, welcher einige Jahre vorher als Eleve bei Wilhelm eingetreten war. Im März war das Verfahren in vollem Gange und viele Gäste kamen von Landore und anderen Orten, um den Ofen im Betrieb zu sehen. Im April wurden einige Probestücke nebst einem Modelle des neuen Ofens zur Ausstellung nach London und desgleichen Probeprodukte nach Wien geschickt. Die Versuche in Birmingham wurden mit grösserer oder geringerer Unterbrechung bis zum Frühjahr 1874 fortgesetzt.

Unterdessen hatte Wilhelm im Jahre 1873 den Gegenstand vor zwei bedeutenden Gesellschaften, nämlich in einem zweiten, vor der Chemical Society am 20. März gehaltenen Vortrage sowie in einer dem Iron and Steel Institute am 20. April eingereichten Abhandlung wieder in ausgezeichneter Weise zur Sprache gebracht. Er beschrieb zwei verschiedene Verfahren zur Erreichung seines Zweckes, das eine vermittelst einer stationären, das andere mit Hülfe einer rotirenden Ofenkammer, und zwar das erstere hauptsächlich da anwendbar, wo verhältnissmässig reiche Erze zur Behandlung kamen, dies letztere für ärmere Roh-Metalle.

Die dem Iron and Steel Institute vorgelegte Abhandlung erregte grosses Interesse und es erfolgte eine Diskussion über den darin behandelten Gegenstand, welche geraume Zeit in Anspruch nahm. Es betheiligten sich an ihr viele der besten Autoritäten in der Eisen-Industrie, welche alle die grosse Wichtigkeit des Gegenstandes zugaben und Wilhelm's Arbeiten die höchste Anerkennung zollten. Auch nach diesem Verfahren hergestellte Probestahlstücke von sehr vorzüglicher Beschaffenheit wurden der Versammlung vorgezeigt.

Durch diesen Erfolg im Kleinen ermuthigt, wagte Wilhelm jetzt auch einige grössere Versuche, von welchen der hauptsächlichste in Towcester, im Eisen-Industrie-Bezirk von Northamptonshire, ausgeführt wurde. Es wurden daselbst drei rotirende Oefen aufgestellt und die erzielten Resultate in einer zweiten, am 17. September 1877 vor dem Iron and Steel Institute in Newcastle-on-Tyne gelesenen Abhandlung mit grosser Ausführlichkeit beschrieben.

Die Resultate bewiesen die Möglichkeit, Eisen und Stahl von sehr hoher Qualität durch den direkten Process aus Erzen, wie sie damals auf den Markt kamen, zu produciren, dagegen blieb noch immer die Frage, auf wie hoch sich die Kosten dieser Umwandlung belaufen würden. Die in Towcester ausgeführten Versuchsarbeiten waren nach Wilhelm's Ansicht nicht vollständig genug, um diese Frage zu entscheiden.

An Wilhelm's Abhandlung schloss sich eine lange Diskussion, an welcher sich viele hervorragende Metallurgen und praktische Eisen-Industrielle betheiligten. Das Parlaments-Mitglied, Mr. Bell, F. R. S., (jetzt Sir Isaac Lowthian Bell, Bart.) bemerkte dabei:

„Was die Abhandlung von Dr. Siemens betrifft, so ist es, ganz abgesehen von allen commerciellen Resultaten, unmöglich, den Werth solcher Untersuchungen, durch die sich Herr Siemens in jüngster Zeit ausgezeichnet hat, zu überschätzen; denn ob dieselben nun zu einem financiellen Erfolge führen oder nicht, so darf man doch nicht verkennen, dass bei der Verfolgung derartiger Versuche die wirkliche Kenntniss über den Gegenstand stets mehr und mehr bereichert wird, und Dank der Klarheit uud Offenheit des Berichterstatters darf das Institut stets darauf rechnen, dass, so weit es in seinen Kräften steht, eine wirklich wahrheitsgetreue Darlegung der bei seinen Versuchen auftretenden Erscheinungen sowie der damit erzielten Resultate zur Vorlage kommen."

Später wiederum am 12. November 1878 schrieb Mr. Bell an Wilhelm:

„Ich bin damit beschäftigt, die verschiedenen Verfahren der Eisenfabrikation und unter anderen auch das unter dem Namen „Direktes" bekannte einer Untersuchung zu unterwerfen. Ich habe Ihre beiden Abhandlungen über Ihre eigenen Arbeiten nach dieser Richtung hin nochmals durchgelesen und die von Ihnen erzielten Resultate mit dem, was ich von Clay, Chenot und Blair kennen gelernt habe, verglichen. Ich muss gestehen, aus wohl erwägten Gründen, dass ich dabei auf Sachen gestossen bin, welche sehr gründlich studirt sein wollen, um sie widerlegen zu können, obgleich ich, wie Sie wissen, ein gewisses instinktives Gefühl habe, dass es schwer fallen wird, den Hochofen zu verdrängen . . . ."

Wilhelm hat der Lösung dieser Aufgabe viele Jahre angestrengter Thätigkeit gewidmet und viele Erfindungen gemacht, die darauf hinzielen. In der That war die Metallurgie des Stahls und Eisens vielleicht das fruchtbarste Feld seiner Erfindungen, wenn man bedenkt, dass vom Jahre 1863 bis zum Jahre 1881 nicht weniger als 27 Patente erschienen sind, welche speciell über diesen Gegenstand handeln, neben vielen anderen für Oefen und Heizvorrichtungen.

Doch Mr. Bell's Instinkt hat ihn nicht getäuscht; denn trotz aller dieser Erfindungen dürfte sich wohl kaum in Abrede stellen lassen, dass die direkten Eisen- und Stahl-Bereitungsverfahren eigentlich niemals aus dem Versuchs-Stadium herausgetreten sind, und was schliesslich die Endresultate gewesen sein würden, wenn der Erfinder derselben am Leben geblieben wäre, kann immerhin heutzutage nichts weiter als der Gegenstand von Vermuthungen sein.

Elektrische Telegraphen.

Während der zehn Jahre, welche dieses Kapitel umfasst, war die Fabrik in Charlton besonders thätig. Im Jahre 1869 war beschlossen worden, dass Carl Siemens, dessen Gemahlin unterdessen gestorben war, nach London kommen solle, um persönlichen Antheil an der Leitung der geschäftlichen Angelegenheiten der Firma, in welcher er einen grossen Theil seines Vermögens angelegt hatte, zu nehmen. Die Contrakte nahmen an Zahl und Umfang immer mehr zu, und auf Carl's dringendes Anrathen hin wurden die Fabriksgebäulichkeiten von Zeit zu Zeit bedeutend vergrössert.

Die Firma führte viele Telegraphenarbeiten der gewöhnlichen Art aus, welche hier nicht weiter aufgeführt zu werden brauchen; einige der grösseren Unternehmungen jedoch dürfen wegen des Antheiles, welchen Wilhelm daran genommen hat, nicht übergangen werden.

Der indo-europäische Telegraph.

Im verflossenen Kapitel ist mitgetheilt worden, dass diese Telegraphenlinie dem Contrakte gemäss gegen Ende des Jahres 1869 im Wesentlichen vollendet war. Es waren jedoch noch einige fernere Einrichtungen zu treffen, ehe dieselbe dem öffentlichen Verkehre übergeben werden konnte, und mittlerweile traten einige Unfälle ein, welche die officielle Eröffnung der Linie noch weiter hinausschoben. Die Umstände, welche diesen Verzug verursacht haben, verdienen hier erwähnt zu werden, da sie uns einen Begriff von den Schwierigkeiten geben, mit welchen man zu kämpfen hatte. Wir legen dabei die seiner Zeit darüber erstatteten Inspektoren-Berichte zu Grunde.

Die Instandhaltung einer längeren Telegraphenlinie während der ersten zwölf Monate ihres Bestehens ist stets eine mit manchen Schwierigkeiten und Enttäuschungen verknüpfte Aufgabe. Die Leitungsdrähte, mögen sie noch so vorsichtig gezogen und ausgewählt sein, fangen an, verborgene Mängel zu verrathen; die Pfosten geben nach, wo der Boden unzuverlässig ist, die Isolatoren werden in Gegenden, wo der Telegraph noch eine unbekannte Einrichtung ist, gar oft muthwillig zerstört. Derartige Schwierigkeiten waren in diesem Falle ganz besonders zu erwarten, und man hatte sich auch dagegen vorgesehen, indem eine bedeutende Anzahl von Linienarbeitern und Controlleuren zur Bewachung und Instandhaltung der Linie angestellt worden waren.

Dann traten aber auch noch andere Störungen auf, welchen nicht so leicht vorzubeugen war. Im Anfange des Jahres 1870, unmittelbar nach der Vollendung der Arbeiten, trat in Persien und im südlichen Russland ein ausserordentlich ungünstiges Wetter ein, welches mit Regen und Eis und starkem Schneefalle begann, gefolgt von so intensiver Kälte, dass das Thermometer zuweilen bis auf 21° C. unter den Gefrierpunkt sank. Infolge dieser grossen Kälte wurden daher die Leitungsdrähte, welche überdies mit einer dicken Eiskruste belastet waren, straff gespannt und brachen an spröden Stellen oder mangelhaften Verbindungen.

Solche Brüche hätten aber immer noch nichts wesentliches zu bedeuten gehabt, wenn nicht andere Übelstände hinzugetreten wären. Im Osten von Russland, wo diese Unterbrechung auftrat, hatte man es den Contrahenten zur Bedingung gemacht, eine besondere Art von Isolatoren zu verwenden, welche zwar für europäische Linien im Allgemeinen gut waren, sich dagegen für sehr rauhe klimatische Verhältnisse und von uncivilisirten Völkerschaften bewohnte Gegenden nicht eigneten, da sie den Schnee ansammelten, wodurch die Isolation verdorben wurde, und überdies zu leicht durch Steine, welche von den Landeseinwohnern muthwillig danach geworfen wurden, zerstört wurden. Diese Isolatoren mussten abgenommen und durch passendere ersetzt werden.

Im Frühjahre, nachdem die Witterung milder geworden, war die Linie wieder in Ordnung, und nach einigen Vorversuchen wurde Anfangs April die direkte Telegraphenverbindung zwischen London und Teheran, eine Entfernung von 3700 englischen Meilen, als eröffnet erklärt. Am 12. desselben Monats wurde die Schnelligkeit und Leistungsfähigkeit des telegraphischen Betriebes von einer Anzahl Herren, die bei dem Unternehmen interessirt waren, im Beisein Wilhelm's einer Prüfung unterzogen.

Auf dieser Linie war das Siemens'sche Relais-System zur Anwendung gebracht worden. Mit Hülfe von fünf solcher Relais' konnten Depeschen direkt über diese enorme Strecke (etwa ein Siebentel des ganzen Erdumfanges) ohne Handtransmission auf einer der Zwischenstationen gesandt werden. Major Smith vom indischen Staatstelegraphen in Teheran telegraphirte: „Wie spät ist es?", worauf man ihm von London aus antwortete: „Elf Uhr fünfzig Minuten. Wie spät haben Sie es?" Teheran erwiederte: „So genau wie möglich. Drei Uhr sieben und zwanzig Minuten Nachmittags."

General Sir W. Baker, K. C. B., Mitglied des indischen Direktoriums, welcher zugegen war, um den direkten Depeschenverkehr mit Indien zu prüfen, sandte darauf um 12 Uhr 45 Minuten Nachmittags die folgende Depesche:

„Sir William Baker an Colonel Robinson, Calcutta. Hocherfreut über Arbeit der indo-europäischen Linie direkt durch nach Indien."

Die Antwort aus Calcutta kam um 1 Uhr 50 Minuten:

„Calcutta 7 Uhr 7 Minuten Nachmittags. Betriebsdirektor an Sir William Baker, London. Dank für Ihre in 28 Minuten erhaltene Depesche. Werde weiter senden an Colonel Robinson."

Andere Depeschen wurden mit gleichem Erfolge gesandt.

Nachdem diese Probe so zufriedenstellend ausgefallen war, wurden die nöthigen Vorbereitungen getroffen, um die Linie dem öffentlichen Verkehre zu übergeben. Ein oder zwei Monate mussten immerhin noch über der Verbesserung und Regulirung der Einzelheiten des Telegraphendienstes vergehen. Da, als beinahe Alles in Ordnung war, ereignete sich am 7. Juli ein ganz unvorhergesehener unglücklicher Zwischenfall, nämlich die Zerstörung der Landlinien in Georgien und der Kabellinie im schwarzen Meer in Folge eines Erdbebens! Die Landlinien wurden niedergeworfen und die Leitungsdrähte an vielen Stellen zerrissen; jedoch war dies das Schlimmste nicht, und hätte dieser Schaden bald wieder reparirt werden können. Das grösste Übel war vielmehr die Beschädigung des unterseeischen Kabels nahe bei der Ostküste der Krim. Dasselbe befand sich in ausgezeichnetem Betriebszustande, bis das Erdbeben sich ereignete, wodurch es an zwei Stellen zerrissen wurde.

Ein mit allen nöthigen Vorrichtungen ausgerüsteter Dampfer wurde sofort nach Kertsch gesandt; jedoch stellte sich beim Versuche, das Kabel zu heben, heraus, dass dasselbe an einer Stelle mit Erde bedeckt war, was sich nur dadurch erklären liess, dass ein unterseeischer Erdrutsch stattgefunden haben musste. So viel war offenbar, dass zur Reparatur der Linie mehr Reservekabel, als sich an Bord befand, erforderlich sein würde, und es war unmöglich, eine neue Kabellieferung von England aus ohne grossen Zeitverlust zu erhalten.

Inzwischen waren die Bedenken gegen Errichtung einer Landlinie durch Anlage einer Küstenstrasse unter russischer

Controlle, wodurch auch die Umgegend weit sicherer geworden war, beseitigt worden. Nachdem man alle Umstände sorgfältigst erwogen hatte, kam man zu dem Entschlusse, das Kabel aufzugeben und an dessen Stelle eine Landlinie längs der Küste herzustellen, welche in Folge des freundlichen Entgegenkommens der russischen Regierung gegen Ende des Jahres vollendet war. Depeschen konnten am 1. Januar 1871 wiederum durch die Linie in ihrer ganzen Länge gesandt werden, und der öffentliche Verkehr begann am 31. desselben Monates.

Es ist wohl kaum nöthig zu bemerken, dass diese unglücklichen Ereignisse, welche nicht nur Enttäuschung und Verzögerung mit sich brachten, sondern auch zu erheblichen pecuniären Verlusten Veranlassung zu geben drohten, Wilhelm Siemens während des ganzen Jahres 1870 recht viele Sorgen bereitet haben. Doch wie schon so oft bei früheren ähnlichen Schicksalsschlägen, so hat er auch in diesem Falle wiederum ruhig fortgefahren zu arbeiten, zu hoffen und sich auf seine eigene Ausdauer sowie auf die Energie seiner ausgezeichneten und getreuen Mitarbeiter, welche in allen Ländern, durch welche die Linie führte, thätig waren, zu verlassen.

Seit ihrer Eröffnung hat die Linie regelmässig und gut gearbeitet, und obgleich zeitweilige Störungen unvermeidlich sind, besonders im südlichen Russland, wo die Linie heftigen Stürmen und im Winter der Massenansammlung von Eis an den Leitungsdrähten ausgesetzt ist, so sind dieselben gewöhnlich doch nur von kurzer Dauer gewesen. Beiläufig mag noch hinzugefügt werden, dass die Indo-European-Company in commercieller Hinsicht bis dato eine der erfolgreichsten aller Telegraphenunternehmungen gewesen ist.

Die Eigenthümer der Linie haben die Verdienste der Gebrüder Siemens in Bezug auf dieses Unternehmen stets in gebührender Weise geschätzt. Ganz abgesehen von dem erfolgreichen Bau einer Linie von so bedeutender Ausdehnung Angesichts so ausserordentlicher Schwierigkeiten, war man sich durchaus bewusst, dass die Ehre, die Idee zuerst gefasst zu haben, wie auch der Überführung derselben in die Praxis zum grossen Theil den Gebrüdern Siemens gebühre. Sie waren zweifelsohne die Hauptagenten, als es sich darum handelte, die Zustimmung der verschiedenen Regierungen zu erhalten, sowie auch eine Einigkeit unter den anderen Parteien zu erzielen, welche für die Sache gewonnen oder mit denen Verhandlungen angeknüpft werden mussten. Die Ausarbeitung dieser Abmachungen, wobei es galt, alle Parteien zufrieden zu stellen und nebenbei auch ein leidliches geschäftliches Resultat für die Compagnie zu erzielen, blieb von Anfang bis zu Ende den Brüdern Siemens überlassen.

Alles dies erforderte diplomatischen Takt von keineswegs geringem Grade; hierüber hat sich einer der Hauptdirektoren der Compagnie dem Verfasser dieser Lebensbeschreibung gegenüber in folgender Weise ausgesprochen:

„Ich habe stets diese Telegraphenlinie für eines der bedeutendsten Werke gehalten, und ich muss sehr bezweifeln, dass das Unternehmen jemals von irgend einer anderen Partei als den Herren Siemens zu einem so erfolgreichen Abschlusse gebracht worden wäre . . . . . ."

Gelegentlich des Besuches, welchen der Schah von Persien im Jahre 1873 in England abstattete, wurden die von demselben in London bewohnten Räumlichkeiten durch den indo-europäischen Telegraphen mit seinem eigenen Palaste in Teheran in direkte Verbindung gesetzt. In der Nacht, wo er ankam, war das Erste, was er that, dass er das Zimmer, in welchem der Apparat aufgestellt war, besuchte, und in Berathung mit seinem Grossvezier sofort mit Teheran telegraphisch correspondirte. Wilhelm Siemens, der bei dieser Gelegenheit zugegen war, hatte die Ehre, dem Schah vorgestellt zu werden, welcher sich lange Zeit mit ihm unterhielt und sich in der Nähe des Apparates niedergelassen hatte; — ausserordentlich interessirt, sah er, wie ein Satz nach dem anderen, direkt aus seiner Hauptstadt telegraphirt, vor seinen Augen empfangen und von seinem Grossvezier für ihn umgeschrieben wurde. Der Schah wusste Wilhelm nicht genug Artigkeiten zu sagen über die grossen Dinge, welche seine Compagnie zu Stande gebracht habe. Der Telegraph wurde während des dortigen Aufenthaltes des Schahs nicht wenig von ihm in Anspruch genommen. Lange chiffrirte Telegramme über Staatsangelegenheiten wurden täglich durch den Telegraph befördert, neben einer ausserordentlich grossen

Anzahl von Depeschen in französischer Sprache über häusliche Angelegenheiten, deren Inhalt zur Genüge dargethan hat, dass Familienanhänglichkeit bei den Persern eben so gut zu Hause ist, wie bei anderen Menschen, und einen ferneren Beweis dafür lieferte, wenn es überhaupt noch eines derartigen Beweises bedürfte, dass die menschliche Natur überall auf dem ganzen Erdboden schliesslich doch so ziemlich dieselbe ist.

Der Schah hat die Bemühungen Wilhelm's in seinem Interesse nicht vergessen, und seine Complimente waren nicht nur blosse Förmlichkeit; denn nach seiner Rückkehr nach Persien erhielt derselbe folgenden Brief, welcher einen passenden Abschluss zu unserer Geschichte des indo-europäischen Telegraphen bilden dürfte:

„Legation de S. M. I. Le Schah de Perse,
à Londres, le 15. Octobre, 1875.
Monsieur,

J'ai l'honneur de vous informer que Sa Majesté Impérial le Schah, mon Auguste Maître, a daigné vous nommer Officier de son Ordre Impérial du Lion et Soleil.

En vous communiquant cet avis officiel, je suis heureux de pouvoir vous exprimer mes félicitations sincères ainsi qui mes sentiments très distingués.

à Monsieur le Dr. C. W. Siemens . . ."   Malcolm.

Direktes atlantisches Kabel.

Im Anfange des Jahres 1873 unternahm die Firma ihre erste grössere unterseeische Arbeit, nämlich die Construktion und Legung eines Kabels über den atlantischen Ocean.

Dieses Kabel war für die „Direct United States Telegraph Company" bestimmt. Der Prospekt der Compagnie war im März 1873 ausgegeben worden. Das Anlage-Kapital betrug 26 Millionen Mark. Als Zweck der Gesellschaft wurde angeführt: „die Herstellung einer direkten und unabhängigen Telegraphen-Verbindung zwischen dem Vereinigten Königreich von Grossbritannien und Irland und den Vereinigen Staaten von Nordamerika". Wilhelm Siemens wurde zum „Consulting Director" und Herr General von Chauvin zum Betriebs-Direktor und Elektriker der Compagnie ernannt.

Die Linie sollte 3060 Seemeilen lang werden und sich von Ballinskellig Bai in Irland bis nach Torbay in Neuschottland erstrecken, um von da ebenfalls durch unterseeische Kabel nach Rye Beach in New Hampshire weitergeführt zu werden, wo sie sich dann an die amerikanischen Landlinien anschloss.

Die Telegraphenlinie wurde die „Direkte" genannt, weil sie die erste war, welche von Grossbritannien aus eine direkte unterseeische Verbindung mit den Vereinigten Staaten herstellte; alle früheren Kabel endeten auf canadischem Gebiete und gingen von dort zu Lande nach den Vereinigten Staaten. Das dazu erforderliche Kabel musste daher auch von grösserer Länge und von grösserer Leitungsfähigkeit als alle früher gelegten Kabel sein.

Das Tiefseekabel bestand aus mit Guttapercha isolirten Kupferleitern mit einer Schutzhülle von Stahldrähten und Hanfbekleidung, während das für flacheres Wasser bestimmte Kabel aus ähnlichen isolirten Leitern mit Hanfbekleidung und einer äusseren Schutzhülle von Eisendraht bestand.

Dieses Unternehmen ist deswegen besonders bemerkenswerth, weil es zum Bau eines speciell zum Kabellegen bestimmten Schiffes die Veranlassung gewesen ist.

Zur Legung des ersten atlantischen Kabels wurde der Dampfer Great Eastern benutzt, und andere mehr oder weniger geeignete Schiffe sind demnächst für unterseeische Arbeiten verwendet worden; aber erst im Jahre 1872 wurde das erste Schiff besonders für diese Zwecke construirt, nämlich das Kabelschiff Hooper, welches „Hooper's Telegraph Company" in Newcastle-on-Tyne für ihren eigenen Gebrauch erbauen liess. Dieses Schiff hat gute Dienste geleistet; doch war Wilhelm in Folge der Kenntnisse und Erfahrungen, welche er unterdessen bereits nach dieser Richtung hin gesammelt hatte, und vor Allem dadurch, dass er einige Jahre vorher die atlantische Frage zu seinem speciellen Studium gemacht hatte, zu der Überzeugung gekommen, dass keine der vorhandenen Schiffsconstruktionen den Erfordernissen der Kabellegung in genügender Weise entspräche, und er beschloss daher, ein besonderes Schiff für diesen Zweck zu construiren.

Das Resultat war der Bau eines neuen stattlichen Dampfers,

DAS KABELSCHIFF „FARADAY".

welcher zu Ehren des berühmten Erforschers auf dem Gebiete der Elektricität „Faraday" benannt wurde. Derselbe wurde von der Firma Mitchell & Co. in Walker bei Newcastle-on-Tyne gebaut. Der Bau desselben wurde um die Mitte des Jahres 1873 begonnen und am 17. Februar 1874 wurde das Schiff in Gegenwart einer grossen Gesellschaft von Zuschauern vom Stapel gelassen, wobei Frau Siemens den feierlichen Akt der Taufe vollzog.

Wilhelm beschrieb die Construktion des Schiffes in einem am 15. Mai 1874 vor der Royal Institution gehaltenen Vortrage, welcher in den Proceedings des Instituts veröffentlicht worden ist.

Der Dampfer hat einen Gehalt von ungefähr 5000 Register-Tonnen; derselbe ist 360 Fuss lang, in der Mitte 52 Fuss breit und 36 Fuss tief. Im inneren Schiffsraume sind drei ungeheure Behälter angebracht, in welchen 1700 englische Meilen Kabel aufgerollt und unter Wasser gehalten werden können. Das Schiff ist ein Zwillingsschraubendampfer und in jeder Beziehung so eingerichtet, um die grösstmögliche Manövrirfähigkeit zu erzielen. Dasselbe ist mit allen zum Legen und Aufheben des Kabels geeigneten Maschinerieen, sowie mit allen anderen für den betreffenden Zweck erforderlichen Vorrichtungen versehen. Eine Ansicht des Schiffes ist in nebenstehender Abbildung gegeben.

Dieses Schiff hat den höchst eigenartigen und schwierigen Zwecken, welchen es zu dienen bestimmt war, in jeder Beziehung Genüge geleistet und in der That bewiesen, dass es im Stande ist, in allen Tiefen, zu allen Jahreszeiten und fast bei jeder Witterung Kabel zu legen und zu heben; — und es ist gewiss mit vollem Recht bemerkt worden, dass der Entwurf eines solchen Schiffes, welches im Stande war, Arbeiten auszuführen, welche kein anderes Schiff auf dem Meere unternehmen konnte, noch dazu herrührend von einem auf dem Festlande im Inneren Europa's geborenen Manne, dessen Erziehung und Berufsthätigkeit wenig oder gar nichts mit Schiffsangelegenheiten zu thun hatte, ein ferneres auffallendes Beispiel eines ganz aussergewöhnlichen praktischen Genies sei.

Im April segelte der Dampfer Faraday mit Wilhelm an Bord von Newcastle nach London.

Am 16. Mai 1874 verliess das Schiff Charlton, um die Legung des Direkten atlantischen Kabels zu beginnen. Die Expedition stand unter Leitung von Carl Siemens, und Herr Loeffler, der Direktor der Firma, befand sich ebenfalls an Bord. Das Schiff führte bei dieser ersten Reise das für die amerikanischen Strecken und die Küsten-Verbindungen erforderliche Kabel mit sich. Es langte Anfangs Juni in der Nähe der amerikanischen Küste an, wo der Dampfer Ambassador, welcher ebenfalls von den Gebrüdern Siemens zur Hülfeleistung beim Kabellegen ausgesandt war, sich ihm zugesellte. Die Arbeit wurde durch nebeliges Wetter sehr verzögert, und am 2. Juli erschien in der Times folgende schreckliche Hiobspost, welche vom Reuter'schen Telegraphenbüreau gemeldet wurde:

„Der Dampfer Faraday ist in der Nähe von Halifax mit einem Eisberge zusammengestossen und vollständig gescheitert."

Die Bestürzung, welche eine solche Unglücksbotschaft verursachen musste, kann man sich lebhaft vorstellen; jedoch kein Augenblick wurde verloren. Es wurden sofort Depeschen nach allen Richtungen ausgesandt, um der Sache auf den Grund zu kommen. Nach einigen Stunden banger Erwartung, die sich kaum beschreiben lassen, deuteten alle erhaltenen Informationen darauf hin, dass das Gerücht weiter nichts als ein Börsenmanöver sei. Die Gebrüder Siemens erlangten schliesslich die Gewissheit, dass die Nachricht ohne Begründung sei und liessen dies auch am folgenden Tage mit Nachdruck in der „Times" hervorheben. Doch erst als bald darauf Nachricht von Carl Siemens selbst ankam, fühlte sich die Familie von dieser niederdrückenden Besorgniss befreit. Das Kabelschiff Faraday kehrte am 6. August wohlbehalten nach Woolwich zurück, nachdem es alle Arbeit, welche ihm für diese Expedition auszuführen vorgeschrieben war, vollendet hatte.

Am 26. August 1874 verliess es Charlton zum zweiten Male mit dem Hauptkabel an Bord, welches ebenfalls unter Carl Siemens' Oberaufsicht gelegt werden sollte. Das Schiff erreichte Ballinskellig Bai am 1. September, und nachdem das an Bord befindliche Kabel mit dem Küstenende verbunden worden, begann es am 6. September, in Begleitung von den zwei kleineren Schiffen Ambassador und Dacia, die Auslegung.

Nachdem ungefähr 500 bis 600 Meilen gelegt worden waren, fand Werner Siemens, welcher das Kabel in Ballinskellig Bai vom Küstenende aus prüfte, dass ein ganz geringer Fehler im Kabel mit über Bord gegangen sei. Bis dahin war es allerdings nicht Sitte gewesen, die Operationen wegen so unbedeutender Fehler zum Stillstand zu bringen, da dieselben den eigentlichen Betrieb des Kabels in keiner Weise beeinträchtigten. Die Brüder waren aber fest entschlossen, dass dieses Kabel so vollkommen sein solle, wie menschliche Kunst es zu machen im Stande sei, und sie kamen daher überein, den fehlerhaften Theil des Kabels wieder einzuholen und herauszuschneiden. Während man damit beschäftigt war, brach das Kabel, wurde jedoch bereits während der nächsten 48 Stunden aus einer Tiefe von 2680 Faden wieder aufgefischt, an Deck gehoben und mit dem an Bord befindlichen Kabelende kunstgerecht verbunden, worauf die Kabellegung ihren Fortgang nahm. Dieses Auffischen und Heben des Kabels aus einer Tiefe von beinahe drei englischen Meilen ist desshalb bemerkenswerth, weil es das erste Mal war, dass eine so schwierige Aufgabe mit Erfolg ausgeführt worden ist.

In Folge der ungünstigen Witterung und des Verlustes von Hebeankern, welche auf dem felsigen Meeresboden, auf dem die Operationen ausgeführt werden mussten, zerbrachen, und aus dem ferneren Grunde, weil der Kohlenvorrath beinahe erschöpft war, sah sich das Kabelschiff Faraday schliesslich genöthigt, mit seinen beiden Begleitern in Queenstown einzulaufen, um einigen erforderlichen Reparaturen unterzogen zu werden und einen neuen Vorrath von Kohlen und Proviant einzunehmen. Wilhelm stattete den Schiffen daselbst am 10. October einen Besuch ab, und am 23. verliess der Faraday wiederum den Hafen zur Wiederaufnahme seiner Arbeiten.

Der Grundsatz, alle, auch die unbedeutendsten Fehler zu beseitigen, ist bei diesem Kabel auf das Gewissenhafteste befolgt worden, obgleich die Vollendung der Legung des Kabels dadurch bedeutend verzögert wurde. Seitdem das Kabel aber im Besitze der Auftraggeber ist, hat es sich als eines der besten von allen Kabeln, welche überhaupt je gelegt worden sind, erwiesen und seine Sprechfähigkeit ist der anderer Kabel, in welchen unscheinbare Fehler unberücksichtigt geblieben sind, ganz bedeutend überlegen.

Kapitel VII.

Das brasilianische Kabel.

Im Jahre 1874 war die Firma auch noch mit der Ausführung eines anderen bedeutenden unterseeischen Kabelunternehmens beschäftigt, welches, obgleich es schliesslich zum erfolgreichen Abschlusse gebracht worden ist, doch bei seinem Fortgange von höchst bedauernswerthen Unglücksfällen begleitet wurde.

Die Firma war mit der Brazil and River Plate Telegraph Company einen Contrakt eingegangen, betreffend die Fabrikation und Legung einer Telegraphenlinie zwischen Rio de Janeiro und der Küste von Uruguay in der Nähe der brasilianischen Grenze, im Ganzen für 1130 Seemeilen Kabel und für 50 englische Meilen Landlinien. Das Kabel sollte zwischen verschiedenen Punkten der Küste in der Nähe von Rio de Janeiro, Santos, Santa Caterina, Rio Grande do Sul und dem Flusse Chuy an der Küste von Uruguay in der Nähe der brasilianischen Grenze gelegt werden. Es bestand aus einer mit Guttapercha isolirten Litze von sieben Kupferdrähten, mit einer Bekleidung von Jutegarn und einer äusseren Schutzhülle von verzinkten Eisendrähten.

Der Dampfer Gomos wurde mit einem Theile des Kabels und mit Vorräthen und Materialien nach der brasilianischen Küste gesandt. Derselbe hatte bereits eine der Kabelstrecken mit Erfolg gelegt, als er am 25. Mai 1874 in der Nacht bei Rio Grande do Sul auf eine Sandbank gerieth und ein vollständiges Wrack wurde, wobei ungefähr 204 Seemeilen Kabel, welche sich noch für eine weitere Abtheilung an Bord befanden, mit verloren gingen.

Um das mit dem Dampfer Gomos verloren gegangene Kabel zu ersetzen, wurde im November 1874 ein anderes Schiff: La Plata mit 184 Seemeilen Kabel und Materialien ausgesandt; jedoch schon drei Tage nach seiner Abfahrt, bei der Einfahrt in die Bai von Biskaya, scheiterte das Schiff in Folge eines gewaltigen Sturmes, wobei leider auch achtundfünfzig Menschen ums Leben kamen. Die Geschichte dieses Unglücksfalles ist eine überaus traurige, muss jedoch hier in Anbetracht des grossen persönlichen Interesses, welches Wilhelm daran hatte, etwas ausführlicher dargestellt werden.

Der Dampfer La Plata war ein stattlicher eiserner Schraubendampfer von einem Gehalte von 968 Register-Tonnen, Eigenthum des Herrn W. T. Henley in London und von den Gebrüdern Siemens eigens für diese Arbeit gemiethet. Derselbe war in jeder Beziehung so ausgerüstet, wie es sich gehörte („well found", wie es in der englischen Seemannssprache heisst), und die Herren Siemens hatten in der That, wie sich aus dem Nachfolgenden ergeben wird, mehr für seine und die Sicherheit der an Bord Befindlichen gethan, als sie der Vorschrift gemäss zu thun verpflichtet waren. Das Schiff stand unter dem Kommando des Capitäns J. H. Dudden, eines erfahrenen Seemannes, in den man alles Vertrauen setzen durfte, und das Kabel wurde an Bord gebracht und das Schiff reisefertig gemacht unter der direkten Leitung und zur vollen Zufriedenheit des Capitäns und seiner Officiere.

Der Dampfer verliess Gravesend Donnerstag, den 26. November, mit fünfundsiebzig Personen an Bord, einschliesslich des Herrn F. H. Ricketts, der von den Brüdern Siemens mit der Oberleitung betraut worden war. Das Wetter war im Anfange der Reise günstig und das Schiff befand sich am Freitag Morgen in der Nähe der Insel Wight, wo der Lootse es verliess. Es fuhr sodann weiter auf Ushant zu. Gegend Freitag Abend erhob sich ein scharfer Wind, welcher im Laufe der Nacht und während des ganzen nächsten Tages beständig zunahm, bis er in der Nacht des Sonnabends zum heftigen Sturme anwuchs. Das Schiff segelte zu der Zeit mit voller Dampfkraft der Bai von Biskaya zu, wurde jedoch, wie einer von den an Bord befindlichen Seeleuten hernach erzählt hat, „wie ein Kork hin- und hergeworfen"; dabei schlugen die hohen Sturzwellen beständig über sein Deck. Während der Nacht wurden zwei seiner Boote mit fortgeschwemmt und ein Steuermann vom Rade über Bord gewaschen.

Gegen Tagesanbruch am Sonntag Morgen wurde von unten aufs Deck berichtet, dass Wasser in den Maschinenraum eindringe, und da das Schiff sich jetzt augenscheinlich in drohender Gefahr befand, so versuchte man dasselbe dadurch zu erleichtern, dass man einen Theil des Kabels über Bord laufen liess; das Leck wurde jedoch immer grösser und um 10 Uhr erloschen die Feuer. Da nunmehr alle Hoffnung, das Schiff zu retten, verloren war, wurden die Boote bereit gemacht, um dasselbe zu verlassen.

Was dann folgte, wird am besten in den Worten des dritten Ingenieurs, eines der Überlebenden, berichtet. Er sagte:

„Ich befand mich gerade unten im Maschinenraume an dem Morgen, als das Wasser zuerst in den Schiffsrumpf eindrang. Es stieg mit einer solchen Geschwindigkeit, dass ich bereits nach einer ganz kurzen Weile bis an die Hüften im Wasser stand und die Feuer erloschen. Dann ging ich an Deck; die Scene, welche mich dort erwartete, war wirklich fürchterlich. Es war offenbar, dass das Schiff nicht gerettet werden konnte; dennoch befahl Capitän Dudden Jedem von uns, auf seinem Posten zu verbleiben und die Pumpen bis zum letzten Augenblicke zu handhaben. Wir gehorchten, allein vergebens! Das Wasser stieg so hoch, dass das Schiff zu sinken anfing, und dann stürzte Alles nach den Booten.

Es war grauenerregend, das Gebahren der Schiffsmannschaft da zu sehen. Wir hatten im Ganzen fünf Boote; zwei davon waren jedoch während der Nacht fortgeschwemmt und einem war der Boden eingestossen worden. Ich selbst sprang mit elf anderen in ein Boot. Dicht bei uns stand Mr. Dicks, der erste Ingenieur; ich bat ihn, doch mit uns zu kommen. Er sagte jedoch: „O, was mich anbetrifft, so lassen Sie's nur gut sein, altes Haus; es wird sehr bald schon Alles in seine gehörige Ordnung kommen." Trotz all meines Bittens und Flehens war er nicht zu bewegen mitzukommen. Zuletzt, als wir scheiden mussten, sagte ich zu ihm: „Sollten Sie gerettet werden und ich ertrinken, so überbringen Sie wohl meiner Frau die Nachricht, nicht war?" Lächelnd erwiederte er darauf: „Und wenn ich nun ertrinken und Sie gerettet werden sollten, so erweisen Sie mir wohl denselben Liebesdienst." Er ist ertrunken, der arme Kerl, und so muss denn ich diese Trauerbotschaft überbringen. Einer der Werkführer, der gewöhnlich mit mir dieselbe Wache bezog, hatte seinen Schwiegersohn bei sich. Als er merkte, dass das Schiff anfing zu sinken, sagte er zu demselben: „Georg, mein Junge, hier haben wir eine schöne Bescheerung! — Da werden wohl, ehe der Morgen tagt, daheim zwei Wittwen in einem Hause sein!" Es war entsetzlich hart, Alles das mit anhören zu müssen, und da sagte ich denn zu dem alten Manne: „Verzagt noch nicht; lasst uns auf Gott vertrauen und unser Leben mag vielleicht trotz alledem noch gerettet werden." Es war herzzerreissend mit anzusehen, wie die armen Leute, welche keinen Platz in den Booten finden konnten, sich gebehrdeten; der Capitän aber blieb tapfer und kaltblütig, als ob sichs um weiter gar nichts handelte. Er hatte gelobt, dass er sein Schiff nicht verlassen wolle, und er hat es nicht verlassen. Er sank mit demselben in die Tiefe und mit ihm fast alle seine Officiere.

Wir sind in unserem Boote noch sehr glücklich davongekommen. Unsere nächste Sorge war, in eine sichere Entfernung vom Schiffe zu gelangen, und dann ruderten wir um dasselbe herum. Ich sah es untergehen; es war 25 Minuten vor 1 Uhr. Einige Minuten hindurch sank das Schiff nur ganz allmählig, dann verschwand es plötzlich, mit dem Sterne nach unten gerichtet. Es war ein entsetzlicher Anblick. Das Deck des Dampfers zersprang kurz vor seinem Untergange, und er war überhaupt in einem schrecklichen Zustande. Der Capitän aber war immer noch auf seinem Posten; er stand da, allem Anscheine nach, ruhig und gefasst, und ich glaube, er hat uns sogar noch ein Lebewohl zugewinkt in dem Augenblicke, als er mit dem Schiffe versank. Dann noch ein Mark und Bein erschütternder Schrei von den am Bord zurückgebliebenen Mannschaften — solch ein Schrei, wie ich ihn hoffentlich nie wieder hören werde. Wir fischten noch zwei Jungen und einen Mann auf, konnten jedoch sonst Niemanden mehr retten. Das andere Boot kenterte, nachdem es kaum das Wasser berührt hatte, und alle seine Insassen ertranken.

Nachdem wir uns soweit beruhigt hatten, dass wir unsere Lage überschauen konnten, stellte sich heraus, dass wir im Ganzen fünfzehn Personen in unserem Boote waren und weiter keine Lebensmittel hatten als einen etwa 6 Pfund schweren holländischen Käse, etwas Schiffszwieback und eine $^3/_4$-Liter-Flasche voll Wachholderbranntwein. Einen der Matrosen, den Thomas Clarkson, ernannten wir zu unserem Führer, und ihm verdanken wir das Leben. Er hat uns durch die geschickte Leitung unseres Bootes vom Tode errettet. Wir wussten nicht, wohin wir gingen, sondern liessen uns zwischen den um uns sich erhebenden hohen Wellen dahintreiben. Wir erlebten eine schreckliche Nacht. Ich war während der ganzen Zeit auf meinen Knieen damit beschäftigt, Wasser aus dem Boote zu schöpfen, wobei ich so fürchterlich ausstand, dass ich wünschte, ich wäre ertrunken. Einige andere von meinen Unglücksgenossen wurden von Fieber und Durst noch schlimmer geplagt. Oft hörte ich den einen oder anderen derselben ausrufen: „O mein Gott, was würde ich jetzt nicht für einen Trunk Wasser geben!" Seewasser war genug da; aber davon trank man nur, wenn die Verzweiflung dazu trieb, und der Durst wurde dadurch nur um so qualvoller.

Während der ganzen Nacht wurden wir hin- und hergeschleudert, und Gott allein weiss, wie wir davongekommen sind; wir sahen einen grossen Dampfer vor uns und riefen ihn an, so laut wir konnten; doch das Schiff vermochte uns nicht zu hören und verschwand in der Entfernung. Lampen besassen wir nicht, während das Schiff natürlich deren hatte, und so kam es, dass wir dasselbe sehen konnten, während es uns nicht bemerkte, und so mussten wir denn so gut, wie es eben gehen wollte, weiter bis zum Morgen, wo, Gott sei Dank, Erlösung kam. Wir sahen ein Schiff gerade vor uns und schrieen wie Besessene. Dann hissten wir ein Ruder auf mit einem oben daran gebundenen Taschentuche, bis das Schiff uns endlich entdeckte. Es war die allerhöchste Zeit; denn die meisten von uns waren auf dem äussersten Grade der Erschöpfung angelangt und lagen hülflos auf dem Boden des Bootes. Der Dampfer war der Gare Loch, mit einer Menge Auswanderer an Bord und unter dem Kommando des Capitäns Greenwood, eines der menschenfreundlichsten und echtesten Christen, welche ich je kennen gelernt habe. Er nahm uns an Bord und gab uns zunächst nur etwas Wasser; darauf erhielten wir etwas Cognac mit Wasser gemischt, dann Cognac und schliesslich etwas Zwieback und Suppe. Die armen Auswanderer, obwohl sie selbst wohl nicht viel übrig hatten, veranstalteten unter sich eine Collekte für uns."

Kurz nachdem er die Schiffbrüchigen aufgenommen hatte, rief der Dampfer Gare Loch das Schiff Antenor an, einen der Schraubendampfer der Ocean Dampfschifffahrts-Gesellschaft, welcher von Gibraltar nach England segelte und selbst durch das schlechte Wetter gelitten hatte. Die armen Verunglückten wurden mit Ausnahme eines Kranken, dessen Zustand die Überführung nicht mehr gestattete, von dem Capitän dieses Schiffes an Bord genommen und langten am 2. December glücklich in London an. Die Überlebenden stimmten alle darin überein, dass ihre Leiden grausam gewesen seien, und einige davon machten den Eindruck, als ob sie ihren Verstand verloren hätten. Die Schilderung der Passagiere des Antenor soll lebhaft an einige der ergreifendsten Scenen aus Coleridge's Ancient Mariner erinnert haben, und soviel ist gewiss, dass diese wenigen Tage für die dabei Betheiligten ein Lebensalter des Entsetzens in sich gefasst haben.

Die von dem Dampfer Gare Loch Geretteten waren drei Schiffsingenieure, zwei Aufwärter, neun Matrosen und ein Schiffsjunge. Die Nachricht von diesem beklagenswerthen Unglücksfalle, von welchem in London vor dem 2. December nichts bekannt geworden war, verursachte allgemeine Bestürzung und veranlasste die Brüder Siemens sofort, hilfreich einzuschreiten. Die Katastrophe hatte in der Nähe von Ushant stattgefunden; daher liessen sie sofort in der Times ankündigen, dass sie nach Brest telegraphirt hätten, und dass ein französischer Regierungsdampfer ausgeschickt sei, um etwaige Überlebende zu suchen. Überdies sandten sie noch einen persönlichen Vertreter aus; jedoch liefen am 5. Berichte ein, dass der Dampfer ohne Erfolg nach Brest zurückgekehrt sei.

Ein glücklicher Zufall war es jedoch, dass das Wrack gerade in dem Fahrwasser der Schiffe lag, welche nach dem Kanal fuhren oder von ihm kamen; denn drei Tage nach dem Untergange des La Plata wurden noch zwei Leute der Schiffsmannschaft, nämlich der Hochbootsmann Lamont und der Quartiermeister Hooper, auf einem Flosse umhertreibend angetroffen. Deren Leidensgeschichte, welche womöglich noch schrecklicher und ergreifender ist, als die der anderen Überlebenden, ist folgende:

Dieselben befanden sich in einem der verloren gegangenen Boote und wurden von der Sturzsee über Bord geschwemmt; gerade in dem Augenblicke, als sie wieder auf der Oberfläche erschienen, versank das Schiff plötzlich in die Tiefe, wodurch sie abermals mit nach unten gezogen wurden. Als sie zum zweiten Male nach oben kamen, erblickten sie ganz in ihrer Nähe ein auf dem Wasser umherschwimmendes beschädigtes Luft-Rettungsfloss, von dem sie Besitz zu ergreifen sich bemühten. Dieses Floss war aus Gummi gefertigt und bestand aus mehreren mit Luft angefüllten Abtheilungen, welche durch ein einen Sitz bildendes Segeltuchband verbunden waren. Auf diesem Sitze befanden sie sich wie in einem Wassertroge; das Wasser spielte bis an ihre Hüften, so dass ihr unterer Körpertheil allmälig von der Kälte erstarrte. Ihre einzige Hoffnung, einem langsamen Tode zu entrinnen, bestand darin, dass sie vielleicht von einem der vorübersegelnden Schiffe bemerkt würden, eine Hoffnung, die nur sehr wenig Aussicht auf Erfüllung hatte, da ein Schiff, welches nicht ganz dicht an ihnen vorbeifuhr, sie nur mit Hülfe eines Fernrohres hätte erblicken können, wenn sie sich gerade auf dem Kamme einer Welle befanden. Dabei wusch die See beständig über sie hin, und wenn sie nicht beide Männer von sehr kräftiger und gesunder Körper-Constitution gewesen wären, so würden sie wohl kaum diese drei Tage bis zu ihrer endlichen Erlösung überlebt haben.

Kapitel VII.

Während des Sonntages, des ersten Tages ihrer Leiden, konnten sie nur ein Schiff entdecken, welches in einer viel zu grossen Entfernung an ihnen vorübersegelte, als dass es sie hätte bemerken können. Am Montage wehte ein scharfer Wind und die See ging ziemlich hoch, obschon das Wetter sonst günstig war. Mehrere Schiffe fuhren in einiger Entfernung an ihnen vorbei, keines jedoch nahe genug, als dass sie hätten hoffen können, gesehen zu werden. Am Dienstage war Windstille fast während des ganzen Tages, und die Hoffnung der beiden Männer belebte sich wieder, als sie ungefähr eine halbe englische Meile von sich entfernt einen dreimastigen Schooner gewahrten. Sie riefen das Schiff an, so laut sie konnten, jedoch ihr Nothschrei wurde nicht gehört, der unscheinbare Fleck auf der Welle wurde nicht bemerkt und der Schooner segelte vorüber. Gegen Dienstag Abend erhob sich der Wind von Neuem und wehte scharf während der ganzen darauffolgenden Nacht. Ihre Kräfte nahmen immer mehr ab, und in dem Kampfe ihrer erschöpften Natur mit der Hoffnung auf Erhaltung ihres Lebens sanken sie in einen Zustand zwischen Wachen und Schlafen, indem sie eine oder zwei Minuten einschlummerten und dann plötzlich zum vollen Bewusstsein ihrer schrecklichen Lage wieder erwachten.

Am Mittwoch gegen vier Uhr Morgens sah der eine der Schiffbrüchigen, der eben munter war, trotz der Dunkelheit in der Ferne ein Schiff gerade auf das Floss zusteuern und weckte sofort seinen Leidensgefährten. Das Fahrzeug näherte sich ihnen sehr rasch bis auf eine Entfernung von etwa 100 Yards. Mit der ganzen noch übrigen Kraft ihrer Lungen schrieen beide wiederum um Hülfe, und nach einigen Sekunden banger Erwartung kündigte ihnen ein helles Licht an, dass sie gehört worden seien. Zwei Stunden lang leuchtete das Licht wie ein Rettungsstrahl vor ihren Augen, verschwand jedoch kurz vor der Morgendämmerung, und als der Tag anbrach, war nirgendwo mehr ein Schiff zu sehen. Ihre Hoffnung war fast der Verzweiflung gewichen, als sie plötzlich etwa zwei Stunden, nachdem es vollständig hell geworden war, das heiss ersehnte Schiff gerade auf sich zusteuern sahen. Es war der holländische Schooner **Wilhelm Blenkelszoon**. Der Eigenthümer desselben, Capitän J. van Dorp, hatte unmittelbar, nachdem er den Nothschrei vernommen, sein Schiff aufgebracht und bis zum Morgen vor Anker gelegt. Inzwischen war das Luftfloss leewärts getrieben. Als der Holländer bei Tagesanbruch nirgends mehr etwas sehen konnte, folgerte er aus der Strom- und Windrichtung genau den Ort, wohin ein schwimmender Schiffstrümmer oder ein Boot getrieben worden sein könnte, und wandte sofort nach jener Richtung.

Jetzt erhob sich aber eine andere Gefahr. Die See ging so hoch, dass der Capitän des kleinen Schooners es weder wagen konnte, ein Boot in's Wasser zu lassen, noch sein Schiff an die Seite des Flosses zu bringen. Er fürchtete im ersteren Falle seine eigenen Leute unnütz zu opfern und im letzteren durch sein Schiff das Floss in den Grund zu bohren. Er winkte daher den beiden zu, das Floss zu verlassen und auf den Schooner zuzuschwimmen. Gänzlich erschöpft durch alle die während der letzten drei Tage erlebten Schrecknisse, getrauten sie sich zunächst nicht, selbst diese kurze Strecke zu durchschwimmen; es war jedoch ihre letzte Hoffnung auf Rettung. Der Hochbootsmann Lamont machte zuerst den Versuch und erreichte glücklich die Seite des Schiffes. Inzwischen hatten Schooner und Floss sich wieder weiter von einander entfernt, und der erstere legte daher nochmals um, um nunmehr auch Hooper Gelegenheit zu geben heranzukommen. Dieser war noch mehr erschöpft als Lamont; aber in dem Gedanken, dass es am Ende nicht schlimmer sei, auf dem Wege vom Flosse nach dem Schiffe zu ertrinken, als allein auf dem Flosse hülflos auf dem Meere umherzutreiben und schliesslich elendiglich umzukommen, wagte er den verzweifelten Versuch und schwamm für sein Leben auf den Schooner zu. Als er jedoch bis an die Seite desselben herangekommen war, waren seine Hände so erstarrt, dass er selbst das ihm zugeworfene Seil nicht einmal mehr ergreifen konnte, und er erfasste es daher mit den Zähnen. Der kleine Schooner lag tief im Wasser, und einige von seiner Bemannung lehnten sofort über und es gelang ihnen, Hooper bei den Händen zu ergreifen und ihn sodann an Bord zu ziehen.

Die armen Leute waren nicht mehr im Stande zu stehen und fast todt vor Nässe, Kälte und Hunger; denn es war damals beinahe Mittwoch Mittag, und seit dem vorhergegangenen Sonnabend Abend hatten sie keine Nahrung mehr zu sich genommen. Doch die Menschenfreundlichkeit und sorgsame Pflege des Capitäns van Dorp und seiner braven Mannschaft, welche nicht hoch genug gepriesen werden kann, brachte sie allmälig wieder zu sich. Sie wurden nach dem Bürgerhospital in Gibraltar gebracht, und von dort von dem P. und O. Dampfer Cathay nach Southampton weiterbefördert, wo sie am 24. December ankamen.

Ihre Namen waren mit unter denen veröffentlicht worden, welche mit dem Dampfer La Plata zu Grunde gegangen waren; es muss daher für ihre Familien, als sie plötzlich wiedererschienen, gewesen sein, als ob sie von den Todten auferstanden wären."

Die Zahl der Geretteten war somit auf siebzehn angewachsen, während die der Untergegangenen achtundfünfzig betrug. Darunter befanden sich der Capitän, der Arzt, drei Officiere und der ganze Stab der Siemens'schen Ingenieure, bestehend aus dem Leiter der Expedition, Herrn Ricketts, und den sechs ihn begleitenden erprobten Assistenten.

Dieser Unglücksfall hat die öffentliche Meinung in ziemliche Aufregung versetzt und war allerdings nicht recht erklärlich. Stürme in der Bai von Biskaya gehören keineswegs zu den ungewöhnlichen Begebenheiten, werden aber in der Regel von seetüchtigen und wohl geleiteten Schiffen ohne weitere übele Folgen überstanden, und es warf sich daher naturgemäss die Frage auf, ob nicht bei dem Dampfer La Plata irgend etwas nicht in Ordnung gewesen sei. Hierzu kam, dass das unglückliche Ereigniss gerade zur Zeit der wohlbekannten Plimsoll'schen Agitation eintrat. Dadurch wurde die missgünstige Stimmung des Publicums noch mehr bestärkt und es wurden sogar Gerüchte zu Ungunsten der Eigenthümer und Befrachter des Schiffes selbst in Umlauf gesetzt, unter anderen, man habe bemerkt, dass das Schiff ungebührlich beladen gewesen sei, als es die Themse hinunterfuhr. Diese Gerüchte wurden auf Veranlassung der Brüder Siemens sofort von dem Handelsministerium untersucht und deren völlige Grundlosigkeit öffentlich nachgewiesen. Doch war damit die Sache noch nicht abgethan; nach dem Gesetze musste die übliche amtliche Untersuchung der Umstände und Ursachen der Katastrophe eingeleitet werden, und dieselbe wurde von den interessirten Parteien, welche dazu ihre Hülfe nach besten Kräften auf's Bereitwilligste zur Verfügung stellten, auf das Eifrigste betrieben.

Die Untersuchung fand bald darauf unter specieller Aufsicht des Handelsministeriums statt. Dieselbe wurde öffentlich in Greenwich vor dem Untersuchungsrichter Herrn Balguy abgehalten. Ihm standen die Capitäne Oates und Pryce als Sachverständige für Seeangelegenheiten und Herr Traill, Abtheilungschef im Handelsministerium, als Ingenieur-Sachverständiger zur Seite; ausserdem waren alle interessirten Parteien vor dem Untersuchungsrichter vertreten. Die Untersuchung begann am 19. Januar und dauerte 11 Tage.

Es wurden die Intelligenteren der Überlebenden sowohl als

auch andere Personen, welche mit dem Schiffe in näherer Beziehung gestanden hatten, als Zeugen vernommen, sowie auch die Ansichten verschiedener Sachkundiger in Schiffsangelegenheiten gehört. Auch Wilhelm Siemens wurde verhört und gab ausführliche Erklärungen über den Antheil, welchen seine Firma in Bezug auf die Vorkehrungen für die Sicherheit und Ausstattung des Schiffes genommen habe, sowie auch in Bezug auf die Unterbringung der Ladung desselben, welche genau nach der Vorschrift und zur vollen Zufriedenheit des Capitäns und seiner Officiere stattgefunden hatte. Er bemerkte, dass er aus eigenem Antriebe noch über die vorschriftsmässigen Sicherheits- und Bequemlichkeitsmittel hinausgegangen sei; — er habe das Schiff noch mit einem weiteren Rettungsboote versehen und desgleichen zwei Rettungsflösse hinzugefügt und ferner habe Herr Ricketts noch ein drittes für Versuchszwecke mitgenommen. Auch die Schiffsmannschaft habe er vermehrt und einen Arzt beigegeben, kurz Alles, was in seinen Kräften stand, gethan, um die Expedition gefahrlos und erfolgreich zu machen.

Der officielle Bericht der Untersuchungs-Commission wurde Anfangs März veröffentlicht. Herr Balguy gab sein Urtheil dahin ab:

„1. Dass der La Plata Gravesend als starkes und seetüchtiges Schiff verlassen habe.

2. Dass derselbe nicht überladen und sein Cargo in der gehörigen Weise gestaut gewesen sei.

3. Dass das Gleichgewicht des Schiffes richtig hergestellt worden sei."

Die Beisitzenden stimmten in einigen Punkten mit dem Vorsitzenden nicht ganz überein und machten daher einen besonderen Bericht. Derselbe lautete:

„1. Wir sind zu dem Schlusse gekommen, dass der La Plata bei seinem Ausgange aus der Themse in jeder Beziehung seetüchtig war, so weit Rumpf, Maschinerie und Ausrüstung des Schiffes in Betracht kommt, und sind daher Schiffseigenthümer und Befrachter aus diesem Grunde von jeglicher Verantwortlichkeit an dem Unglücksfalle freizusprechen; und was die Herren Siemens & Co. speciell anbelangt, so haben diese Herren aus Vorsorge und Menschenfreundlichkeit das Schiff auf ihre eigenen Kosten noch mit drei Rettungsflössen und vierzig

Schwimmgürteln ausgerüstet für den Fall, dass irgend ein Vorfall eintreten sollte, wo solche von Nutzen sein könnten.

2. Wir sind entschieden der Ansicht, dass der La Plata nicht überladen war; dagegen glauben wir, dass die Tiefstellung des Schiffes (trim) von 4 Fuss 6 Zoll (engl.) am Stern in Folge der Stauung seiner Ladung unter gewissen Umständen wohl zur Gefahr des Schiffes beitragen konnte, z. B. wenn dasselbe vor einem heftigen Winde segelte oder gegen eine starke Stosssee anzukämpfen hatte. Wir sind vielmehr der Überzeugung, dass eine Tiefstellung von 3 Fuss 6 Zoll (engl.) am Sterne den Umständen angemessener gewesen, und dadurch allen den Schwierigkeiten, denen man der Zeugenaussage nach begegnet ist, vorgebeugt worden wäre."

Hieraus geht also hervor, dass das Urtheil aller Richter darin übereinstimmte, dass die Brüder Siemens absolut kein Vorwurf treffe; denn was die Anordnung der Ladung des Schiffes anbelangte, worüber die Ansichten auseinandergingen, so hatte die Zeugenaussage klar erwiesen, dass die Brüder Siemens damit ganz und gar nichts zu thun hatten, sondern dass darüber lediglich der Capitän des Schiffes zu bestimmen hatte.

Die unmittelbare Ursache des Unterganges des Schiffes war, nach dem Urtheile der Richter, das Eindringen des Wassers in den Maschinenraum. Zuerst hatte man geglaubt, dass durch das Fortschwemmen der Bootjütten der Schiffskörper beschädigt worden, wodurch ein Leck entstanden sei; diese Annahme war jedoch als irrthümlich verworfen worden. Ein genügender Grund für das Leckwerden des Schiffes konnte nicht gefunden werden, dagegen war Grund für die Annahme irgend einer Unordnung in der Wasserzufuhr zur Dampfmaschine vorhanden, die unter allen Umständen von den Maschinisten hätte bemerkt werden müssen. Der Vorsitzende des Untersuchungsgerichtes sprach daher seine Ansicht dahin aus, „dass der Ursprung des Unglückes im Feuerungsraum zu suchen sei", — während die Beisitzenden, welche mehr auf die Einzelheiten eingingen, in ihrem Urtheile darin übereinstimmten, „dass die Ursache grosse Nachlässigkeit im Maschinenraum-Departement gewesen sei", und machten auch dem Capitän fehlerhafte Anordnung zum Vorwurf. Die Zeugenaussagen waren jedoch in mancher Beziehung widersprechend, und mancherlei Umstände blieben unaufgeklärt.

Die Königin von England legte die grösste Theilnahme für die Hinterbliebenen an den Tag und liess sich besonders nach der Wittwe des Capitäns Dudden erkundigen, der, wie berichtet, sich so muthvoll benommen hatte.

Abgesehen von der Versorgung der Wittwen und Familien der mit dem Schiff untergegangenen Hauptmitglieder ihres eigenen Stabes steuerten die Brüder Siemens noch 10000 Mark zu dem Fonds bei, welcher durch öffentliche Sammlung zum Besten der Wittwen und Waisen der zu Grunde gegangenen Mannschaft aufgebracht wurde. Aehnliche Summen wurden von Herrn Henley und den Herren Gebrüder Grant (den Auftraggebern für das Kabel) gezeichnet, und die Gesammtsumme des durch die Sammlung aufgebrachten Fonds belief sich auf etwa 93000 Mark, welche von einem hauptsächlich aus Siemens'schen und Henley'schen Beamten gebildeten Comité an die Hinterbliebenen vertheilt wurde.

Unter den ertrunkenen Assistenten befand sich auch Herr David King, der Sohn des Rev. David King aus Glasgow (der später nach London berufen wurde) und Neffe von Sir William Thomson. Der Bruder desselben richtete folgenden Brief an Wilhelm:

40, Bark Place, Bayswater,
London, den 24. März 1875.

Herrn C. W. Siemens.

Sehr geehrter Herr!

„Ich habe verschiedene Male in Ihrer Wohnung vorgesprochen, um Ihnen persönlich und im Namen meiner Eltern für Alles, was Sie zur Auffindung und Rettung der in dem Kabelschiffe La Plata Verunglückten versucht haben, zu danken. Leider war es mir in keinem Falle vergönnt, Sie zu Hause anzutreffen, und sehe ich mich daher, um meiner Pflicht endlich nachzukommen, veranlasst, Ihnen brieflich, wenn auch so minder gern, meinen Dank auszudrücken. Obgleich Ihre Bemühungen, unsere Familie vor einem höchst schmerzhaften und unersetzlichen Verluste zu bewahren, nicht zu dem heisserwünschten Resultate geführt haben, so dürfen Sie doch unserer tiefgefühltesten Dankbarkeit versichert sein.

In der Hoffnung, dass Sie und Ihre werthe Frau Gemahlin sich des besten Wohlseins erfreuen, verbleibe ich
Ihr ganz ergebenster
Geo King."

Einen anderen Brief von einem Verwandten eines der Verunglückten lassen wir ebenfalls hier folgen, um zu zeigen, dass die Theilnahme Wilhelms gebührend anerkannt worden ist. Derselbe lautet:

Den 7. April 1875.

Sehr geehrter Herr Siemens!

„Genehmigen Sie in meinem und meiner Geschwister Namen den besten und tiefgefühltesten Dank für die grossmüthige Unterstützung, welche Sie uns bereits gewährt und noch für die Zukunft gütigst in Aussicht gestellt haben. Ihre freundliche Hülfe hat bereits dazu beigetragen, um den sehr herben Schlag, den die Hinterbliebenen zu tragen haben, bedeutend zu mildern und wird auch wesentlich deren zukünftiges Wohlergehen beeinflussen.

Dürfte ich mir wohl die ergebenste Bemerkung gestatten, dass es Ihnen möglicher Weise einige Mühe ersparen würde, wenn Sie die Güte haben wollten, Ihren Banquier zu beauftragen, in Zukunft die uns gütigst gewährte Unterstützung an die Herren N. N. zu Gunsten meines Contos einzuzahlen? Der eingesandte Bankschein wird meine Geschwister in den Stand versetzen, die nöthigen Auslagen zu decken und überdies einige Tage zur Erholung an der See zuzubringen, und Sie werden danach zu beurtheilen vermögen, wieviel Ursache dieselben haben, Gottes Segen auf Sie herabzurufen. —"

Wilhelm nahm sich diesen Unglücksfall sehr zu Herzen; er ist in Folge dessen zusehends gealtert, und die Nachwirkungen waren noch Jahre nachher an ihm bemerkbar. Es ist in der That zweifelhaft, ob er jemals seine alte Heiterkeit und Lebhaftigkeit, welche ihn vor der Katastrophe ausgezeichnet hatte, ganz wiedergewonnen hat.

Im Februar 1875 wurde ein drittes Schiff, der Ambassador, ausgesandt, welches die Legung des brasilianischen Kabels glücklich vollendete.

Im Anschluss an dieses Unternehmen mag noch erwähnt werden, dass der Kaiser von Brasilien im Jahre 1871 England besucht hatte. Derselbe zeigte bei dieser Gelegenheit grosses Interesse für die wissenschaftlichen und mechanischen Institute dieses Landes und besichtigte viele der bedeutendsten industriellen Anstalten desselben. Auch Wilhelm Siemens hatte die

Ehre, im Juli 1871 Seiner Majestät vorgestellt zu werden und ihn durch die verschiedenen Departements seiner Telegraphen-Bauanstalt in Charlton zu führen, wo er ihm die sämmtlichen Operationen der Kabelfabrikation vorführen liess. Der Kaiser hat ihm dies hoch angerechnet, wie aus folgendem Briefe ersichtlich ist, den er einige Zeit später an ihn schrieb:

Brasilianische Gesandtschaft in London.
Den 29. März 1873.

Herrn C. Wilhelm Siemens.

„Ich habe die Ehre, Ihnen einliegend eine Kaiserliche Urkunde zu überreichen, durch welche Seine Majestät, der Kaiser von Brasilien, mein erlauchter Landesfürst, allergnädigst geruht haben, Sie zum Commandeur Seines Kaiserlichen Rosenordens zu ernennen.

Genehmigen Sie meine herzlichsten Glückwünsche und die Versicherung meiner vorzüglichsten Hochachtung.

Pereira de Andrada.

P.S. Die bezüglichen Insignien werden Ihnen baldmöglichst eingehändigt werden."

Nachdem die Telegraphen-Verbindungen hergestellt worden waren, beehrte Seine Majestät Wilhelm mit einer weiteren Auszeichnung, indem er ihn im Februar 1876 zum „Dignitario" desselben Ordens ernannte.

Französisch-Atlantisches Kabel.

Im Jahre 1879 unternahm die Firma die Fabrikation und Legung eines zweiten atlantischen Kabels für eine Linie von Brest via St. Pierre Miguelon nach dem Cap Cod in Massachusetts, eine Strecke von ungefähr 2250 Seemeilen Länge.

Dieses Kabel war für die Compagnie Française du Télégraphe de Paris à New York bestimmt. Zahlreiche Vorverhandlungen wegen des beabsichtigten Kabels waren schon seit dem Jahre 1876 geführt worden. Nachdem aber schliesslich ein Entschluss gefasst worden war, hatten beide Theile es mit der Vollendung des Kabels äusserst eilig. In der That ist bei diesem von den Brüdern Siemens eingegangenen Contrakte die kurze Zeit, in welcher er ausgeführt wurde, das Bemerkenswertheste.

Die französische Gesellschaft gab ihre officielle Bestellung im März 1879. Die Herstellung des Kabels war am 18. Juni vollendet, an welchem Tage der Faraday mit dem Kabel an Bord zur Legung desselben unter Herrn Loeffler's Leitung Woolwich verliess, und schon am 26. October 1879 wurde das Hauptkabel den Eigenthümern in vollkommenem Betriebszustande übergeben.

Elektrische Beleuchtung und Kraft.

Während dieses Zeitabschnittes wandte die Firma Siemens Brothers ihre Aufmerksamkeit einem neuen Geschäftszweige zu, der schliesslich sehr bedeutende Dimensionen angenommen hat, nämlich der Construktion von Apparaten zur Erzeugung und Nutzbarmachung grösserer elektrischer Kräfte.

Die Telegraphie beanspruchte trotz ihrer grossen Wichtigkeit und den vielen Schwierigkeiten, welche dieselbe besonders bei unterseeischen Stromkreisen in sich schloss, immerhin nur sehr geringe elektrische Kraft, welche von verhältnissmässig schwachen Batterien erzeugt wurde; die Ströme gingen durch Drähte von nur kleinem Durchmesser, und zwar mit gerade ausreichender Energie, um sehr fein justirte Nadeln in Bewegung zu versetzen. Die Kunst bestand darin, diese geringe Kraft so zu reguliren und zu leiten, dass ihre Wirkung zuverlässig und zweckentsprechend war; die Erzeugung einer grossen motorischen Kraft war dabei durchaus nicht erforderlich, und die Batterien kamen, trotzdem sie die eigentlichen Kraftquellen waren, im Allgemeinen nur in zweiter Linie in Betracht.

Mit dem Fortschreiten der wissenschaftlichen und praktischen Erkenntniss dieser „grossen Naturkraft" zeigte es sich, dass neue und höchst vortheilhafte praktische Verwerthungen derselben möglich waren, welche jedoch als ihr wesentlichstes Element eine grosse Anhäufung der elektrischen Energie erforderten, und die Überführung derselben in die industrielle Praxis hat Probleme von einem absolut neuen Charakter entstehen lassen.

Die wichtigste praktische Neuerung war die elektrische Beleuchtung, welche eine solche Menge arbeitender Kraft erforderte, dass die geringen, bei der Telegraphie gebrauchten Hülfsmittel dagegen ganz und gar nicht in Betracht kamen und neue Methoden zur Erzeugung von Elektricität erforderlich wurden.

An der Entwicklung dieser neuen Methoden haben die Brüder Siemens einen sehr bedeutenden und hervorragenden Antheil genommen, und es dürfte daher wohl von Interesse sein, hier in kurzem Abrisse die darauf bezüglichen Hauptthatsachen vorzuführen.

Schon gleich bei der Entdeckung der Elektricität oder doch wenigstens von dem Augenblicke an, wo die Identität derselben mit den bei einem Gewitter auftretenden Naturerscheinungen bewiesen war, konnte Niemand über die kräftigen physikalischen Wirkungen, welche sich mit Hülfe des elektrischen Stromes erzielen liessen, im Unklaren sein. Insbesondere konnte man das glänzende helle Licht desselben nicht besser als mit dem Worte „Blitz" bezeichnen und der „Funke" der ersten künstlichen Entladung war ein „elektrisches Licht" im eigentlichsten Sinne.

Jedoch die Dauer des auf diese Weise erzeugten Lichtes war nahezu unendlich kurz. Kräftig und glänzend war das Licht in der That! Sein Aufblitzen beleuchtete die Gegenstände ringsumher in einem Grade, der weit über den eines jeden bekannten künstlichen Lichtes hinausging! Allein ein Licht, das nur den Bruchtheil einer Sekunde dauerte, hatte so gut wie gar keinen Nutzen. Erst als Volta im Jahre 1800 mit der unsterblichen Erfindung seiner Säule hervortrat, welche einen gleichförmig fliessenden, anhaltenden elektrischen Strom erzeugte, konnte man hoffen, einigen Nutzen daraus zu ziehen.

Gleich als diese Entdeckung in der wissenschaftlichen Welt bekannt geworden war, erregte das Licht sowohl wie die Wärme, die sich durch den Volta'schen Strom erzeugen liessen, das lebhafteste Interesse. Ein gewisser Mr. Children schmolz mit einer Batterie, die an Kraft alle bisher zusammengestellten bei Weitem übertraf, Platindrähte von 18 Zoll Länge, während Kohlenspitzen ein Licht erzeugten, „so lebhaft, dass selbst der Sonnenschein dagegen schwach erschien". Derartige Erfolge erreichten ihren Höhepunkt, als Davy im Jahre 1808 vor der Royal Society mit einer Batterie von 2000 Plattenpaaren, Wärme- und Licht-Effekte erzeugte, welche Alles, was man bis dahin gesehen hatte, weit hinter sich liessen.

Kapitel VII.

Damals also, vor beinahe Dreiviertel Hundert Jahren, kannte man das elektrische Licht bereits sehr wohl. Die Anwendungen desselben für praktische Zwecke boten sich von Anfang an von selbst dar. Die dazu erforderlichen mechanischen Vorrichtungen verursachten keine grossen Schwierigkeiten; was dagegen der praktischen Verwendung des Lichtes hauptsächlich im Wege stand, waren die bedeutenden Kosten der Stromerzeugung. Zink war ein zu kostspieliges Brennmaterial, um allgemeinere Verwendung finden zu können, und daher das mit Hülfe der galvanischen Batterie erzeugte elektrische Licht nicht viel mehr, als eine interessante wissenschaftliche Spielerei.

Der erste Schritt, welcher eine Aenderung in diesem Stande der Dinge hervorbrachte, wurde von Faraday gethan, welcher im Jahre 1831*) in der Wirkung des Magnetismus eine neue Quelle zur Erzeugung des elektrischen Stromes entdeckte.

Man hatte bereits bemerkt, dass gewisse Beziehungen zwischen Magnetismus und Elektricität bestanden. Im Jahre 1820 hatte Oersted beobachtet, dass ein elektrischer Strom eine Magnetnadel ablenke, und in demselben Jahre entdeckte Arago, dass der elektrische Strom einer Eisen- oder Stahlstange magnetische Eigenschaften mitzutheilen im Stande sei. Hier war es also Elektricität, welche Magnetismus erzeugte; man hatte dagegen noch kein Beispiel für den umgekehrten Effekt gehabt, nämlich dass Magnetismus Elektricität erzeugen könne, und so weit uns bekannt ist, war auch Niemand ausser Faraday auf den Gedanken gekommen, dass eine derartige Wirkung möglich sei. Sein wunderbarer Scharfsinn bei der Aufspürung naturwissenschaftlicher Principien führte ihn zu dem Schlusse, dass dem so sein müsste. In einer späteren Periode sagte er, indem er seine früheren Ansichten beschrieb:

„Es erschien mir sehr sonderbar, dass, während jeder elektrische Strom von einer magnetischen Wirkung rechtwinklig zum Strome von entsprechender Intensität begleitet war, nicht auch in guten, in den Bereich dieser Wirkung gebrachten Elektricitätsleitern irgend ein Strom

---

*) In einer Abhandlung, gelesen vor der Royal Society am 24. November 1831, und veröffentlicht in deren Philosophical Transactions.

oder etwas einem solchen Strome an Kraft Aequivalentes durch sie inducirt werden sollte.

Diese Erwägungen und die daraus erwachsende Hoffnung, Elektricität aus gewöhnlichem Magnetismus zu gewinnen, regten mich zu verschiedenen Zeiten an, die Induktionswirkung elektrischer Ströme durch Experimente genauer zu untersuchen. Vor Kurzem habe ich denn auch positive Resultate erreicht, und meine Hoffnungen sind in Erfüllung gegangen."

Wie Wilhelm Siemens behauptete, offenbar auf Grund einer ihm gemachten persönlichen Mittheilung, hatte Faraday eine solche Ansicht, welche lediglich auf Vernunftgründe basirt war, bereits im Jahre 1824 ausgesprochen, aber sieben Jahre vergingen, ehe es ihm gelang mit den damals ihm zur Verfügung stehenden Instrumenten die Richtigkeit seiner Vorhersagung festzustellen.

Faraday's Vortrag vom Jahre 1831, welcher seitdem klassische Bedeutung gewonnen hat, war in vier Abtheilungen eingetheilt; diejenige, welche die in Frage stehende Entdeckung enthielt, war betitelt: „Erzeugung von Elektricität aus Magnetismus." Dieselbe enthielt Beschreibungen vieler Experimente, welche alle auf diesen Gegenstand Bezug hatten; es dürfte jedoch genügen, hier zwei derselben zu erwähnen, welche die erzielten Resultate in der eindrücklichsten Form vorführen.

Im neununddreissigsten Paragraphen dieser Abhandlung zeigte er, dass ein permanenter Magnetstab, welcher plötzlich in die Mitte einer cylindrischen Spirale von isolirtem Drahte eingesetzt wurde, einen Strom in dem Drahte erzeuge. Diese Wirkung war jedoch eine nur momentane, d. h., sie dauerte gerade so lange an, als der Magnet im Innern der Drahtspirale in Bewegung war, und hörte mit der Bewegung des Magnets wieder auf. Wenn man darauf den Magnet plötzlich aus der Drahtspirale herauszog, so entstand ein zweiter Strom im Drahte, jedoch in der entgegengesetzten Richtung wie der erstere. In diesem Falle war also der Strom nur vorhanden, so lange der Magnet in Bewegung war. Die Effekte waren nur schwach, konnten aber durch Akkumulation der Kraft, nämlich durch Wiederholung der Bewegungen, verstärkt werden.

Im sechsunddreissigsten Paragraphen beschrieb Faraday ein

etwas verschiedenes, aber auch nach derselben Richtung zielendes Experiment. Er versah einen Hufeisenmagneten mit einem Anker aus weichem Stabeisen, welcher zum Theil mit einer Wickelung von isolirtem Kupferdrahte umwunden war. Wenn er darauf den Contact zwischen dem Anker und dem Magneten gewaltsam unterbrach, so wurde ein momentaner Strom in dem Drahte erzeugt, welcher sofort aufhörte, wenn der Anker in Ruhe war. Durch Wiederherstellung des Contactes wurde sodann ein anderer momentaner Strom, jedoch in der entgengesetzten Richtung hervorgerufen. Die erzeugten Wirkungen waren schwach, aber vollständig bestimmt und charakteristisch. Faraday bemerkte darüber:

„Die in dieser Abtheilung beschriebenen Experimente liefern meiner Ansicht nach den vollständigsten Beweis für die Elektricitätserzeugung aus gewöhnlichem Magnetismus. Dass die Intensität der so erzeugten Elektricität nur sehr schwach und die Quantität derselben nur sehr gering ist, kann nicht Wunder nehmen, wenn man bedenkt, dass dieselbe, ähnlich der Thermoelektricität gänzlich im Innern der Substanz von Metallen entwickelt wird, welche ihr Leitungsvermögen ungeschwächt beibehalten. Eine wirkende Kraft aber, welche in der besagten Weise durch Metalldrähte geleitet wird und, während sie durch diese Drähte geht, die dem Magnetismus eigenthümlichen Wirkungen und die Kraft eines elektrischen Stromes besitzt, eine Kraft, welche Froschschenkel hin- und herbewegen und in Zuckungen versetzen kann, und welche endlich durch ihre Entladung einen Funken zu erzeugen vermag, kann nur Elektricität sein.

Die Aehnlichkeit der Wirkung der gewöhnlichen Magnete einerseits und der Elektro-Magnete oder der galvanischen Ströme andererseits, welche fast Indentität erreicht, ... giebt uns gewichtige Beweisgründe für die Richtigkeit der Annahme, dass die Kraft in beiden Fällen dieselbe sei; da jedoch eine sprachliche Unterscheidung zur Zeit noch nothwendig ist, so möchte ich mir den Vorschlag gestatten, die auf diese Weise von gewöhnlichen Magneten ausgeübte Wirkung magneto-elektrische oder magnelektrische Induktion zu nennen."

Bei einer öffentlichen Besprechung der Entdeckung Faraday's hob Wilhelm Siemens in seiner gewöhnlichen Vorliebe für die Veranschaulichung allgemeiner Naturgesetze die Thatsache hervor, dass die Erzeugung der elektrischen Ströme in jedem Falle von einem Verbrauche an mechanischer Kraft begleitet und demselben entsprechend sei. Beim Einstossen des Magnetstabes in die Mitte der Spirale oder beim Herausziehen aus derselben begegne man einem Widerstande, analog dem, welcher sich bemerkbar macht, wenn man in der Nähe eines Magneten mit einem Eisenstücke handtirt. Er bemerkte ferner, dass in dem anderen Falle, nämlich beim Trennen des Ankers von dem Magneten, der dabei erzeugte Strom die direkte Folge der zur Trennung des Ankers angewendeten mechanischen Kraft sei.

Er erklärte ferner, dass der aus der gewaltsamen Trennung eines Ankers von seinem Magneten resultirende Strom, wenn er durch die Windungen eines anderen, mit seinem eigenen Magneten in Contact befindlichen Ankers hindurchgeleitet werde, im Stande sei, die Trennung dieses zweiten Ankers zu bewirken, und dass die ursprünglich, bei der Lostrennung des ersten Ankers verwendete Kraft in einer bestimmten Beziehung zu der bei der Trennung des zweiten Ankers angewendeten Kraft stehe. Indem Wilhelm daher dieses Experiment von dem Standpunkte des Princips der „Energie-Erhaltung" und der „Wechselbeziehung der Kräfte" betrachtete, wies er nach, dass mechanische Kraft in Elektricität, und der elektrische Strom wiederum nach Belieben in mechanische Kraft umgesetzt, und dass zudem die quantitativen Beziehungen zwischen beiden genau bestimmt werden könnten. Diese einfache Thatsache bildete die Grundlage für die gesammte glänzende Entwicklung der dynamischen Elektricität, welche in späteren Jahren stattgefunden hat.

Wo daher ein grösserer Bedarf von elektrischer Arbeitskraft, als man mit Hülfe der Volta'schen chemischen Zersetzungen zu erreichen im Stande war, verlangt wurde, nahm man nunmehr seine Zuflucht zu Faraday's Anwendung von mechanischer Kraft. Hierzu boten sich verschiedene Quellen, wie Muskel-, Wasser- oder Dampfkraft dar, welche alle in irgend einer gewünschten Menge für einen verhältnissmässig sehr billigen Preis verschafft werden konnten; und es blieb daher weiter nichts übrig, als die Hülfsmittel für ihre Umwandlung in entsprechend grosse Mengen von Elektricität zu erfinden und praktisch nutzbar und gewinnbringend zu machen.

Die von Faraday hervorgebrachten Ströme waren, wie er

selbst bemerkt hatte, sehr schwach und nur momentan in ihrer Wirkung. Es war jedoch klar, dass diesem augenscheinlichen Nachtheil leicht abgeholfen werden konnte; denn durch Wiederholung der mechanischen Wirkungen mit Hülfe von zweckentsprechenden Vorrichtungen war man im Stande, eine sehr rasche Aufeinanderfolge und in Folge dessen eine Anhäufung dieser Ströme zu erzeugen: so dass, wenn diese Ströme beständig durch einen metallischen Leiter geschickt wurden, alle Erscheinungen eines continuirlichen Stromes erzielt und auch der Bedingung grosser Menge und Kraft Genüge geleistet werden konnte. Wilhelm hat dies sehr passend erläutert, indem er sagt:

„Der durch Faraday's ursprüngliches Experiment entdeckte Einzelstrom kann mit dem einzelnen Regentropfen verglichen werden, welcher, obgleich an und für sich machtlos, durch seinen steten Fall auf ein erhabenes Plateau im Stande ist, Bäche und Flüsse zu erzeugen, bis er zuletzt zum mächtigen Strome heranwächst und eine Kraftquelle, ähnlich der des Niagarafalles, erzeugt wird."

Bei Gelegenheit seines, vor der Institution of Civil Engineers im Jahre 1883 (wenige Monate vor seinem Tode) über elektrische Kraftübertragung gehaltenen Vortrages zeigte Wilhelm den nämlichen Magneten und dieselbe Spirale vor, welche Faraday ursprünglich im Jahre 1831 benutzt hatte, als er seine Entdeckung vor der Royal Institution darlegte. Er sagte:

„Das war ein unvergesslicher Tag in Faraday's Leben, als er den Funken sah (welcher die Erzeugung des elektrischen Stromes bekundete) und im Stande war, denselben seinem Auditorium vorzuzeigen, und schon damals war es seine Ansicht, dass damit eine neue wichtige Aera begonnen habe; denn er bemerkte bei dieser Gelegenheit: „Dieser Funke ist so gering, dass Sie ihn kaum bemerken können; aber andere Funken werden folgen, welche diese Kraft für höchst wichtige Zwecke verwendbar machen werden."

Und so hat es sich in der That denn auch herausgestellt.

Kaum war Faraday's Entdeckung in die Öffentlichkeit gedrungen, so wurden auch sofort viele Versuche angestellt, um diese Induktionsströme zu verstärken und dieselben für praktische Zwecke nutzbar zu machen. Faraday hatte vorausgesehen, dass solche Versuche gemacht werden würden, zog es jedoch vor, dieselben vollständig dem Mechaniker zu überlassen. Er schrieb im Jahre 1831:

„Mir war es mehr darum zu thun, neue Thatsachen und weitere Beziehungen, welche auf der magneto-elektrischen Induktion beruhen, ausfindig zu machen, als die Kraft der bereits erzielten Ströme zu vermehren, da ich der festen Ueberzeugung war, dass die letzteren ohnedies im Laufe der Zeit zu ihrer vollen Entwicklung gebracht werden würden."

Die Nutzbarmachung des Induktionsstromes war jedoch eine Aufgabe, welche denjenigen, die den Fussstapfen des grossen Entdeckers gefolgt sind, viel Zeit und Nachdenken gekostet hat. Der weiteren Entwicklung dieser Kraft haben sich Pixii, Clarke, Saxton und andere gewidmet, welche Magnete in der Nähe von Drahtspulen, oder Eisenkerne umgebende Drahtspiralen in der Nähe der Pole kräftiger Stahlmagneten rotiren liessen. Durch die Eisenkerne wurde, wie bereits Faraday gezeigt hatte, die Wirkung bedeutend intensiver.

Die Erfindung wurde hauptsächlich für den Telegraphen-Betrieb verwerthet; eine der praktisch werthvollsten Anwendungen wurde von Wheatstone im Jahre 1844 durch die Construktion seines magneto-elektrischen „Step-by-Step" Zeigerapparates gemacht. Jedoch trotz der grossen Genialität des Entwurfes und der Construktion dieses Apparates, erwies sich der inducirte Strom als praktisch unzureichend, um die gewünschte Wirkung hervorzubringen.

Die erste erfolgreiche Anwendung der magneto-elektrischen Maschine in einer wirkungsvolleren Form wurde für Beleuchtungszwecke gemacht, und dazu gelangte man auf einem etwas sonderbaren indirekten Wege. Das Drummond'sche Licht, welches durch Verbrennung von Sauer- und Wasserstoff im Kalke erzeugt wird, hatte damals gerade grosses Aufsehen erregt. Viele Erfinder hatten versucht, dasselbe billig herzustellen, und im Jahre 1853 construirte ein geschickter Mechaniker, Namens Nollet, eine kräftige magneto-elektrische Maschine, um die erforderlichen Gase durch die Zersetzung von Wasser zu erzeugen. Dieses Experiment missglückte; dagegen wusste Professor Holmes den Apparat in seinen Besitz zu bringen, der es versuchte, den

Kapitel VII.

damit erzeugten Strom direkt zur Lichtproduktion zu verwenden. Er arbeitete mehrere Jahre lang mit grosser Ausdauer an der Verbesserung dieses Apparates und an der Erhöhung seiner Wirksamkeit, bis derselbe schliesslich im Stande war, ein Licht, ähnlich dem von einer galvanischen Batterie erzeugten, hervorzubringen; und am 8. Dezember 1858 wurde das elektrische Licht zum ersten Male auf dem Meere, vom Leuchtthurme auf South Foreland aus, versuchsweise gezeigt.

In der Zwischenzeit hatten aber auch die Brüder Siemens sich mit diesem Arbeitsfelde beschäftigt. Ein wichtiger Fortschritt zur Anhäufung magneto-elektrischer Ströme wurde im Jahre 1856 von Dr. Werner Siemens gemacht, welcher einen im Durchschnitte dem Buchstaben H ähnlichen Anker construirte, in dessen Vertiefungen die isolirten Drähte in der Längsrichtung gewickelt waren. Dieser Anker ruhte ferner derart in Lagern, dass er um seine Längsachse rotiren konnte, und war zwischen die Nord- und Südpole einer Anzahl permanenter Hufeisenmagnete gestellt, die in einer Linie angeordnet waren. Wenn man daher den Anker in sehr rasche Rotation versetzte, so wurde eine Steigerung des Effekts durch die gleichzeitige Wirkung der sämmtlichen permanenten Magnete hervorgebracht, insofern jeder einen Strom in einer und derselben Spirale erzeugte. Auf diese Weise wurde eine Aufeinanderfolge von Strömen ermöglicht, welche, mit Hülfe eines „Commutators" in einen äusseren metallischen Stromkreis geleitet, einen continuirlichen Strom von bedeutender Stärke lieferten.

Dies war eine höchst werthvolle Erfindung; denn wegen des geringen Raumes, den der Anker bei der Rotation beanspruchte, konnte derselbe in einem intensiven, von kleinen Magneten erzeugten, magnetischen Felde erhalten werden, und überdies war seine cylindrische Form ganz besonders für eine sehr rasche Rotation geeignet.

Diese Ankerform ist von der Firma Siemens & Halske vielfach bei ihren magneto-elektrischen Maschinen in Anwendung gekommen, besonders bei einem alphabetischen Zeigerapparate, welcher unter dem einfachen Namen Zeiger bekannt ist. Als im Jahre 1865 eine Maschine, bei welcher diese Ankerform ebenfalls in Anwendung gekommen war, von der benannten Firma für die Pariser Weltausstellung hergerichtet worden war, war Werner, als er mit derselben experimentirte, ganz erstaunt über die grosse Leistungsfähigkeit dieses Apparates. Er schrieb darüber in einem Briefe an Wilhelm (wahrscheinlich etwa um die Mitte des Jahres, das genaue Datum ist nicht angegeben), wie folgt:

„Ich bin seit einigen Tagen mit dem Probiren des grossen dynamoelektrischen Induktors beschäftigt. Ich musste dafür ein besonderes Fundament vor dem Fenster bauen lassen, da er sich im Maschinensaal nicht fest genug aufstellen liess. Es waren noch einige kleine Fehler zu redressiren. Er scheint seine Schuldigkeit thun zu wollen, doch unsere Maschine ist für seine volle Wirkung zu schwach. Schade, dass er für den Besuch der Potentaten zu spät nach Paris kommen wird. Ich hoffe ihn in acht Tagen absenden zu können und rechne dann auf Deine Hülfe bei der Aufstellung daselbst. Man will mir in der preussischen Abtheilung eine besondere Locomobile im Park dafür zur Disposition stellen. Merkwürdig bleibt die grosse Kraft, welche der elektrische Strom zur Erzeugung braucht!"

Nachdem der Werth dieser Verbesserung bekannt geworden war, wurde dieselbe zur weiteren Lösung des Problems der Leuchtthurm-Beleuchtung benutzt. Infolge der Versuche auf South Foreland im Jahre 1858 wandte sich das „Trinity House" an Faraday um Rath, welcher demselben zuredete, mit weiteren Versuchen vorzugehen. Professor Holmes beeilte sich, aus dem Siemens'schen Anker Nutzen zu ziehen, und durch fortgesetzte eigene Bemühungen um die Verbesserung seiner Maschine erzielte er schliesslich derartige Erfolge, dass das elektrische Licht im Juni 1862 dauernd in Dungeness eingerichtet wurde, wo es dreizehn Jahre lang geleuchtet hat. Später wurden dann auch die Leuchtthürme auf South Point im Jahre 1871, auf South Foreland im Jahre 1873, sowie an verschiedenen ausländischen Orten mit elektrischem Lichte versehen.

Im Jahre 1866 benutzte ein anderer Erfinder, Mr. Wilde aus Manchester, den Siemens'schen Anker zur Construktion eines sehr kräftigen Apparates. Er bediente sich einer Siemens'schen Maschine mit permanenten Magneten, um den Strom zur Erregung der Elektromagnete einer grösseren, ebenfalls mit einem

Siemens'schen Anker versehenen Maschine zu erzeugen. Die kleinere Maschine war mit einem Commutator ausgerüstet, um dem Strome eine constante Richtung zu geben.

Wilde's und Holmes' Maschinen bedeuteten einen weiteren Schritt vorwärts, insofern sie die Anwendung der Dampfkraft für ihren Betrieb gestatteten. Die Leistungsfähigkeit dieser Maschinen hatte bereits einen solchen Grad erreicht, dass die zur Erregung und Akkumulation der Ströme erforderliche Kraft nicht mehr durch Handbetrieb erzielt werden konnte. An dessen Stelle war jetzt mechanische Arbeit getreten, wodurch nicht nur die Kraft vermehrt, sondern auch der Betrieb ein ökonomischerer wurde.

Und jetzt wurde die grossartige Erfindung von den Brüdern Siemens gemacht, von welcher auf Seite 189 bereits die Rede war, nämlich: das **Princip der elektromagnetischen Vermehrung und Unterhaltung eines Stromes ohne Hülfe von Stahl- oder anderen permanenten Magneten.**

Werner hat zuerst dieser Erfindung in einem vom 4. December 1866 datirten Briefe an Wilhelm Erwähnung gethan. Er schrieb:

„. . . . . Ich habe eine neue Idee gehabt, die aller Wahrscheinlichkeit nach reüssiren und bedeutende Resultate geben wird.

Wie Du wohl weisst, hat Wilde ein Patent in England genommen, welches in der Combination eines Magnetinduktors meiner Construktion mit einem zweiten, welcher einen grossen Elektromagnet anstatt der Stahlmagnete hat, besteht. Der Magnetinduktor (wie bei den Zeigern construirt) magnetisirt den Elektromagnet zu einem höheren Magnetismus, wie er durch Stahlmagnete zu erreichen ist. Der zweite Induktor wird daher viel kräftigere Ströme geben, als wenn er Stahlmagnete hätte. Die Wirkung soll colossal sein, wie in „Dingler's Journal" mittgetheilt.

Nun kann man aber offenbar den Magnetinduktor mit Stahlmagneten ganz entbehren. Nimmt man eine elektromagnetische Maschine, welche so construirt ist, dass der feststehende Magnet ein Elektromagnet mit constanter Polrichtung ist, während der Strom des beweglichen Magnetes gewechselt wird; schaltet man ferner eine kleine Batterie ein, welche den Apparat also bewegen würde, und dreht nun die Maschine in der entgegengesetzten Richtung, so muss der Strom sich steigern. Es kann darauf die Batterie ausgeschlossen und entfernt werden, ohne die Wirkung aufzuheben. Es ist mit anderen Worten eine Holz'sche Maschine, angewandt auf Elektromagnetismus.

Man kann mithin allein mit Hülfe von Drahtwindungen und weichem Eisen Kraft in Strom umwandeln, wenn nur der **Impuls** gegeben wird. Dieses Geben des Impulses, welcher die Stromrichtung bestimmt, kann auch durch den rückbleibenden Magnetismus oder durch ein Paar Stahlmagnete, welche dem Kern stets einen schwachen Magnetismus geben, geschehen.

Die Effekte müssen bei richtiger Construktion colossal werden. Die Sache ist sehr ausbildungsfähig und kann eine neue Aera des Elektromagnetismus anbahnen! In wenig Tagen wird ein Apparat fertig sein. . . . . Magnet-Elektricität wird hierdurch billig werden, und es kann nun Licht, Galvanometallurgie etc., selbst kleine elektromagnetische Maschinen, die ihre Kraft von grossen erhalten, möglich und nützlich werden!"

Vordem*) hatten, wie es scheint, Wilhelm und sein Bruder Werner eine Diskussion über das dynamische Princip der Umsetzbarkeit der Naturkräfte geführt, und die von Werner erwähnten Experimente sind möglicherweise durch diese Diskussion veranlasst worden. Jedenfalls hat Wilhelm sofort die Bedeutung dieser Erfindung erkannt; denn er beschloss sofort nach Berlin zu reisen, und mit eigenen Augen die Versuche mit anzusehen. Er verliess daher London am 15. December und kam am 19. in Berlin an. Die beiden Brüder führten dann zusammen noch weitere Versuche aus, welche so erfolgreich waren, dass Werner die Prosefsoren Dove, Magnus, du Bois Reymond und verschiedene andere der ersten Physiker Berlins einlud, den Experimenten mit beizuwohnen. Diese Besichtigung fand kurz vor Weihnachten 1866 statt.

Es war daher kein Zweifel mehr über den Werth dieser Erfindung, sowohl in wissenschaftlicher als auch in praktischer Beziehung. Es wurde beschlossen, dieselbe als wissenschaftlichen Gegenstand der Akademie in Berlin und der Royal Society in London zu unterbreiten, während Wilhelm zur praktischen Ausbeutung derselben, Patentschutz in England dafür nachsuchen sollte.

---

*) Siehe Brief von Wm. Siemens, veröffentlicht in der Zeitschrift „**Engineering**" vom 2. November 1877.

Kapitel VII.

Er kehrte daher Anfangs Januar 1867 nach London zurück, und am 15. desselben Monats schrieb Werner in einem ferneren Briefe an ihn, wie folgt:

„Eine Beschreibung des neuen elektro-dynamischen Induktors wirst Du für die Royal Society morgen erhalten, d. i. sie soll morgen fort. Am Donnerstag wird Magnus sie in der Academie vortragen.

Er macht sich über Erwartung günstig, auch in kleinen Dimensionen. Die Sprengfrage ist durch ihn schon praktisch gelöst. Es wird ein wichtiges Ding werden. Einen ganz kleinen Induktor (kleine Zeigergrösse) kann man kaum mit Gewalt drehen, wenn er ohne Widerstand geschlossen ist. . . . ."

Am 17. desselben Monats schrieb er:

„Beiliegend die Presscopie der heute in der Academie verlesenen Notiz. Das Ding wird wirklich sehr wichtig werden.

Der kleine Apparat von der Grösse eines kleinen Stromgebers für Zeiger setzt sich bei einer Umdrehung der Kurbel allein durch den schwachen, rückbleibenden Magnetismus, wenn die Windungen kurz geschlossen sind, in so starke Thätigkeit, dass man die Kurbel nur mit vieler Mühe weiter drehen kann.

Unterbricht man nach einer Umdrehung den kurzen Schluss mechanisch, so erhält man in einem grösseren Widerstandskreise so starke Ströme, dass man sicher 6 englische Patronen zünden kann. Die Zündungsfrage ist dadurch vollständig erledigt. . . . . ."

In einem vom 2. Februar dadirten Briefe Werners heisst es ferner:

„Die Dir neulich mitgetheilte Aenderung des grossen Induktors hat wenig verändert. Obgleich jetzt nicht die geringste Reibung vorhanden, gehört doch eine bedeutende Kraft zur Drehung des Induktors und der Magnet-Anker wird schnell warm und zwar das Eisen, nicht die Drähte. So stark, dass diese warm würden, wird der Strom gar nicht, da die Maschine bei kurzem Schluss entweder fast stillgehalten wird oder der Riemen rutscht.

Der Anker dreht sich dann nur drei- bis viermal pro Secunde. Er giebt dabei aber doch einen Strom, welcher einen achtzehn Zoll langen und einen Millimeter dicken Draht hellglühend macht. . . . . ."

Darauf schrieb er am 13. Februar:

„. . . . . Die Wirkung ist merkwürdig überraschend, auch bei ganz kleinen Dingern. Offen dreht man ohne merkliche Last, geschlossen steigt die Last nach wenigen Umdrehungen bis zur Grenze des Könnens.

Unterbricht man jetzt plötzlich den kurzen Schluss, so erhält man in einem grössern Kreise einen sehr lebhaften Funken, der sich zu Zündungen ausgezeichnet eignet. . . . . ."

Er beschrieb sodann viele nützliche praktische Anwendungen, welche er in Aussicht genommen hatte.

Die Mittheilung an die Royal Society wurde von Wilhelm am 4. Februar gemacht, und die seitdem klassisch gewordene Abhandlung wurde in der Versammlung der Society am 14. Februar 1867 verlesen. Dieselbe war betitelt: „Ueber die Umsetzung dynamischer in elektrische Kraft, ohne Hülfe von permanentem Magnetismus". Der Verfasser sagte:

„Seit Faraday's grosser Entdeckung der Magneto-Elektricität im Jahre 1830 haben die Elektriker für den Zweck der Erzeugung ihrer kraftvollsten Effekte ihre Zuflucht zu mechanischer Kraft genommen, jedoch die Kraft der magneto-elektrischen Maschine scheint in gleichem Maasse von der verausgabten Kraft einerseits, und von dem permanenten Magnetismus andererseits abhängig zu sein.

Mein Bruder, Dr. Werner Siemens in Berlin, hat mich aber vor Kurzem auf ein von ihm angestelltes Experiment aufmerksam gemacht, wodurch nachgewiesen wird, dass der permanente Magnetismus zur Umsetzung von mechanischer in elektrische Kraft nicht erforderlich ist, und das durch dieses Experiment erzielte Resultat ist höchst bemerkenswerth, weil dasselbe nicht nur diese, bis dahin noch unbekannte Thatsache feststellt, sondern vor Allem auch, weil es uns ein einfaches Mittel an die Hand giebt, um höchst kraftvolle elektrische Nutzeffekte hervorzubringen."

Hierauf gab er eine Beschreibung der dabei zur Anwendung gekommenen einfachen Vorrichtung, welche weiter nichts als eine Modifikation des ursprünglichen Siemens'schen Ankers war, und zeigte dem Auditorium eine nach dem neuen Principe construirte Maschine vor. Bei der Beschreibung ihrer Wirkung bemerkte er:

„Wenn man den Anker einer solchen Vorrichtung rotiren lässt, so stellt sich heraus, dass der mechanische Widerstand sehr rasch zunimmt und zwar bis zu einem solchen Grade, dass entweder der Treibriemen anfängt abzurutschen, oder die die Wickelungen bildenden isolirten Drähte so stark erhitzt werden, dass dieselben ihre Seidenumhüllung entzünden. Es ist dadurch möglich geworden, auf einfach mechanischem

Wege die kräftigsten elektrischen oder Wärme-Effekte hervorzubringen, und zwar ohne Hülfe von Stahlmagneten, welchen zum Vorwurfe gemacht werden kann, dass sie durch den Gebrauch ihren permanenten Magnetismus verlieren."

Es ist höchst beachtenswerth, dass etwa um dieselbe Zeit zwei andere hervorragende Elektriker — Professor **Wheatstone** und Mr. Alfred **Varley** — auf dieselbe Idee verfallen sind. Professor **Wheatstone** theilte sie an demselben Tage der Versammlung der Royal Society mit, wie Wilhelm Siemens, und Mr. Varley hatte im vorhergehenden December ein englisches Patent nachgesucht und eine provisorische Beschreibung seiner Erfindung („provisional specification"), — ein versiegeltes Dokument —, dem Patentamt eingereicht. Die Erfindung scheint in der That, wie man zu sagen pflegt, „in der Luft geschwebt zu haben", da gewiss kein Grund vorhanden ist, in irgend einer Weise die Rechtmässigkeit des Anspruches eines jeden dieser drei Männer auf die selbstständige Entdeckung dieses neuen Principes in Zweifel zu ziehen*).

Viele Briefe über diesen Gegenstand findet man in der Zeitschrift „**Engineering**" für October und November 1877.

Das Patent für die Erfindung datirte vom 31. Januar 1867 (No. 261) und eine ausführliche Specificirung desselben erfolgte in der gesetzmässigen Frist. Das Patent war ertheilt für

„Verbesserte Verfahren zur Entwicklung starker elektrischer Ströme und Entladungen, hauptsächlich anwendbar zur Lichterzeugung auf dem Meere, sowie Verbesserungen in Apparaten zum Bestimmen der elek-

---

*) Dr. Tyndall hat in seinem am 17. Januar 1879 vor der Royal Institution abgehaltenen Vortrag: „Ueber das elektrische Licht" in Bezug auf diesen Punkt folgende Bemerkungen gemacht:

„Eine Abhandlung über denselben Gegenstand von Dr. Werner Siemens wurde am 17. Januar 1867 vor der Akademie der Wissenschaften in Berlin verlesen. In einem Briefe an die Zeitschrift **Engineering**, No. 622, Seite 45, behauptet Mr. Robert Sabine, dass Professor Wheatstone's Maschine in den Monaten Juli und August 1866 von Herrn Stroh gebaut worden sei. Ich bezweifle Herrn Sabine's Aussage keineswegs; es ist jedoch im allerhöchsten Grade gefährlich, von dem alten Grundsatze, den Faraday stets in aller Strenge befolgt hat, abzuweichen, dass das Datum der Geburt einer Erfindung mit dem Datum der Veröffentlichung derselben identisch sei."

trischen Widerstände im Zusammenhange mit solchen und anderen Strömen. (Theilweise mitgetheilt von Werner Siemens in Berlin)."

Die Natur der Erfindung war in dem ersten Patentanspruche in folgender Weise beschrieben:

„Entwicklung kräftiger elektrischer Ströme in elektro-magnetischen Apparaten, indem man die Pole eines rotirenden Elektromagneten oder Magnetankers gewaltsam den gleichen Polen feststehender Elektromagnete oder Spiralen der Reihe nach nähert und von den ungleichen Polen dieser Magnete gewaltsam entfernt, wobei die Ströme mit Hülfe eines Umschalters oder von Stromwechslern so gerichtet werden, dass dieselben den obigen Effekt hervorbringen und dadurch eine Akkumulation von Magnetismus und von den durch den Apparat erzeugten Strömen bewirken."

Der Anwendung der Erfindung auf Leuchtthürme wird in folgender Weise gedacht:

„Leuchtthürme sind in einigen Fällen vermittelst elektrischer Lampen beleuchtet worden . . . . . . Da die für solche elektrische Lampen erforderlichen starken Batterien ausserordentlich rasch erschöpft und sehr kostspielig zu unterhalten sind, so wurden magneto-elektrische Maschinen zur Erzeugung der erforderlichen elektrischen Ströme verwendet; doch selbst diese Maschinen verloren in Folge der allmählichen Abnahme des permanenten Magnetismus der dabei verwendeten Stahlstäbe leicht ihre Leistungsfähigkeit. Die vorliegende Erfindung besteht darin, erstens starke elektrische Ströme ohne Hülfe von grossen Batterien oder permanenten Magneten durch folgendes Verfahren hervorzubringen: —

Dieses Verfahren wird sodann beschrieben und weiterhin dargelegt, wie Licht mit Hülfe von Drähten auf Lampen, Leuchtthürme und Bojen auf dem Meere übertragen werden kann.

Das war die grossartige Erfindung: die Beseitigung der permanenten oder Stahlmagnete und die Ersetzung derselben durch Elektromagnete, welche von dem durch die Rotation der Helix oder des Ankers der Maschine selbst erzeugten Strome erregt wurden. In Anbetracht der grossen Wichtigkeit dieser Erfindung für die praktische Verwendung der Elektricität im grossen Maassstabe dürfte es angemessen erscheinen, deren Natur und Vortheile hier etwas ausführlicher darzulegen.

Die Maschinen, welche ihre elektrischen Ströme von „permanenten" Magneten erhielten, hatten verschiedene Uebelstände.

Zunächst war die Kraft derselben begrenzt durch die verhältnissmässig geringe Intensität der Magnetisirung der Stahlmagnete, welche selbst im günstigsten Falle weit geringer war, als die der Elektromagnete, ferner existirte die sogenannte „Permanenz" der Magnetisirung nur dem Namen nach, da alle Stahlmagnete jährlich einen gewissen Procentsatz ihres Magnetismus verlieren. Hieraus folgte, dass die Kraft einer Maschine, welche von der Induktionswirkung permanenter Magnete abhing, beständig abnehmen musste, so dass die Magnete schliesslich durch andere ersetzt, oder von Neuem magnetisirt werden mussten. Ueberdies nahm der Effekt der Maschinen, wie Werner Siemens sehr richtig bemerkt hatte, mit ihren Dimensionen nicht zu; um grosse Kraft zu erzielen, hätte man unverhältnissmässig grosse Massen von Eisen, Stahl und Draht verwenden müssen, wodurch die Maschine zu schwerfällig und kostspielig geworden wäre.

Die neue Entdeckung des „Reaktionsprincipes der Magnetisirung" bestand im Wesentlichen in der Benutzung des magnetischen Rückstandes oder des inhärenten Magnetismus des Eisenkerns des Elektromagneten (welchen jedes Eisen mehr oder weniger besitzt), um in den Drahtumwindungen des rotirenden Ankers einen schwachen Strom zu induciren, welcher, indem er durch die die ursprünglichen Magnete umwindenden Spulen geleitet wurde, trotz seiner ausserordentlich geringen Kraft genügte, um deren magnetische Intensität ein wenig zu erhöhen. Die Verstärkung des Magnetismus reagirte auf die Ankerspulen, wodurch ein noch stärkerer Strom erzeugt wurde, welcher seinerseits wiederum die Intensität der Elektromagnete vergrösserte. Aktion und Reaktion nahmen auf diese Weise zwischen Elektromagneten und Anker ihren Fortgang, bis nach einigen Sekunden die Magnete bis auf ihren Sättigungspunkt geladen waren. Vermittelst dieser Vorrichtung konnte man mit einer Maschine mittlerer Grösse durch die Akkumulationswirkung sehr bedeutende Effekte, genau im Verhältnisse zu der angewendeten mechanischen Kraft hervorbringen.

Werner Siemens schlug für die Maschinen, in welchen die ursprünglichen Stahlmagnete zur Anwendung kamen, die Bezeichnung magneto-elektrische Maschinen, für diejenigen aber, bei welchen der Strom lediglich durch mechanische Kraft erzeugt wurde, den Namen dynamo-elektrische Maschinen vor, und diese Bezeichnungen sind denn auch allgemein angenommen worden.

Das unmittelbare Resultat dieser Erfindung war die Construktion eines der wunderbarsten modernen Apparate, nämlich der **Dynamo-Elektrischen Maschine** oder, wie dieselbe heutzutage gewöhnlich abgekürzt benannt wird, der Dynamo. Dieselbe ist, wie aus ihrem Namen (einer Zusammensetzung des griechischen Wortes: δύναμις Kraft) hervorgeht, ein Apparat, dessen Construktion auf den Wechselbeziehungen zwischen mechanischer Kraft und Elektricität beruht. Wenn dabei mechanische Wirkung in der Gestalt von Muskel-, Wasser- oder Dampfkraft zur Anwendung kommt, so setzt die Maschine dieselbe in ihr entsprechendes Aequivalent (vermindert um gewisse nothwendige Verluste) von Energie in der Gestalt eines elektrischen Stromes um; oder umgekehrt, wenn ein elektrischer Strom in die Maschine eingeführt wird, so kann derselbe in ein entsprechendes Aequivalent mechanischer Kraft umgesetzt werden, wodurch Arbeit verrichtet wird, die sonst durch Muskel-, Wasser- oder Dampfkraft geleistet werden müsste.

Die berliner Firma bemühte sich sogleich, die neue Erfindung für Beleuchtungszwecke praktisch zu verwerthen. In einem vom 10. Juli 1868 datirten Briefe an Wilhelm schreibt Werner:

„Heute Abend machen wir wieder Beleuchtungs-Versuche mit der dynamo-elektrischen Maschine auf dem Artillerie-Schiessplatze. Bei den letzten Versuchen beleuchtete der Apparat auf 2500 Schritt eine Scheibe so hell, dass man mit Gewehren darnach schiessen konnte und von zehn Schuss neun Treffer hatte. Heute wird mit Kanonen nach elektrisch beleuchtetem Ziele geschossen. Auch den elektrischen Distanzmesser werden wir heute probiren. Geht gut . . . . ."

Auch in England versuchte es Herr Holmes, auf Veranlassung des Trinity House, die neue Erfindung für die Beleuchtung von Leuchtthürmen auszubeuten. Im Frühjahre 1869 hatte er eine Maschine gebaut, welche eine ausserordentliche Kraft besass und ein Licht von grossem Glanze erzeugte. Derselben hafteten jedoch immer noch allerlei Mängel an, weshalb man schon im Interesse der Sicherheit für Leuchtthurmzwecke an der magneto-elektrischen Maschine festhielt.

Im Jahre 1872 trat Wilhelm wiederum mit einigen ihm von seinem Bruder Werner mitgetheilten Verbesserungen hervor, welche auf die Anordnung und die Bewegungen von „in einem magnetischen Felde schwebenden Spulen" Bezug hatten. Eine weit wichtigere Erfindung wurde jedoch ein Jahr später, am 5. Juni 1873, patentirt. Die Patentschrift trug die Ueberschrift: „Verbesserungen in Apparaten zur Erzeugung und Regulirung von elektrischen Strömen, um solche Apparate für elektrische Beleuchtung besonders anwendbar zu machen."

Die Erfindung war angemeldet worden als „eine Mittheilung von Dr. Werner Siemens und Friedrich von Hefner-Alteneck". Der Letztgenannte, ein wohlbekannter wissenschaftlicher Ingenieur in Berlin, scheint den Hauptantheil an dieser Erfindung gehabt zu haben, und die bald darauf erbaute Maschine wurde ohne Unterschied entweder die „Neue Siemens'sche" oder die „v. Hefner-Alteneck'sche" Maschine genannt.

Der Zweck der Erfindung war, die Kraft und Leistungsfähigkeit der Dynamo durch eine geschickte Vereinigung verschiedener, auf der ursprünglichen Siemens'schen Erfindung beruhender Principien zu vermehren. Dieselbe war kurz beschrieben als ein: „Vorschlag zur Stromverbindung der einzelnen Windungen einer mit mehreren Drahtrollen umwundenen Siemens'schen Armatur". Der Hauptanspruch des Patentes bezieht sich auf:

„den Gebrauch eines Apparates zur Erzeugung elektrischer Ströme durch Anwendung mechanischer Kraft, in welchem Apparate ein mit isolirten Leitungsdrähten auf seiner Aussenseite in der Längenrichtung umwundener Kern zum Rotiren gebracht wird, und zwar in dem ringförmigen Raume zwischen feststehenden äusseren magnetischen Polen oder Polar-Verlängerungen und einem feststehenden inneren Eisencylinder, welcher unabhängig für sich magnetisirt werden kann."

Mit dieser Erfindung ist im Wesentlichen der Bau der Siemens'schen dynamo-elektrischen Maschine abgeschlossen und mit Recht ist von einer hohen Autorität*) bemerkt worden, dass die Entwicklung dieser herrlichen Maschine aus ihrem rudimentaren Anker, wie er vor fünfundzwanzig Jahren war, als eines der herrlichsten Produkte des erfinderischen Geistes zu betrachten

---

*) Sir William Thomson. „Nature" Nov. 29, 1883.

und eher mit dem Wachsthum einer Blume als — mit irgend etwas von Menschenhänden auf mechanischem Wege Geschaffenem zu vergleichen sei.

Wir haben hier nur diejenigen Formen der Dynamo erwähnt, welche die Brüder Siemens gebaut haben; es sind jedoch noch viele andere Constructionen der Maschine zur Erzeugung starker elektrischer Ströme von anderen Erfindern und Fabrikanten erdacht worden, von welchen einige grosse Anerkennung verdienen und auch vielfach im Gebrauche sind. Zu denselben gehören die von Gramme, die von der Brush Company, die von Gülcher, Crompton, Gordon, Edison, Hopkinson, Sawyer und viele andere.

Soviel über die dynamo-elektrische Maschine. Dieselbe findet ihre Hauptanwendung für elektrische Beleuchtung, worüber wir jetz einige kurze Bemerkungen machen wollen.

Die Erzeugung des Lichts hängt ab von irgend einem localen Widerstande, welcher dem Durchgange des elektrischen Stromes in einem gegebenen Punkte seines Stromkreises entgegengesetzt wird; die Wirkung eines solchen Widerstandes besteht darin, dass die Energie zur Licht- und Wärmeerzeugung verausgabt wird.

Elektrisches Licht wird für praktische Zwecke auf zwei Arten hervorgebracht. Zunächst hat Davy im Jahre 1810 gezeigt, dass der grösste örtliche Widerstand und der höchste Grad von Wärme und Leuchtkraft erzeugt wird, wenn der elektrische Strom zwischen zwei Kohlenspitzen hindurchgeht. Werden letztere in einem kurzen Abstande einander gegenüber gestellt, so geht der Strom über den Zwischenraum hinweg; da aber die Luft ein schlechter Leiter ist, so wird der so gebildete Zwischenraum dem Durchgange des Stromes grossen Widerstand entgegensetzen, und in Folge dessen grosse Hitze und zwischen den beiden Kohlenspitzen ein leuchtender Lichtstreifen von grosser Helligkeit erzeugt werden. Das Licht wird theilweise durch das Weissglühen der Kohlenspitzen selbst verursacht, theils auch durch die Verflüchtigung eines geringen Theiles der Kohle, welcher im Zustande intensiv erhitzten Dampfes zwischen den Kohlenspitzen hinüberfliegt. Dieser leuchtende Streifen wird der gebogenen Form wegen, welche er bisweilen annimmt, Volta'scher Bogen und das nach diesem Principe erzeugte Licht Bogenlicht genannt.

Es sind dabei Vorrichtungen zu treffen, dass die Kohlenspitzen die erforderliche Entfernung von einander innehalten; dieselben werden daher in gleichem Maasstabe, wie die Kohlen allmählich verzehrt werden, gewöhnlich vermittelst eines Uhrwerkes einander wieder genähert. Die Regulirung des elektrischen Bogens nach den verschiedenartigen Verhältnissen des Stromes und der Kohlen war jedoch stets und ist auch heute noch eine Frage, welche ihre praktischen Schwierigkeiten hat; in der That ist viel Scharfsinn auf die Construktion elektrischer Lampen und elektrischer Kerzen angewendet worden, um eine gleichförmige Wirkung zu erzielen.

Bogenlichte können sehr kräftig gemacht werden — so dass ein Licht zuweilen die Leuchtkraft von tausend Kerzen besitzt. Dieselben eignen sich daher besonders zur Beleuchtung grosser Räumlichkeiten, wo es auf eine sehr feine Vertheilung der Beleuchtung nicht so sehr ankommt. Ein Licht von über tausend Normalkerzen kann durch die Dynamo mit einem Aufwande von einer Pferdekraft hervorgebracht werden.

Die andere Form des elektrischen Lichtes wird Glühlicht genannt.

Um dieses hervorzubringen, ist keine Unterbrechung des Stromkreises erforderlich, sondern es wird in den letzteren ein Stück irgend eines Materials eingeschaltet, welches so dünn ist, dass es nur ein sehr geringes Leitungsvermögen für den elektrischen Strom besitzt, und die Folge hiervon ist, dass dieses eingeschaltete Stückchen so stark erhitzt wird, dass es Licht erzeugt. Ein dünner Draht oder ein dünner Streifen aus Platin oder irgend einem anderen Metalle bringt diese Wirkung hervor, ebenso ein sehr dünner Kohlenfaden; das Letztere ist das Gewöhnliche. Durch starke Erhitzung in der freien Luft würde aber ein solcher Kohlenfaden sofort verbrennen und zerstört werden; um dies zu verhüten, wird derselbe in eine kleine, vorerst mit Hülfe einer Quecksilber-Pumpe*) luftleer gepumpte Glaskugel eingeschlossen.

---

*) Schon im Jahre 1845 nahm ein gewisser King ein Patent für das Glühendmachen eines in einem Quecksilber-Vacuum aufgestellten Kohlenstabes mit Hülfe des elektrischen Stromes. Diese Vorrichtung war für unterseeische Beleuchtungszwecke sowie zum Gebrauch in Sicherheitslampen für Kohlenminen bestimmt.

Elektrische Glühlampen geben gewöhnlich ein Licht gleich demjenigen eines gewöhnlichen Gasbrenners, nämlich 10 bis 50 Normalkerzen, zuweilen sind sie jedoch auch stärker. Das Licht ist sanft und angenehm und eignet sich weit mehr für häusliche Zwecke, als der blendende Glanz des Bogenlichtes. Dagegen ist es viel kostspieliger, wenn man berücksichtigt, dass eine 1 pferdige Dynamo nur ein Glühlicht von ungefähr 160 Normalkerzen erzeugt, während das Bogenlicht bei derselben Pferdekraft eine Lichtstärke von 1000 Normalkerzen besitzt. Wilhelm Siemens hat dargelegt, dass Glühlampen, was die Oekonomie des Betriebes anlangt, niemals mit dem Bogenlichte zu wetteifern im Stande sein würden, da die Intensität des letzteren fast der des Sonnenlichtes gleich gemacht werden könne, während die Glühlampen in ihrer Intensität durch den Schmelz- oder Zerstreuungspunkt des angewendeten Leiters begrenzt seien. Ausserdem ist auch die Unterhaltung solcher Lampen ziemlich kostspielig, da die Kohlenfäden sich abnutzen und unbrauchbar werden und die Glaskugeln in Folge des atmosphärischen Druckes häufig undicht werden oder zerplatzen.

Aus dem oben Mitgetheilten geht hervor, dass das elektrische Licht keineswegs etwas Neues ist: aber das Interesse, welches man demselben heutzutage entgegenbringt, hat hauptsächlich seinen Grund in dem verhältnissmässig geringen Preise, zu welchem der elektrische Strom in der Dynamo-Maschine erzeugt werden kann; denn die Kosten der dazu erforderlichen mechanischen Kraft sind äusserst gering gegenüber den früheren grossen Ausgaben für das in den galvanischen Batterien verbrauchte Zink.

Die Dynamo-Maschine wurde von den Brüdern Siemens in London sofort praktisch verwerthet, nachdem dieselbe einigermassen Bedeutung gewonnen hatte. Die Maschine, welche Wilhelm im Februar 1867 vor der Versammlung der Royal Society vorzeigte, war in der Charlton'er Fabrik gebaut worden; späterhin machte die Firma noch einige Versuche, um die Erfindung für Seebeleuchtung, wie dieselbe im Patent beschrieben war, zu verwenden; jedoch haben diese Bemühungen kein dauerndes Resultat ergeben.

Aehnliche Maschinen wurden darauf noch einige Jahre lang für andere Zwecke versucht, von denen die erfolgreichste die von Werner bereits in einem seiner frühesten Briefe erwähnte, nämlich diejenige zum Minensprengen mit Hülfe elektrischer Zündung, ist. Die Wirkung der Maschine erwies sich jedoch in Folge der Erhitzung des Eisens des Ankers als unvollkommen und man darf wohl behaupten, dass erst durch die Erfindung der „Neuen Siemens'schen" Maschine die hohen Verdienste der Dynamo-Maschine in ihrem vollen Umfange zu Tage getreten seien.

Nach der Patentirung dieser Maschine im Jahre 1873 beschäftigte sich die Charlton'er Firma ernstlich mit der Einführung derselben in den praktischen Gebrauch, und der erste bedeutende Erfolg, welcher mit derselben erzielt wurde, war die Anwendung der Maschine zur Lieferung des Lichts von Leuchtthürmen.

Das in Dungeness und an anderen Orten eingeführte elektrische Licht war bis dahin durch die magneto-elektrische Maschine geliefert worden. Das Trinity House hatte noch keine Dynamo-Maschine im Gebrauch, wandte derselben jedoch seine Aufmerksamkeit zu, nachdem die Vorzüge dieser Maschine der magneto-elektrischen gegenüber bekannt geworden waren.

Man beabsichtigte, auf dem Lizard'schen Leuchtthurme ein sehr kräftiges Licht aufzustellen; ehe man sich aber für die oder jene Erzeugungsweise des Lichtes entschied, wurde beschlossen, die verschiedenen, zur Verfügung stehenden Maschinen einer sorgfältigen vergleichenden Untersuchung ihrer bezüglichen Vortheile zu unterziehen.

Unter den wissenschaftlichen Apparaten, welche im Jahre 1876 dem South Kensington Museum in London für diesen Zweck überlassen und ausgestellt worden waren, konnte man auch mehrere Dynamo-Maschinen für Lichterzeugung im Betrieb sehen, darunter eine Modification der Holmes'schen Maschine, die sogenannte „Alliance"-Maschine, ferner die Gramme'sche und die v. Hefner-Alteneck'sche oder die neue Siemens'sche Maschine. Obgleich alle diese Maschinen mit dem besten Erfolge arbeiteten, war doch die letztgenannte Maschine durch die ausserordentliche Gedrungenheit ihrer Construktion so bemerkenswerth, dass ihr ganz besondere Beachtung geschenkt wurde.

Angeregt durch diese Ausstellung, beschloss das Trinity House eine erschöpfende Reihe von Experimenten ausführen zu lassen, und dies geschah im Jahre 1876—1877 auf dem South Foreland Leuchtthurme unter Leitung des Professors Tyndall, des wissenschaftlichen Rathgebers, und des Mr. (jetzt Sir) James Douglass, des Oberingenieurs des Trinity House.

Die verschiedenen Maschinen wurden einer vergleichenden Prüfung unterworfen und, während dieselben im Betrieb waren, der Kohlenverbrauch, die erzeugte Leuchtkraft sowie die verbrauchte Pferdekraft einer jeden derselben durch eine Reihe von Experimenten an der Küste genau gemessen; ebenso wurden über die durchdringende Kraft und die Intensität des Lichtes unter verschiedenen atmosphärischen Verhältnissen sowie in verschiedenen Entfernungen zur See auf einer dem Trinity House gehörigen Yacht eine fernere Reihe von Beobachtungen angestellt.

Die Ergebnisse dieser Versuche sind in einem, vom Trinity House im Herbste 1877[*]) veröffentlichten, sehr ausführlichen Berichte mitgetheilt worden.

Dr. Tyndall sagte:

„Was das Resultat dieser Beobachtungen anbelangt, so zeigen die neuen Maschinen, d. h. die Siemens'sche und Gramme'sche, bei ihrer Verwendung zur elektrischen Lichterzeugung für Leuchtthurmzwecke einen bedeutenden Fortschritt sowohl in Bezug auf Oekonomie des Betriebes wie in Bezug auf die erzeugte Kraft. Beide Erfindungen stellen dem hohen Rathe des Trinity House zweifelsohne elektrisches Licht von ganz ausserordentlicher Leuchtkraft zur Verfügung. Durch Vereinigung gewisser Vorrichtungen dürfte man wohl im Stande sein, ein Licht zu erzeugen, welches an Kraft und Individualität alle bis jetzt vorhandenen Beleuchtungsarten überbietet."

Der Oberingenieur schrieb in einer Abhandlung über denselben Gegenstand:

„Hinsichtlich des elektrischen Lichtes dürfte es zweifelhaft sein, ob überhaupt eine praktische Grenze für die damit erreichbare Intensität angegeben werden könne, vielmehr ist diese Frage lediglich vom Kostenpunkte abhängig."

Das Resultat dieser Untersuchung war, dass die Brüder Siemens beauftragt wurden, nach ihrem Princip den elektrischen

---

[*]) Mittheilungen über diesen Gegenstand finden sich auch in Engineering vom 19. October und in der Times vom 3. October 1877.

Kapitel VII.

Apparat für den Lizard-Leuchtthurm zu erbauen, und im März 1878 leuchtete dort das elektrische Licht zum ersten Male.

Im November 1878 wurde Wilhelm von dem Ausschusse der Royal Albert Hall in London gebeten, eine aus Männern der Wissenschaft zusammengesetzte Commission, welche die Möglichkeit der elektrischen Beleuchtung der Halle und der dazu gehörigen Gebäulichkeiten in Erwägung ziehen sollte, mit seinem Rathe zu unterstützen. Er that dies auf das Bereitwilligste und lieferte die Apparate, mit welchen nach Verlauf weniger Monate die probeweise Beleuchtung installirt wurde. Am 17. März stattete der König von Belgien der Halle einen Besuch ab, um die Beleuchtung in Augenschein zu nehmen. Im Anfange des Jahres 1880 kaufte Wilhelm die Apparate wieder an und setzte von da ab die Experimente auf seine eigene Rechnung fort.

Der elektrischen Beleuchtung hat er auch persönlich grosse Aufmerksamkeit gewidmet. Während dieses Zeitabschnittes nahm er, abgesehen von seinen auf Dynamomaschinen bezüglichen Erfindungen, noch fünf Patente auf Verbesserungen in Bogenlicht-Lampen, wie denn überhaupt dieser Zweig des Geschäfts sich seiner ganz besonderen Fürsorge zu erfreuen hatte.

Nachdem die Dynamomaschine und ihre Verwendung für elektrische Beleuchtung eine wohlbegründete Thatsache geworden war, wurde Wilhelm von dem Vorstande der Royal Institution of Great Britain, welche stets bemüht ist, ihren Mitgliedern die genaueste Belehrung über den Fortschritt praktischer Wissenschaft zu geben, darum gebeten, über diesen Gegenstand einen Vortrag zu halten.

Wilhelm fühlte sich durch diesen Antrag sehr geehrt, sah jedoch auf der andern Seite sehr wohl ein, dass er durch einen Vortrag über elektrische Beleuchtung, mit Rücksicht auf seine darauf bezüglichen geschäftlichen Beziehungen, in eine etwas kritische Lage versetzt werden würde. Er hätte entweder Vieles auslassen müssen, was er hätte sagen können, oder es hätte scheinen können, als ob er die Gelegenheit benutzen wolle, um die allgemeine Aufmerksamkeit auf seine persönlichen Angelegenheiten hinzulenken.

Er lehnte daher das Anerbieten dankend ab, und an seiner Stelle hielt Professor Tyndall am 17. Februar 1879 einen ganz ausgezeichneten Vortrag. Wilhelm erklärte sich bereit, diesen Vortrag durch einen ferneren, mehr allgemein gehaltenen „über den dynamo-elektrichen Strom" zu ergänzen, der dann auch von ihm am 12. März 1880 gehalten wurde*).

Elektrische Kraftübertragung.

Nachdem eine derartige Maschine, wie die Dynamo, einmal existirte, durfte man naturgemäss erwarten, dass aus derselben auch für andere praktische Zwecke, wo starke elektrische Energie gebraucht wurde, Nutzen gezogen werden würde. Verschiedene Beispiele hiervon werden im nächsten Kapitel erwähnt werden; einen besonders bemerkenswerthen Fall möchten wir aber gleich hier anführen, weil derselbe zu den frühesten praktischen Anwendungen gehört, denen Wilhelm seine besondere Aufmerksamkeit schenkte.

Es handelt sich in diesem Falle nicht um den Gebrauch des elektrischen Stromes als selbstständig wirkende Kraft, derselbe dient vielmehr gewissermassen nur als ein Mittel zur Uebertragung von Kraft, ganz in derselben Weise, wie das Boot auf dem Flusse oder der Güterwagen auf der Eisenbahn dazu benutzt werden, um irgend eine werthvolle Waare zum Gebrauche nach einem entfernt gelegenen Orte zu befördern. Die Kraft von Pferden, eines Wasserfalles oder einer Dampfmaschine wird verwendet, um in einer Dynamomaschine einen Strom zu erregen; dieser Strom wird durch einen Draht geleitet und vermag mit Hülfe einer zweiten Dynamomaschine am anderen Ende dieses Leitungsdrahtes an einem weitentfernten Orte die ursprüngliche Kraft (oder doch einen grossen Theil derselben) wiederzuerzeugen.

Diese Anwendung der Elektricität bildete eines von Wilhelm's Lieblingsstudien; die hohe Bedeutung derselben trat, wie es scheint, zuerst lebhaft vor seinen Geist, als er im Herbste des Jahres 1876 bei Gelegenheit einer Reise nach Amerika die

---

*) Diese beiden Vorträge bilden zusammengenommen einen vollständigen und interessanten Bericht über die Entstehung und den Fortschritt dieses neuen elektrischen Industriezweiges, und der Verfasser verdankt denselben einen grossen Theil des Materials für die oben gemachten Mittheilungen.

Niagarafälle besuchte. Auf allen seinen vielen Reisen in den verschiedenen Ländern hat nichts einen so tiefen Eindruck auf ihn gemacht, als diese wunderbare Naturerscheinung. Das grossartige Schauspiel der sich überstürzenden Wassermassen erfüllte ihn mit Ehrfurcht und Bewunderung, wie es wohl bei Jedem der Fall ist, der in Hörweite des dadurch erzeugten donnerartigen Getöses kommt. Wilhelm erblickte darin jedoch weit mehr, als der grossen Menge erkenntlich war; seinem wissenschaftlichen Auge konnte bei diesem Anblicke die unaussprechlich grossartige Aeusserung mechanischer Energie nicht entgehen. Sofort warf sich vor seinem Geiste die Frage auf, ob es denn absolut nothwendig sei, dass diese herrliche Kraftmenge, welche sich dort vor ihm offenbarte, in ihrer Gesammtheit durch Hinabstürzen in den darunter liegenden unersättlichen Abgrund verloren gehe? — ob denn kein Mittel ausfindig gemacht werden könne, um wenigstens einen Theil dieser Kraft zum Wohle der Menschheit praktisch nutzbar zu machen?

Für ihn bedurfte es erst keiner langen Ueberlegung, ehe er auf ein solches Mittel, dieses zu ermöglichen, verfiel. Die Dynamomaschine war gerade damals auf einen gewissen Grad der Vollkommenheit gebracht worden, theilweise auch durch seine eigenen Bemühungen, und er fragte sich: Warum sollte diese ungeheure Kraft nicht eine ungeheure Reihe von Dynamomaschinen zu betreiben im Stande sein, deren Leitungsdrähte dann wiederum diese Kraft auf meilenweit entfernte Orte übertragen könnten?

Dieser grossartige, unter dem Donnergetöse des Kataraktes erstandene Gedanke beschäftigte ihn auf der ganzen Heimreise und wurde hernach daheim in der Stille seiner Arbeitsstube von ihm weiter durchgearbeitet. Zunächst unterwarf er die Frage der mathematischen Berechnung, deren Resultate ihn bis zu einem solchen Grade von der Möglichkeit und Zweckmässigkeit derselben überzeugten, dass er seine Idee bei nächster passender Gelegenheit öffentlich bekannt zu machen beschloss.

Diese Gelegenheit bot sich im Frühjahre 1877 dar, als er als neu erwählter Präsident des „Iron and Steel Institute" seine Antrittsrede zu halten hatte. In dieser Ansprache hatte er die Abhängigkeit der Eisen- und Stahlmanufaktur von der

Kohle als Feuerungsmaterial darzulegen. Er berührte die allmähliche Abnahme der Vorräthe dieses werthvollen Materials in der Erde in Folge des grossen Verbrauchs desselben für Dampfbetrieb, und wies auf die dringende Nothwendigkeit hin, andere natürliche Kraftquellen, wie z. B. Wasser und Wind, mehr auszunützen. Ueber die Wasserkraft erging er sich in folgenden Bemerkungen:

„Der Vortheil der Nutzbarmachung von Wasserkraft kommt jedoch hauptsächlich Continental-Staaten mit bedeutenden Hochebenen, wie man solche z. B. in Schweden und in den Vereinigten Staaten von Nordamerika vorfindet, zu Gute und es ist interessant, sich Rechenschaft über die Menge der Kraft zu geben, welche jetzt zum grössten Theile verloren geht, früher oder später jedoch wird verwerthet werden müssen.

Als ein allgemein bekanntes Beispiel wollen wir die Niagarafälle nehmen. Die Wassermasse, welche stündlich über diesen Fall hinwegstürzt, ist auf 100 Millionen Tonnen geschätzt worden und die senkrechte Tiefe kann man auf 150 Fuss veranschlagen, die Stromschnellen noch nicht gerechnet, die einen ferneren Höhenabfall von 150 Fuss repräsentiren, was einen Gesammtabfall von 300 Fuss zwischen See und See ausmacht. Bloss die Kraft, welche der Hauptfall allein darstellt, beträgt 16 800 000 Pferdekräfte, eine Kraftmenge, die, wenn sie durch Dampf erzeugt werden sollte, die Verausgabung von nicht weniger als jährlich 266 000 000 Tonnen Kohlen benöthigen würde, wenn man den Kohlenverbrauch auf stündlich vier Pfund pro Pferdekraft berechnet. Mit anderen Worten, die gesammte Kohlenmenge, welche auf der ganzen Welt zu Tage gefördert wird, würde kaum genügen zur Erzeugung der Kraftmenge, welche bei diesem einen grossen Wasserfalle beständig nutzlos vergeudet wird.

Es würde in der That nicht schwierig sein, einen grossen Theil der auf diese Weise verloren gehenden Kraft mit Hülfe von Turbinen und Wasserrädern nutzbar zu machen, welche an den Ufern des Flusses unterhalb der Fälle errichtet und durch Gräben längs der Uferränder gespeist würden. Dagegen würde es unmöglich sein, die Kraft an Ort und Stelle auszunützen, da der Bezirk keinen Reichthum an Mineralien oder anderen Naturprodukten besitzt, welche die Errichtung vortheilhaft erscheinen liessen. Um die hier sowie an Hunderten von anderen, ähnlich gelegenen Plätzen vorhandene Kraft des abstürzenden Wassers nutzbar zu machen, müsste man ein praktisches Mittel ausfindig zu machen suchen, um die Kraft zu übertragen. Sir William Armstrong hat uns gelehrt, wie man Wasser auf eine gewisse Entfernung fortleiten und nutzbar machen kann, indem man dasselbe durch Leitungen, die einen hohen Druck vertragen können, fortführt, und komprimirte Luft*) ist für denselben Zweck verwendet worden.

Zu Schaffhausen in der Schweiz sowie an einigen andern Orten des Continents wird die Kraft mittels eines stählernen Seiles, welches über grosse Rollen geführt ist, fortgeleitet. Auf diese Weise kann dieselbe auf eine Entfernung von zwei bis drei Kilometer ohne Schwierigkeit übertragen werden.

Im Laufe der Zeit dürften sich wohl wirksame Mittel finden lassen, um Kraft auf grosse Entfernungen zu übertragen; doch kann ich nicht umhin, schon jetzt auf ein Mittel aufmerksam zu machen, welches meines Erachtens wohl der Beachtung würdig ist, nämlich auf den elektrischen Leiter. Man nehme an, Wasserkraft werde verwendet, um eine dynamoelektrische Maschine in Bewegung zu versetzen, so würde ein sehr starker elektrischer Strom erzeugt werden, welcher durch einen metallischen Leiter von grösseren Dimensionen auf eine bedeutende Entfernung fortgeleitet und dann wiederum benutzt werden könnte, um elektromagnetische Maschinen zu treiben und die Kohlenspitzen elektrischer Lampen zum Glühen zu bringen oder die Scheidung von Metallen aus ihren Verbindungen zu bewirken. Ein Kupferleiter von drei Zoll Durchmesser würde im Stande sein, tausend Pferdekräfte auf eine Entfernung von etwa funfzig Kilometer zu übertragen, und diese Kraftmenge würde genügen, um Leuchtkraft von einer Viertel Million Normalkerzen zu liefern, womit eine mittelgrosse Stadt erleuchtet werden könnte."

Diese Behauptung überraschte die Zuhörerschaft in hohem Grade und man erinnert sich heute noch, dass, als Wilhelm diese seine Ansicht darlegte, ein Lächeln des Unglaubens auf den Gesichtszügen mancher seiner Zuhörer ersichtlich war.

Dadurch liess sich jedoch ein Mann wie Wilhelm Siemens nicht von seiner Idee abbringen, und um die Ungläubigen von der Richtigkeit seiner Behauptungen zu überzeugen, unternahm er den kühnen Schritt, das Ergebniss seines Nachdenkens den beiden öffentlichen Vereinen zur Begutachtung vorzulegen, welche sicher am besten im Stande waren, den Werth desselben zu beurtheilen, nämlich der „Royal Society" und der „Physical Society", indem er diesen Gesellschaften nicht nur eine ausführliche Dar-

---

*) Diese Art der Kraftübertragung ist im Jahre 1688 von Denys Papin vorgeschlagen worden. Die zum Bohren der Alpentunnels verwendeten Maschinen wurden auf diese Weise betrieben.

legung seiner theoretischen Berechnungen, worauf er seine Behauptungen basirte, sondern auch einige praktische Fingerzeige unterbreitete, auf welche Weise, nach seinem Ermessen, diese Aufgabe gelöst werden könnte.

In dem nächsten Kapitel werden wir zeigen, auf welche Weise Wilhelm's Ansicht über die elektrische Kraftübertragung praktisch verwerthet worden ist.

Verschiedenartige Erfindungen.

Es dürfte hier am Platze sein, verschiedene wissenschaftliche Erfindungen zu erwähnen, mit welchen Wilhelm sich während dieser Periode seines Lebens beschäftigt hat.

Elektrisches Pyrometer.

Im Jahre 1871 machte Wilhelm der Royal Society Mittheilung über eine Erfindung, welcher er grosse Wichtigkeit beimass, nämlich über ein verbessertes Pyrometer oder Thermometer für sehr hohe Temperaturen, dessen Wirkung auf Elektricität beruhte. Die genaue Messung hoher Wärmegrade hat stets grosse Schwierigkeiten dargeboten, und der gewöhnlich dazu verwendete, von Wedgwood ersonnene Apparat, welcher auf der Zusammenziehung irgend einer thonartigen Masse beruhte, ergab nur sehr oberflächliche Resultate.

Auf diesen Gegenstand war Wilhelm ungefähr zehn Jahre vorher verfallen. Als er nämlich im Jahre 1860 mit dem Rangoon und Singapore Telegraphenkabel beschäftigt war, führten ihn einige Beobachtungen zu dem Glauben, dass Veränderungen des elektrischen Widerstandes möglicherweise zur Bestimmung der Temperatur-Veränderungen benutzt werden könnten, und in einem Briefe an Dr. Tyndall, welcher in der Januar-Nummer des Philosophical Magazine vom Jahre 1861 veröffentlicht worden ist, hat er sich in diesem Sinne ausgesprochen. Er schrieb:

„Es war mir besonders darum zu thun, die genaue Temperatur des an Bord des Schiffes aufgerollten Kabels an verschiedenen Punkten in seiner Masse festzustellen, da ich auf Grund früherer Beobachtungen Selbsterzeugung von Wärme befürchten zu müssen glaubte. Da es aber unmöglich gewesen wäre, Quecksilberthermometer in das Innere der Masse einzuführen, so kam ich auf den Gedanken, meine Zuflucht zu einem Apparate zu nehmen, dessen Construktion auf der wohlerwiesenen Thatsache begründet war, dass die Leitungsfähigkeit eines Kupferdrahtes in einem einfachen Verhältnisse umgekehrt zu seiner Temperatur zunimmt."

Sodann beschrieb er den Apparat und fuhr fort:

„Das Verhältniss der Zunahme des Widerstandes von Kupferdraht zur Zunahme der Temperatur kann in den gewöhnlichen Temperaturgrenzen als vollständig constant angenommen werden; und da wir im Stande sind, den zehnten Theil einer Einheit in der angewendeten veränderlichen Widerstandsrolle zu bestimmen, so sind uns auch die Mittel an die Hand gegeben, mit grosser Genauigkeit die Temperatur des Ortes, wo die Widerstandsrolle aufgestellt ist, festzustellen.

Widerstandsthermometer dieser Art könnten, meiner Ansicht nach, vortheilhaft für eine Reihe verschiedener wissenschaftlicher Beobachtungen verwendet werden, wie zum Beispiel zur Bestimmung der Temperatur des Bodens in verschiedenen Tiefen zu verschiedenen Jahreszeiten, oder des Meeres in verschiedenen Tiefen, oder dieser Apparat dürfte sich auch zum Gebrauche als Pyrometer eignen, wenn man an Stelle der isolirten Kupferdrahtrolle eine Platindrahtrolle verwendete."

Hieraus geht klar hervor, dass Wilhelm die Verwendung des Apparates zu letzterem Zwecke bereits damals besonders im Auge gehabt hat, zumal er zu der Zeit gerade mit Experimenten an seinem Regenerativofen beschäftigt war, wobei sich ihm das Bedürfniss eines solchen Instrumentes wohl fühlbar machte. Damals hat er mit der Vervollkommnung des Apparates sich nicht weiter abgegeben; dagegen beschrieb er im September 1870, bei Gelegenheit der Versammlung des „Iron and Steel Institute" in Merthyr, das Instrument selbst in seiner praktischen Verwendung für Eisen-Schmelzöfen; und am 27. April 1871 las er vor der Royal Society eine Abhandlung, worin er eine ausführlichere und allgemeine wissenschaftliche Erklärung des Apparates gab.

Diese Abhandlung war betitelt: „Ueber die Zunahme des elektrischen Widerstandes in Leitern mit dem Anwachsen der Temperatur und über die Anwendung desselben zum Messen von gewöhnlichen und Schmelzofen-Temperaturen; desgleichen über eine einfache Methode zum Messen des elektrischen Widerstandes". Dieser Vortrag wurde dadurch ausgezeichnet, dass derselbe für das laufende Jahr als „Bakerian Lecture" erklärt wurde.

Der erste Theil behandelte rein wissenschaftlich das allgemeine Princip, der zweite und dritte Theil beschrieb die Apparate zur Anwendung dieses letzteren. Der Verfasser wies nach, dass auf diese Weise Temperaturen, welche den Schmelzpunkt des Eisens überstiegen und sich dem Schmelzpunkte des Platins näherten, mit dem nämlichen Instrumente gemessen werden könnten, mit welchem die geringen Veränderungen gewöhnlicher Temperaturen bestimmt würden, und dass somit eine Thermometerskala hergestellt sei, welche die sämmtlichen in der Praxis vorkommenden Temperaturgrade ohne Unterbrechung umfasste.

Während einer Reihe von Jahren scheint man dem Apparat in der Praxis keine besondere Wichtigkeit beigemessen zu haben; in einer späteren Zeitperiode jedoch ist derselbe mit Erfolg für verschiedene praktische Zwecke verwendet worden, wie aus dem nächsten Kapitel hervorgehen wird.

Bathometer und Attraktionsmesser.

Während dieser Zeitperiode hat Wilhelm auch einen verbesserten Apparat zur Bestimmung der Meerestiefe ohne Gebrauch der Senkschnur erfunden.

Wie das Pyrometer, so hat auch dieser Apparat bereits viele Jahre vorher seine Aufmerksamkeit auf sich gezogen. Bei seinen frühesten unterseeischen Kabel-Arbeiten hatte er eingesehen, welchen bedeutenden Vortheil ein solcher Apparat bieten würde, und er hatte bereits eine Idee gefasst, wie derselbe construirt werden könnte. Er überlegte, dass die gesammte Anziehungskraft der Erde merklich beeinflusst werden müsse durch das Dazwischentreten einer verhältnissmässig leichten Substanz, wie z. B. von Wasser, zwischen den Dampfer und den festen Theil der Erde unten, und dass der Grad der Abnahme von der Tiefe des Wassers abhängen würde. Wenn daher ein Apparat construirt werden könnte, welcher empfindlich genug wäre, um die Abnahme der Schwerkraft zu zeigen, so würde derselbe auf der Oberfläche die Tiefe der gemessenen Stelle des Meeresbodens angeben.

Er construirte ein solches Instrument, mit welchem im Jahre 1859 an Bord des damals gerade mit einigen Tiefseemessungen in der Bai von Biskaya beschäftigten englischen

Kriegsschiffes Firebrand Versuche angestellt wurden. Der Apparat in seiner ersten Form genügte schon, um die Richtigkeit des Principes nachzuweisen, da seine Angaben im Allgemeinen innerhalb zehn Procent mit den wirklichen Sondirungen übereinstimmten; und auf Grund dieser Resultate sowie in Anbetracht der Neuheit des Princips legte Wilhelm der „British Association" bei Gelegenheit der Versammlung derselben in Manchester im Jahre 1861 eine Beschreibung des Apparates vor. Da der Apparat aber damals noch unvollkommen und nebenbei auch die Handhabung desselben noch mit praktischen Schwierigkeiten verknüpft war, so wurde derselbe wieder bei Seite gelegt.

Einige Jahre später jedoch bestärkten ihn gewisse Operationen beim Legen von unterseeischen Kabeln in der Ueberzeugung, dass ein zuverlässiges Instrument dieser Art nicht nur für den Kabel legenden Ingenieur, sondern auch für den Seefahrer überhaupt von bedeutendem Werthe sein würde. Er nahm daher den Gegenstand wieder auf und es gelang ihm, ein besseres Instrument nach demselben Principe zu construiren, welches er in einer der „Royal Society" im Februar 1876 eingereichten Abhandlung beschrieb. Dieselbe ist in deren Philosophical Transactions veröffentlicht worden. Er nannte seinen Apparat „Bathometer" oder „Tiefenmesser" und berichtete über die im October 1875 an Bord des Faraday mit demselben gemachten Versuche, welche zufriedenstellende Resultate ergeben hatten.

Dieselbe Abhandlung enthielt auch die Beschreibung eines anderen Apparates, welcher von Wilhelm nach analogem Principe construirt, jedoch zum Messen horizontaler Attraktionen bestimmt war. Diesen Apparat nannte er „Attraktionsmesser". Derselbe war so empfindlich gegen äussere Attraktion, dass sogar die Bewegung einer in der Nähe stehenden Person von einer zur anderen Seite des Apparates von letzterem in merklicher Weise angezeigt wurde. Umsomehr wurde derselbe natürlich von der Schwerkraft der Sonne und des Mondes beeinflusst, und in der That war die darin befindliche Flüssigkeit täglich einer wahrnehmbaren Ebbe und Flut unterworfen.

Tiefsee-Photometer.

Im Laufe der Untersuchungen in Bezug auf die Natur des Thier- und Pflanzenlebens in bedeutenden Tiefen des Ozeans waren Fragen aufgeworfen worden, welche mit dem Eindringen des Lichtes in die Tiefe des Gewässers zusammenhingen. Die Sache wurde Wilhelm Siemens vorgelegt, der sofort ein Instrument ersann, um durch ein thatsächliches Experiment derselben auf den Grund zu kommen. Ein Versuch damit wurde im August 1871 an Bord des englischen Kriegsschiffes Shearwater gemacht.

Dasselbe bestand aus einem Apparat, vermittelst dessen, wenn derselbe in die Tiefe versenkt wurde, empfindliches für photographische Aufnahmen zubereitetes Papier je nach dem Belieben des Photographen beliebig lange dem Einflusse des Lichtes ausgesetzt werden konnte. Das Papier befand sich in in einen Kasten eingeschlossenen Glasröhren, und die Belichtung wurde durch einen elektrischen Apparat bewirkt, welcher an dem Kabel, an welchem der Kasten in die Tiefe hinabgelassen wurde, befestigt war. Mehrere Röhren konnten auf diese Weise in verschiedenen Tiefen dem Lichteffekt ausgesetzt und, nachdem dieselben wiederum an die Oberfläche gezogen waren, die sämmtlichen Aufnahmen mit Hülfe des gewöhnlichen photographischen Verfahrens „entwickelt" und somit der Einfluss des Lichtes beobachtet und dargestellt werden.

Mit diesem Apparate sind Versuche im Mittelländischen Meere angestellt worden, worüber Wilhelm in folgender Weise berichtet hat:

„Wenn die Aufnahmen in Zwischenräumen von je fünfundzwanzig Faden Tiefe gemacht wurden, so ergaben die Resultate ein klar ersichtliches gleichförmiges, aber sehr rasches Abnehmen des Lichteffektes, indem das Papier in einer Tiefe von fünfundzwanzig Faden geschwärzt, bei fünfzig Faden gebräunt, bei fünfundsiebzig gelbbraun gefleckt und bei hundert Faden Tiefe nur ganz leicht angetüncht erschien, und zwar nachdem es während einer Zeitdauer von fünf Minuten ausgesetzt worden war.

Dunkelheit scheint überhaupt sehr rasch einzutreten, nachdem man eine Tiefe von hundert Faden überschritten hat, dagegen dringt Licht selbst in messbaren Quantitäten unzweifelhaft noch bis in eine weit grössere Tiefe ein und übt dort seinen Einfluss auf das Thier- und

Pflanzenleben aus. Mir war es hauptsächlich darum zu thun, das Abnahmeverhältniss festzustellen; jedoch reichten die gemachten Experimente für diesen Zweck nicht aus, und meine Zeit erlaubte mir damals nicht, dieselben fortzusetzen.

Bemerkenswerth ist, dass dabei nur eine Wirkung des vertikalen Lichtstrahles vorhanden war; denn, trotzdem die Röhren, deren Achsen horizontal lagen, ringsum dem Licht ausgesetzt waren, so war doch nur auf der äussersten Oberfläche des empfindlichen Papiers eine Lichtwirkung ersichtlich, die hier allerdings so stark war, dass sie zwei Lagen des Papiers bei einer Tiefe von dreissig Faden durchdrang; dagegen konnte von zerstreutem Licht offenbar absolut keine Rede sein, da die untere Seite des Papiers auch nicht die geringste Lichtwirkung zeigte."

Der Apparat wurde auf der Ausstellung im Jahre 1872 vorgezeigt.

Hochdruck-Behälter.

Im Jahre 1877 beklagte sich Colonel Beaumont, welcher vielfach komprimirte Luft als Kraftquelle benutzte, bei Wilhelm Siemens über die grosse Schwierigkeit, Behälter zu beschaffen, welche stark genug seien, um den sehr hohen Druck, welchen er anzuwenden wünsche, auszuhalten. Diese Andeutung genügte, um Wilhelm's Erfindungsgabe sofort wieder zu bethätigen, und er construirte eine neue Art Behälter, welcher als Reservoir oder Kessel verwendbar war, und neben seiner auffallenden Leichtigkeit genügende Festigkeit besass, um bedeutendem inneren Drucke zu widerstehen.

Eines von diesen Gefässen wog bei einem Inhalte von hundert Kubikfuss nicht mehr als 2500 kg und war bei einem Drucke von etwa 90 kg auf den Quadratcentimeter noch vollständig dicht. Wilhelm beschrieb das Gefäss vor der Versammlung der „Institution of Mechanical Engineers" im Jahre 1878.

Panzerung von Kriegsschiffen.

Im Jahre 1877 hat Wilhelm einem Gegenstande einige Aufmerksamkeit gewidmet, welcher bereits seit mehreren Jahren die Theoretiker und Techniker beschäftigt hatte, nämlich dem Schutze der Kriegsschiffe gegen grobes Geschützfeuer vermittelst Eisenpanzerung.

Die Nothwendigkeit einer solchen Armirung war nach dem Krimkriege offen zu Tage getreten, und das erste auf diese Weise gepanzerte Schiff, der „Warrior", wurde im Dezember 1860 vom Stapel gelassen. Im darauffolgenden Jahre betraute die englische Regierung eine Commission, welche späterhin unter dem Namen „Iron Armour" oder „Iron Plate Committee"*) wohl bekannt geworden ist, mit der Untersuchung und Feststellung der Principien, nach welchen die Construktion und die Verwendung der Eisenpanzerung zu regeln sei. Diese Commission hat während eines Zeitraumes von vier Jahren eine grosse Anzahl von Experimenten und Versuchen angestellt und der Regierung manchen werthvollen Bericht über diesen Gegenstand vorgelegt. Die Experimente wurden meistentheils in einem der Praxis möglichst nahe kommenden grossen Maassstabe ausgeführt, indem man Bomben und Granaten aus schweren Geschützen gegen grosse Scheiben feuerte, die so construirt waren, dass sie die Form eines Theiles einer Schiffsflanke hatten, und die Grösse des Widerstandes sowie den Grad der angerichteten Beschädigung notirte.

Diese Experimente wurden nachher von anderen, Seitens der Regierung dazu bestellten Körperschaften noch weiter fortgeführt und sind vielfach Gegenstand der Erörterung unter Männern der Wissenschaft gewesen. Es war natürlich, dass auch Wilhelm Siemens, der eine solche Erfahrung bezüglich der Eigenschaften des Stahls und Eisens besass, dieser Frage seine Aufmerksamkeit widmete.

Im Januar 1878 richtete er an den Sekretär der Admiralität ein längeres Schreiben, worin er einen von ihm selbst erdachten Plan vorschlug, für welchen er zuvor ein provisorisches Patent erhalten hatte. Dieser Plan ist niemals praktisch versucht worden; derselbe ist jedoch wiederum insofern für Wilhelm charakteristisch, als letzterer bei der Beschreibung seines Planes seine Zeit nicht mit Vermuthungen und unnützen Speculationen vergeudete, sondern sofort auf den Kernpunkt der Sache, nämlich die Principien, einging. Er begann mit der wissenschaftlichen Berechnung der Energiemenge, welche, wie er sich aus-

---

*) Auch der Verfasser dieses Werkes gehörte zu dieser Commission.

drückte, „dem Geschosse innewohne", und setzte darauf auseinander, was für verschiedene Wirkungen eine solche Energiemenge hervorzubringen im Stande sei, und welche Maassnahmen getroffen werden müssten, um diese Energiemenge wirklich zu erhalten und so zu vertheilen, dass aus der Wirkung derselben dem Schiffe und seiner Bemannung möglichst geringer Schaden erwüchse*).

---

*) Durch diese Darlegung der Sache hat Wilhelm Siemens gerade den Punkt getroffen, welcher dem „Iron Armour Committee" vielleicht die grösste Schwierigkeit bereitet hat, nämlich dem grossen Publikum ein richtiges Verständniss der Natur der Aufgabe beizubringen. Man glaubte allgemein, dass das Mittel, um ein Geschoss am Eindringen in ein Schiff zu verhindern, dasselbe sein müsse wie das, welches man anwendet, um eine Geldkasse vor einem Diebeseinbruch zu sichern, nämlich eine äussere Schutzbekleidung, welche ausserordentlich hart und daher auch, wie man glaubte, undurchdringlich sei. Daher denn auch die allgemeine Annahme, dass die Härte des Eisens oder die vermeintliche Undurchdringlichkeit des Stahles beim Lösen der vorliegenden Aufgabe die grosse Hauptsache sei.

Die Commission hat sich ernstliche Mühe gegeben, auseinanderzusetzen, dass hier ein grosser Irrthum vorliege. Man legte dar, dass die Wirkung des Einbrechers und des Geschosses sich überhaupt gar nicht miteinander vergleichen liessen, insofern die erstere eine statische, die letztere dagegen eine dynamische Wirkung sei. Wenn das Geschoss traf, so „wohnte demselben", nach Wilhelms bezeichnender Ausdrucksweise, eine sehr grosse Menge von mechanischer Kraft oder Energie „inne", welche in der einen oder anderen Weise verausgabt werden musste. Es war daher von vorneherein ein thörichter Versuch, dieser Energie einen absoluten Widerstand entgegensetzen zu wollen — das heisst, dieselbe ausschliessen zu wollen. Der richtige Weg bestand vielmehr darin, dieselbe anzunehmen und solche Vorkehrungen zu treffen, dass dieselbe auf die ungefährlichste Weise verausgabt werde. Der öffentlichen Meinung zum Gefallen wurden eine Anzahl von Versuchen mit harten Stahlplatten gemacht, jedoch jedesmal mit dem Erfolge, welchen die Theorie vorausgesagt hatte; die Energie, unfähig, sich auf andere Weise zu verausgaben, zersprengte die Platten (da harte Platten ja stets mehr oder weniger spröde sind) und that, indem sie die Bruchstücke weit und breit umherwarf, ungefähr den grössten Schaden, welchen sie überhaupt anrichten konnte.

Die Commission schlug den ganz entgegengesetzten Weg ein: man bot dem Schusse eine gewisse Arbeit dar; man wandte Panzerplatten an nicht aus hartem Stahle, sondern vielmehr aus weichem Eisen, die starkes Beschiessen aushalten konnten, ohne zu bersten, und so die Energie des Schusses beschäftigten und aufwendeten und trotzdem das Schiff beschützten.

Diese Bevorzugung des weichen Eisens dem harten Stahle gegenüber war der grossen Menge unbegreiflich; auch die Behörden haben niemals viel

Wissenschaftliche Vereine, Vorträge und Antrittsreden.

Wie bereits erwähnt wurde, hat Wilhelm in dieser Periode seines Lebens viel Zeit auf wissenschaftliche und literarische Beschäftigungen verwendet, welche mit seinen Berufsgeschäften in keinem unmittelbaren Zusammenhange standen.

Er gehörte allen allgemeinen und technischen Instituten an, welche die Förderung der mechanischen oder physikalischen Wissenschaft zum Ziele hatten, und er war stolz auf diese Mitgliedschaft. Stets willig, ein Amt in denselben zu bekleiden, bereute er nie die Zeit, welche die damit verbundenen Geschäfte in Anspruch nahmen; er wohnte den Vereinsversammlungen sehr fleissig bei, schrieb Abhandlungen für dieselben, betheiligte sich an den Discussionen und stand ihnen in jeder Beziehung nach Kräften zur Seite.

Aber mehr, wie das, er war auch zu jeder Zeit bereit, Institute von mehr allgemeinem Charakter, denen er nicht angehörte, wenn man sich an ihn wendete, zu unterstützen, besonders solche, die in irgend einer Weise mit der Erziehung der Jugend zu thun hatten. Er hielt Vorträge und Anreden in denselben, machte ihnen zuweilen auch Geldgeschenke oder schenkte ihnen Apparate und setzte sogar Belohnungen und Preise für die Schüler aus.

Seine Verbindung mit einigen dieser Gesellschaften sowie die an dieselben gerichteten Mittheilungen sind in den vorhergehenden Kapiteln vorübergehend erwähnt worden; es ist indessen nothwendig, seine Thätigkeit in diesen sowie in öffentlichen Vereinen hier mehr im Einzelnen zu behandeln.

Die Royal Society.

In der Royal Society, der hervorragendsten aller englischen Gesellschaften, traf Wilhelm mit der Mehrzahl seiner wissenschaft-

---

davon gehalten, und es ist selbst heute noch zweifelhaft, ob das Princip, auf dem eine solche Bevorzugung basirte und das sofort vom ersten Augenblicke an von Wilhelm Siemens erfasst worden war, wirklich verstanden und befolgt wird.

Das „Iron Armour Comitee" wurde inmitten seiner höchst nützlichen Thätigkeit aus politischen Gründen vorzeitig aufgelöst, und eine neue Admiralität und neue Kanonenkönige sind erstanden, welche von den Ideen und der Thätigkeit der Commission nichts wussten.

lichen Freunde zusammen. Er war stets bei den Versammlungen der Gesellschaft zugegen, wenn seine Zeit es nur irgend gestattete, und trug durch Einreichung mehrerer Original-Abhandlungen von Zeit zu Zeit zur Belehrung und Unterhaltung derselben bei. Einige dieser Abhandlungen sind in den Philosophical Transactions der Royal Society veröffentlicht, eine Ehre, welche nur solchen Abhandlungen zu Theil wurde, denen man besonderen wissenschaftlichen Werth beimass; ja einer seiner Vorträge wurde noch dadurch ausgezeichnet, dass er als „Bakerian Lecture" gewählt wurde, wodurch dem Verfasser ein kleiner Preis zufiel, welcher jährlich Abhandlungen von besonderem Werthe als Belohnung zuerkannt wurde.

Auch noch weitere Auszeichnungen wurden ihm von der Gesellschaft zu Theil, indem er in den Novemberversammlungen in den Jahren 1869, 1870, 1878 und 1879 zum Vorstandsmitgliede für die diesen Daten folgenden vier Sessionen erwählt wurde.

Mit dieser Gesellschaft standen ferner der sogenannte Royal Society Club und der Philosophical Club in Verbindung, beides höchst auserlesene Institute, von welchen jedes nur eine bestimmte Anzahl Mitglieder zuliess. Diesen beiden Gesellschaften konnten nur Mitglieder der Royal Society angehören und dem Philosophical Club ausserdem nur solche, deren Abhandlungen in den Philosophical Transactions veröffentlicht worden waren. Die Wahl zum Mitgliede derselben wird daher als besondere Auszeichnung eifrig angestrebt. Wilhelm wurde im November 1870 in den Philosophical Club und im Juni 1871 in den Royal Society Club gewählt.

The British Association for the Advancement of Science.

Mit diesem Vereine stand Wilhelm ebenfalls in engster Verbindung, da derselbe sich mit so vielen Zweigen der Wissenschaft, Mathematik, Physik, Chemie und der Mechanik befasste, für welche er selbst sich besonders interessirte.

Er war ein regelmässiger Besucher ihrer Wanderversammlungen in den verschiedenen Theilen des Landes und hatte stets einige neue und wichtige Mittheilungen derselben vorzulegen. Er fungirte als Vorstandsmitglied der Association vom Jahre 1871 bis 1875.

Bei Gelegenheit der Versammlung in Bradford, im September 1873, hielt er, auf Ansuchen des Vorstandes, vor der Handwerker-Abtheilung einen Vortrag über „Brennmaterial". Da es sich hier um einen Gegenstand handelte, den er ganz besonders beherrschte, so wird gewiss Niemand bezweifeln, dass er die Frage in jeder Beziehung gründlich behandelte. Dieser Vortrag ist ein Beispiel, wie hochwissenschaftliche Grundsätze in volksthümlicher und leicht verständlicher Sprache klar dargelegt werden können.

Institution of Civil Engineers.

Wilhelm war in diesem ersten aller englischen technischen Vereine, der nur aus Männern seines Berufes bestand, unterdessen so populär geworden, dass er im December 1871 zum Mitgliede des Vorstandes ernannt wurde, eine Stellung, die er bis zum Ende seines Lebens behalten hat, da er jedes Jahr wieder gewählt wurde. Zur Zeit seines Todes war er der erste auf der Vorschlagsliste für die Wahl eines Vicepräsidenten und einige Jahre später würde er zweifelsohne Präsident des Vereines geworden sein.

Als Vorstandsmitglied war er unermüdlich in seiner persönlichen Mitwirkung bei der Besorgung der Vereinsangelegenheiten; und es ist wohl kaum nöthig zu bemerken, dass er sich nicht nur der grössten Verehrung und Hochachtung der übrigen Vorstands-Mitglieder, sondern auch aller der Mitglieder erfreute, welche den Vorzug hatten, ihn genauer zu kennen.

Institution of Mechanical Engineers.

Dieses Institut, eine Gesellschaft von Civil-Ingenieuren, welche specieller die Mechanik zu ihrem Berufszweige gemacht hatten, hat Wilhelm mit Rücksicht auf seine eigene verwandte Berufsthätigkeit und Beschäftigung stets besonders werth gehalten. Er wurde im Jahre 1851 (im vierten Jahre des Bestehens des Vereines) zum Mitgliede desselben erwählt und ist hernach achtundzwanzig Jahre lang Vorstandsmitglied und während dieser Zeit vier Jahre hindurch Vicepräsident des Institutes gewesen.

Im Jahre 1872 wurde er zum Präsidenten gewählt, welches Amt er zwei Jahre lang bekleidete. Die erste Versammlung unter seinem Präsidium wurde im Juli 1872 in Liverpool abgehalten, bei welcher Gelegenheit er eine Eröffnungsrede hielt, die hauptsächlich die inneren Angelegenheiten des Vereines betraf.

Iron and Steel Institute.

Im Jahre 1869 wurde eine Gesellschaft unter dem Namen „Iron und Steel Institute" gegründet, welche sich das Studium und die Erörterung solcher Gegenstände, welche auf die Fabrikation und die praktische Verwendung von Eisen und Stahl Bezug haben, zur besonderen Aufgabe gemacht hatte. Der erste Präsident dieses Vereines war der Herzog von Devonshire, und die erste Versammlung wurde am 23. Juni 1869 in London abgehalten. Wilhelm hat die Bildung dieser Gesellschaft warm befürwortet; er war einer der Gründer des Vereines und wurde im Jahre 1871 in den Vorstand desselben gewählt.

Mit das erste, was der Verein that, war, dass man im September 1870 dem damals eben in Betrieb gesetzten Siemens' schen Stahlhüttenwerke in Landore einen Besuch abstattete. Die Mitglieder wurden von den Herren Siemens und Gordon durch das Werk geleitet und denselben das ganze Fabrikationsverfahren vorgeführt und erklärt. Wilhelm hat späterhin häufig den Vorträgen anderer Mitglieder über seine eigenen Erfindungen und Verfahren mit beiwohnen müssen und hat jede Kritik darüber stets in der gleichmüthigsten und freundschaftlichsten Weise entgegengenommen.

Im Jahre 1875 wurde ihm die goldene Bessemer-Medaille der Gesellschaft zuerkannt: „in Anerkennung seiner werthvollen Verdienste, die er der Eisen- und Stahl-Industrie durch seine wichtigen Erfindungen und Untersuchungen geleistet habe."

Für das Jahr 1877 wurde er zum Präsidenten des Institutes gewählt, und am 21. März eröffnete er die in London abgehaltenen Sitzungen mit einer Antrittsrede, welche, wie wohl kaum anders zu erwarten war, in ungewöhnlichem Grade interessant war.

Er behandelte viele Fragen, welche alle für die Mitglieder des Vereines von besonderem Interesse waren, darunter auch die Brennmaterialfrage. Nachdem er zunächst die glücklichen

Verhältnisse des vereinigten Königreiches in dieser Beziehung hervorgehoben hatte, wies er auf den auffallend grossen Gebrauch von natürlichem Gase für industrielle Zwecke in Amerika hin und benutzte zugleich die Gelegenheit, einer neuen von ihm herrührenden Idee Ausdruck zu geben.

„Diese Verwendung erinnert mich an ein Projekt, welches ich vor vielen Jahren einmal zur Sprache gebracht habe*), nämlich Gasgeneratoren auf der Sohle der Kohlengruben aufzustellen und daselbst durch Umwandlung des festen in gasförmiges Brennmaterial die Arbeit, letzteres zu Tage zu fördern und an seinen Bestimmungsort zu transportiren, gänzlich zu ersparen. Das gasförmige Brennmaterial würde beim Aufsteigen von der Grubensohle bis zur Mündung des Schachtes, in Folge seiner Temperatur und seines geringen specifischen Gewichtes, hinreichenden Druck nach vorwärts gewinnen, um durch Röhren oder Leitungen auf eine bedeutende Entfernung weitergetrieben zu werden, und auf diese Weise würde es möglich gemacht, Städte mit Heizgas, und zwar nicht nur für den Fabrikgebrauch, sondern bis zu einem bedeutenden Grade auch für den häuslichen Bedarf zu versehen.

Nach der obigen allgemeinen Definition des Brennmaterials ist auch die Verdampfungswirkung der Sonnenstrahlen miteinzurechnen, durch welche das Meereswasser bis zum Niveau eines hohen Bergplateaus erhoben wird, von welchem es dann wiederum zu dem Meere herabsteigt und dadurch zum Treiben von Maschinen befähigt wird.

Zu dieser Art, Maschinen in Betrieb zu setzen, haben seit Anbeginn der Civilisation sämmtliche Länder ihre Zuflucht genommen und gerade diesem Umstande ist es zu verdanken, dass die Gewerbe auf der ganzen Welt von Anfang an fast ausschliesslich über die Thäler und Einschnitte gebirgiger Gegenden verbreitet waren, wo der Bergstrom Säge- und Mahlmühlen trieb, und das Trommelgebläse des Eisenschmelzers sowie den Hammer des Eisen- und Stahlfrikanten in Bewegung setzte.

---

*) Die folgende Stelle findet sich in einem, vom 3. September 1866 datirten Briefe an Herrn Joseph Phillips, wo er über seinen Gasofen also berichtet: „Mein Endziel ist, Gasgeneratoren auf der Sohle einer Kohlengrube in einer geeigneten Entfernung von der Fabrik aufzustellen, wodurch die Förderung und der Karrentransport der Kohle vollständig erspart würde; und die aufsteigende Gassäule würde ausserdem genügende Triebkraft erzeugen, um das Gas durch Leitungsröhren von mehreren Meilen Länge weiterzubefördern. In dem Mersey'schen Hüttenwerke habe ich die Gasgeneratoren in einem Tunnel unter dem Eisenwerke aufgestellt und auf diese Weise die praktische Ausführbarkeit des Planes bewiesen."

276 Kapitel VII.

Man ist daher folgerichtig auch wohl zu der Annahme berechtigt, dass der Vortheil der Nutzbarmachung natürlicher Kräfte, welcher während einer Periode allgemeinen Wohlstandes mehr oder weniger vernachlässigt werden durfte, demnächst wiederum ein wesentlicher Faktor bei der Bestimmung des geringsten Preises, zu welchem wir unsere Produkte auf den Markt bringen können, werden wird."

Zur Erläuterung dieser Behauptung machte Wilhelm jene bemerkenswerthe Angabe über den Werth der Wasserkraft bei den Niagarafällen, die wir auf Seite 261 erwähnten.

Im Herbste des Jahres 1878, ebenfalls noch unter dem Präsidium von Wilhelm Siemens, hielt das Institut eine Versammlung in Paris ab. Die Abhaltung derselben an diesem Orte war durch die damals dort stattfindende grosse Weltausstellung angeregt und durch besondere Einladungen Seitens der „Institution des Ingénieurs Civils", der „Société d'Encouragement pour l'Industrie Nationale", sowie der Direktoren des „Conservatoire des Arts et Métiers" noch besonders unterstützt worden. Diese Einladungen wurden von den englischen Mitgliedern mit Freuden angenommen, da ihnen dadurch eine aussergewöhnlich gute Gelegenheit geboten wurde, nicht nur die prächtigen Sammlungen von Eisen- und Stahlproben, welche von allen Nationalitäten auf die Ausstellung geschickt worden waren, genau zu besichtigen, sondern auch die nicht zu weit abgelegenen berühmten französischen Eisenwerke zu besuchen.

Es war für das Institut von grossem Werthe, dass dieser Besuch gerade während des Präsidiums von Wilhelm Siemens stattfand, insofern sein weit über Europa verbreiteter Ruf, seine Kenntniss der französischen sowie anderer Sprachen des Continents und seine Vertrautheit mit fremden Sitten und Gebräuchen der Versammlung eine Bedeutung und einen Glanz verliehen, welchen dieselbe wohl schwerlich unter der Leitung eines Engländers, gleichviel wie hoch derselbe auch in wissenschaftlicher und technischer Beziehung dagestanden haben mochte, erhalten haben würde.

Die erste Versammlung wurde am 16. September in der grossen Halle der „Société d'Encouragement" abgehalten, nachdem die Mitglieder des Institutes von den Vorständen der französischen Vereine, von welchen die Einladungen an das Institut ergangen waren, feierlich willkommen geheissen worden waren. Nach Beendigung des formellen Empfanges hielt Wilhelm Siemens an die Versammelten eine Rede, worin er zunächst auf den internationalen Charakter des Institutes hinwies und sich sodann über die Vorzüge der französischen Methoden wissenschaftlicher und technischer Ausbildung näher erging. Diese Eröffnungsrede ist übersetzt und in Frankreich überall verbreitet worden.

Nachdem das Institut seine geschäftlichen Angelegenheiten in Paris beendigt hatte, wurden Ausflüge nach dreien der Hauptanlagen der französischen Eisenindustrie gemacht, nämlich nach dem Hüttenwerke der Herren Schneider in Creusot, nach dem „Terre Noire"-Werk in St. Etienne und nach dem Eisenwerke und den Kohlenzechen der Herren de Wendel in Hayange und Sterling Wendel in Lothringen.

Society of Telegraph Engineers and Electricians.

Diese Gesellschaft wurde im Jahre 1872 gegründet, und Wilhelm Siemens ein höchst schmeichelhaftes Compliment dadurch gemacht, dass man ihn zum ersten Präsidenten erwählte. Derselbe hielt am 28. Februar seine Antrittsrede, worin er hauptsächlich die Stiftung des Vereines zu begründen und gleichzeitig die Stellung und Obliegenheiten solcher Institute im Allgemeinen darzulegen sich bemühte.

Im Jahre 1876 schenkte er der Gesellschaft eine von dem Bildhauer Edward Davis angefertigte schöne Marmorbüste des Sir Francis Ronald, welcher bereits im Jahre 1816 durch einen wirklichen Versuch die Ausführbarkeit eines elektrischen Telegraphen nachgewiesen hatte.

Im Jahre 1878 wurde er zum zweiten Male zum Präsidenten des Vereines gewählt und am 23. Januar hielt er abermals eine Antrittsrede, worin er der Gesellschaft zu ihrem Wachsthum und Gedeihen Glück wünschte und sodann die Fortschritte auseinandersetzte, welche Wissenschaft und Praxis in Bezug auf die Anwendungen der Elektricität gemacht hatten.

Institution of Naval Architects.

Diese Gesellschaft wurde im März 1860 gegründet „zur Beförderung der Schiffsbaukunst und Alles dessen, was darauf Bezug hat." Wilhelm Siemens war eines der ersten Mitglieder des Vereins.

Im Jahre 1876 las Herr Merrifield eine Abhandlung über das Kabelschiff Faraday, an deren nachheriger Diskussion sich Wilhelm ebenfalls betheiligte.

Er sprach häufig in den Vereinsversammlungen und zwar meistens über die Qualität und den Gebrauch des Stahles für Schiffsbauzwecke, ein Gegenstand, welcher häufig in den Sitzungen zur Debatte Anlass gab.

The Hall of Applied Sciences.

Gegen Ende dieses Zeitabschnittes machte Siemens den verschiedenen bestehenden Instituten, welche sich das Studium der einzelnen Zweige der Ingenieurwissenschaft zur Aufgabe gemacht hatten, ein höchst freigebiges Anerbieten. Neben dem Haupt- und Universal-Institut, der „Institution of Civil Engineers" hatten sich, wie er bemerkt hatte, immer mehr kleinere Vereine, welche verschiedene Specialzweige der Civilingenieurkunst vertraten, gebildet. Er hatte in der That in seiner Stellung als erster Präsident einer dieser Gesellschaften die Bildung solcher Vereine begünstigt und die Existenzberechtigung derselben klar begründet.

Jetzt verfiel er auf den Gedanken, dass es vielleicht nützlich sein möchte, diese Vereine zu einem gemeinsamen Institut zu vereinigen. Diesem Gedanken gab er bei Gelegenheit seiner Antrittsrede als Präsident des „Iron and Steel Institute" im März des Jahres 1877 Ausdruck und machte zugleich den Vorschlag, man solle ein grosses und günstig gelegenes Gebäude zur gemeinsamen Aufnahme dieser Gesellschaften errichten.

Als er darauf im Jahre 1879 sein Amt als Präsident des „Iron and Steel Institute" niederlegte, erbot er sich, aus eigenen Mitteln 200000 Mark zur Errichtung eines solchen Vereinsgebäudes beizusteuern, jedoch unter der Bedingung, „dass dasselbe in Westminster erbaut würde, und dass die Leitung des gemeinsamen Institutes in den Händen eines gemeinsamen Comité's ruhen solle, in welchem alle die verschiedenen Gesellschaften vertreten seien, und zwar unter dem Vorsitze des Präsidenten der „Institution of Civil Engineers", des Stamm-Institutes der Ingenieurwissenschaft."

Er legte seinen Plan den Vorständen der verschiedenen, dabei interessirten Gesellschaften vor, welche seiner Freigebigkeit die wärmste Anerkennung zollten. Die Sache wurde eine Zeitlang hin und her erörtert; es erhoben sich jedoch Schwierigkeiten in Bezug auf die Art und Weise der Ausführung des Projektes, so dass dasselbe schliesslich fallen gelassen wurde.

Gleichzeitig bot dieser Plan aber im Allgemeinen so augenscheinliche Vortheile dar, dass die Ansicht, Siemens' Projekt werde früher oder später dennoch zur Ausführung gelangen, von einem ziemlich grossen Kreise getheilt wurde. Um so mehr ist es zu bedauern, dass die Gelegenheit nicht wahrgenommen wurde, nicht allein einen so bedeutenden Beitrag zu dem für diesen Zweck erforderlichen Kapital, sondern vor Allem auch die Mitwirkung eines Mannes zu erlangen, welcher durch seine hervorragende Stellung sowie seines energischen Charakters wegen die sichere Gewähr für eine gründliche Durchführung des Planes bot.

The Society of Arts.

Dies war die erste Gesellschaft, welcher Wilhelm in England beitrat; er wurde im Jahre 1849 als Mitglied derselben aufgenommen und hat zur Zeit seines Todes in derselben die höchste Stellung (abgesehen von der des permanenten Präsidenten, welche der Prinz von Wales einnimmt), nämlich als Vorsitzender des Vorstandes, bekleidet.

Schon im Jahre 1844 waren Proben seines anastatischen Druckverfahrens der Society of Arts vorgelegt worden, und in dem Jahre seiner Erwählung als Mitglied gab er eine Beschreibung der Erfindungen seines Bruders Werner auf dem Gebiete der Telegraphie, deren hervorragende Bedeutung damals besonderes Aufsehen erregte.

Im darauffolgenden Jahre beschrieb er in einer der Gesellschaft unterbreiteten Abhandlung seinen neuen Regenerativ-Kondensator, wofür ihm (wie bereits im Kapitel V mitgetheilt worden ist) die goldene Medaille der Gesellschaft als Preis zuerkannt wurde. Wilhelm hat diesen Preis stets sehr hoch geschätzt, und am 27. Juni 1883, als er zum letzten Male den Vorsitz der Gesellschaft übernahm, sagte er, in Erwiderung auf ein ihm zu Theil gewordenes Dankesvotum der Versammlung: — „Die Society of Arts habe eine sehr alte Schuldforderung an ihn. Sie sei die erste Gesellschaft gewesen, mit welcher er in Verbindung getreten, und auch die erste, welche im Jahre 1850 durch Verleihung ihrer goldenen Medaille seine Arbeiten anerkannt habe."

Für die Jahre 1874 und 1875 wurde er zum Vorstandsmitgliede des Vereines gewählt, und in dem letztgenannten Jahre hielt die Gesellschaft es für angemessen, ihm noch ein deutlicheres Zeichen ihrer Anerkennung für seine Verdienste um die Förderung ihrer Zwecke zu geben, indem sie ihm ihre Albert-Medaille verlieh. Diese Medaille wurde im Jahre 1863 zum Andenken an den Prinzen Albert, den Gemahl der Königin Victoria, gestiftet mit der Bestimmung: „dass dieselbe höchstens einmal in jedem Jahre durch Vorstandsbeschluss für ausgezeichnetes Verdienst um die Förderung der Kunst, der Gewerbe oder des Handels verliehen werden sollte".

Die Albertmedaille ist eine grosse goldene Medaille mit werthvollem künstlerischem Gepräge, nach einem Entwurfe von Leonard Wyon. Es ist die höchste Auszeichnung, welche die Gesellschaft verleihen kann, und die Zuerkennung findet daher mit grosser Feierlichkeit und erst nach reiflicher Berathung statt und ist stets nur Männern von hoher Auszeichnung zugefallen. Die erste Albertmedaille ist im Jahre 1864 Sir Rowland Hill, die zweite dem Kaiser Napoleon III und die dritte Michael Faraday verliehen worden. Wilhelm Siemens wurde diese hohe Auszeichnung auf Grund folgenden Vorstandsbeschlusses zu Theil:

„Als eine Anerkennung für seine Untersuchungen in Bezug auf die Gesetze der Wärme und die praktische Verwerthung derselben für Oefen, wie sie in der Industrie zur Anwendung kommen; ferner für seine Verbesserungen in der Eisenfabrikation, sowie überhaupt für seine Verdienste in Bezug auf die Ersparnisse von Brennmaterial bei den verschiedenen Verwendungen desselben für industrielle Zwecke."

Die Medaille wurde Wilhelm von Seiner Königlichen Hoheit, dem Prinzen von Wales, dem Präsidenten der Society of Arts, am 22. Februar 1875 in Marlborough House überreicht.

Chemical Society.

Im November 1870 wurde Wilhelm zum Mitgliede dieses Vereines erwählt, welchem er hauptsächlich beigetreten war, um dort die mehr wissenschaftlichen Erklärungen seiner metallurgischen Processe zu erhalten.

Royal Institution of Great Britain.

Wilhelm gehörte schon frühzeitig zu den Subscribenten dieses Instituts und wurde später zu einem der Vicepräsidenten und Leiter desselben erwählt. Er interessirte sich sehr für die Verhandlungen des Institutes und hat selbst mehrfach zu den Vorträgen, welche an jedem Freitag Abend stattfanden, beigetragen. Einer seiner Vorträge, welcher viel Interesse erregte, wurde im Februar 1876 gehalten und handelte über die dem Selen innewohnende, eigenthümliche Empfindlichkeit gegen Licht. Mit Hilfe seiner bemerkenswerthen Geschicklichkeit, wissenschaftliche Entdeckungen in praktische Form zu kleiden, war es ihm gelungen, einen Apparat zu konstruiren, den er Selenauge nannte, weil er einem vergrösserten menschlichen Auge ähnlich sah, und welcher für Licht- und Farbenunterschiede empfindlich war. Der Apparat legte unter dem Einflusse intensiver Lichtwirkung gleichsam eine gewisse Ermüdung an den Tag, von welcher er sich sozusagen wieder erholte, nachdem er eine Zeit lang mit geschlossenen Augenlidern ausgeruht hatte. Wilhelm führte noch an, dass es keine besonderen Schwierigkeiten bieten würde, dass Schliessen des künstlichen Auges gegen grelle Lichtstrahlen automatisch herzustellen, um auf diese Weise die spontane oder Reflex-Thätigkeit des menschlichen Sehorganes nachzubilden.

United Service Institution.

In diesem Institute hielt Wilhelm am 3. März 1879 einen wichtigen Vortrag: „Ueber die Erzeugung des Stahles und seine Verwerthung für militärische Zwecke," unter dem Vorsitze des Generals, Sir Henry Lefroy, welcher den vortragenden Gast mit folgenden Worten in die Versammlung einführte:

„Ich brauche Sie wohl kaum darauf aufmerksam zu machen, dass einer der hervorragendsten zur Zeit lebenden Physiker uns mit seiner Gegenwart beehrt. Derselbe tritt jedoch heute Abend nicht als der berühmte Elektriker, als der Erbauer des Kabelschiffes Faraday, oder als der fruchtbare Erfinder in unsere Mitte, dessen Gebiet sich über Dinge der verschiedenartigsten Natur, wie z. B. auf das Buchstabensetzen und das Messen der Meerestiefen erstreckt, sondern er tritt heute vor uns in seiner Eigenschaft als einer der ersten wissenschaftlichen Metallurgen von England, als der Erfinder, dem wir so viele, in dieses Fach einschlagende Processe verdanken, und von dem man wohl mit grosser Sicherheit behaupten darf, dass noch kein Gegenstand von ihm berührt worden sei, der nicht durch seine Behandlung gewonnen hätte."

Der Versammlung wohnten viele Sachverständige in der Geschützbaukunst bei, und es folgte daher dem Vortrage eine Diskussion, an welcher der Vorsitzende, Sir William Thomson, Mr. Barnaby (der erste Constructeur der englischen Marine) und General Younghusband (der Direktor der Woolwicher Geschützgiesserei) sich betheiligten, während Wilhelm Siemens die dabei in Anregung gebrachten Fragen beantwortete.

In Folge der Verhandlungen dieser Versammlung erhob sich eine Controverse in den Tages-Zeitungen. Einige der Redner hatten gewissermassen den beschränkten Gebrauch, welcher bis dahin bei der Construktion von schweren Geschützen von Stahl gemacht worden sei, vertheidigt und zwar theils aus Sparsamkeitsrücksichten und theils auch, weil die den Gebrauch des Stahles besonders empfehlenden Eigenschaften dieses Metalles noch nicht genügend bekannt gewesen seien. Diese Angaben wurden von Mr. Bessemer in einem Briefe an die „Times" angegriffen, und es entspann sich eine längere Correspondenz, in welcher die Woolwicher Autoritäten, Herr Krupp und Wilhelm Siemens, ebenfalls ihre Ansichten über die in Frage stehenden Streitpunkte verlauten liessen.

Athenaeum Club.

Im Jahre 1871 wurde Wilhelm von Seiten des Athenaeum Clubs eine grosse Auszeichnung zu Theil. Dieser Verein war gegründet worden „zur gesellschaftlichen Vereinigung von Männern, welche sich durch ihre Errungenschaften auf dem Gebiete der Wissenschaft oder der Literatur einen Namen erworben hatten, von hervorragenden Meistern der schönen Künste, sowie von Edelleuten und anderen Männern hohen Standes, welche sich durch ihre Freigebigkeit als Gönner der Wissenschaft, der Literatur oder der Kunst verdient gemacht hatten."

Da die Mitgliederzahl des Vereines begrenzt, die Bewerbungen um Aufnahme in denselben dagegen sehr zahlreich sind, so muss ein zum Mitgliede vorgeschlagener Bewerber gewöhnlich etwa 15 Jahre warten, ehe über ihn ballotirt werden kann. Da dieser Umstand aber zu Mitgliedern besonders geeignete Persönlichkeiten für eine längere Zeit dem Vereine ferne halten würde, so wurde folgender Paragraph in die Statuten des Athenaeum Clubs aufgenommen:

„Da es zur Aufrechterhaltung des Athenaeums von wesentlicher Bedeutung und in vollem Einklange mit den Principien ist, auf denen die Gründung des Vereins basirt, dass die jährliche Aufnahme einer bestimmten Anzahl von Männern, welche sich in wissenschaftlicher und literarischer Beziehung, oder auf dem Gebiete der Kunst, oder auch durch Verdienste um das Gemeinwohl besonders hervorgethan haben, gesichert wird, so soll eine begrenzte Anzahl von so qualificirten Personen durch das Vereins-Comité gewählt werden. Die Anzahl der auf diese Weise Erwählten darf die Zahl neun in einem Jahre nicht überschreiten . . . . . . Keine Wahl darf stattfinden, ohne dass mindestens neun der Comité-Mitglieder persönlich zugegen sind, und die Wahl der sämmtlichen gegenwärtigen Mitglieder muss eine einstimmige sein . . . . Der Athenaeum-Club betraut den Vorstand mit dieser Berechtigung in dem vollen Vertrauen, dass derselbe nur solche Personen auserlesen wird, welche sich wirklich zu hervorragender Bedeutung emporgeschwungen haben . ."

Wilhelms Name erschien im Mai 1865 auf der gewöhnlichen Vereinsliste als zum Mitglied vorgeschlagen von Professor Graham, und dieser Vorschlag war von Capitain (jetzt Sir) Douglas Galton unterstützt worden. Er würde daher vielleicht im Jahre 1880 zur Ballotage gekommen sein. Neun Jahre vor dieser Zeit stellte jedoch Dr. E. Frankland in der Commission den Antrag, Siemens auf Grund des besonderen Paragraphen im Statut zum Clubmitgliede zu erwählen, und führte zu Gunsten desselben folgende Qualifikationsgründe an:

„Verfasser zahlreicher, in den „Philosophical Transactions" sowie in anderen wissenschaftlichen Journalen veröffentlichter Abhandlungen über Dynamik, Wärme und Elektricität; wohl bekannt als Ingenieur und Constructeur von unterseeischen und Land-Telegraphenlinien, Erfinder mehrerer werthvoller und wichtiger Verfahren und Apparate, welche auf die praktische Nutzbarmachung der Wärme bei der Gasbereitung, Glasmanufaktur und Metallurgie Bezug haben; desgleichen Erfinder verschiedener Arten von neuen Maschinen und elektrischen Apparaten."

Der Antrag wurde nach reiflicher Ueberlegung angenommen und Wilhelm am 21. Februar 1871 zum Mitgliede erwählt.

Der Verein pflegte jährlich eine gewisse Anzahl seiner hervorragendsten und populärsten Mitglieder in die Vorstands-Commission zu erwählen. Siemens wurde diese weitere Auszeichnung im Mai 1874 zu Theil, und er fungirte als Commissionsmitglied bis zum Mai 1877.

Wissenschaftliche Vorträge in Glasgow.

Im Jahre 1878 wurde Wilhelm von einem in Glasgow zur Abhaltung von wissenschaftlichen Vorträgen gebildeten Vereine um seine Mitwirkung angegangen, die er auch auf das Bereitwilligste zusagte.

Demgemäss hielt er am 14. März 1878 im Rathhause der Stadt Glasgow einen Vortrag: „Über die Nutzbarmachung der Wärme und anderer Naturkräfte." In der Einleitung seines Vortrages machte er einige erklärende Bemerkungen über Wärme und Brennmaterial im Allgemeinen; sodann beschrieb er, mit Zuhülfenahme von Diagrammen und Modellen seinen Regenerativ-Gasofen und erging sich über die Nutzbarmachung von Kraft vermittelst elektrischer Uebertragung, wobei er noch in beachtenswerther Weise auf die mögliche zukünftige Verwendung des elektrischen Stromes für häusliche Zwecke hinwies. Nachdem er die Fähigkeit des elektrischen Stromes, Wärme und Licht zu erzeugen, dargethan hatte, fuhr er fort:

„Ich möchte jetzt noch vermittelst eines anderen einfachen Experimentes Ihnen beweisen, wie leicht die so erzeugte Wärme zum Erhitzen von Wasser benutzt werden könnte. Ich tauche diese Platinspirale in ein Glasgefäss, welches ungefähr ein Liter Wasser enthält, und nachdem der elektrische Stromkreis geschlossen ist, werden Sie bemerken, dass binnen einer oder zwei Minuten das Wasser auf den Siedepunkt gebracht ist. Dieses Verfahren, kleinere Quantitäten Wassers zu erwärmen, würde auch keineswegs kostspielig sein, wenn Ströme von dynamo-elektrischen Maschinen aus nach unseren Häusern geleitet würden; und wer weiss, ob im elektrischen Zeitalter, welchem wir entgegenzugehen scheinen, dieser Apparat, wie er hier vor Ihnen steht, nicht die alltäglich gebrauchte Kaffeemaschine sein wird."

Häusliches Leben.

Der Anfang des Jahres 1870 war in jeder Beziehung eine sorgen- und kummervolle Zeit.

Am 29. December 1869 erkrankte Frau Siemens an einem so heftigen Anfalle von Scharlachfieber, dass man eine Zeit für ihr Leben fürchtete. Der ihrem Gatten dadurch verursachte grosse Kummer war eine höchst peinliche Zugabe zu den vielen Sorgen, welche die tagtäglich von der Indo-Europäischen Telegraphenlinie einlaufenden schlechten Nachrichten ihm bereits bereiteten. Glücklicherweise jedoch überstand Frau Siemens in Folge ihrer guten Constitution das Fieber, obgleich sie nicht vor Ende Februar die Krankenstube verlassen durfte. Da eine Luftveränderung nothwendig erschien, brachte sie ihr Gemahl am 11. März nach Torquay, wo sie gemeinschaftlich einen angenehmen Monat verlebten, und wo ihre Anwesenheit den Besuch vieler Verwandten und Freunde heranzog.

Um die Mitte dieses Jahres wurde Wilhelm eine grosse Ehrenbezeugung von der Universität in Oxford zu Theil. Die Anzeige darüber wurde ihm in folgendem Briefe von Lord Salisbury, dem Kanzler der Universität, gemacht:

Hatfield House, Hatfield, Herts.
Den 7. Juni 1870.

Herrn C. W. Siemens.

Sehr geehrter Herr!

„Es ist mir eine höchst angenehme Pflicht, Sie benachrichtigen zu dürfen, dass die Universität von Oxford der Anerkennung Ihrer ausgezeichneten Errungenschaften auf dem Gebiete der Elektricität und anderer Wissenschaften durch Ertheilung eines Ehrenranges an Sie, bei Gelegenheit der bevorstehenden Gedächtnissfeier, Ausdruck zu verleihen wünscht.

Ich hoffe mit Zuversicht, dass Ihnen die Annahme dieses Zeugnisses der Hochachtung der Universität genehm sein wird, sowie dass

Ihre geschäftlichen Obliegenheiten es Ihnen gestatten werden, für diesen Zweck nach Oxford zu kommen.

Die officielle Verleihung soll am Dienstag, den 21. dieses Monats, Vormittags stattfinden.

Mit vorzüglichster Hochachtung
ganz ergebenst
Salisbury."

Am 20. Juni begab sich daher Siemens nach Oxford, wo er mit seiner ihn begleitenden Gemahlin die Gastfreundschaft des Dechanten der Christuskirche und seiner Gattin, der Mrs. Liddell, dankbar annahm; und am nächsten Tage wurde ihm im „Sheldonian Theatre" der Ehrendoctortitel der Universität verliehen, den er stets sehr werth gehalten hat.

Eine ähnliche Ehre wurden bei derselben Gelegenheit anderen hervorragenden Männern zu Theil; darunter waren Sir Edwin Landseer, Sir Francis Grant, Sir William Armstrong, Mr. Robert Lowe und Mr. Matthew Arnold.

Im Jahre 1870 sah er sich wiederum veranlasst, seine Privatwohnung zu wechseln. Seine gesellschaftlichen Verpflichtungen waren beständig im Zunehmen begriffen, und bei ihm sowohl wie bei seiner Gemahlin machte sich das Bedürfniss nach grösseren Räumlichkeiten fühlbar. Dazu kam noch ein anderer Grund. Als sein Bruder Carl nach London übersiedelte, brachte er seine Familie und seinen ganzen Haushalt mit. Dies bewog die Brüder sich zusammen nach zwei nebeneinander gelegenen Häusern umzusehen, und sie fanden das Gewünschte in „Palace Houses", den Kensington Gardens gegenüber in Uxbridge Road. Die beiden Wohnhäuser standen durch ein Gewächshaus miteinander in Verbindung; und vom Anfange des Jahres 1870 an bis zum Jahre 1881 lebten die beiden Familien wie eine einzige zusammen. Wilhelm hatte viele Freude an diesem innigen Zusammenleben, und sein häusliches Glück trug viel dazu bei, die Sorgen und Beschwerden, welche seine grossen und verantwortlichen Unternehmungen mit sich brachten, zu lindern.

Grosse Aufregung herrschte in den beiden Familien, als am 15. Juli 1870 der Krieg zwischen Deutschland und Frankreich erklärt wurde. Wilhelm und seine Gemahlin hatten gerade vorher beschlossen das Engadin zu besuchen; und obgleich eine solche Reise damals von vielen für eine gewagte Sache gehalten wurde, so trugen doch weder Wilhelm noch seine Gattin das geringste Bedenken, die Reise zu unternehmen. Sie traten dieselbe am 16. Juli an und reisten über Antwerpen, Düsseldorf, nach Basel und Coburg, wo sie Rosenau (den Geburtsort des Prinzen Albert) besuchten und die wohlbekannte „Feste Burg" besichtigten, deren Anblick Martin Luther zu seinem unsterblichen Lobgesange begeistert hat.

Bei ihrer Ankunft in Insbruck mietheten sie einen Wagen, in welchem sie über Imst, Landeck und Finstermünz durch das prachtvolle Innthal fuhren. In Tarasp trafen sie mit einem Franzosen zusammen, welcher ihnen die Mittheilung machte, die er einem französischen Zeitungsblatte entnommen haben wollte, dass „Napoléon a passé le Rhin à Rastadt!", wodurch ihre deutschen Sympathieen für den Augenblick nicht wenig getroffen wurden! Bald darauf wurde St. Moritz erreicht, wo sie drei Wochen lang verweilten.

Nachdem sie wiederum nach England in ihr neues Heim zurückgekehrt waren, gaben Wilhelm und seine Gemahlin, um ihren stets wachsenden socialen Verpflichtungen gerecht zu werden, des Oefteren Gesellschaften, die gewiss noch Vielen in der Erinnerung sein werden, welche den Vorzug hatten, mit einer Einladung beehrt zu werden. Sie fanden ihr Vergnügen darin, wirklich künstlerische Talente um sich zu versammeln, welchen in ihrem Hause stets die gebührende Achtung und Aufmerksamkeit erwiesen wurde, und sie stellten gelegentlich auch wohl ihre grossen Räumlichkeiten besonders befreundeten Künstlern zur Abhaltung von Concerten zur Verfügung, die stets sehr besucht waren.

Nachdem sie den Verhandlungen der British Association im Jahre 1871 in Edinburg beigewohnt hatten, verbrachten sie einige Zeit auf einem hübschen, im schottischen Hochlande in der Nähe von Kingussie gelegenen Landhause, „Craigdhu" genannt, welches sie auf mehrere Jahre gemiethet hatten.

Im November 1871 trat Wilhelm Siemens in Begleitung seiner Gemahlin eine Reise nach Rom an, wo zu der Zeit die dritte Versammlung der „Internationalen Telegraphen-Conferenz" abgehalten wurde. Es ist dies eine Vereinigung von Abgesandten aus allen europäischen Ländern, welche etwa alle drei oder vier Jahre zusammentritt, um über die Fortschritte der Telegraphie und besonders über diejenigen Gegenstände, welche auf den internationalen Telegraphenverkehr Bezug haben, zu berathen. Im Hotel Costanzi fand sich eine grosse Gesellschaft zusammen, welcher auch Wilhelm Siemens nebst Gemahlin und Nichte sich anschlossen. Am Abend ihrer Ankunft, am 27. November 1871, war Rom auf das Prachtvollste illuminirt zu Ehren des Königs Victor Emanuel, welcher an diesem Tage das italienische Parlament in der ewigen Stadt eröffnet hatte.

Ihr dortiger Aufenthalt, welcher sieben Wochen dauerte, war ausserordentlich interessant, obwohl die wichtigen Angelegenheiten der Conferenz viele Stunden täglich in Anspruch nahmen. Die Siemens'sche Familie fand sich von vielen Freunden aller Nationen umgeben, und am 13. Januar 1872 weihten die Brüder Werner und Wilhelm Siemens einen schönen neuen Speisesaal im Hotel Costanzi dadurch ein, dass sie etwa 100 Personen daselbst ein Gastmahl gaben. Am folgenden Tage verliessen sie Rom und reisten über Genua und die Riviera der Heimath zu.

Im Juli 1873 begab sich Wilhelm mit seiner Gemahlin nach Wien zur Grossen Internationalen Ausstellung. Eine königliche Commission war mit der Vertretung Englands daselbst beauftragt und Wilhelm Siemens von Sr. Kgl. Hoheit dem Prinzen von Wales auserwählt worden, um als einer der Preisrichter in der Abtheilung für „Wissenschaftliche Erfindungen" zu fungiren. Nachdem er als solcher vom 3. bis zum 21. Juli thätig gewesen war, machte die Gesellschaft mit verschiedenen anderen Freunden einen Ausflug nach dem Dolomiten-Lande. Dort wurden die grossen Eisenhüttenwerke in Prévali und Hüttenberg besucht und von Villach aus der Aufstieg nach dem Dobratsch-Berge unternommen; sie blieben daselbst während der Nacht, in der. sie ein ganz fürchterliches Gewitter erleben mussten. Wilhelm erzählte später: Trotzdem die Elektricität ihm doch keineswegs fremd gewesen sei, habe er sich doch niemals vorher in so gefährlicher Nachbarschaft derselben befunden; der ganze Horizont habe in Flammen gestanden und der Donner die Erde erbeben gemacht, als wenn dieselbe sich hätte öffnen wollen, um sie zu verschlingen! Am nächsten Morgen jedoch war die Natur ringsum wieder ruhig und friedlich, und ein herrlicher Sonnenaufgang entschädigte sie reichlich für den während der Nacht erlebten Schrecken.

Von hier wurde Wilhelm nach Wien zurückberufen, um an einem Congresse wegen Patentfragen Theil zu nehmen. Die erste Idee zu einer solchen Versammlung rührte von dem Ober-Commissar der Wiener Weltausstellung her; Einladungen dazu waren im Namen der österreichischen Regierung an alle Nationen ergangen, und der Zweck derselben war, eine internationale Patentgesetzgebung zu schaffen. Ehe jedoch der Congress noch zusammengekommen war, gerieth die österreichische Regierung (ganz wie Frankenstein, wie Wilhelm sich ausdrückte) über die Kühnheit ihrer eigenen Schöpfung selbst in Unruhe, und anstatt eines officiellen Congresses kam nur eine Zusammenkunft heterogener Elemente zu Stande. Wilhelm wurde zum Präsidenten dieser Versammlung erwählt, und als solchem lag es ihm unter anderem ob, den Inhalt der von den Theilnehmern gehaltenen Reden, wenn nöthig, zu erklären oder dieselben wohl gar in eine andere der vier Sprachen, welche dort gesprochen wurden, zu übersetzen. Diese Thätigkeit nahm viel Zeit in Anspruch und erforderte grosse Aufmerksamkeit, so dass Wilhelm mit seiner Reisegesellschaft Wien in Folge dessen nicht vor dem 11. August verlassen konnte, an welchem Tage sie über Salzburg ihre Heimreise antraten und zunächst dem Königssee, Berchtesgaden und der malerischen Umgegend einen Besuch abstatteten.

Die traurigen Ereignisse von 1874 sind bereits genauer mitgetheilt worden. Im Mai desselben Jahres verlegte Wilhelm sein Londoner Büreau in ein geräumigeres Geschäftslocal nach No. 12 Queen Anne's Gate, von wo man die Aussicht nach dem St. James-Park hat und wo dasselbe bis heute geblieben ist.

Kapitel VII.

Das Landgut Sherwood.

Etwa um die Mitte dieser Zeitperiode erwarb Wilhelm neben seinem Londoner Wohnhause noch ein Landgut.

Er hatte hierzu verschiedene Gründe, ganz abgesehen von seiner steten Vorliebe für frische Luft. Seine geschäftlichen Arbeiten waren ihm in Folge der Uebersiedelung seines Bruders Carl von Russland nach London, sowie durch die Mithülfe vieler tüchtiger Assistenten bedeutend erleichtert worden und verursachten ihm auch nicht mehr so viel Sorge wie zuvor; er fühlte sich daher mehr als je geneigt, wissenschaftlichen Gegenständen grössere Aufmerksamkeit zu widmen. Zu einem ruhigen Studium aber bedurfte er der Zurückgezogenheit und er sehnte sich daher nach einem Orte, wo er so zu sagen von der Welt abgeschlossen war, wo er seine Gedanken sammeln und ohne Störung auf die ihm vorliegenden wissenschaftlichen Fragen richten konnte.

Da es ihm hauptsächlich um eine schöne Lage zu thun war, so wählte er einen der prachtvollsten Bezirke, welche man in nicht zu weiter Entfernung von London finden konnte, nämlich die Umgegend von Tunbridge Wells.

Nach einigem Bemühen fand er denn auch ein seinem Geschmack entsprechendes Landgut, „Sherwood" genannt, welches zwei oder drei Kilometer östlich von der Stadt an der nach Pembury führenden Landstrasse gelegen ist. Ende 1874 erwarb er dieses Gut und nahm im Anfange des darauffolgenden Jahres Besitz davon. Der Platz gefiel ihm so gut, dass er bald darauf noch einige angrenzende Stücke Land dazu kaufte und den Grundbesitz dadurch bis auf ungefähr 160 Morgen Land brachte. Er liess sodann geschmackvolle Garten- und Parkanlagen herrichten, vergrösserte die Wohnräumlichkeiten ganz bedeutend und erhöhte den Werth seines Besitzthumes noch durch viele sonstige Verbesserungen.

Unter anderen Neuerungen brachte er auf diesem Landsitze auch die Elektricität in umfassenderem und ausgedehnterem Maassstabe zur Anwendung und zeigte dort praktisch, wie diese wunderbare Kraft dem Menschen zur Verrichtung seiner häuslichen Arbeiten dienstbar gemacht werden kann. In einem der zum Landhause gehörigen Nebengebäude liess er eine Dampf-

SHERWOOD.

SHERWOOD. ANSICHT VOM SEE AUS.

maschine aufstellen, welche eine dynamo-elektrische Maschine trieb und auf diese Weise einen elektrischen Strom erzeugte. Dieser Strom diente zur Erleuchtung des Hauses vermittelst Glühlampen und der Parkanlagen durch Bogenlampen; und indem er durch Leitungsdrähte verschiedenen Plätzen zugeführt wurde, wirkte derselbe zugleich als Kraftübertrager, um Sägen, Futterschneiden und sonstige Arbeiten, wie sie auf dem Gute vorkamen, zu verrichten. In dem niedriger gelegenen Theile der Besitzung befand sich eine Quelle, wohin die Drähte ebenfalls geleitet wurden, um mit Hülfe des elektrischen Stromes das Wasser nach dem höher gelegenen Wohnhause und seinen Wirthschaftsgebäuden hinaufzupumpen. Der dem Auspuffrohre der Dampfmaschine entströmende Dampf wurde für Heizungszwecke benutzt. Diese Anlage ermöglichte es Wilhelm, viele Experimente auf dem Gebiete der Elektricität zu machen, besonders auch solche, welche auf den Einfluss der Elektricität auf das Pflanzenwachsthum Bezug haben, wovon im nächsten Kapitel die Rede sein wird.

Der Entwurf und die Ausführung der neuen Anlagen im Hause und im Parke gelang auf das Vortrefflichste. Sie bildeten für Wilhelm nicht nur eine angenehme und wohlthuende Erholung, sondern sie verliehen dem ganzen Besitzthume auch eine Anziehungskraft auf ihn, die dasselbe während seines ganzen Lebens für ihn behalten hat. Er war in der That nie glücklicher, als wenn er sich dort befand.

Die zwei beigegebenen Abbildungen stellen Ansichten des Hauses und der Parkanlagen, von zwei Lieblingspunkten Wilhelms aus gesehen, dar.

Der hohen Achtung, welche Wilhelm in Frankreich genoss, wurde durch seine ehrenvolle Ernennung zum correspondirenden Mitgliede der berühmten „Société d'Encouragement pour l'Industrie Nationale" Ausdruck verliehen. Dieser Verein war im Jahre 1801, nachdem die französische Nation sich einigermassen von den Zuckungen der grossen Revolution erholt hatte, gegründet und späterhin im Jahre 1824 als „d'utilité publique" erklärt worden.

Kapitel VII.

Nachstehend geben wir das Anerkennungsschreiben, welches Wilhelm bei dieser Gelegenheit übersandt wurde:

Paris, le 3 Septembre, 1875.

„J'ai l'honneur de vous annoncer que dans sa séance générale du 23 Juin 1875 la Société d'Encouragement pour l'Industrie Nationale vous a nommé son Correspondant dans le Comité des Arts Economiques.

La Société s'estime heureuse de trouver cette occasion de vous donner un témoignage de son estime, et de reconnaître ainsi les services que vous rendez à l'Industrie et au Commerce. Elle vous demande en échange, de l'aider dans sa mission, notamment en lui signalant les progrès industriels qui s'accomplissent autour de vous.

Je me félicite également d'être son interprète dans cette circonstance et de pouvoir joindre à l'expression de ses sentiments celle de ma considération la plus distinguée.

Le Président de la Société,
Sécrétaire perpétuel de l'Académie des Sciences.

J. B. Dumas."

Diese Ehrenstellung ist die nächste im Range nach der Mitgliedschaft des Institutes selbst, welche Wilhelm aller Wahrscheinlichkeit nach auch bald erlangt haben würde, wenn ihm ein längeres Leben beschieden gewesen wäre.

Am 28. April 1876 starb der Bruder der Frau Siemens, Lewis Gordon. Seine Mutter und Schwester fanden von da ab ihr Daheim im Siemens'schen Hause und Wilhelm hat sich ihnen in der That als Sohn und Bruder bewährt.

Im Mai 1876 wurde in South Kensington die „Loan Exhibition" wissenschaftlicher Apparate abgehalten, welche Wilhelms Zeit noch ganz besonders in Anspruch nahm. Am 13. Mai wurde er nach der Ausstellung berufen, um sein Modell des „Faraday" und andere Apparate Ihren Majestäten, der damals in London verweilenden Kaiserin von Deutschland und der Königin von England, zu erklären. Am folgenden Tage wurde er durch eine Einladung von der Deutschen Kaiserin im Deutschen Botschaftshôtel beehrt, die ihm in folgendem Briefe behändigt wurde:

Kaiserlich Deutsche Botschaft.
London, den 10. Mai, 1876.

Auf allerhöchsten Befehl Ihrer Majestät der Kaiserin-Königin beehrt sich der Kaiserlich Deutsche Botschafter Herrn Dr. Wilhelm Siemens ganz ergebenst zu benachrichtigen, dass Ihre Majestät Allergnädigst geruhen wird, ihn Sonntag den 14. Mai 1876, 3 Uhr Nachmittags, auf der Kaiserlich Deutschen Botschaft zu empfangen.

Johannes Brandis."

Während dieser Ausstellung wurde eine Anzahl von „Conferenzen" über verschiedene wissenschaftliche Gegenstände abgehalten; Wilhelm war Präsident in einer derselben, welche mechanische Fragen zum Gegenstande hatte. Am 27. Juli hielt er in derselben einen Vortrag über sein Bathometer und andere Messinstrumente.

Im Herbste 1876 besuchte er die Vereinigten Staaten von Nordamerika, um der Ausstellung in Philadelphia beizuwohnen, zu welcher er von der Regierung als einer der Preisrichter in der Abtheilung für wissenschaftliche und physikalische Instrumente bestellt worden war. Am 22. September verliess er Liverpool in Begleitung seiner Gemahlin und seines Neffen, des Mr. Joseph Gordon (welcher hernach zu einem seiner Testamentsvollstrecker ernannt wurde).

Diese amerikanische Reise ist in jeder Beziehung nach Wunsch ausgefallen; überall wurde ihnen die freundlichste Aufmerksamkeit erwiesen, und in Philadelphia wurde ein grosses Gastmahl zu Wilhelms Ehren veranstaltet. Er besuchte Washington und begab sich darauf nach dem Niagara. Bei seiner Rückkehr nach Hause gegen Ende November fand er viele Arbeit vor; die vollständige Luftveränderung jedoch sowie die beiden Seereisen hatten seiner Gesundheit sehr wohlgethan.

Am 20. Juni 1877 gaben Wilhelm und seine Gemahlin in ihrem Hause ein grossartiges Fest zu Ehren seiner Majestät, des Kaisers von Brasilien, welcher den Wunsch ausgesprochen hatte, einen Abend mit ihnen zu verbringen.

Im Juni 1878 wurde er zum Ehrenmitgliede eines der ältesten und angesehendsten wissenschaftlichen Vereine, nämlich der „Cambridge Philosophical Society", erwählt.

Im Jahre 1879 beschloss die Universität von Glasgow, in dem Wunsche, der Oxforder Universität in der Anerkennung hervorragenden Verdienstes nicht nachzustehen, Wilhelm den Ehrendoctortitel zu verleihen. Die officielle Verleihung fand am 23. April desselben Jahres statt, und zwar bei Gelegenheit der Einsetzung des Herzogs von Buccleuch als Kanzler der Universität.

Im Juni 1879 wurde die „Internationale Telegraphen-Conferenz" in London abgehalten, und am 14. statteten die Mitglieder derselben der Siemens'schen Telegraphenbauanstalt in Charlton einen Besuch ab. Am 9. Juli veranstalteten Wilhelm und seine Gemahlin zu Ehren derselben auf ihrem Landsitze Sherwood ein Gartenfest. Dazu waren alle Mitglieder des Congresses, welche natürlich meistens Ausländer waren, geladen; ausserdem trafen sie dort noch mit einer grossen Anzahl von Gästen zusammen, die entweder durch ihren hohen Rang oder durch Berühmtheit ausgezeichnet waren; darunter befanden sich Botschafter aller Nationen, Deputationen wissenschaftlicher Vereine, sowie hervorragende Künstler und Schriftsteller.

Die Gäste, mehr als 200 an der Zahl, wurden von London nach Tunbridge Wells und zurück in einem Extrazuge befördert, welcher, um der Telegraphen-Conferenz eine Höflichkeit zu erweisen, Seitens der „South Eastern Railway Company" Wilhelm in liberalster Weise unentgeltlich für diesen Zweck zur Verfügung gestellt worden war.

Sämmtliche Gäste konnten nicht Lobes genug über die schöne und herzliche Aufnahme finden, welche sie dort gefunden hätten, und dieses Fest ist noch lange in der Erinnerung geblieben als eines der gelungensten Gartenfeste, welche jemals veranstaltet worden sind.

Gegen Ende des Jahres machte Wilhelm in Begleitung seiner Gemahlin abermals eine Reise nach Italien.

Kapitel VIII.

Wilhelms letzte Lebensjahre.

Alter vom 57. bis 60. Lebensjahre.

1880 bis 1883.

Aenderung in Wilhelms Methode, seine wissenschaftlichen Gegenstände zu behandeln. — Wärme. — Der Gas-Feuerherd. — Die Rauch-Verminderungs-Propaganda. — Gas als allgemeines Heizungsmittel. — Elektrische Telegraphen. — Elektrische Beleuchtung. — Elektrische Kraftübertragung. — Elektrische Eisenbahnen. — Vortrag vor der Institution of Civil Engineers. — Der elektrische Schmelzofen. — Elektrische Vegetation. — Elektrische Maasseinheiten. — Verschiedenartige Gegenstände. — Die Beschaffenheit der Sonne und die Natur der Sonnenenergie. — Das „Indian Engineering College". — Das elektrische Thermometer. — Die elektrische Ausstellung in Wien. — Präsidium der „British Association". — „Society of Arts". — „Institution of Civil Engineers"; der „Howard" Preis. — Die elektrische Austellung in Frankreich. — Vorträge und Antrittsreden. — Häusliches Leben. — Die „Turners' Company". — Zur englischen Ritterwürde erhoben. — Beglückwünschungen. — Seine Krankheit; sein letztes Werk; sein Tod.

Während der wenigen ihm noch übrigen Lebensjahre hat Wilhelm in derselben Weise weiter fortgearbeitet, wie während des verflossenen Jahrzehntes, indem er nämlich weniger Aufmerksamkeit den gewöhnlichen geschäftlichen Interessen zuwendete und dagegen mehr Zeit rein wissenschaftlichen Fragen und Forschungen widmete.

Er war jetzt nicht mehr darauf angewiesen, für materiellen Gewinn allein zu arbeiten, und zog es daher vor, tiefer gehenden Bestrebungen zu folgen, theils des geistigen Genusses wegen, der ihm daraus erwuchs, theils aber auch zweifelsohne durch einen lobenswerthen Ehrgeiz nach persönlichem Ruhme getrieben. Man kann dies mit Leichtigkeit aus der veränderten Behandlungsweise der Gegenstände ersehen, welchen er schon früher seine Thätigkeit gewidmet hatte.

Soweit die Wärme in Betracht kommt, überliess er jetzt seinen riesenhaften Schmelzofen und seine metallurgischen Verfahren mehr ihrer eigenen Entwickelung, während er dagegen für das Gemeinwohl sich verdient machte, indem er zeigte, wie der Rauch in Städten zu vermeiden sei, wie der häusliche Herd behaglicher gemacht und die gewöhnlichen Heizverfahren durch neue und bessere Verwerthung des Brennmaterials vervollkommnet werden könnten.

Was auf der anderen Seite die Elektricität anlangt, so war Wilhelm jetzt nicht mehr wie in früheren Jahren in den Werkstätten seiner Fabrik oder an Bord des Faraday zu finden, um die Fabrikation oder Legung des Kabels zu leiten; diese Obliegenheiten überliess er jetzt seinen Geschäftstheilhabern und seinen vorzüglich ausgebildeten Ingenieuren. Er zog es vielmehr vor, zu ergrübeln, auf welche Weise die elektrische Energie in ausgedehnterem Maassstabe für neue Beleuchtungsmethoden oder zum Schmelzen von Substanzen, welche man bis dahin für unschmelzbar gehalten hatte, verwendet werden könnte, oder gar wie dieselbe dazu dienen könne, um die Stelle des Sonnenstrahles zur Förderung des Wachsthums im Pflanzenreiche zu vertreten, oder um die Kraft des weit entfernten Wasserfalles heranzubringen und zum Mahlen des Getreides in der Stadt oder zum „Schleppen der langsamen Schaluppe, sowie zum Treiben des eilenden Eisenbahnwagens" dienstbar zu machen.

Und dann wiederum ganz abgesehen von der praktischen Nutzbarmachung dieser geheimnissvollen Kraft, ersann er neue Methoden, um die Stärke derselben zu messen oder ihre Eigenthümlichkeiten zu bestimmen.

Selbst seine mechanischen Erfindungen nahmen einen mehr vorgeschrittenen wissenschaftlichen Charakter an. So ersann er ein Thermometer, um die Wärme im Innern des glühenden Schmelzofens oder an anderen, für gewöhnliche Messung unzugänglichen Orten zu bestimmen; dann ergründete er die Meerestiefe durch einfache Ablesung an einem von ihm zu diesem

Zwecke construirten und auf dem Deck des Schiffes aufgestellten Apparate oder untersuchte, wieviel Sonnenlicht bis zu den auf dem Boden des Oceans lebenden Mollusken dringe.

Einen grossen Theil dieses letzten Abschnittes seines Lebens widmete er zwei Gegenständen von hoch wissenschaftlichem Charakter. Zunächst übernahm er für ein Jahr das Präsidium und die Leitung eines der ausgebreitetsten und berühmtesten wissenschaftlichen Vereine der Welt, und zweitens überraschte er die Astronomen und Physiker Europas durch seinen, auf langem und sorgfältigem Studium basirenden Versuch, bekannte physikalische Grundsätze auf die Lösung einiger der am wenigsten aufgeklärten Probleme, welche auf das Sonnensystem Bezug haben, anzuwenden.

Auf der anderen Seite finden wir ihn aber auch niemals zu stolz, von seiner schwindelnden geistigen Höhe wieder herabzusteigen, wo immer es galt, seine Errungenschaften und Talente für das Allgemeinwohl nutzbar zu machen. Bald sehen wir ihn als Vorsitzenden seiner Ingenieurcollegen in einer Pariser Versammlung, bald wiederum als Preisrichter in einer elektrischen Ausstellung in Wien; bald erscheint er als Sachverständiger vor einem halben Dutzend Königlicher Commissionen, bald wieder hält er Vorträge in wissenschaftlichen Vereinen; bald übernimmt er den Vorsitz bei einem für irgend welchen wohlthätigen Zweck veranstalteten Gastmahle, bald wieder vertheilt er Preise unter Knaben und Mädchen in einer Provinzialschule.

Für Wilhelm war es stets eine Freude, Jemandem wohlthun zu können, und er war keineswegs unempfindlich gegen den Lohn der Dankbarkeit und der Anerkennung, den seine Arbeiten ihm eintrugen.

Arbeiten auf dem Gebiete der Wärme.

Auch während dieser letzten Jahre seines Lebens hat Wilhelm das Interesse für die auf die Wärme bezüglichen Fragen nicht verloren.

Seine auf die Anwendung dieser Energieform bezüglichen Erfindungen und Arbeiten hatten herrliche Früchte getragen, die nicht nur ihm selbst zu Gute kamen, sondern auch von einem bedeutenden wissenschaftlichen Fortschritte Zeugniss ablegten und der Industrie im Allgemeinen in hohem Grade förderlich waren. Deshalb betrachtete Wilhelm seine Aufgabe auf diesem Gebiete der Wissenschaft aber noch keineswegs als vollendet; er war vielmehr der Ueberzeugung, dass noch viele andere Anwendungen der grossen Principien, die er stets im Auge gehabt hatte, zum Wohle der Menschheit gemacht werden müssten, und er liess keine Gelegenheit vorübergehen, in diesem Sinne weiterzuarbeiten.

Der Gas-Feuerherd.

Eine von diesen Erfindungen, von welcher er wünschte, dass jeder Haushalt Interesse daran nehmen möchte, war eine Verbesserung des häuslichen Feuerherdes.

Einer der Hauptvortheile seines Regenerativ-Gasofens bestand darin, dass derselbe bei der Erzeugung seiner grössten Heizeffekte wenig oder gar keinen Rauch entwickelte. Er hatte bemerkt, was allerdings wohl jedem nur allzu bekannt war, dass einen der grössten Uebelstände des Londoner Lebens der dichte schmutzige Nebel bildet, welcher so häufig wie ein Leichentuch über den Häusern der Hauptstadt hängt, und er wusste auch, was vielen Leuten unbekannt war, dass die Ursache dieser grössten Plage Londons darin zu suchen sei, dass der natürliche Wasserdunst sich mit den Russtheilchen, welche den Millionen Schornsteinen der Häuser der Stadt entweichen, vermischt. Fabrikfeuer konnten durch seine Ofenconstruktionen verbessert werden; deren giebt es aber in London verhältnissmässig nur wenige, vielmehr rührt das Hauptübel hier von den vielen häuslichen Feuerherden her, welche über die ganze Stadt vertheilt sind.

Er strengte daher wieder einmal seine Erfindungskraft an, um zu versuchen, was er zur Verbesserung des häuslichen Feuerherdes und insbesondere, wenn auch nicht zur gänzlichen Beseitigung, so doch zur Verminderung der davon herrührenden Raucherzeugung thun könne.

Nachdem er eine Zeitlang auf seinem eigenen Grund und Boden experimentirt und sich hinreichend überzeugt hatte, dass seine Ideen gesund und praktisch ausführbar seien, machte er seinen Plan in einem in der wissenschaftlichen Zeitschrift „Nature" am 18. November 1880 veröffentlichten Artikel bekannt. Letzterer war überschrieben: „Ein neues Mittel gegen den Rauch" und begann in folgender Weise:

„Die stets zunehmende Dunkelheit, welche die Winteratmosphäre in London kennzeichnet, hat uns zu der Erwägung geführt, ob wir es hier mit einem dem Kohlengebrauch in grossen, dicht bevölkerten Centralplätzen anhaftenden, unabwendbaren Uebelstande zu thun haben, oder ob Mittel ausfindig gemacht werden können, um die Wärme und Behaglichkeit, welche der reichliche Gebrauch von mineralischem Brennmaterial gewährt, zu geniessen, ohne dafür so schwere Strafe zahlen zu müssen, nämlich: dass wir den Sonnenstrahl entbehren, dass wir uns selbst und Alles, was wir anfassen, mit schwarzem Russe bedeckt finden und oft selbst um die Mittagszeit unseren Weg entlang tappen müssen und noch dazu mit einem Gefühle, welches dem des Erstickens keineswegs unähnlich ist.

Ich bin entschieden der Ansicht, dass für diesen Uebelstand nicht nur Abhülfe geschafft werden könnte, sondern dass die letztere überdies aus einer genaueren Beobachtung der Sparsamkeitsprincipien beim Gebrauche des Brennmaterials erwachsen würde."

Nachdem er darauf der Verbesserungen in Kürze Erwähnung gethan, welche durch die Einführung seines Regenerativ-Gasofens bei grösseren Fabriken erzielt worden seien, fuhr er fort:

„Da aber durch Verwendung von gasförmigem Brennmaterial Resultate wie die oben angeführten erreicht werden, so kann ich gar nicht einsehen, warum analoge Resultate nicht auch durch die Anwendung solchen Materials in kleinerem Maassstabe erzielt werden sollten, selbst als Mittel zur Erwärmung unserer Wohnräume, welch' letztere Verwendung, wenngleich in jedem einzelnen Falle nur einen geringen, im Ganzen dagegen den grössten Verbrauch von mineralischem Brennmaterial repräsentirt."

Sodann erwähnte er die Thatsache, dass die sogenannten „Gasfeuer" sehr häufig gebraucht würden, die weiter nichts als einfache Strahlen von Leuchtgas oder von mit Luft vermischtem Leuchtgas seien, welche man unter und zwischen zusammengehäuften Asbest- oder Bimsteinstücken spielen liesse, die dadurch nach einer gewissen Zeit erhitzt würden und dann Wärme in den Raum ausstrahlten. Er bemerkte aber dabei, dass solche Feuer sehr kostspielig seien und doch nicht genug Wärme gäben;

ferner gewährten dieselben keinen freundlichen Anblick, erzeugten eine Wärme unbehaglicher Natur und hätten oft auch noch einen unangenehmen Geruch zur Folge.

Hierauf beschrieb er seinen eigenen Plan. Während er den Gebrauch von Leuchtgas, wie es von den Gas-Gesellschaften geliefert wird, beibehielt, schlug er vor, dasselbe in einer anderen Weise zu gebrauchen. Anstatt das Gas zum Erhitzen von Haufen einer trägen Materie zu verwenden, brachte er es mit Kokestücken in Berührung, die dadurch entzündet wurden und brannten und als Brennmaterial dienten.

Die Art und Weise, wie dies gemacht wurde, war ausserordentlich einfach; sie bestand in der That in weiter nichts, als ein Paar Gasstrahlen von vorne in einen mit Koke gefüllten gewöhnlichen Feuerherd einzuführen, worauf sodann durch Verbindung der Gasflammen und der brennenden Koke ein Feuer gebildet wurde, welches das oben beschriebene Gasfeuer in jeder Beziehung bei Weitem übertraf und in der That eben so zufriedenstellend war, als das gebräuchliche häusliche Kohlenfeuer.

Obgleich diese Erfindung anscheinend so einfach war, so beruhte dieselbe in der Wirklichkeit doch auf einem hochwissenschaftlichen Principe; es handelte sich nämlich darum, der Koke die Kohlenwasserstoffe wieder zuzuführen, welche derselben entzogen worden waren und auf diese Weise die ursprünglichen Kohlenbestandtheile, jedoch in einer verbesserten und geläuterten Form, wieder herzustellen.

Ein anderer wissenschaftlicher Grundsatz, welcher bei diesem Feuerherde in Anwendung kam, bestand darin, denselben durch eine sehr einfache und geistreiche Vorrichtung mit erhitzter Luft zu versorgen, um so die Intensität der Verbrennung zu steigern. Es war in der That eins der Principien seines Regenerativ-Gasofens, welches Wilhelm in das Gesellschaftszimmer eingeführt hatte.

Als Vortheile dieser Art von Feuer im Vergleiche zu dem gewöhnlichen Kohlenfeuer nahm er folgende in Anspruch:
1. Nichtvorhandensein von Rauch.
2. Erhöhte Heizkraft bei geringerem Kostenaufwande.
3. Leichtigkeit des Anzündens und Fortfallen des gewöhnlichen „Anmachens" mit Papier und Brennholz.

4. Die leichte Unterhaltung desselben ohne besondere Bedienung oder Auflockerung.
5. Einfachheit der Einrichtung und Regulirung je nach dem erforderlichen Heizeffekte.
6. Möglichkeit, das Feuer jeden Augenblick anzumachen und ausgehen zu lassen, was nicht nur eine grosse Bequemlichkeit ist, sondern auch eine bedeutende Ersparniss in sich schliesst*).

Die Grundsätze, worauf die Construktion dieses Feuerherdes beruht, sind auch auf grössere Kochöfen angewendet worden. Ein Herr in der City von London schrieb im Juli 1882:

„Der Siemens'sche Apparat. welcher kürzlich in meinem Hause in Chislehurst bei einem grossen Kochofen angebracht worden ist, arbeitet vortrefflich. Nachdem ich seine Thätigkeit sehr genau beobachtet habe, bin ich zu der Ueberzeugung gekommen, dass derselbe, was Reinlichkeit und Leistungsfähigkeit anbelangt, das beste Ergebniss der kürzlich stattgefundenen Ausstellung für Rauchverminderungs-Apparate ist.

Ich finde, dass bei einem überaus geringen Gasverbrauch die Koke, welche das einzige, dabei zur Verwendung kommende Heizmaterial ist, bald glühend wird, und durch regelmässiges Nachfüllen von oben kann ein brillantes rauchloses Feuer unterhalten werden. Unreinlichkeit irgend einer Art wird dabei nicht erzeugt, indem die sämmtlichen gasförmigen Verbrennungsprodukte durch den Schornstein nach oben entweichen.

Die Abwesenheit von Russ in den Rauchfängen und Schornsteinen ist die bemerkenswertheste Erscheinung bei dieser geistreichen Erfindung, und wenn dem Urheber derselben auch weiter keine Belohnung dafür zu Theil wird, so werden ihm doch stets die aufrichtigsten Segenswünsche dankbarer Küchenmädchen zu Theil werden.

Als der neue Apparat zuerst in der Küche meines Hauses aufgestellt worden war, wurde er in der wüthendsten Weise von der Köchin angegriffen, und alle die ihr selbst innewohnende latente Wärme schien kaum auszureichen, um ihren tief gekränkten Gefühlen kräftig genug

---

*) Der Verfasser hat seit einigen Jahren zwei dieser Feuerherde im Gebrauch, und zwar einen in einem Wohnzimmer und den anderen in einem Schlafzimmer, und sind dieselben höchst wirksam und bequem befunden worden. Als Brennmaterial dafür wird zuweilen Koke, zuweilen auch Kohle, gewöhnlich aber eine Mischung von beiden benutzt. Diese Erfindung darf mit Recht als eine wahre Wohlthat für den Haushalt bezeichnet werden.

Ausdruck zu verleihen. Jedoch mit etwas Takt in angemessener Verbindung mit der nöthigen Festigkeit und unter meiner persönlichen Aufsicht und Anleitung wurde sie in dem kurzen Zeitraume von drei Monaten bereits eine aufrichtige und warme Verehrerin des neuen Systems.

Was die Kostenersparniss anbelangt, so bin ich heute noch nicht in der Lage mein Urtheil darüber abzugeben, doch bin ich eben damit beschäftigt, vergleichende Versuche nach dieser Richtung hin anzustellen."

Ueber diesen letzteren Punkt hat Wilhelm einige Experimente unter seiner eigenen Anleitung mit Kochöfen, die von der „Falkirk Iron Company" aufgestellt worden waren, machen lassen. Die Temperatur wurde in den Oefen in der ersten Stunde bis auf 246 Grad Fahrenheit bei einem Gasverbrauche von 8 Cubikfuss gebracht; in der zweiten Stunde bis auf 500 Grad bei einem weiteren Verbrauche von 7 Cubikfuss Gas, und während der folgenden dreiviertel Stunden bis auf 580 Grad bei einem ferneren Gaskonsum von 4 Cubikfuss. Nachmittags waren im Ganzen ca. 10 kg Koke bis zum Ausgehen des Feuers verbrannt worden. In einem anderen Falle wurden die Kosten für Koke und Gasverbrauch für zwölfstündiges Heizen eines Ofens von mittlerer Grösse auf $37^1/_2$ Pf. berechnet.

Rauchverminderungs-Propaganda in London.

Fast um dieselbe Zeit als Wilhelm seinen Feuerherd vor die Oeffentlichkeit brachte, wurde eine Propaganda für die Verminderung der Rauchplage in London in Gang gesetzt, welcher er aufrichtig beistimmte.

Nach einigen Vorverhandlungen wurde am 24. Juli 1881 eine Versammlung in Grosvenor House abgehalten. Wilhelm war zugegen und brachte in einer längeren Rede folgenden Antrag ein: „Dass die gegenwärtige rauchhaltige Beschaffenheit der Atmosphäre in London die Gesundheit und das allgemeine Wohlbehagen der Einwohner benachtheiligt, ausserdem öffentliche Gebäude beschädigt, den Werth leicht zu beschädigender Fabrikate verringert und in verschiedenen anderen Beziehungen unnöthige Ausgaben verursacht."

Er wohnte noch mehreren anderen Versammlungen bei und sprach bei solchen Gelegenheiten über denselben Gegenstand. Seine Reden endeten stets mit der dringenden Anempfehlung, an Stelle der Kohle im Rohzustande Gas als Brennmaterial zu verwenden.

Ein Resultat dieser Bewegung war der Beschluss, eine Ausstellung von verbesserten Feuerherden zu organisiren, von Koch- und Heizungs-Apparaten, von Oefen und überhaupt von Apparaten aller Art, sowohl für häusliche als auch für industrielle Zwecke, die so construirt seien, dass entweder der Rauch vermieden oder rauchloses Brennmaterial dabei verbraucht würde. Diese Ausstellung wurde in den Ausstellungsgebäuden von South Kensington abgehalten; dieselbe wurde am 30. November 1881 eröffnet und dauerte bis zum 14. Februar 1882.

Für die besten Constructionen wurden Preise ausgesetzt. Wilhelm selbst warf eine Summe von 2000 Mk. aus „für die vorzüglichste Methode oder Vorrichtung zur Benutzung von Brennmaterial als Heizungsmittel für häusliche und industrielle Zwecke, welche die grösste Ersparniss mit der geringsten Erzeugung von Rauch und schädlichen Dünsten verbinde". Die eine Hälfte dieses Preises wurde der Dowson Economic Gas Company und die andere der Falkirk Iron Company für ihre Gas und Koke brennenden Kochöfen zuerkannt.

Seine Königliche Hoheit der Prinz von Wales besuchte die Ausstellung am 4. Januar 1882. Er besichtigte jede einzelne der verschiedenen Abtheilungen und nahm Aufklärungen von den Commissionsmitgliedern sowie von den Ausstellern der mannigfaltigen Apparate entgegen. Auch verbrachte der Prinz geraume Zeit mit der Inspicirung der nach Siemens'schem Principe construirten Gas-, Koke- und Anthracitöfen, welche Wilhelm ihm selbst erklärte. Beim Abschiede sprach Seine Königliche Hoheit den anwesenden Herren seine Befriedigung aus über alles, was er auf der Ausstellung gesehen habe, und zugleich auch seine Ueberzeugung, dass die vor das Publicum gebrachten praktischen Anwendungen für das Gemeinwohl von Nutzen sein würden; er fügte noch hinzu, dass er der Ansicht sei, dass das ausübende Comité und überhaupt alle dabei Betheiligten im Interesse der Gesundheit der Stadtbevölkerung ein grosses Werk gethan hätten.

Am 16. Juli 1883 wurde im „Mansion House" eine andere Versammlung abgehalten, deren Vorsitz zunächst der Lord Mayor und später der Herzog von Westminster führte. Wilhelm war zugegen und hielt eine dem Zweck entsprechende wirkungsvolle Ansprache.

Sir William Thomson sagt in seinem Nachrufe an Siemens, welchen er einige Tage nach dessen Tode geschrieben hat:

„Am 19. dieses Monats (November) wurde der Verfasser vorliegender Arbeit in einer Weise angeredet, wie es Personen, welche sich mit wissenschaftlichen Gegenständen beschäftigen, nicht selten zu geschehen pflegt: „Könnt Ihr Männer der Wissenschaft denn gar nichts thun, um uns von diesen schwarzen und gelben Nebeln der Stadt zu befreien?" Die unmittelbare Antwort darauf war: „Sir William Siemens wird das schon besorgen; und ich hoffe, dass wir nach ein Paar Jahren, wenn wir noch so lange leben sollten, von diesen Nebeln fast nichts mehr zu sehen bekommen werden." Wie wenig dachten wir in dem Augenblicke daran, dass wir noch an demselben Abende den Verlust des werthvollen Lebens des Mannes zu beklagen haben würden, von dessen Thätigkeit wir uns noch so grosse Wohlthaten versprachen! Dürfen wir nicht hoffen, dass die Verheissung trotzdem in Erfüllung gehe und dass, obgleich Sir William Siemens aus unserer Mitte geschieden ist, die grosse Propaganda, welche bezüglich der Rauchverminderung gemacht worden ist, für welche der Verstorbene sich in so ernstlicher und rastloser Weise während der letzten drei Jahre seines Lebens bemüht hat, am Ende doch noch reife Frucht tragen wird?"

Nachdem die Rauch-Verminderungs-Ausstellung vorüber war, erhielt Wilhelm die Anzeige, dass der Prinz von Wales einen der Gasfeuerherde in Marlborough House aufgestellt haben möchte. Er übernahm diesen Auftrag mit grossem Vergnügen und liess einen Gasofen daselbst unter seiner persönlichen Aufsicht errichten.

Der Ofen arbeitete nach Wunsch, und Seine Königliche Hoheit geruhte, Wilhelm Seinen Dank durch Uebersendung seines photographischen Bildnisses auszudrücken, welches von dem folgenden Schreiben begleitet wurde:

Marlborough House, Pall Mall, S.W.,
9. Februar, 1882.

Verehrtester Herr Doctor!

„Erst gestern Abend hatte ich Gelegenheit vom Prinzen von Wales zu hören, und mich durch eigenen Augenschein zu überzeugen, wie vorzüglich die Aenderungen an den neuen Kaminen ausgefallen sind. Die Erwartungen Seiner Königlichen Hoheit sind nicht nur dadurch weit übertroffen, sondern auch seine Wünsche in jeder Hinsicht vollkommen befriedigt worden. In der That scheint das jetzige Arrangement alle Vortheile eines Gasfeuers mit dem freundlichen Anblick eines Kohlenfeuers zu vereinigen.

Seine Königliche Hoheit trägt mir daher auf, Ihnen noch einmal seinen aufrichtigen Dank für Ihre gefälligen Bemühungen in dieser Angelegenheit auszusprechen und Sie zu bitten, beifolgendes Portrait als ein Zeichen seiner Anerkennung annehmen zu wollen. Der Prinz hofft, dass sich bald eine Gelegenheit bieten möge, um Ihnen persönlich den Ausdruck seiner Dankbarkeit wiederholen zu können.

Mit freundlichen Grüssen bin ich
Ihr
ergebenster
M. Holzmann."

Gas als Heizmittel.

Seinen so häufig öffentlich ausgesprochenen Ansichten zufolge liess Wilhelm nicht nach, die Wichtigkeit und den Vortheil der Verwendung von Gas als allgemeines Heizmittel nachdrücklich geltend zu machen, und er nahm in Folge dessen auch grosses Interesse an der Herstellung des Gases.

Im Juni 1881 verlas er vor der in Birmingham tagenden Versammlung der „British Association of Gas Managers" (des Vereins der britischen Gasanstaltsdirektoren) eine Abhandlung über „Gasversorgung". Auf seine wohlbekannte Vertheidigung der elektrischen Beleuchtung Bezug nehmend, sagte er:

„Ich trete heute unter Sie als einer Ihrer Rivalen und zugleich als Ihr Freund: als ein Rivale, weil ich einer der Beförderer der elektrischen Beleuchtung bin, und als ein Freund, weil ich den Gasgebrauch für Heizzwecke während der letzten zwanzig Jahre stets befürwortet und weiter ausgedehnt habe, und ich bin durchaus nicht geneigt, meine Vertheidigung des Gases sowohl als Leucht- sowie auch als Heizmittel fallen zu lassen."

Er erklärte sodann, dass trotz des Vorzuges, welcher dem elektrischen Licht zur Beleuchtung von Leuchtthürmen, Hallen und grossen Durchfahrten gebühre, Gas dennoch seine Stellung als häusliches Beleuchtungsmittel wahrscheinlich behaupten werde, und zwar der grossen Bequemlichkeit der Handhabung und des Gebrauches desselben wegen, und er beschrieb einen verbesserten Gasbrenner, mit Hülfe dessen die Leuchtkraft bedeutend vermehrt werden könnte.

Der Hauptzweck seines Vortrages war jedoch, Gasingenieure und -Direktoren zu der Ueberzeugung zu bringen, dass dem Gebrauche des Leuchtgases als Heizungsmittel eine weit grössere Zukunft offen stände, eine Verwendung, die nach seiner Ansicht bisher viel zu sehr vernachlässigt worden sei.

Wilhelm empfahl sodann den Gasgesellschaften, diese Verwerthung des Gases mehr zu fördern, und schlug ihnen einen geistreichen Plan zur Theilung des Retortenproduktes in zwei verschiedene Sorten von Gas vor, welche an die Consumenten entweder für Beleuchtungs- oder für Heizungszwecke abgegeben werden könnten, und zwar vortheilhaft in beiden Beziehungen.

Denselben Gegenstand behandelte er in Vorträgen, welche er etwa um dieselbe Zeit vor der „Society of Chemical Industry", sowie auf Veranlassung der „Glasgow Science Lectures Association" vor einer Versammlung in Glasgow hielt.

Wilhelm ging jedoch noch weiter; er sah die Zeit voraus, wo Gas mit Hülfe irgend einer Vorrichtung, ähnlich der seines Gaserzeugers, in den Kohlenbezirken selbst bereitet und vermittelst eines riesigen Leitungsnetzes nach allen Richtungen vertheilt und dem Publicum als Brennmaterial zum allgemeinen Gebrauche zugeführt werden würde. Dieses, nur in kleinerem Maassstabe, war auch einer der Hauptgesichtspunkte des Planes, welchem er im Jahre 1863 in Birmingham das Wort geredet hatte (siehe Seite 163); derselbe war jedoch damals offenbar verfrüht, seiner Zuhörerschaft noch unverständlich und verfehlte daher auch, irgend einen Eindruck auf dieselbe zu machen.

Im Jahre 1881 dagegen setzte er vor der Versammlung in Glasgow auseinander, dass diese Stadt mit ihren anliegenden Kohlenlagern besonders günstig gelegen sei, um einen derartigen Plan einer praktischen Prüfung zu unterwerfen; er fügte überdies hinzu, dass die Stadt, wenn sie auf diese Weise mit gasförmigem Brennmaterial versorgt würde, nicht nur eine klare Atmosphäre besitzen, sondern dadurch auch von dem unangenehmsten Theile des Strassenverkehrs befreit würde. Und ein

Jahr später sprach er sich vor der British Association dahin aus, dass seiner Ansicht nach die Zeit nicht ferne sei, wo Reich und Arm zum Gase, als dem bequemsten, reinlichsten und billigsten Heizungsmittel ihre Zuflucht nehmen würden, und wo Kohle im Rohzustande nur noch in Bergwerken zu finden sein würde.

In der Zwischenzeit bemühte er sich nachzuweisen, dass durch einige einfache Veränderungen seines Regenerativofens der Gaserzeugungsprocess auch in kleinerem Maassstabe auf gewöhnliche Dampfkessel und auf andere Feuerungsanlagen angewendet werden könne. Er hatte einige Versuchsapparate für diesen Zweck in Sherwood errichten lassen, und nur wenige Tage vor seinem Tode sprach er die bestimmte Hoffnung aus, dass ihm der Versuch einer Methode zur rauchlosen Lieferung von Wärme für einen Dampfkessel mit Hülfe eines kleinen Gaserzeugers gelingen werde. Kurze Zeit vorher hatte er Sir William Thomson mitgetheilt, dass er, trotzdem die grösste Ersparniss, welche man erreichen könne, noch nicht erzielt worden sei, jetzt schon erwarten dürfe, durch Benutzung des von seinem Gaserzeuger bereiteten Gases als Brennmaterial selbst in einem verhältnissmässig kleinen Maassstabe eine grössere Kohlenersparniss bei der Erzeugung motorischer Kraft zu erzielen, als wenn die Kohle direkt unter dem Kessel verbrannt würde. Sir William Thomson, welchem wir diese Mittheilung verdanken, fügt hinzu: „Selbst eine verhältnissmässig so geringfügige Thatsache, wie die vorliegende, muss uns mit unaussprechlicher Trauer erfüllen, wenn wir sehen, wie der thatkräftigen Verfolgung eines Experimentes, welches so grosses Interesse in sich birgt und seiner praktischen Lösung so nahe war, durch den Tod plötzlich ein Ende bereitet wird."

Elektrische Telegraphen.

Gegen Ende des Jahres 1880 fand ein Wechsel in dem Besitz der Charltoner Fabrik statt.

Das Geschäft hatte bis dahin den drei Brüdern Werner, Wilhelm und Carl gemeinschaftlich gehört. Diese Gesellschaft wurde nun aufgelöst und das Geschäft einer Aktiengesellschaft unter dem Namen: **Siemens Brothers & Co., Limited**, übertragen. Die drei Brüder und Herr Loeffler bildeten das Direktorium dieser Gesellschaft mit Wilhelm als Vorsitzendem.

Die Firma führte nach wie vor bedeutende Contrakte aus, darunter mehrere Kabellegungen über den atlantischen Ocean.

Elektrische Beleuchtung.

Wie bereits im letzten Kapitel erwähnt wurde, hat die Londoner Firma die elektrische Beleuchtung sofort, nachdem dieselbe einmal praktisch anwendbar geworden war, mit aller Energie betrieben.

Die auf diesem Gebiete ausgeführten Arbeiten waren sehr verschiedener Natur und bestanden theilweise in der Lieferung von Dynamomaschinen, Lampen oder anderen bei der elektrischen Beleuchtung zur Verwendung kommenden Apparaten, theilweise aber auch in der Uebernahme bedeutender Aufträge für vollständige Installationen. Wir müssen uns hier damit begnügen, einige der wichtigsten der letztgenannten Unternehmungen zu erwähnen.

British Museum. Diese elektrische Lichtanlage wurde im Jahre 1879 ausgeführt, und seitdem ist das elektrische Licht in dem Museum regelmässig an nebeligen Tagen und während des Winters zur Verlängerung der Lesezeit in der Bibliothek benutzt worden. Die Beleuchtung des Lesesaales (es handelt sich hier um die Einrichtung, wie sie während des ersten Winters getroffen war; seitdem sind manche Veränderungen und Vergrösserungen vorgenommen worden) wurde mit Hülfe von vier Dynamomaschinen mittlerer Grösse bewirkt, welche vier, in einer Höhe von ungefähr 30 Fuss über dem Fussboden schwebende Bogenlampen von ungefähr je 3000 Normalkerzen Lichtstärke mit Elektricität versorgten. Ueber die anderen Theile des Gebäudes waren fünfzehn kleinere Bogenlampen vertheilt, welche jede ein ziemlich gleichmässiges Licht von 400 N.-K. lieferten, während das Expeditionszimmer, die Garderoben u. s. w. von 40 Swan-Glühlampen von je 16 N.-K. erleuchtet wurden. Der Strom wurde durch zwei Wechselstrommaschinen geliefert. Nach den Angaben des Elektrikers des British Museums kostete die

Unterhaltung der Apparate, einschliesslich Brennmaterial, Kohlen und Bedienung für vier Monate, für die gesammte Beleuchtung durch 18800 N.-K. stündlich sechs Mark.

Royal Albert Dock. Die Erleuchtung dieses Docks mit elektrischem Licht wurde im October 1880 begonnen. Die die elektrischen Lampen enthaltenden Laternen hängen an Eisenpfosten von ungefähr 80 Fuss Höhe, und der von jeder Lampe beleuchtete Flächenraum umfasst ungefähr neun Morgen. Das Licht ist so vertheilt, dass Schiffe mit derselben Sicherheit und Leichtigkeit in der Nacht wie am Tage in das Dock und aus demselben gelassen werden können. Die Gesammtfläche des erleuchteten Wassers beträgt ungefähr 100 Morgen und umfasst die verschiedenen Docks, mehrere Kilometer Quai's, die Schleusen und vorspringenden Theile des Dammes, die Waarenlager und Schuppen, innen sowohl wie aussen, während das der Gallions-Station zunächst gelegene neue Hôtel mit 100 Swan-Glühlampen ausgestattet ist. Zur Verwendung kommen Gleichstromdynamos, welche auf vier Stationen vertheilt sind und von denen jede von einer besonderen Dampfmaschine betrieben wird. Ein Umschalter ist so angeordnet, dass der Strom einer jeden Maschine mit Hülfe eines Elektro-Dynamometers ohne Schwierigkeiten gemessen und auf irgend eine Lampe geschaltet werden kann, während ein mit jeder Lampe in Verbindung stehendes Galvanometer dazu dient, den Wärter sofort in Kenntniss zu setzen, im Falle irgend eine der Lampen zufällig ausgehen sollte.

Das Savoy-Theater. Die erste Anwendung der Elektricität zur Beleuchtung von Theatern wurde im Grossen Opernhause in Paris gemacht. Fast zur selben Zeit beschloss der Besitzer des Savoy-Theaters, Mr. D'Oyly Carte, sein Theater mit elektrischem Lichte zu erleuchten. Die innere Beleuchtung desselben wird durch 1158 Swanlampen bewirkt, wovon 150 im Zuschauerraume angebracht sind; 220 Lampen sind zur Erleuchtung der zahlreichen, zum Theater gehörigen Ankleidezimmer, Corridore und Gänge bestimmt, während nicht weniger als 824 Lampen zur Beleuchtung der Bühne dienen.

Diese Lampen waren nach dem ursprünglichen Plane in sechs Gruppen, von denen fünf je etwa 200 und die sechste 166 Lampen enthielten, parallel geschaltet. Der Strom für die Lampen im Innern des Theaters wird von sechs Wechselstrommaschinen und sechs Erregermaschinen geliefert, während eine Gleichstrom-Dynamomaschine für die mächtige über dem Hauptportale ausserhalb des Theaters hängende Bogenlampe den Strom erzeugt. Jede Maschine ist mit einer Regulirkurbel versehen, mit Hülfe deren man mehr oder weniger Widerstand in den entsprechenden magnetischen Stromkreis der Maschine einschalten und auf diese Weise die Lichtstärke der Lampen stufenweise verringern oder erhöhen kann. Diese Veränderung im Widerstande findet in dem die Feldmagnete erregenden Stromkreise statt. Soll das Licht einer Lampenreihe gedämpft werden, so wird ein grösserer Widerstand in den Stromkreis derjenigen Dynamomaschine eingeschaltet, welche die Magnete des dieser besonderen Lampenreihe entsprechenden Wechselstromgenerators erregt; die Intensität des magnetischen Feldes dieser letzteren Maschine wird dadurch verringert, und in Folge dessen werden auch die von diesem Felde inducirten und auf die Lampenreihe übertragenen Ströme in ihrer Stärke verringert.

Indem auf diese Weise das magnetische Feld geschwächt wird, wird ferner der mechanische Widerstand gegen die Rotation entsprechend vermindert und daher weniger Kraft zum Treiben der Maschine erforderlich. Der Artikel in der Zeitschrift: Engineering, Nummer vom 3. März 1882, welchem obige Bemerkungen entnommen sind, schliesst folgendermassen:

„Was den erreichten künstlerischen und scenischen Effekt anlangt, so kann es keine gelungenere Einrichtung geben, als die gegenwärtige Beleuchtung des Savoy-Theaters; das Licht ist glänzend, ohne zu blenden, und wenngleich es etwas weisser als Gaslicht erscheint, so kann doch der so oft gegen das Licht des elektrischen Bogens erhobene Einwand, dass es Personen und Gegenständen ein etwas geisterhaftes Aussehen verleihe, hier in keiner Weise Anwendung finden. Dazu ist das Licht absolut gleichförmig und beständig, und Dank dem Unternehmungsgeiste des Mr. D'Oyly Carte ist es jetzt zum ersten Male in der Geschichte des modernen Theaters möglich, einen ganzen Abend im Theater zu sitzen und in einer kühlen und reinen Atmosphäre an einer dramatischen Aufführung sich zu ergötzen."

Godalming. — Godalming ist die erste Stadt, welche die öffentliche und private Beleuchtung mittels Elektricität auf eigene

Rechnung in die Hand genommen hat, so dass elektrisches Licht in diesem Falle an Privatabnehmer fast zu demselben Preise geliefert werden kann wie Gas. Man hatte ursprünglich beabsichtigt, die natürliche Wasserkraft des Bezirkes für diesen Zweck dienstbar zu machen; dieselbe war jedoch zu veränderlich und deshalb ökonomisch nicht verwerthbar. In der Nähe des Rathhauses, sowie an einigen anderen wichtigen Plätzen sind Bogenlampen angebracht, während die Strassen, mit vollständiger Ausschliessung der Gasbeleuchtung, und die Privatwohnungen mit Glühlampen erleuchtet werden. Zwei elektrische Maschinen sind im Gebrauch, von denen die eine die Bogenlampen, die andere die Glühlampen, und zwar sowohl öffentliche wie private, mit Elektricität versorgt. Zwei Leitungsdrähte bilden zwei Stromkreise, von welchen der eine die sechs Bogenlampen und deren Maschine, der andere die zweite elektrische Maschine und die beiden Hauptleitungen umfasst, in die alle Glühlampen für den öffentlichen sowohl als für den häuslichen Gebrauch eingeschaltet sind. Wenn der Eigenthümer irgend eines Hauses in der Stadt Glühlampen zu haben wünscht, so werden an passenden Stellen des Hauptleitungskabels Zweigdrähte angebracht und in das betreffende Haus geführt, wo ein Schaltbrett dazu dient, um den ganzen Strom nach Belieben entweder ein- oder auszuschalten*).

Der Austral-Dampfer. — Die Firma hat auch Schiffe mit elektrischem Lichte versehen; eine der bedeutendsten dieser Anlagen war die des oben genannten Dampfers der „Orient Company". Die sämmtlichen Passagierräume, der Maschinenraum, die Vorrathskammern und Gänge sind elektrisch beleuchtet. Auf dem Schiffe befinden sich neun Bogenlampen: fünf im Maschinenraume und vier auf dem Verdecke, die letzteren in tief konischen Laternen, um beim Ein- und Ausladen ein gutes Licht auf die Luken zu werfen. Die ferner zur Beleuchtung verwendeten 170 Glühlampen sind durch zwei besondere Leitungsnetze in zwei Gruppen geschaltet, von welchen jede von einer besonderen Dampfmaschine und einem elektrischen Generator mit Elektricität versorgt wird. Dabei sind Vorrichtungen dafür ge-

---

*) Diese elektrische Beleuchtungsanlage ist gegenwärtig ausser Betrieb gesetzt, weil nicht genug Abonnenten gefunden werden konnten.

troffen, dass, im Falle eine der Dampfmaschinen auf die eine oder andere Weise versagen sollte, die andere mit Leichtigkeit mit beiden Generatoren verkuppelt werden kann; durch einen solchen Unfall würde nur die Hälfte der Lampen in den Hauptsälen und Gängen erlöschen, da die eine Hälfte der Lampen durch das eine und die andere durch das andere Leitungsnetz mit Strom versorgt wird. Das Schiff ist in Abtheilungen eingetheilt, von denen jede mit einem besonderen Netz von Zweigdrähten und Stromwendern versehen ist, wodurch es möglich wird, die zu einer Abtheilung gehörigen Lampen, unabhängig von den anderen Abtheilungen nach Belieben ein- oder auszuschalten. Zur grösseren Sicherung einer jeden dieser Abtheilungen ist an den Verbindungsstellen zwischen jedem Zweigdrahte und seinem Hauptleiter ein Sicherheits-Stöpsel eingeschaltet, welcher schmilzt, sobald mehr Elektricität in einen Zweigdraht strömt, als für den Bedarf seiner Abtheilung bestimmt ist.

Elektrische Eisenbahnen.

Im letzten Kapitel war bereits die Rede von den ihm durch den Anblick der Niagarafälle eingegebenen Betrachtungen über die Möglichkeit der Benutzung der Elektricität als eines Mittels zur Uebertragung mechanischer Kraft. Während des Zeitabschnittes, mit dem wir es gegenwärtig zu thun haben, sind diese Ideen zu einer vollendeten Thatsache geworden, indem diese Art der Kraftübertragung bereits für verschiedene praktische Zwecke zur Ausführung gekommen ist.

Der bemerkenswertheste dieser Zwecke war die Anwendung der Elektricität zum Fortbewegen von Zügen auf Eisenbahnstrecken.

Werner Siemens war schon im Jahre 1867[*]) auf diesen

---

[*]) Die Frage der elektrischen Kraftübertragung, insbesondere in ihrer Anwendung auf Eisenbahnen, ist in einer Abhandlung, welche Alexander Siemens am 20. Mai 1881, und in einer anderen, welche derselbe Verfasser in Gemeinschaft mit Mr. Edward Hopkinson am 11. April 1883 der „Society of Arts" vorgelegt hat, ausführlich behandelt worden. Diesen vorzüglichen Abhandlungen, sowie dem Vortrage Wilhelm Siemens' (von welchem demnächst die Rede sein wird) sind die in obigem Texte gegebenen Einzelheiten hauptsächlich entnommen.

Gedanken gekommen, als er auf der Pariser Weltausstellung mit anderen Mitgliedern der Jury die Möglichkeit erörterte, Eisenbahnzüge auf über die Häuser in den Städten hinweggehenden Bahnen in dieser Weise zu betreiben. Die Dynamomaschinen waren zu der Zeit jedoch noch nicht genügend entwickelt, um die praktische Ausführung dieses Gedankens zu gestatten, und als dieselben schliesslich in ihrer gegenwärtigen vollkommneren Form erfunden worden waren, da nahm die elektrische Beleuchtung eine Zeitlang alle Aufmerksamkeit, welche auf die praktische Verwerthung dieser Maschinen verwendet wurde, für sich allein in Anspruch.

Im Jahre 1878 wurde Werner Siemens an seine ursprüngliche Idee durch den Besitzer einer Kohlengrube erinnert, welcher ihn bat, eine Lokomotive zum Befördern der Kohlenwagen in seiner Grube zu konstruiren. Das Ergebniss war, dass er einen Plan ausarbeitete und eine Eisenbahn in kleinem Maassstabe danach construirte. Eine solche Eisenbahn wurde im Jahre 1879 bei Gelegenheit der Berliner Gewerbeausstellung vorgezeigt. Diese Bahn hatte eine Spurweite von einem Meter und bildete einen Kreis von etwa 600 Meter Umfang. Auf dem Geleise befand sich ein Zug von drei oder vier Wagen und an dem ersten dieser Wagen war eine dynamo-elektrische Maschine mittlerer Grösse so befestigt und mit der Achse des einen Räderpaares des Wagens in der Weise verbunden, dass dasselbe von der Dynamomaschine in Bewegung gesetzt wurde. Die beiden, auf Holzschwellen gelegten Schienen waren genügend isolirt, um als elektrische Leiter zu dienen.

Zwischen diesen Schienen war eine auf Holzunterlagen ruhende Eisenstange befestigt, durch welche der Strom dem Zuge mittels an dem Zugwagen angebrachter Metallbürsten zugeführt wurde, während die Schienen selbst die Rückleitung bildeten. Auf der Station waren die Mittelstange und die beiden Schienen mit den Polen einer dynamo-elektrischen Maschine elektrisch verbunden, welche der an dem ersten Wagen angebrachten Maschine in jeder Weise ähnlich war und von einer Dampfmaschine betrieben wurde.

Etwa zwanzig bis dreissig Personen fanden auf den Wagen bequem Platz, und der auf dem ersten Wagen befindliche Zugführer konnte mit Hülfe eines Commutators den Zug anlassen, anhalten oder rückwärts bewegen. Die Dampfmaschine leistete fünf Pferdekräfte, und der Zug legte stündlich ca. 25 bis 30 km zurück. Diese Eisenbahn war mehrere Monate im Betrieb und hat den Besuchern der Ausstellung viel Vergnügen bereitet.

Wilhelm legte diese neue Anwendung der elektrischen Kraft im Juni 1880 der Society of Telegraph Engineers vor. Er erging sich in ausführlicher Weise über die Vortheile dieser Erfindung, insbesondere über eine bemerkenswerthe Erscheinung dabei, welche sich etwa auf folgende Weise beschreiben lässt:

Wenn die Bewegung des Zuges eine langsame ist, so ist die auf ihn wirkende Kraft am grössten, infolge dessen der Zug mit einer beträchtlichen Energie abgeht.

Wird die Bewegung schneller, so nimmt die beschleunigende Kraft ab, so dass die treibende Kraft sich selbst je nach der Schnelligkeit des Zuges regulirt. Auf einer Steigung nimmt die Geschwindigkeit ab und die Triebkraft zu, während bei einer Neigung die umgekehrte Wirkung eintritt, und wenn im letzteren Falle der Zug durch seine eigene Schwere hinabgezogen wird und die Kraft der Dynamomaschine so zu sagen überholt, so übernimmt der elektrische Strom die Rolle der Bremse, um die Geschwindigkeit zu hemmen. In allen diesen Einzelheiten erfüllt der elektrische Motor daher durch automatische Wirkung vollkommen alle Funktionen der Triebkraft auf einer gewöhnlichen Dampfeisenbahn.

Der Erfolg der kleinen Berliner elektrischen Eisenbahn rechtfertigte die Einführung solcher Anlagen in grösserem Maassstabe und die Firma Siemens & Halske legte daher den Behörden in Berlin ein Projekt zur Ausführung einer elektrischen Hochbahn nach diesem Plane vor, wogegen jedoch der Kaiser und die Einwohner der Stadt Einspruch erhoben, so dass die Conzession nicht ertheilt wurde.

Später jedoch erhielt die Firma die Erlaubniss, eine elektrische Eisenbahn auf ebener Erde von Lichterfelde, einer Zwischenstation der Berlin-Anhalter Eisenbahn, nach der Kadettenanstalt daselbst zu bauen. Diese Bahn wurde im Frühjahr 1881 dem regelmässigen Verkehre übergeben und ist noch heute in Betrieb.

Dieselbe besteht aus einem einzigen Geleise von einem Meter Spurweite und einer Länge von etwa $2^1/_2$ Kilometer. Sie ist im Allgemeinen nach demselben Plane gebaut wie die Probebahn auf der Ausstellung, ausgenommen, dass bei der Lichterfelder Bahn die mittlere Schiene fortgefallen ist, indem die eine Schiene des Geleises als positiver und die andere als negativer Leiter dient, und da die zur Verwendung kommenden Ströme von nur geringer Spannung sind, so ist auch keine Nothwendigkeit vorhanden, ausser den gebräuchlichen Holzschwellen noch weitere Isolationsmittel vorzusehen.

Die Kraft wird von einer in der Nähe der Bahn aufgestellten Dampfmaschine geliefert, die eine Dynamomaschine treibt, welche den Strom durch die eine der Schienen sendet und von der anderen zurück empfängt. Ein dem gewöhnlichen Tramwagen ähnlicher, zwanzig Personen fassender Wagen fährt auf dieser Bahn. Die zweite auf dem Wagen befindliche Dynamomaschine ist unter dem Wagengestelle angebracht und überträgt seine Bewegung auf das Ganze vermittelst stählerner Spiralfedern. Die Radkränze sind von den Radachsen isolirt und stehen mit Messingringen in elektrischer Verbindung, welche an den Achsen befestigt, aber ebenfalls von denselben isolirt sind. Contaktbürsten drücken gegen diese Messingringe und von denselben wird der Strom der Dynamomaschine zugeführt, wodurch die letztere in Bewegung gesetzt wird. Die Fahrgeschwindigkeit ist durch Bestimmungen der Ortsbehörde auf 20 Kilometer stündlich beschränkt; der Wagen könnte jedoch ohne jegliche Gefahr mit der doppelten Geschwindigkeit laufen.

Die Eisenbahn ist seit 1881 ohne Unterbrechung oder Unfall irgend welcher Art im Betrieb gewesen.

Die Firma Siemens & Halske hat dieses System auch zur Förderung in Gruben in Zaukerode in Sachsen angewendet. In diesem letzteren Falle konnten die Schienen nicht als Leiter benutzt werden, da dieselben zu vielfach mit anderen Gegenständen in Berührung kamen; anstatt dessen wurde der Strom an der Decke des Grubenbaues entlang mit Hülfe einer umgekehrten T-Eisenschiene geführt, auf welcher ein Contaktschlitten, der durch ein biegsames Kabel mit der Dampfmaschine in Verbindung stand, frei gleiten konnte. Die Maschine konnte ein

Gewicht von 8 Tonnen mit einer Fahrgeschwindigkeit von 12 Kilometer stündlich befördern.

Eine kurze Eisenbahn derselben Construktion war auch im Jahre 1881 auf der Elektrischen Ausstellung in Paris angelegt worden, wo die Wagen in regelmässigen Zwischenräumen zwischen dem Place de la Concorde und dem Ausstellungsgebäude liefen und in sieben Wochen 95 000 Passagiere auf dieser neuen Eisenbahn befördert worden sind. Auch hier wurde des grossen Verkehrs wegen oberirdische Leitung als die betriebssicherere verwendet.

Eine andere elektrische Eisenbahn wurde auf der Elektrischen Ausstellung in Wien im Jahre 1883 erbaut. Dieselbe war grösser als die Pariser Bahn, jedoch bildeten hier die Schienen die Leiter. Die Länge dieser Bahn betrug ca. $1^1/_2$ Kilometer. Zwei Wagen waren im Betrieb, welche etwa 100 Personen beförderten, und eine Fahrgeschwindigkeit von stündlich ca. 30 Kilometern konnte erreicht werden.

Ein Versuch in grösserem Maassstabe wurde von der Londoner Firma auf einer Eisenbahn im Norden von Irland gemacht. Im Jahre 1878 wurde der Ulster Steam Tramway Company eine Concession bewilligt zur Anlage einer Trambahn mit Dampfbetrieb von Portrush (der Endstation der „Belfast and Northern Counties Railway") nach den 10 Kilometer entfernten Bush Mills in dem Bush-Thale. Die Gesellschaft war jedoch nicht im Stande, das Capital aufzubringen und musste sich als insolvent erklären. Darauf wussten zwei Brüder, mit Namen Traill, durch einen Parlamentsakt zu ihren Gunsten im Jahre 1880 die Concession an sich zu ziehen, und die Linie wurde vollendet und im Januar 1883 für den Dampfwagenverkehr eröffnet.

Die Herren Traill hatten jedoch auch von dem Erfolge der elektrischen Eisenbahn gehört und sich in ihrer Concession wohlweislich das Recht des elektrischen Betriebes für ihre Trambahn vorbehalten, und da in der Nähe der Bahn Wasserkraft ausreichend zu Gebote stand, so fragten sie bei Wilhelm an, ob er Ihnen den Betrieb mittels Elektricität empfehlen könne. Dieser unterstützte das Unternehmen bereitwilligst, und die Ausführung des Werkes wurde daher in Angriff genommen.

Während sie zunächst den Verkehr mittels Dampfwagen

unterhielten, führten die Bahneigenthümer im Vereine mit den Brüdern Siemens, welche an Ort und Stelle in der Person des Dr. Edward Hopkinson einen durchaus fähigen Vertreter hatten, eine Reihe von Experimenten über die beste Art der Nutzbarmachung der vorhandenen Kraft aus. Zuerst wurde der Versuch gemacht, den elektrischen Strom durch die gewöhnlichen Schienen die Strecke entlang zu leiten.

Dies liess sich auch auf einer Strecke von zwei Kilometern sehr wohl ausführen; darüber hinaus jedoch wurde der Elektricitätsverlust zu gross, und man musste daher zu einem anderen Plane greifen.

Bei diesem Plane sind die zwei, drei Fuss von einander entfernten Schienen nicht von dem Erdboden isolirt, sondern bilden, indem sie durch Kupferkrampen elektrisch mit einander verbunden sind, die Rückleitung, während der Strom dem Wagen vermittelst eines auf niedrigen Ständern ruhenden T-Eisens zugeführt und durch Kappen aus nicht leitendem Material isolirt wird. Wo eine Unterbrechung eintritt, also zum Beispiel bei einem Strassenübergange, hört das T-Eisen auf und fängt an der entgegengesetzten Seite der unterbrochenen Stelle wieder an, während die elektrische Verbindung zwischen den beiden Enden durch einen unterirdischen isolirten Leiter hergestellt wird. Um eine solche Stelle überspannen zu können, sind am Wagen zwei Sammelbürsten angebracht, die eine an der Vorderseite und die andere nach der hinteren Seite des Wagens zu, und zwar so, dass die Entfernung der beiden Bürsten von einander etwas weiter ist als die Breite der unterbrochenen Stelle; infolge dessen hat die eine Bürste das jenseitige Ende des T-Eisens erfasst, ehe die andere Bürste das diesseitige Ende verlässt. Mit Hülfe dieser einfachen Vorrichtung wird die Schwierigkeit der Kreuzung von Wegeübergängen mit Leichtigkeit überwunden.

Die Bahn führte über Steigungen, welche von 1 : 45 bis zu 1 : 30 variirten, und ebenso über ein längeres Gefälle von 1 : 38.

Nachdem die elektrischen Vorrichtungen nach dem veränderten Plane vollendet waren, wurde eine Probefahrt mit der neuen Triebkraft im November 1882 gemacht, und obgleich diese erste Fahrt während eines heftigen Regenschauers stattfand, so stellte sich die Isolation doch als vollständig zuverlässig heraus.

Weitere Experimente und Verbesserungen waren jedoch immerhin noch erforderlich, und es nahm daher noch einige Monate in Anspruch, ehe die ganze Anlage sich in befriedigendem Zustande befand.

Am 18. März 1883 schrieb Wilhelm in einem Briefe an Sir William Thomson:

„Der elektrische Wagen hat den Dampfwagen beim Hinaufziehen eines beladenen Güterwagens auf dem langen Gefälle von 1:38 geschlagen, und wir werden jetzt bald so weit sein, denselben dem öffentlichen Verkehre übergeben zu können. Die gegenwärtige Isolation ist höchst vollkommen und wird es uns ermöglichen, die elektrische Spannung ganz bedeutend zu erhöhen."

Bei den Vorversuchen wurde der elektrische Strom von einer Dynamomaschine erzeugt, welche von einer kleinen stationären Dampfmaschine in Portrush von ungefähr 15 Pferdekräften getrieben wurde. Sobald aber die Gebrüder Traill zu der Ueberzeugung gekommen waren, dass der Versuch mit der Elektricität gelungen sei, thaten sie die nöthigen Schritte, um den Plan, welchen sie ursprünglich im Auge gehabt hatten, zur Ausführung zu bringen, nämlich die in der Nähe befindliche Wasserkraft nutzbar zu machen.

Ungefähr anderthalb Kilometer von Bush Mills entfernt, wird im Bushflusse die Lachsfischerei betrieben, und es gelang daher erst nach einigem Verzug durch gesetzliche Hin- und Herverhandlungen freie Verfügung über die Wasserkraft zu erhalten. Zwei Turbinen, von welchen jede ungefähr 45 Pferdekräfte ergab, wurden sodann von Amerika aus bezogen und zum Treiben der Dynamomaschinen benutzt, während der Strom durch ein Untergrund-Kabel der Bahn zugeführt wurde.

Da man der Ansicht war, dass die Einführung dieser Eisenbahn für das Land ein Ereigniss von Bedeutung sei, so richtete man an Earl Spencer, den Lord Lieutenant von Irland die Bitte, der Eröffnung der neuen Bahn persönlich beizuwohnen. Earl Spencer erklärte sich gern bereit dazu durch folgenden Brief, in welchem die freundliche Rücksichtnahme auf Wilhelm Siemens und der Wunsch, dass derselbe ebenfalls gegenwärtig sein möge, beachtenswerth sind:

Althorp, Northampton,
1. August 1883.
Lieber Sir William!

„Mr. Traill wünscht sehr, dass die Eröffnung der elektrischen Eisenbahn in Portrush schon am Freitag, den 14. September, anstatt am Montag, den 17. September, stattfinde.

Was mich anbelangt, so bin ich an jedem der beiden Tage bereit, nur muss er so bestimmt werden, dass Sie unter allen Umständen dabei zugegen sein können.

Ich möchte allerdings insofern dem früheren Datum den Vorzug geben, als ich annehmen zu dürfen glaube, dass Montag für Gäste ein nicht so sehr geeigneter Tag ist.

Ihr ergebenster
Spencer."

Später hat doch noch eine Aenderung in der Zeit der Eröffnung getroffen werden müssen, so dass die Bahn erst am 28. September 1883 feierlich dem öffentlichen Verkehre übergeben wurde. Wilhelm war zugegen, begleitet von seinen Mitarbeitern, seinen Freunden: Sir William Thomson, Sir Frederick Bramwell, dem Astronomer Royal von Irland, und Anderen, die sich für das Werk interessirten.

Die Bahn ist seitdem ohne Unterbrechung für den öffentlichen Verkehr im Betrieb. Die Betriebsgeschwindigkeit ist durch Bestimmung des „Board of Trade" auf stündlich 16 Kilometer beschränkt; jedoch fährt der Wagen in der Ebene mit einer Fahrgeschwindigkeit von 20 Kilometer pro Stunde.

In Bezug auf die Gefahr, welche daraus erwachsen konnte, dass Personen mit den blossstehenden Schienen, durch welche der Strom geht, in Berührung kämen, waren einige Befürchtungen ausgesprochen worden. Es hat sich jedoch herausgestellt, dass kein Unglück passiren kann, so lange die elektromotorische Kraft ein bestimmtes Maass (250 Volt) nicht überschreitet; und es sind daher automatische Vorkehrungen getroffen worden, um diese Kraft von 250 Volt als Maximal-Spannung zu sichern.

Der Elektricitätsverlust in Folge mangelhafter Isolation beträgt nicht mehr als fünf Procent, wenn vier Wagen im Gange sind.

Die Betriebskosten belaufen sich auf 25 Procent weniger, als beim Dampf-Lokomotiv-Betrieb, ganz abgesehen von der

Ersparniss, welche durch die geringere Abnutzung der Fahrbahn erzielt wird. Seit Wilhelm's Tode haben die Herren Traill die Eisenbahn von Bush Mills nach Derrock, einige Kilometer weiter, verlängert, wodurch dieselbe bis in die unmittelbare Nähe des landschaftlich so reizvollen „Giant's Causeway" geführt worden ist*).

Aus dem Vorhergehenden geht somit hervor, dass die Möglichkeit, Eisenbahnen mit Hülfe elektrischer Kraftübertragung zu betreiben, zur Genüge erwiesen ist. Von Seiten Wilhelms ist niemals behauptet worden, dass diese Betriebsart der Dampflokomotive auf den Eisenbahnen im Allgemeinen den Rang streitig machen würde; er hat dagegen dieser neuen Betriebsweise in solchen Fällen eine ausgedehntere Anwendung in Aussicht gestellt, wo Ausnahme-Verhältnisse dieselbe rechtfertigen und ihr den Vorzug geben.

Nach Wilhelms Ansicht würde sich der elektrische Betrieb ganz besonders für Strassenbahnen in dicht bevölkerten Bezirken eignen, jedoch könnten an solchen Orten die isolirten Leiter bedenkliche Schwierigkeiten hervorrufen. Er hielt es daher in solchen Fällen für besser, zur Aufspeicherung der elektrischen Energie in Sekundär-Batterien, welche auf dem Wagen selbst mitgeführt werden könnten, seine Zuflucht zu nehmen. In vielen Fällen könnten solche Batterien von der Dynamomaschine geladen werden, wenn der Wagen bergab fahre. In ähnlicher Weise würde man auch im Stande sein, zum Treiben von Booten Sekundär-Batterien zu verwenden, welche in diesem Falle einen Theil der Kielbelastung bilden würden.

Einer der grössten Vortheile des elektrischen Betriebes würde die gänzliche Beseitigung aller der Uebelstände sein, welche die Verbrennungsprodukte im Gefolge haben. Aus diesem letzteren Grunde würde derselbe auch voraussichtlich in langen Tunnels oder auf unterirdischen Linien, wo die Dampf-Lokomotive den

---

*) Eine kleine elektrische Eisenbahn von anderthalb Kilometer Länge ist von Mr. Magnus Volk in Brighton, am Strande unten am East Cliff entlang, erbaut und im August 1883 eröffnet worden, wobei ebenfalls Siemens'sche Dynamo-Maschinen und -Motoren verwendet wurden.

grossen Nachtheil habe, die Luft zu verderben, zur Einführung gelangen. Er hatte dabei vor Allem die unterirdischen Eisenbahnen in London im Auge, worüber er bemerkte:

„Unter diesen Umständen erscheint es mir fast beklagenswerth, dass an dem schönen Ufer der Themse jene Reihe schlecht aussehender und übel riechender Ventilatoren angebracht sind, welche die unterirdische Eisenbahn von Dampf und Verbrennungsprodukten befreien sollen, nachdem klar nachgewiesen werden kann, dass für solche Linien der elektrische Betrieb nicht nur der angenehmste, sondern auch der billigste sein würde . ."

Wilhelm begnügte sich jedoch nicht mit der blossen Besprechung dieser Frage; in seiner gewohnten Weise versuchte er es sofort wieder, seiner Idee praktische Gestalt zu geben.

Etwa um das Jahr 1863 war das Projekt aufgetaucht, Charing Cross mit Waterloo Station durch einen Tunnel unter der Themse mit pneumatischem Eisenbahnbetriebe zu verbinden. Die Arbeiten wurden begonnen, bald darauf aber wieder eingestellt. Das Projekt wurde sodann später im Jahre 1882 in veränderter Form wieder aufgenommen und die Ausführung desselben durch Parlamentsakt bewilligt. Man beabsichtigte, eine doppeltgeleisige Eisenbahnlinie von einem in der Nähe von Charing Cross gelegenen Punkte aus zu bauen, welche unter dem Themseufer und dem Flusse entlang gehen und in Vine Street, Lambeth, d. h. unter der Ringbahn-Station des Waterlooer Centralbahnhofes enden sollte.

Dieses Projekt gab Wilhelm Gelegenheit zu versuchen, das elektrische System bei demselben einzuführen, und veranlasste ihn, Pläne für den gesammten Betrieb der Eisenbahn in allen Einzelheiten auszuarbeiten. Es ergaben sich jedoch Schwierigkeiten, für dieses Unternehmen das nöthige Capital zusammenzubringen, und die Arbeiten geriethen daher wiederum ins Stocken.

Andere Anwendungen der elektrischen Kraft.

Die elektrische Kraftübertragung ist auch zu anderen Zwecken verwendet worden. Sie ist benutzt worden, um Boote und Tricycles zu treiben; und es ist sogar mit ziemlichem Erfolg der Versuch gemacht worden, die Fortbewegung und die Steuerung von Luftballons mit Hülfe der elektrischen Kraft zu bewirken*).

Die Uebertragung der Kraft mittels Elektricität ist ferner auch für Aufzüge und Aufwindevorrichtungen, zum Betriebe von Pumpen, zum Drehen der Ventilatoren in Gruben, zum Treiben von Maschinen in Maschinenbauwerkstätten, sowie für viele andere Zwecke zur Anwendung gekommen.

Es ist in der That darauf hingewiesen worden, dass die Zeit kommen werde, wo elektrische Hauptleitungen unsere Strassen entlang laufen werden, die von Centralstationen aus mit Elektricität gespeist werden, und von denen elektrische Ströme in ähnlicher Weise würden entnommen werden können, wie heutzutage Wasser und Gas den Wasser- und Gasleitungen entnommen werden. Diese Ströme könnten dann wiederum nach Belieben zur Beleuchtung oder zur Kraftübertragung benutzt werden, und in dem letzteren Falle würden dieselben nicht nur für Handelszwecke dienen, sondern sie würden auch der ausserordentlichen Einfachheit der erforderlichen Apparate wegen die Benutzung mechanischer Kraft auch für kleinere Betriebe in weit ausgedehnterem Maasse ermöglichen.

In den Vereinigten Staaten Nordamerikas macht die Anwendung elektrischer Motoren der Verwendung der Elektricität für Beleuchtungszwecke bereits den Rang streitig und wird letztere gar bald an Bedeutung überflügeln. In Boston z. B. werden hunderte von Motoren von Centralstationen aus mit Elektricität gespeist und in vielen anderen Städten ist deren Anzahl bereits sehr gross.

Auch ist der Vorschlag gemacht worden, die elektrische Kraftübertragung in grossen Mühlwerken in Anwendung zu bringen, um den Gebrauch der Transmission durch Wellen und Treibriemen unnöthig zu machen, durch welche nicht nur ein grosser Betrag der Dampfkraft vergeudet wird, sondern deren Anlage- und Unterhaltungskosten auch sehr erhebliche sind.

In der Schweiz, wo Wasserkraft im Ueberfluss vorhanden ist, hat die Nutzbarmachung derselben mit Hülfe der Elektricität

---

*) Siehe Abhandlungen des Verfassers dieses Werkes in den Proceedings der Institution of Civil Engineers, Vol. 67 (1882) und 81 (1885).

bereits grosse Fortschritte gemacht. Städte werden von meilenweit entfernten Quellen aus elektrisch beleuchtet und mit Kraft versehen und in Genf sind in einem Umkreise von 2 Kilometer nicht weniger als 175 elektrische Motoren im Betrieb, deren Kraft von $^1/_2$ bis zu 70 Pferdekräften variirt.

Trotzdem Wilhelm's Plan, die Kraft des Niagarafalles auf diese Weise nutzbar zu machen, seiner Zeit nur als eine phantastische Idee betrachtet worden ist, so wird derselbe vermuthlich jetzt doch in gewissem Grade verwirklicht werden. Denn es verlautet, dass Anlagen daselbst in Angriff genommen seien, um die Kraft auf benachbarte Städte, unter anderen auf die über 30 Kilometer entfernte Stadt Buffalo, zu vertheilen. Die so zu vertheilende Kraftmenge soll 15000 Pferdekräfte betragen, von welchen Buffalo allein 10000 zum Preise von jährlich 60 Mark pro Pferdekraft contractlich übernommen hat*).

Vortrag von Wilhelm Siemens. Im Jahre 1883 beschloss der Vorstand der Institution of Civil Engineers den Mitgliedern des Vereines einen Cursus von sechs Vorträgen über die „praktischen Anwendungen der Elektricität" zu geben. Mit grossem Vergnügen nahmen sie das Anerbieten Wilhelm's an, der sich gern bereit erklärte, über einen Gegenstand, den er so ganz und gar beherrschte, Belehrung zu ertheilen. Wilhelm wählte für sein Thema „Die elektrische Uebertragung und Aufspeicherung von Kraft" und am 15. März 1883 hielt er hierüber seinen Vortrag.

Nach einem kurzen historischen Ueberblicke erklärte er ausführlich die Natur der dynamo-elektrischen Maschine in ihren verschiedenen Formen und ihre Wirkungsweise sowohl bei der Beleuchtung als bei der Uebertragung von Kraft. Der Vortrag wurde an im Betriebe befindlichen Maschinen und Apparaten erläutert. Er zeigte der Versammlung die Art und Weise, wie verschiedene Anwendungen der Dynamomaschine gemacht worden seien, und erging sich in längeren Betrachtungen über den Bau, die Aussichten und die Vortheile der elektrischen Eisenbahn.

Bei Gelegenheit dieses Vortrages zeigte er auch ein neuerdings von ihm erfundenes Instrument vor zum Anzeigen der

---

*) Siehe Abhandlung von Mr. Wm. Geipel, der Institution of Mechanical Engineers im Jahre 1888 mitgetheilt.

elektrischen Energie, welche einen Stromkreis durchströmt. In einem Briefe, welchen Wilhelm nach dem Vortrage an Sir William Thomson gerichtet hat, heisst es:

„Der Wattmesser arbeitete sehr gut, und war ich im Stande damit die beim Wasserpumpen verausgabte Kraft = 3,6 Pferdekräfte zu bestimmen."

Etwa in der Mitte seines Vortrages wurde der Redner durch eine heftige Detonation unterbrochen, in Folge deren mehrere Fensterscheiben in der Kuppel der Halle und in dem hinteren Theile des Gebäudes zersprengt wurden. Die Ursache hiervon war die denkwürdige Dynamitexplosion in den dicht dabei gelegenen Gebäulichkeiten des Local Government Board in Whitehall. Nach kurzer Pause jedoch fuhr Wilhelm, nachdem man ihm versichert hatte, dass seine Zuhörerschaft keine Gefahr bedrohte, in seinem Vortrage mit vollkommener Ruhe und Gelassenheit wieder fort.

Ein oder zwei Tage später machte er in einem Briefe an Sir William Thomson über diese Unterbrechung folgende Bemerkung:

Den 18. März 1883.

„Die Experimente gelangen ziemlich gut; jedoch ereignete sich in der Mitte meines Vortrages eine schreckliche Explosion, gefolgt von dem Geräusche fallenden Glases von der Kuppel und den nach der Nordseite gelegenen Fenstern. Ich befürchtete zuerst, dass der transportable Dampfkessel [welcher den Strom für diese Experimente lieferte] explodirt sei; nach einigen Sekunden überzeugte ich mich jedoch zu meiner grossen Genugthuung, dass mein Strom nach wie vor in den Leitungsdrähten war. Der Sekretär des Vereines verkündete, dass das Gebäude ungefährdet sei, und ich konnte nach einer Unterbrechung von kaum einer Minute in meinem Vortrage fortfahren. Glücklicher Weise fiel das Glas von den Kuppelfenstern nach Aussen, sonst wäre der augenblickliche panische Schrecken am Ende ohne ernstliche Folgen nicht abgelaufen, da 650 Personen in der Halle dicht zusammengedrängt waren."

Elektrische Heizung.

Die grosse von dem Voltaischen Bogen gelieferte Wärme war ebenso wie sein Licht schon in einer sehr frühen Zeitperiode beobachtet worden; dagegen hatte Niemand ernstlich versucht, diese Wärmemenge nutzbar zu machen. Nachdem aber der dynamo-elektrische Apparat kräftige Ströme hervorgebracht hatte, machte sich Wilhelm selbst an die Lösung der Aufgabe, die Wärme erzeugende Kraft derselben für praktische Zwecke zu verwerthen. Er war ja mit der Wärme wohl vertraut und vielleicht die beste Autorität, zu bestimmen, was eine neue Wärmequelle muthmasslich zu leisten im Stande sein würde.

Er erkannte sofort, dass das wesentliche Moment bei der elektrischen Wärme nicht etwa ihre Quantität, sondern ihre Intensität sei. Dieselbe war nicht, wie die Verbrennung gewöhnlichen Heizmaterials dazu geeignet, grossen Materialmassen mässige Temperaturen mitzutheilen, aber sie war wohl im Stande, auf kleinere Körper mit einer calorischen Energie zu wirken, welche wahrscheinlich jede Wirkung irgend einer anderen Art übertraf. In der Verfolgung dieses Gedankens machte er den Vorschlag, mit Hülfe des elektrischen Bogens einen elektrischen Ofen herzustellen, welcher seiner Ansicht nach mit grosser Leichtigkeit Schmelzeffekte hervorbringen würde, die bisher nur in einem ganz winzig kleinen Maassstabe oder mit Zuhülfenahme sehr kostspieliger Mittel erreichbar gewesen wären.

Der von Siemens zu diesem Zwecke konstruirte Apparat wurde am 27. Mai 1879 patentirt; die Patentschrift (welche noch verschiedene andere Neuerungen auf dem Gebiete der Elektricität in sich schloss) war überschrieben: „Verbesserte Mittel und Apparate zur elektrischen Licht- und Wärmeerzeugung". Der sich auf diesen Gegenstand beziehende Patentanspruch lautete wie folgt:

„Der Gebrauch eines Schmelztiegels zur praktischen Verwendung der Wärme des Voltaischen Bogens, und zwar sind in den Tiegel Endklemmen eingeführt, wie man sie bei elektrischen Lampen benutzt, und welche so angebracht sind, dass der Bogen im Tiegel selbst erzeugt und unterhalten wird."

Die Patentschrift enthielt ferner noch einen besonderen Anspruch für den Fall, dass das Material, auf welches der Bogen einwirken soll, gleichzeitig als Leiter benutzt wird.

Wilhelm beschrieb den Apparat in einer vor der Society of Telegraph Engineers am 3. Juni 1880 verlesenen Abhandlung. Nachdem er zunächst die Mittel genannt hatte, welche bis dahin dem Metallurgen zur Verfügung gestanden hätten, wie z. B. das Hydrooxygengebläse und sein eigener Regenerativ-Gasofen, fuhr er fort:

„Die in beiden Oefen erreichbare Temperatur wird durch diejenige, bei welcher eine vollständige Dissociation von Kohlensäure und Wasserdampf eintritt und welche etwa auf 2500 bis 2800 Centigrade zu schätzen ist, begrenzt. Doch lange bevor diese Temperaturhöhe erreicht ist, wird die Verbrennung so träge, dass die Wärmeverluste in Folge der Ausstrahlung die durch die Verbrennung bewirkte Wärmeerzeugung wieder ausgleichen und in Folge dessen eine weitere Temperaturerhöhung verhindern.

Um eine höhere Temperatur als die erwähnte zu erreichen, müssen wir daher zu dem elektrischen Bogen unsere Zuflucht nehmen . . . . . Professor Dewar hat erst ganz kürzlich durch seine Experimente mit dem dynamo-elektrischen Strome nachgewiesen, ... dass die erreichte Temperatur fast der der Sonne nahe kam.

Meine gegenwärtige Aufgabe ist es, zu zeigen, dass der elektrische Bogen nicht nur einen sehr hohen Temperaturgrad in einem Brennpunkte oder in einem ausserordentlich engen Raume zu erzeugen, sondern auch bei verhältnissmässig geringem Aufwande von Energie derartige grössere Wirkungen hervorzubringen vermag, dass derselbe sich in der Industrie zum Schmelzen von Platin, Iridium, Stahl oder Eisen, oder auch zur Herbeiführung von solchen Reaktionen und Zersetzungen mit grossem Vortheil verwenden lässt, welche zu ihrer Aeusserung eines intensiven Wärmegrades bedürfen, wozu noch der Vortheil hinzutritt, dass alle jene störenden Einflüsse fortfallen, welche von den durch Verbrennung von Kohlenmaterial betriebenen Oefen unzertrennlich sind."

Er zeigte und erklärte sodann den von ihm für diesen Zweck construirten Ofen. Derselbe bestand aus einem, durch den Strom einer dynamo-elektrischen Maschine erzeugten elektrischen Bogen, welcher im Innern eines Schmelztiegels auf das zu behandelnde Material einwirkte und nach Belieben regulirt werden konnte.

Als Hauptvortheile eines solchen Ofens wurden angeführt: dass die erreichbare Temperatur theoretisch unbegrenzt und praktisch überaus hoch sei, selbst für gewöhnlich feuerbeständige Materialien; dass die Wärme unmittelbar in dem zu schmelzenden Material entwickelt werde und nicht erst das das Material enthaltende Gefäss zu durchdringen habe; dass ferner die Schmelzung in einer vollständig neutralen Atmosphäre bewirkt werde und endlich, dass das Schmelzverfahren in einem Laboratorium ohne grosse Vorbereitungen und unmittelbar unter dem Auge des Arbeiters ausgeführt werden könne. Wilhelm sprach seine Ansicht dahin aus, dass diese Vortheile den elektrischen Ofen zu einem nützlichen Hilfsmittel bei solchen Temperaturen und unter Bedingungen machen würden, welche bisher unerreichbar gewesen seien.

Viele auffallende Wirkungen des Ofens wurden beschrieben. Unter anderen wurden $7^1/_2$ Pfund Platin, eines sehr schwer schmelzbaren Metalles, in einem Zeitraume von ungefähr einer Viertel Stunde flüssig gemacht; auch das vordem noch nie zum Schmelzen gebrachte Wolfram zeigte in dem elektrischen Feuer unverkennbare Zeichen der Schmelzung.

Der elektrische Ofen wurde im Jahre 1881 auf der Elektrischen Ausstellung in Paris ausgestellt; derselbe erregte nicht nur das besondere Interesse des Prinzen von Wales und der Mitglieder der Britischen Commission, sondern auch des Publikums im Allgemeinen.

Der Ofen ist kürzlich auch zur Erzeugung von Aluminium verwendet worden und hofft man von dieser Art der Anwendung, dieses werthvolle Metall für einen weit geringeren Preis herstellen zu können. Derselbe ist ebenfalls mit grossem Vortheile zum Schweissen des Stahles benutzt worden*).

Vegetation unter dem Einflusse des elektrischen Lichtes.

Im Laufe der Untersuchungen über die Eigenschaften des elektrischen Lichtes kam Wilhelm der Gedanke, dass es sich wohl lohnen dürfte zu untersuchen, inwiefern es möglich sei, dieses Licht als Stellvertreter der Sonne zur Beförderung der Vegetation und des Wachsthums von Pflanzen und Früchten zu verwenden.

Etwa im Anfange des Jahres 1878 nahm Wilhelm Gelegenheit, mit Sir Joseph Hooker, dem damaligen Präsidenten der Royal Society und Direktor der botanischen Gärten in Kew, über diesen

---

*) Geipel, loc. cit.

Gegenstand zu sprechen. Sir Joseph Hooker scheint jedoch Bedenken getragen zu haben, eine Ansicht über diese Frage abzugeben, und so schlief die Sache damals ein, obschon Wilhelm selbst fortfuhr, über den Gegenstand weiter nachzudenken.

Mittlerweile war das elektrische Licht in der Albert Hall und den anliegenden Gebäulichkeiten eingerichtet worden, und am Abende des 27. Mai 1879 wurde in den Gartenanlagen der Horticultural Society ein Fest abgehalten, zu welchem eine Reihe von elektrischen Lampen in dem Gewächshause angebracht worden waren, welche die darin enthaltenen Bäume und Pflanzen glänzend erleuchteten. Der auf diese Weise erzielte Effekt machte einen grossen Eindruck auf Dr. Maxwell Masters, den Herausgeber der Gardeners' chronicle, der Hauptzeitschrift für Gartenbau. Am nächsten Tage schrieb Dr. Masters an Wilhelm Siemens wie folgt:

The Gardeners' Chronicle Office.
41, Wellington Street, Strand, W. C.
London, May 28, 1879.

Sehr geehrter Herr!

„Ich habe mich seit einiger Zeit sehr für die Frage interessirt, ob es wohl in der Zukunft gelingen würde, das elektrische Licht zur Beförderung des Wachsthums von Pflanzen zu verwenden; die prächtige Beleuchtung des Gewächshauses der Royal Horticultural Gardens am verflossenen Abend veranlasst mich nun, Sie mit diesen Zeilen zu belästigen.

Es ist Ihnen bekannt, dass der Gärtner für Treibhauszwecke Wärme und Feuchtigkeit nach Belieben reguliren kann; ein grosses Hinderniss bilden dagegen die trüben Wintertage. Wenn nun mit Hülfe des elektrischen Lichtes die zum Erzielen von Trauben etc. erforderliche Zeit verkürzt und dabei doch der richtige Geschmack erzielt werden könnte, so würde man dadurch einen grossen Vortheil von keineswegs geringer commercieller Bedeutung erreichen.

Würde es wohl möglich sein, jetzt, wo der Apparat sich gerade in Kensington befindet, einige einfache Experimente über die Wirkung des Lichtes auf die Pflanzen auszuführen, z. B. zu versuchen, ob Tulpen oder Löwenzahn, nachdem sie einmal geschlossen sind, sich unter dem Einflusse des elektrischen Lichtes wieder öffnen, ob deren Expansionszeit dadurch verlängert, sowie ob die Zersetzung des Kohlensäuregases unter dem Einflusse des elektrischen Lichtes ebenso wie unter dem Einflusse des Sonnenstrahles bewirkt werden könnte?

Ich bin kein Elektriker und kann daher auch nicht beurtheilen, inwiefern solche Experimente praktisch ausführbar sind; ich möchte jedoch fast glauben, dass dieselben nicht schwierig sind; und wenn das der Fall ist, so dürfte die Möglichkeit einer zukünftigen Verwendung des elektrischen Lichtes für die von mir angeführten Zwecke als festgestellt zu betrachten sein. Das Wachsthum kann bei geringem Lichte oder gänzlicher Dunkelheit stattfinden, die Bildung des Chlorophylls und anderer Absonderungen dagegen verlangt den Einfluss des Sonnen- oder — ? — des elektrischen Lichtes.

Ich hoffe, dass Sie meine Belästigung verzeihen werden; ich habe Sie gestern Abend vergeblich gesucht, und selbst wenn ich Sie gefunden hätte, dürfte ein Gesellschaftsabend doch wohl kaum die passende Gelegenheit zur Besprechung eines wissenschaftlichen Experimentes sein. Wenn ich Ihre Zeit nicht ungebührlich dadurch in Anspruch nehmen sollte, so würde ich mit Vergnügen zu irgend einer Zeit bei Ihnen vorsprechen, um meine Ansichten persönlich auseinanderzusetzen.

Ihr ergebenster
Dr. Maxwell T. Masters.
Editor der Gardeners' Chronicle."

Wilhelm beantwortete diesen Brief am 1. Juni 1879. Er constatirte, dass er bereits einige Zeit vorher mit Sir Joseph Hooker über denselben Gegenstand gesprochen habe und fügte sodann hinzu:

„Ich schliesse mich vollständig Ihrem Glauben an, dass das elektrische Licht sich als ein höchst wirksamer Stellvertreter des Sonnenlichtes zur Beförderung des Wachsthums von Pflanzen und zum Reifen von Früchten erweisen wird. Wie das Sonnenlicht, so sind seine Strahlen intensiv genug, um Kohlensäure zu zersetzen und Holzfasern zu erzeugen. Das elektrische Licht ist besonders reich an aktinischen und blauen Strahlen, von welchen man annehmen darf, dass sie für diesen Zweck die wirksamsten sind.

Wenn ich ebensowohl Botaniker wie Elektriker wäre, so würde ich bereits früher ein Experiment versucht haben; da jedoch aus Ihrem werthen Schreiben hervorgeht, dass Sie von demselben Gedanken beseelt sind, so würde ich gerne bereit sein, mit Ihnen gemeinschaftlich zu arbeiten, um die Frage einem praktischen Versuche zu unterwerfen."

Bald darauf hatte er eine Unterredung mit Dr. Masters und man kam überein, eine Zusammenkunft mit Sir Joseph Hooker herbeizuführen, um die Angelegenheit zu berathen. Diese

Zusammenkunft fand statt, und das Ergebniss war, dass Wilhelm Schritte that, um der Sache näher auf den Grund zu kommen. Er beschloss, eine Reihe von Experimenten auf seinem Landsitze in Tunbridge Wells auszuführen, wo bereits eine vollständige elektrische Anlage vorhanden war, und er ging zunächst daran, den Plan für die zu diesem besonderen Zwecke erforderlichen elektrischen und gärtnerischen Einrichtungen zu entwerfen. Diese nahmen jedoch zu ihrer Vollendung immer noch eine geraume Zeit in Anspruch, und erst im Anfange des Jahres 1880 konnten die eigentlichen Beobachtungen beginnen.

Dieselben waren jedoch während des Frühjahres bereits weit genug vorgeschritten, so dass er am 4. März 1880 der Royal Society eine Mittheilung machen konnte:

„Ueber den Einfluss des elektrischen Lichtes auf die Vegetation sowie über gewisse, dabei zur Geltung kommende, physikalische Grundsätze."

Nach einer kurzen Berührung seiner früheren Beobachtungen über die Dissociation von Wasser und Kohlensäure sowie über die Wirkung der strahlenden Energie auf die letzteren, sagte er weiter:

„Die ungeheure Entwicklung der Vegetation beweist, dass eine reichliche Dissociation in den Blattzellen der Pflanzen stattfindet, in welchen sowohl Wasser als auch Kohlensäure in ihre einzelnen Bestandtheile zersetzt werden, damit Chlorophyll, Stärke und Pflanzenzellenstoff sich bilden können. Es ist eine wohlbekannte Thatsache, dass diese Reaktion von der Sonnen-Strahlung abhängt; doch darf man mit Recht die Frage aufwerfen, ob dieselbe auf die Wirkung dieser Sonnenkraft allein beschränkt sei, oder ob nicht neben der Sonne auch andere Licht- und Wärmequellen, welche ebenfalls die Temperatur der Dissociation überschreiten, zu Hülfe gezogen werden könnten, um die Thätigkeit des Wachsthums fortzusetzen, wenn diese grosse Leuchte untergegangen oder hinter den Wolken verborgen ist?"

Er beschrieb darauf die Experimente, welche in Sherwood an Pflanzen der verschiedensten Art und unter verschiedenen Verhältnissen viele Monate lang fortgesetzt worden waren. Dieselben hatten zu folgenden Schlussfolgerungen geführt:

„1. Dass das elektrische Licht in den Blättern der Pflanzen Chlorophyll zu erzeugen und das Wachsthum zu befördern im Stande ist.

2. Dass ein elektrisches Lichtcentrum von 1400 Normalkerzen, welches in einer Entfernung von 2 Metern von wachsenden Pflanzen angebracht ist, dem Tageslicht um diese Jahreszeit im Durchschnitt an Wirkung gleich zu sein scheine; dass dagegen durch Anwendung von stärkeren Lichtcentren bessere wirthschaftliche Ergebnisse erzielt werden könnten.

3. Dass Kohlensäure und Stickstoff-Verbindungen, welche in sehr geringen Quantitäten in dem elektrischen Bogen erzeugt werden, keinen bemerkbaren schädlichen Einfluss auf die in demselben Raume befindlichen Pflanzen ausüben.

4. Dass Pflanzen allem Anschein nach während der vierundzwanzig Stunden des Tages keiner Ruhezeit bedürfen, vielmehr rascher und kräftiger in ihrem Wachsthum fortschreiten, wenn dieselben während des Tages dem Einflusse des Sonnenlichtes und während der Nacht dem des elektrischen Lichtes ausgesetzt werden.

5. Dass die Wärmeausstrahlung kräftiger elektrischer Bogen vortheilhaft zur Verhinderung der schädlichen Wirkung des Nachtfrostes verwendet werden könne und daher sehr wahrscheinlich auch das Ansetzen und Reifen der Frucht in freier Luft befördern wird.

6. Dass Pflanzen, so lange sie unter dem Einflusse des elektrischen Lichtes sind, grössere Treibhaushitze aushalten können, ohne zusammenzufallen, ein Umstand, welcher dem Treiben durch elektrisches Licht günstig ist.

7. Dass die Ausgaben beim elektrischen Gartenbau hauptsächlich von den Kosten der mechanischen Energie abhängen und sehr gering sind, wo natürliche Quellen solcher Energie, wie z. B. Wasserfälle, nutzbar gemacht werden können."

Dr. Maxwell Masters hatte der Verlesung der Abhandlung mit beigewohnt und drückte am folgenden Tage in einem Briefe an Wilhelm seine grosse Freude darüber aus, und, indem er gleichzeitig um die Erlaubniss bat, die Experimente in seinem Journale veröffentlichen zu dürfen, fügte er hinzu:

„Alles das bestärkt mich nur in meiner Ueberzeugung, dass früher oder später das elektrische Licht für Treibhauszwecke benutzt werden wird; denn schliesslich wird auch der Kostenpunkt kein Hinderniss mehr bieten, wenigstens nicht in grossen Gartenbau-Anlagen, wo das Treiben der Pflanzen in grossem Maassstabe cultivirt wird . . ."

Wilhelm lud Dr. Masters ein, seine Einrichtungen in Sherwood zu besichtigen; andere Briefe folgten, in deren einem Dr. Masters schreibt:

Kapitel VIII.

„Ich bin vollständig überzeugt, dass Sie eine neue Aera in der „Treibkunst" in's Leben rufen werden, eine Sache, die von bedeutender commercieller Wichtigkeit ist."

Am 18. März sandte Wilhelm der Royal Society einen Nachtrag zu seiner Abhandlung ein, welcher sich auf weitere, bei Anwendung des elektrischen Lichtes zum Reifen von Früchten erzielte Ergebnisse bezog. Bei einer späteren Gelegenheit zeigte er der wissenschaftlichen Commission der Royal Horticultural Society eine Anzahl von elektrisch behandelten Bananen vor, wodurch die Gesellschaft sich veranlasst sah, ihm ein förmliches Dankschreiben zu übersenden.

Im Juni 1880 legte er den Gegenstand ausführlich vor der Society of Telegraph Engineers dar, wobei er vornehmlich die elektrischen Einzelheiten der angewendeten Apparate und Methoden auseinandersetzte.

Bei Gelegenheit der Versammlung der British Association im September 1881 machte er fernere Mittheilungen über ausgedehntere Versuche im Garten- und Ackerbau, welche ihn zu der Ansicht geführt hätten, dass die Zeit nicht mehr fern sei, wo das elektrische Licht als ein werthvolles Hülfsmittel bei derartigen Arbeiten volle Anerkennung finden würde. Er zeigte ferner, wie die zur Erzeugung des elektrischen Stromes erforderliche Kraft gleichzeitig vortheilhaft für andere mit Garten- und Ackerbauarbeiten im Zusammenhang stehende Zwecke nutzbar gemacht und auf diese Weise die Ausgaben verringert werden könnten.

Wilhelm hat viele Briefe über diesen Gegenstand erhalten, von denen einige hier angeführt werden mögen.

Universität Glasgow.
Den 10. April 1880.

Geehrter Herr Siemens!

„... Wir haben mit dem grössten Interesse die Berichte über Ihre mit dem elektrischen Lichte im Gartenbau erzielten Erfolge gelesen. Es ist erfreulich zu sehen, dass diese ersten Versuche so zufriedenstellend und vielversprechend ausgefallen sind. Ich hoffe, Sie werden mit diesen Arbeiten weiter fortfahren. Haben Sie noch weitere Experimente darüber angestellt, ob die Sonne das Feuer ausgehen macht?*)"

---

*) Wilhelm war der vollen Ueberzeugung und versicherte, dies durch Experimente nachgewiesen zu haben, dass die volksthümliche Ansicht, dass

„Würde das elektrische Licht nicht eine ähnliche Wirkung, selbst noch in höherem Grade hervorbringen? Reichthum an blauen bis zu ultravioletten Strahlen scheint dem elektrischen Lichte besonders eigen zu sein, und diesem Reichthum dürften wohl einige der wohlthätigen Wirkungen dieses Lichtes auf das Wachsthum der Pflanzen zuzuschreiben sein, sowie auch seine „nicht verbrennende" Wirkung auf das Gesicht*); und die chemischen Wirkungen, welche, wie Sie gefunden haben, beim Sonnenlicht durch Verbrennung von Wasserdämpfen herbeigeführt werden, mögen bei der elektrischen Lampe höchst wahrscheinlich hauptsächlich solchen Strahlen zuzuschreiben sein.

* * * * *

Ihr ergebenster
William Thomson."

4, Addison Gardens.
23. September 1881.

„Dr. Rae hat mit vielem Vergnügen und besonderem Interesse die Mittheilungen über Dr. C. W. Siemens' Anwendung der elektrischen Energie für Garten- und Ackerbauzwecke erhalten und gelesen.

Die Wirkungen erscheinen wundervoll und dürften in hohem Grade die Arbeiten der Gärtner und der Landwirthe umgestalten, zumal da die motorische Kraft während der Tagesstunden vortheilhaft für andere Zwecke verwerthet werden kann.

In den arktischen Regionen könnten auf diese Weise ohne Schwierigkeiten antiskorbutische Pflanzen an Bord des Schiffes gezogen werden."

Von Herrn J. A. Barral, lebenslänglichem Sekretär der Société Nationale d'Agriculture de France.

4. Decr., 1881.

Cher Monsieur!

„J'ai été obligé de quitter l'Angleterre pour des affaires pressées; mais je me propose d'y retourner pour l'exposition d'électricité. Alors j'aurais l'honneur de vous rendre visite.

---

glänzendes Sonnenlicht eine Neigung habe, das Feuer ausgehen zu machen, in Wirklichkeit eine gewisse Begründung habe.

*) Am 17. August 1888 schrieb Sir William Thomson: „Spätere Erfahrung hat gezeigt, dass die Annahme, das elektrische Licht habe keine verbrennende Wirkung auf das Gesicht, irrthümlich ist. Man weiss jetzt, dass diejenigen Personen, welche viel in unmittelbarer Nähe von elektrischen Bogenlampen arbeiten, „sonnenverbrannt" werden, gerade so als ob sie natürlichem Sonnenschein ausgesetzt gewesen wären."

Je désire surtout pouvoir visiter votre serre et vos cultures à l'électricité. Mon but est de bien faire connaître vos travaux en France.

J'ai eu l'honneur de vous adresser une conférence que j'ai faite à la fin du mois d'Octobre à Paris, sur les applications de l'électricité à l'agriculture. J'ai eu soin de mettre vos travaux en évidence, et j'ai fait suivre ma conférence de la traduction de votre lecture au meeting d'York; mais je n'ai pas entre les mains votre communication faite à la Société Royale le 1 Mars 1880. Je vous serai reconnaissant de m'envoyer deux exemplaires de votre mémoire de 1880, et de votre mémoire de 1881, parce que je les mettrais sous les yeux de la Société Nationale d'Agriculture de France. J'ai déjà appelé son attention sur vos recherches, mais je désirerais en faire davantage.

En attendant votre réponse, et en conservant l'expression de mes sentimens les plus distingués.

J. A. Barral."

Die Veröffentlichung dieser auf die Vegetation bezüglichen Experimente hat zu folgendem hübschen Epigramme Veranlassung gegeben, welches in einer der Nummern der wissenschaftlichen Zeitschrift „Nature" erschien:

Quis veterum vidit plantas sine sole virentes?
Germinat en semen Siementis lumine claro!*)

Elektrische Einheiten.

Thätigen Antheil nahm Wilhelm auch an den Schritten, welche gethan worden sind, um die Benennungen und Werthe der bei den neueren elektrischen Berechnungen gebräuchlichen Einheiten zu bestimmen. Er half mit bei allen Commissionen, welche zu dem Behufe von der British Association und anderen wissenschaftlichen Vereinen erwählt worden sind, vom Jahre 1862 an bis 1881, in welchem Jahre die Berathungen und Beschlüsse der Commissionen Seitens des Internationalen Telegraphen-Congresses zu Paris ihre Sanktion erhielten.

Er behandelte den Gegenstand etwas ausführlicher in seiner Antrittsrede an die British Association im Jahre 1882 und schrieb verschiedene Abhandlungen darüber an anderen Stellen.

---

*) Wer von den Alten sah ohn' Sonnschein grünende Pflanzen?
Siehe! Es keimet der Samen bei Siemens' herrlichem Lichte!

Im Jahre 1883 wurde er zum Vorsitzenden einer Commission erwählt, welche von der Abtheilung für Kunst und Wissenschaft bestellt worden war, um über diesen Gegenstand zu berathen, und diesen Ehrenposten hat er bis zu seinem Tode bekleidet.

Verschiedenartige Gegenstände.

Die Sonne.

Einer der Hauptgegenstände, welche Wilhelm's Gedanken während dieses Zeitabschnittes beschäftigten, war eine kühne Speculation, welche sich, wenngleich von hoch wissenschaftlichem Charakter, doch von den gewöhnlichen Gegenständen seines Nachdenkens dadurch unterschied, dass dieselbe keinen unmittelbaren praktischen Zweck verfolgte: es handelte sich nämlich um nichts weniger als um die Constitution der Sonne und die Natur der Sonnenenergie.

Seine Forschungen auf dem Gebiete des Lichtes und der Wärme hatten ihn dahin geführt, tiefer über die grosse Quelle beider im Mittelpunkte des Sonnensystemes nachzudenken. Er hatte bereits in seinem vor der British Association im Jahre 1873 gehaltenen Vortrage über Brennmaterial einige geistreiche Bemerkungen über die Natur der Verbrennung und die Nutzbarmachung verschiedener Energieformen gemacht und einige seiner Ansichten bezüglich der Beschaffenheit der Sonne durchblicken lassen. Diese Andeutungen hatten Interesse erregt, und nach weiteren sorgfältigen Studien und Berathungen mit den hervorragendsten Physikern seiner Bekanntschaft führte er sie nun weiter aus, bis er schliesslich zu einer kühnen Hypothese gelangte; und am 20. Februar 1882 wagte er es, der Royal Society eine Abhandlung „Ueber die Erhaltung der Sonnenenergie" zu unterbreiten.

In einem späterhin an den Präsidenten der Society gerichteten Briefe sagte er:

„Indem ich aber meine etwas gewagte Hypothese vorbrachte, war ich von dem Gefühle beseelt, dass ich, obgleich keineswegs so sicher vorbereitet, um die verwickelten Fragen der Sonnenphysik in derselben Weise, wie manche meiner Zuhörer erörtern zu können, dennoch einige besondere Vortheile vor ihnen insofern voraus hatte, als ich ein lebenslanges Studium auf die Untersuchung der Verbrennung sowie auf die Nutzbarmachung der verschiedenen Energieformen in verhältnissmässig grossem Maassstabe verwendet habe. Dies führte mich dazu, die Sonne als einen unermesslich grossen Apparat zu betrachten, der nach Grundsätzen angefertigt ist, wie sie in der irdischen Praxis beobachtet und ihrem wahren Werthe nach beurtheilt werden können."

In der in Rede stehenden Abhandlung wies er zunächst auf die ungeheuere, beständig von der Sonne ausgestrahlte Wärmemenge hin, welche der Wärme gleich sei, die alle 36 Stunden durch die vollständige Verbrennung einer Kohlenmasse von der Grösse unseres Erdballes erzeugt würde. Von dieser Wärme würden nach seiner Berechnung die Planeten nur etwa den 225 millionsten Theil auffangen, während der ganze übrige Betrag in dem unendlichen Raume verschwinde und für das Weltensystem, dessen Mittelpunkt die Sonne ist, verloren gehe.

Er bemerkte dabei, dass es schon längst den Naturforscher mit Staunen erfüllt habe, wie eine so ungeheuer grosse Wärmemenge jahraus jahrein von der Sonne ohne eine bemerkbare Verringerung ihrer Temperatur abgegeben werden könne. Verschiedene Hypothesen zur Beantwortung dieser Frage seien vorgebracht worden, unter anderen, dass der Brennmaterialbedarf der Sonne durch in dieselbe fallende Meteore unterhalten werde, oder die Annahme eines allmählichen Kleinerwerdens des Sonnenvolumens. Diese Theorien liessen sich jedoch alle mehr oder weniger angreifen, er wage es daher mit einer neuen Erklärung hervorzutreten, welche seiner Ansicht nach zufriedenstellender wäre. Diese Theorie gründe sich auf folgende drei Postulate.

Erstens, dass gasförmige Substanzen, besonders Wasserdämpfe und Kohlenstoffverbindungen, in sehr verdünntem Zustande in dem Raume zwischen den Sternen und Planeten vorhanden seien, eine Annahme, welche er durch verschiedene geistreiche Beweisgründe zu erhärten suchte.

Er dachte sich ferner, dass diese Gase durch die strahlende Sonnenenergie dissociirt werden könnten.

Und drittens legte er der mechanischen Thätigkeit der Rotation der Sonne eine eigenthümliche Wirkung auf diese Wasserdämpfe bei. Er verglich diese Wirkung mit derjenigen des allgemein bekannten Centrifugal-Flügelgebläses, welches dadurch, dass es mit grosser Schnelligkeit rotirt, Luft in der Nähe seiner Achse einzieht und an seinem Umfange wieder ausstösst. So folgerte er, würde auch die Wirkung der Umdrehung der Sonne darin bestehen, die dissociirten Dämpfe auf die die Pole umgebenden Theile ihrer Oberfläche heranzuziehen und dieselben dadurch einer intensiven Verbrennung zu unterwerfen, um sodann in der Nähe des schnell rotirenden Sonnenäquators wieder in den Raum hinausgeworfen zu werden.

Diese „Schleuderwirkung", wie er dieselbe benannte, bot, seiner Ansicht nach, in Verbindung mit den chemischen Erscheinungen eine Lösung der Frage betreffs der Erhaltung der Sonnenenergie dar. Er behauptete in der That, dass die Sonne als ein riesenhaftes Exemplar seines eigenen Regenerativ-Gasofens betrachtet werden könnte, mit der ungewöhnlichen Erscheinung jedoch, dass dieselben Verbrennungsmaterialien immer von Neuem wieder benutzt würden. Er vermied dabei sorgfältigst den Vorwurf, als wolle er ein „perpetuum mobile" erfunden haben, er gab vielmehr zu, dass ein gewisser Kraftverlust vorhanden sein müsse, ohne welchen überhaupt der von ihm angenommene Process gar nicht stattfinden könnte; dagegen bestritt er die Annahme einer ungeheuer grossen Verschwendung, eine Annahme, welche er bei dem Sonnensystem ebenso wenig gelten lassen wollte, als bei dem Brennmaterial-Verbrauch für industrielle und häusliche Zwecke.

Er schloss seine Abhandlung mit den Worten:

„Wenn diese Bedingungen eine feste Gestalt annehmen könnten, so würden wir dadurch die genugthuende Ueberzeugung gewinnen, dass unser Sonnensystem nicht länger mehr den Gedanken an eine ungeheuere Energieverschwendung durch Ausstrahlung in den Raum aufkommen lässt, sondern dass es vielmehr den Eindruck einer wohlgeordneten, sich selbst unterhaltenden Thätigkeit auf uns machen müsste, welche es der Sonne ermöglicht, ihre Ausstrahlung noch bis auf sehr entfernte Zeiten fortzusetzen."

Ein Artikel von Wilhelm, welcher eine mehr volksthümliche Beschreibung seiner Theorie enthielt, erschien in dem Aprilhefte der Zeitschrift „Nineteenth Century" und seine Mittheilung wurde weit und breit in England durch die Blätter bekannt gemacht und durch Uebersetzungen auch auf dem Conti-

Kapitel VIII.

nente. Die Theorie wurde sehr eifrig erörtert und viele Männer der Wissenschaft beeilten sich, ihre kritischen Bemerkungen darüber abzugeben, welche Wilhelm alle freundlichst entgegennahm und in der höflichsten Weise beantwortete.

Folgende Briefe über diesen Gegenstand dürften wohl von Interesse sein:

Ein Freund schrieb am 4. März 1882 an ihn:

„Ich habe heute Morgen eine sehr lange und interessante Unterhaltung mit Lord Sherbrooke (Mr. Lowe) gehabt. Er war ausserordentlich interessirt für das, was ich ihm über Ihre Ansichten mittheilte, und sprach sein Bedauern darüber aus, dass er nicht Ihr Schüler gewesen sei, anstatt so viel Latein, Griechisch und Mathematik gelernt zu haben; und er sprach von Ihnen und den Männern, welche mit Ihnen dahin streben, den Umfang unseres Wissens zu erweitern, als „dem Salze der Erde" — fürwahr ein hohes Lob von einem solchen Kritiker.

15, Royal Terrace, Edinburgh,
Den 5. April 1882.

Lieber Herr Siemens!

Vielen Dank für den Abdruck der in dem Nineteenth Century veröffentlichten Ausgabe Ihrer glorreichen Abhandlung über die Sonne. Ich habe dieselbe mit grossem Vergnügen durchgelesen.

* * * * *

Die Stelle, welche auf der zweiten Hälfte der Seite 524 beginnt und oben auf Seite 525 abschliesst, hat wohl am meisten meine Bewunderung erregt.

Das ist auch ein bemerkenswerthes Zeugniss, ja man dürfte fast sagen, eine überirdische Eingebung des Sir J. Newton, welche Sie in Ihrer Abhandlung anführen. Ich möchte sogar annehmen, dass, wenn zu seiner Zeit die Chemie auf derselben Stufe gestanden hätte, auf welcher dieselbe heutzutage steht, Newton Ihnen wahrscheinlich nur wenig zu entdecken oder seiner Theorie der Immerwiederheizung der Sonne vermittelst der im Raume befindlichen Gase hinzuzufügen übrig gelassen hätte.

Und ich nehme durchaus keinen Anstand, als ein ferneres Zeugniss eines ganz unbedeutenden Beobachters in Bezug auf die Richtigkeit Ihrer Ansichten noch zu bemerken, dass, wenn Addison früher gelebt, Sir Newton genau denselben Vers citirt haben würde, — oder wenigstens ganz der Mann dazu war — mit welchem Sie Ihre Abhandlung beschliessen.

Ihr ganz ergebenster
C. Piazzi Smyth."

126, Boulevard Péreira,
30. Juin, 1882.

Cher Monsieur,

„J'ai l'honneur de vous informer que M. Dumas, sécrétaire perpétuel de l'Institut, a demandé avec instance, à M. Gauthier Villars, de vouloir bien laisser insérer dans les Annales de Physique et de Chimie, la traduction de votre mémoire sur l'énergie solaire, et que je me suis empressé de répondre à son désir.

Permettez moi de vous féliciter de cette marque d'approbation, qui vous est donnée, très chaleureusement, par un de nos savants les plus illustres, et de vous dire combien j'en suis heureux.

Croyez moi bien, cher monsieur, votre tout devoué
G. Richard."

Dr. W. D. Carpenter sagt in einem am 17. März 1882 in dem Journal „Knowledge" veröffentlichten Artikel:

„Dr. Siemens' höchst geistreiche Theorie muss jedenfalls als einer der glänzendsten Höhepunkte betrachtet werden, auf welche die wissenschaftliche Forschung sich jemals emporgeschwungen hat, gleichviel was auch das endgültige Schicksal dieser Theorie sein mag . . ."

In seinem Jahresberichte auf der Jahresversammlung der Royal Society am 30. November 1882 gab der Präsident Mr. Spottiswoode eine Art von Résumé über diese Streitfrage, indem er sagte:

„Auch darf ich nicht vergessen, Dr. C. W. Siemens' kühner und origineller Theorie der Erhaltung der Sonnenenergie hier Erwähnung zu thun, welche bereits zu so vielfacher Erörterung Veranlassung gegeben hat. Ich brauche hier nur zu bemerken, dass über die darin angeregten Fragen noch keineswegs das letzte Wort gesprochen worden ist; und ob nun diese Theorie schliesslich angenommen werden wird, oder ob sie, einem Phönix gleich, demnächst in einer neuen Gestalt aus ihrer eigenen Asche erstehen wird, stets wird man sich daran erinnern, dass sie viele thätige Geister beschäftigt hat, und sie wird stets einen Platz in der Geschichte der Sonnenphysik behalten."

Im April 1883 veröffentlichte Wilhelm nochmals seine Originalabhandlung zusammen mit der darüber abgegebenen Kritik und seinen Erwiderungen, sowie mit anderen, auf den Gegenstand bezüglichen Schriften, in einem dem Präsidenten der Royal Society gewidmeten Werke*). In seinem Widmungs-

---

*) Siehe: „Ueber die Erhaltung der Sonnen-Energie." Eine Sammlung von Schriften und Discussionen von Sir William Siemens. (Aus dem Eng-

schreiben acceptirte er gern die hohe Stellung, welche Mr. Spottiswoode der vorliegenden Streitfrage angewiesen hatte, und fügte hinzu:

„Alles in Allem genommen habe ich alle Ursache, mit dem Interesse zufrieden zu sein, welches in der Frage, die ich anzuregen mir erlaubt habe, bekundet worden ist . . ."

Folgende Briefe beziehen sich auf diese nochmalige Veröffentlichung:

Royal Observatory, Edinburgh.
Den 19. April 1883.
Lieber Sir William Siemens!

„Vielen Dank für Ihre freundliche Zusendung Ihres neuen Bandes über die Erhaltung der Sonnen-Energie. Wo giebt es je eine Theorie, die in der Weise von der halben Welt angegriffen und in jedem ihrer Punkte so vertheidigt worden ist, wie die Ihrige von Ihnen?

* * * * *

C. Piazzi Smyth."
The White House, Croom's Hill.
Greenwich Park, S. E.
Den 25. April 1883.

„Ein Brief, den ich vor drei Tagen an Sie gerichtet habe, ist (mit anderen) auf eine räthselhafte Weise verschwunden, ehe er noch die Post erreicht hatte. Der Inhalt dieses Schreibens war eine dankbare Bestätigung des Empfanges des mir von Ihnen freundlichst zugesandten Exemplares Ihrer „Sammlung von Schriften und Discussionen über die Erhaltung der Sonnen-Energie".

Vor einigen Monaten hatte ich das Vergnügen, mit Ihnen eine kurze Correspondenz über diesen Gegenstand zu pflegen. Ich gestattete mir auch, einige mechanische Betrachtungen über die Wirkung der Rotation anzustellen. Seitdem hat jedoch die Frage sich bereits bis weit in das Gebiet der Gas-Theorien und der ausgedehnteren Cosmologie erstreckt, in welches ich mich nicht gerne zu kühn hineinwagen möchte.

Auf rein mechanische Grundsätze gestützt gebe ich die Hoffnung nicht auf, eine Erklärung für die Erhaltung der vis viva eines ausgesandten vibrirenden Strahles zu finden, und zwar mit Hülfe gewisser Schlussfolgerungen auf Grund der allmählichen Dichtigkeits-Abnahme des vibrirenden Mediums. Eine einigermaassen analoge Erscheinung, welche

---

lischen übersetzt von C. E. Worms.) Berlin. Verlag von Julius Springer 1885. (Anmerkung des Uebersetzers.)

ich selbst beobachtet, und worauf ich auch die Aufmerksamkeit anderer Beobachter hingelenkt habe, ist das innere Echo von der offenen Mündung eines hohen Schornsteines her. Es wäre mir lieb, wenn Sie sich selbst davon überzeugen wollten, im Falle einer der Schornsteine Ihrer Fabriken oben offen und unten zugänglich sein sollte.

Mit der Bitte, mich Ihrer werthen Frau Gemahlin bestens empfehlen zu wollen, verbleibe ich

Ihr ergebenster

J. B. Airy.

Sir Charles W. Siemens.

D. C. L., L. L. D. etc. etc."

Keiner der gegen seine Theorie vorgebrachten Gründe war gewichtig genug, um sein Vertrauen in dieselbe zu erschüttern; im Gegentheil fuhr er während der wenigen, ihm noch vergönnten Lebenstage fort, aus neuen wissenschaftlichen Daten alles das zu sammeln, was nach seiner Ansicht zur weiteren Erhärtung seiner Hypothese dienen konnte.

So legte er unter Anderem der Royal Society am 25. April 1883 eine fernere Abhandlung vor mit der Ueberschrift: „Ueber das Abhängigkeitsverhältniss zwischen Ausstrahlung und Temperatur". Im Verlaufe seiner Untersuchungen über die Sonne war ihm die Unklarheit, welche noch über die Gesetze der Ausstrahlung vorherrschte, und in Folge dessen auch die Unsicherheit und Verschiedenheit der Ansichten über die Sonnentemperatur aufgefallen, und er beschloss daher, persönlich eine Untersuchung anzustellen, um mehr Licht über diese Fragen zu verbreiten, indem er bedachte, dass die Gelegenheit für eine derartige Untersuchung in Folge der jüngsten elektrischen und spektralanalytischen Entdeckungen bedeutend günstiger sei, als in irgend einer früheren Zeitperiode. Er beschrieb seine Experimente und die zur Zeit damit erzielten Resultate, liess jedoch noch einige darauf bezügliche Punkte offen, weil es, wie er sagte, seine „Absicht sei, noch fernere Untersuchungen darüber anzustellen", eine Absicht, die ihm leider nicht mehr vergönnt war, zur Ausführung zu bringen.

Zwei Tage später, am 27. April, hielt er einen Vortrag über denselben Gegenstand vor der Royal Institution, welcher in dem zehnten Bande der Verhandlungen des Instituts veröffentlicht worden ist. Diese beiden Mittheilungen sind die letzten gedruckten Schriftstücke, welche seiner Féder entflossen sind; dieselben beweisen deutlich, dass seine Geistesrichtung in den späteren Tagen seines Lebens mehr den tieferen und rein wissenschaftlichen Studien zugewendet war.

Einer der besten Artikel über Wilhelm's Buch ist in der Zeitschrift Saturday Review vom 28. Juli 1883 erschienen. Während seine Untersuchungen in diesem Artikel im Allgemeinen sehr rühmend anerkannt werden, heisst es am Schlusse:

„Es scheint uns daher, dass im Grossen und Ganzen genommen die Wahrscheinlichkeit entschieden gegen die Richtigkeit der Theorie ist, obschon, um uns der Worte des grossen wissenschaftlichen Meisters zu bedienen, der so kürzlich erst aus unserer Mitte geschieden ist, „über die darin angeregten Fragen noch keineswegs das letzte Wort gesprochen worden ist". Die Veröffentlichung dieses Werkes, dessen Inhalt wir kritisirt haben, hat die ganze Frage so zu sagen in eine Nussschale zusammengedrängt, und das Buch sollte von Allen, welche sich für den Fortschritt der Sonnen-Physik interessiren, gelesen werden."

Das Indian Engineering College.

Wilhelm war nie glücklicher, als wenn er seine auf eingehenden Studien begründeten Theorien in die Praxis übertragen konnte, und der Umstand, dass die Natur seiner Arbeiten dieses ermöglichte, war in der That einer der Hauptgründe, weshalb ihm seine Thätigkeit so lieb und werth war.

Im letzten Jahre seines Lebens bot sich ihm eine unerwartete Gelegenheit dar, dieses Princip in Bezug auf die Ausbildung von Studirenden seines eigenen Faches, der Ingenieurwissenschaft, in Ausführung zu bringen. Es geschah dies in Folge der engeren Verbindung, in welche er mit den Behörden des Indian Engineering College zu Cooper's Hill in der Nähe von Staines, trat.

Die Schule war von der Regierung auf Veranlassung der indischen Staatsverwaltung im Jahre 1871 gegründet worden und der Zweck derselben war, einer Anzahl sorgfältig auserlesener Studenten durch tüchtige Professoren eine vorbereitende technische Ausbildung zu geben, um die Schüler dadurch zu befähigen, nach weiteren praktischen Instructionen Ingenieure zu werden, um als solche bei den öffentlichen Arbeiten in Indien Dienste zu thun.

Das System stellte sich als vollständig zweckentsprechend heraus und hatte bereits sieben Jahre lang erfolgreich gewirkt, indem jährlich etwa vierzig wohl ausgebildete und befähigte Candidaten ausgesandt wurden, als im Jahre 1878 die indische Regierung aus gebieterischen finanziellen Rücksichten sich genöthigt sah, die Ausgaben für die öffentlichen Arbeiten bedeutend zu vermindern, und in Folge dessen auch die Zahl der jährlich auszusendenden Schüler auf etwa die Hälfte zu beschränken.

Das Fortbestehen der Ingenieurschule unter diesen neuen Verhältnissen war bald eine finanzielle Frage geworden, welche während der darauf folgenden zwei oder drei Jahre unentschieden blieb. Im Jahre 1879 bewog der Ingenieuroberst Chesney, der Direktor der Schule, die Regierung, ein Schulkollegium zu ernennen, welchem neben den dazu bestellten Regierungsvertretern auch einige einflussreiche Civilingenieure zugetheilt werden sollten, um über die Angelegenheiten der Schule zu berathen, und um vor Allem darüber sich schlüssig zu machen, welche Aenderungen in der allgemeinen Beschaffenheit und in dem Lehrcursus derselben zu treffen seien, um auch solche Schüler heranzuziehen, welche die keineswegs unbedeutenden Kosten der Erziehung zu tragen im Stande und gewillt seien, sich hernach anderswo als im indischen Staatsdienste nach Beschäftigung in ihrem Fache umzusehen.

Wilhelm war eines der ersten, einflussreichsten und thätigsten Mitglieder dieses Schulkollegiums, und er stand nicht an, seine Ansicht dahin auszusprechen, dass durch einen zweckmässig erweiterten Lehrcursus die in Folge der neuen Politik der indischen Regierung entstandenen Vakanzen in der Ingenieurschule leicht mit Schülern der oben erwähnten Klasse ausgefüllt werden würden.

Bald darauf wurde der Oberst Chesney von seinem Posten abberufen und sein Nachfolger, der General Sir Alexander Taylor, bewog die Regierung, das Schulkollegium zu ersuchen, die geeignetsten Mittel zur Erreichung des gewünschten Zweckes zu berathen und darüber zu berichten. In den darauf folgenden Verhandlungen der nächsten drei Jahre bis zum Jahre 1883 war es wiederum Wilhelm Siemens, welcher hauptsächlich die Initiative ergriff, indem er verschiedene wichtige Veränderungen in Vorschlag brachte, und mit der ernstlichen Unterstützung und durch Vermittelung der Herren Sir John Fowler, W. H. Barlow sowie des Vorsitzenden Sir R. Temple gelang es ihm, die Regierung zu bewegen, bedeutende Summen zur Erweiterung der vorhandenen Lehrmittel auszuwerfen und neue Laboratorien mit einem bedeutend vermehrten Lehrkörper zu errichten.

Der Zweck, den man bei diesen Veränderungen hauptsächlich im Auge hatte, war, die Lehrmittel zum Studium der Natur- und experimentellen Wissenschaften bedeutend über den vorhandenen, den Bedürfnissen des Indischen Staatsdienstes entsprechenden Bestand hinaus zu vermehren. Die Schwierigkeit dabei war allerdings, Zeit für die neuen oder ausgedehnteren Fächer zu finden; jedoch wusste man sich auch hier schliesslich zu helfen, theils indem man die Zeit, die man durch neuerdings fallen gelassene Lehrgegenstände, erübrigte, dafür verwandte, theils auch indem man die für andere Fächer bestimmte Zeit etwas kürzte, hauptsächlich aber, indem man einige der Fächer theilweise und andere vollständig der Wahl der Schüler freistellte. Ueber die Einzelheiten und Ergebnisse kann man sich leicht eine Einsicht verschaffen, wenn man sich die Jahrbücher der Ingenieurschule vor und nach den Veränderungen vorlegen lässt.

Den grossen Vortheil dieser Verbesserungen verdankt die Schule hauptsächlich der klaren Einsicht Wilhelm's und seinen uneigennützigen Bemühungen, die allerdings mit vollem Rechte etwas widerstrebende Staatsverwaltung von der Nothwendigkeit der Mehrausgaben zu überzeugen. Seine weit ausschauenden Erwartungen sind soweit vollständig gerechtfertigt worden, und die Ingenieurschule ist jetzt beim Beginne eines jeden Jahrescurses mit Candidaten, die um Aufnahme und Diplome nachsuchen, überhäuft, und erreicht vollständig die Anzahl, welche die Schule überhaupt aufzunehmen vermag. Und obgleich immer einige der Studirenden, wenn sie finden, dass sie dem Unterrichte nicht folgen können, im Laufe des Semesters wieder abgehen, so ist doch die Durchschnittszahl der Verbleibenden ausreichend, um der Anstalt eine Einnahme zu sichern, die den bedeutenden jährlichen Unterhaltungskosten beinahe gleich ist, trotzdem die letzteren durch die eingeführten, oben beschriebenen Veränderungen wesentlich vermehrt worden sind.

Es ist daher alle Ursache für die Annahme vorhanden, dass das gegenwärtige Lehrpersonal der Ingenieurschule, dem diese Thatsachen wohl bekannt sind, den Namen und das Andenken des Mannes, welcher so viel zur Bildung und Erhaltung der Anstalt gethan hat, stets dankbar und hoch in Ehren halten wird*).

Das elektrische Thermometer.

Ueber die Erfindung und die Entwicklung des Siemens'schen elektrischen Pyrometers ist bereits im Kapitel VII das Nähere mitgetheilt worden. In einer späteren, am 15. Juni 1882 vor der Royal Society gelesenen Abhandlung „Ueber ein elektrisches Tiefsee-Thermometer" machte Wilhelm einige weitere Mittheilungen über den wirklichen praktischen Gebrauch dieses Instrumentes. Er bemerkte, dass dasselbe in ausgedehnterem Maassstabe zum Bestimmen der Temperaturen der mit heissem Winde betriebenen Schacht- und Schmelzöfen verwendet werde und dass durch Versuche nachgewiesen worden sei, dass die Messungen zwischen $100°$ und $1000°$ C. sehr nahe mit denjenigen anderer bewährter Messapparate übereinstimmten. Der Apparat sei ferner auch für Zwecke erfolgreich verwendet worden, wozu ein weit höherer Grad von Genauigkeit erforderlich sei, wie z. B. für Tiefsee-Beobachtungen.

Im Jahre 1880 erhielt Wilhelm von seinem Freunde Professor Agassiz, damals in den Vereinigten Staaten von Nordamerika wohnhaft, einen Brief folgenden Inhaltes:

Museum of Comparative Zoology.
Cambridge, Mass., den 10. Februar 1880.
Sehr geehrter Herr Doctor!

„Mit Bezugnahme auf die Unterredung, welche ich im verflossenen Herbste während meines Aufenthaltes in London über Ihr elektrisches Tiefsee-Thermometer mit Ihnen zu führen das Vergnügen hatte, gestatte ich mir, Sie zu benachrichtigen, dass ich jetzt von dem Oberingenieur

---

*) Obige Daten über diese Thätigkeit von Wilhelm Siemens verdankt der Verfasser seinem Freunde, Mr. Calcott Reilly, dem Professor der Ingenieurbaukunst an jener Schule.

der Küstenvermessung bevollmächtigt worden bin, betreffs dieses Apparates mich mit Ihnen in Verbindung zu setzen.

Ich gedenke nächsten Juni wiederum mit dem Dampfer Blake für sechs Wochen in See zu stechen, um Normallinien zur Küste quer durch den Golfstrom zu bestimmen, und im Falle Sie geneigt sein sollten, uns einen Ihrer Temperaturmesser zu übersenden, dürfen Sie versichert sein, dass die Officiere und ich Alles aufbieten werden, was in unseren Kräften steht, um mit dem Apparate nicht nur gründliche Versuche anzustellen, sondern womöglich auch nachzuweisen, dass derselbe mit Erfolg arbeitet.

Ihr ergebenster
A. W. Agassiz.

Herrn Dr. C. W. Siemens
London."

Der Apparat wurde beschafft und an Bord des Dampfers Blake gebracht und nach einigem Verzug im August 1881 einer Reihe von Prüfungen unterworfen. Temperaturmessungen wurden in verschiedenen Tiefen vorgenommen und mit den Angaben von Prüfungsthermometern verglichen, welche fast eine genaue Uebereinstimmung ergaben. Am 15. December 1881 schrieb Professor Agassiz:

„Es wird Ihnen angenehm sein zu vernehmen, dass Ihr Apparat höchst zufriedenstellend gearbeitet hat. Derselbe ist in Tiefen bis zu 400 Faden gleichzeitig mit Miller-Casella-Thermometern genau geprüft worden und zwar mit den günstigsten Ergebnissen, und das Gesammtresultat ist in wenigen Worten dahin zusammenzufassen, dass der Apparat als Präcisionsinstrument bewundernswerth und zur Bestimmung der krummen Temperaturlinien, denen man beim Durchschneiden des Golfstromes begegnet, geradezu ein Bedürfniss ist."

Im Jahre 1883 wurde der Apparat gerade in umgekehrter Weise, nämlich zur Bestimmung der Temperaturen in grossen Höhen in der Luft, benutzt.

Der hervorragende Meteorologe, Mr. G. J. Symons, F. R. S., beabsichtigte, die atmosphärischen Temperaturen in verschiedenen Höhen zu bestimmen, und schlug für diesen Zweck als Beobachtungs-Station den 273 Fuss hohen Thurm der Bostoner Kirche vor. Die erste Nothwendigkeit war, ein Thermometer zu beschaffen, von welchem man die Temperaturen ablesen konnte, ohne jedesmal die Spitze des Thurmes erklettern zu müssen.

Wilhelm Siemens, welcher davon Kenntniss erhalten hatte, empfahl den Gebrauch seines elektrischen Thermometers und stellte einen solchen Apparat zu dem Zwecke zur Verfügung. Derselbe wurde in einem Kasten oben auf dem Thurme angebracht, die Leitungsdrähte nach unten auf den Boden innerhalb der Kirche geführt und auf diese Weise die Temperatur gleichzeitig mit derjenigen am Boden mit grosser Leichtigkeit unten abgelesen. Die Resultate, welche vom meteorologischen Standpunkte betrachtet, interessant und wichtig waren, wurden von Mr. Symons am 6. Juni 1883 der Royal Society mitgetheilt und in deren Verhandlungen veröffentlicht.

Die elektrische Ausstellung in Wien.

Im Jahre 1883 wurde eine grosse Ausstellung von elektrischen Apparaten in Wien abgehalten. Wilhelm Siemens wurde im Juli des Jahres 1883 zusammen mit Lord Sudeley, Sir William Thomson und Sir Frederick Abel von der Regierung zum Vertreter Grossbritanniens ernannt. Gegen Ende des Monats begab er sich daher in Begleitung seiner Gemahlin nach Wien, wo er ungefähr sechs Wochen lang durch die Angelegenheiten der Ausstellung, an der sowohl die Berliner als auch die Londoner Firma sich in grossem Umfange betheiligt hatten, vollauf in Anspruch genommen wurde.

Als eine Ergänzung der Belehrung, welche aus der Ausstellung selbst zu schöpfen war, beschlossen die Förderer derselben, eine Reihe von Vorträgen über elektrische Gegenstände in der Aula des Ausstellungsgebäudes abzuhalten, und als eine besondere Auszeichnung wurde Wilhelm Siemens der einleitende Vortrag des Cyclus überlassen. Derselbe wurde demzufolge am 27. August 1883 gehalten und zwar über: „Die Beziehungen zwischen Temperatur, Licht und Ausstrahlung mit Bemerkungen über die Sonne und ihre Verwandtschaft mit elektrischen Erscheinungen". Die kleine Aula in der Rotunde war dicht gefüllt, da dieses Thema nicht nur für Elektriker, sondern auch für das Publicum im Allgemeinen von Interesse war.

Vor Beginn seines Vortrages bat Wilhelm um Entschuldigung, wenn er diesmal seine Zuhörerschaft in deutscher Sprache anrede, obgleich er während der letzten vierzig Jahre täglich fast nur Englisch gesprochen habe. Er erachte es jedoch für seine Pflicht, eine deutsche Versammlung in seiner ursprünglichen Muttersprache anzureden. Im Verlaufe seines Vortrages führte er aus, dass die Sonnentemperatur nicht viel mehr als 2800, jedenfalls aber weniger als 3000° C. betrage. Seiner Ansicht nach könne diese Temperaturhöhe durch den elektrischen Ofen überboten werden, und elektrisches Licht und elektrische Wärme könnten in vielen Fällen denselben Zwecken dienen, zu welchen die Sonne bestimmt sei.

Der Vortrag war durchaus populär gehalten, und wenngleich einige seiner Zuhörer vielleicht nicht allen Schlussfolgerungen des Vortraghaltenden gefolgt sein mögen, so konnte doch sicher jeder seine höchst lehrreichen Experimente verstehen und bewundern.

Seiner eigenen Erfindungen und Entdeckungen hat er damals kaum Erwähnung gethan, berührte jedoch vorübergehend einige seines Bruders, des Geh. Regierungsrathes Dr. Werner Siemens (jetzt von Siemens), welch' letzterer im Parterre des Theaters sass, sichtbar erfreut, auch einmal eine öffentliche Anrede von Wilhelm in deutscher Sprache mit anzuhören.

Gegen Ende der Ausstellung, am 28. October, statteten die Mitglieder der Akademie der Wissenschaften in Wien der Ausstellung einen Besuch ab. Dieselben wurden von dem Kronprinzen Rudolph selbst herumgeführt und schlossen sich ihnen noch Professor Helmholtz (jetzt von Helmholtz), Sir William Thomson und Wilhelm Siemens an. Der Kronprinz unterhielt sich geraume Zeit mit diesen Herren und sprach seine lebhafte Genugthuung darüber aus, dass es ihm vergönnt sei, drei so gelehrte Männer in Gesellschaft der österreichischen Vertreter der Wissenschaft begrüssen zu können. Darauf machten die Mitglieder der Akademie eine Fahrt auf der elektrischen Eisenbahn, wobei Wilhelm Siemens selbst als Zugführer fungirte.

Einige Tage später hiess es in einem der Lokalblätter:

Die elektrische Ausstellung mit ihrem ungeheuren Andrange von Fremden, welche diese Ausstellung nach Wien gezogen hat, ist nun vorüber, und wir denken in den verlassenen Hallen über die wundervollen, von jener geheimnissvollen Kraft getriebenen Maschinen nach, über die grossartigen Fortschritte, welche auf dem Gebiete dieser verhältnissmässig jungen Wissenschaft gemacht worden sind und über die hervorragenden Männer, deren Geist und Talent die Geheimnisse der Natur zu durchdringen und zum Nutzen und Frommen der Menschheit praktisch zu verwerthen vermocht haben.

Die während der Ausstellung vielleicht am häufigsten genannten Namen waren die der Brüder Siemens, deren Thatkraft so viele Fortschritte auf dem Gebiete der Elektricität zu verdanken sind, wie die mannigfaltigen, von diesen Männern ausgestellten Gegenstände: ihre Lampen, elektrodynamischen Maschinen, Schmelzöfen, elektrische Eisenbahnen, Telegraphen-Apparate u. s. w. zum Ueberfluss nachweisen. Der grösste Erfolg ihrer Wirksamkeit ist jedoch jedenfalls der internationale Charakter, welchen die Firma angenommen hat, welche nicht nur in deutschen, sondern auch in englisch, französisch und russisch sprechenden Ländern bereits festen Fuss gefasst hat."

Wissenschaftliche Vereine. — Vorträge, Ansprachen.

Während des letzten Jahres seines Lebens hat Wilhelm den verschiedenen Vereinen, welchen er angehörte, sein Interesse nach wie vor bewahrt; nur richtete er jetzt seine Aufmerksamkeit mehr den rein wissenschaftlichen denn den praktischen Gesichtspunkten ihrer Untersuchungen zu.

Die British Association.

Im Jahre 1882 wurde Wilhelm zu der hohen wissenschaftlichen Stellung des Präsidenten der British Association erhoben und eröffnete am 23. August in Southampton die Verhandlungen derselben in der gewohnten Weise mit einer Antrittsrede, welche, wie wohl zu erwarten war, eine meisterhafte Uebersicht des damaligen Standes der Wissenschaft enthielt. Diese Antrittsrede bezog sich hauptsächlich auf die praktischen Anwendungen der Wissenschaft und findet sich unverkürzt in der Sammlung seiner Schriften*). Die Rede wurde sehr gut aufgenommen und die Beliebtheit des Präsidenten ist während der ganzen Verhandlungen sehr deutlich zu Tage getreten.

---

*) Siehe „Einige Wissenschaftlich-technische Fragen der Gegenwart" von Sir William Siemens. „Ueber die neuesten Errungenschaften der Wissenschaften." Antrittsrede bei Uebernahme des Präsidiums der British Association. Zweite Folge. (Aus dem Englischen übersetzt von C. E. Worms.) Berlin. Verlag von Julius Springer. 1883. Anm. des Uebersetzers.

Kapitel VIII.

Nach Schluss dieser Versammlung, welcher auch Werner Siemens mit einigen seiner Familienmitglieder beigewohnt hatte, geleitete eine lustige Reisegesellschaft, worunter Professor Clausius, Professor du Bois-Reymond nebst Gemahlin, Professor Langley aus Washington und andere Freunde sich befanden, Wilhelm Siemens und seine Gemahlin nach ihrem Landsitze Sherwood zurück.

Bei Eröffnung einer solchen Versammlung der Association war es Sitte, dass ein feierlicher Gottesdienst abgehalten wurde, bei dem in Southampton Dr. Edward Berson, der damalige Bischof von Truro, die Predigt übernommen hatte. Sechs Monate später wurde dieser hervorragende Theologe zum Erzbischofe von Canterbury ernannt, bei welcher Gelegenheit Wilhelm folgendes Glückwunschschreiben an denselben richtete:

3, Palace Houses, Kensington Gardens, W.,
29. März 1883.

Seiner Hochwürden Gnaden, dem Herrn Erzbischof von Canterbury.

Hochwürdigster Herr Erzbischof!

Gnädiger Herr!

„Ich habe nur den Antritt des hohen Amtes abgewartet, zu welchem Ew. erzbischöfliche Gnaden unter allgemeinem Beifall berufen worden sind, um mir die Freiheit zu gestatten, Ew. Hochwürden Gnaden an eine Stunde zu erinnern, wo mir als Präsidenten der British Association die Ehre zu Theil wurde, jene liberalen und erleuchteten Ansichten mit anhören zu dürfen, mit welchen Ew. erzbischöfliche Gnaden im verflossenen August die in Southampton versammelten Mitglieder der British Association erbaut haben. Mögen jene herrlichen Ansichten die leitenden Principien sein und bleiben, nach denen die Kirche dieses Landes fortfahren wird, sich weiter zu entwickeln, indem sie mehr die Wahrheit in jeder Gestalt, als angenommene Dogmen zur Grundlage ihres berechtigten Einflusses macht.

Indem ich mir gestatte, Ew. erzbischöflichen Gnaden zu dem hocherfreulichen Ereignisse des heutigen Tages meine herzlichsten Glückwünsche verehrungsvoll darzubringen, und mit dem innigsten Wunsche, dass Ew. Hochwürden Gnaden noch lange Jahre der besten Gesundheit und vollsten Kraft zur Erfüllung der verantwortlichen Pflichten des hohen Amtes Sich erfreuen mögen, verbleibe ich

Ew. erzbischöflichen Gnaden
verehrungsvoll gehorsamster
C. William Siemens."

Auf diesen Brief erfolgte nachstehende Antwort:

Lambeth Palace.
Den 1. April 1883.

Mein lieber Herr Doctor!

„Ich danke Ihnen herzlichst für Ihren höchst freundlichen Gruss. Es war für mich eine hohe Ehre, vor Ihnen und der British Association zu predigen, und es ist zu gütig von Ihnen, dass Sie Sich dessen erinnern.

Was die in meiner damaligen einfachen Ansprache dargelegten Grundsätze selbst anbelangt, so haben dieselben nicht nur in meinem Innern feste Wurzel gefasst, sondern ich bin auch der Ueberzeugung, dass sie einen Theil der wahren Grundlage bilden, auf denen das Bestehen aller Dinge beruht, so dass ich ernstlichst hoffe und vertraue, während der mir noch vergönnten Thätigkeit meines Lebens nie davon abweichen zu müssen.

Die angenommenen Glaubenssätze der Kirche sollten wie alle angenommenen Lehrsätze anderer Wissenszweige, wie richtig dieselben auch sein mögen, niemals der Revision entzogen werden, wenn die Zeit und Gelegenheit es erheischt. Dieselben haben sich bis jetzt bewährt, und aus jeder wiederholten Prüfung ist die Wahrheit derselben nach Beseitigung einiger Verunstaltungen nur noch klarer und glänzender hervorgegangen. „Prüfet Alles und das Beste behaltet" sagt St. Paulus, ein Wahlspruch, der jeder Wissenschaft als Motto dienen sollte, und welchem die Männer der Wissenschaft auf ihrem besonderen Gebiete stets treu geblieben sind. Mögen Alle auf allen Gebieten diesem Grundsatz treu bleiben.

Ihr ergebener und dankbarer
Edw. Cantuar."

Die „Society of Arts".

Von den Beziehungen, in welchen Wilhelm zur Society of Arts gestanden hat, ist bereits in verschiedenen der vorhergehenden Kapitel die Rede gewesen. Er hat diesen Verein stets für ein zur Beförderung wissenschaftlicher und industrieller Zwecke besonders geeignetes Institut gehalten und daher auch Alles aufgeboten, die Popularität und Nützlichkeit desselben zu vermehren. Im Jahre 1882 wurde er zum Vorsitzenden des Vorstandes erwählt (ein Amt, welches dem des Präsidenten in vielen anderen Gesellschaften entspricht), welches Amt er in der

Sitzung vom 17. November mit einer passenden Antrittsrede übernahm. Zu seinem Thema wählte er „die Anwendbarkeit und voraussichtliche zukünftige Entwicklung der elektrischen Beleuchtung" und arbeitete eine ausführliche Beschreibung sowie einen Kostenanschlag für einen Plan aus, nach welchem das ganze Kirchspiel von St. James in London, welches fast 30000 Einwohner und viele wichtige öffentliche Gebäude enthält, elektrisch beleuchtet werden könnte.

Am 27. Juli 1883 wurde das Jahresfest der Gesellschaft in der „Internationalen Fischerei-Ausstellung" in South Kensington abgehalten. Das Fest wurde durch die Anwesenheit des Präsidenten der Gesellschaft, des Prinzen von Wales und seiner Gemahlin, sowie vieler anderen hohen Persönlichkeiten beehrt, welche entweder in ihrer Eigenschaft als Mitglieder der Gesellschaft zugegen waren, oder eine besondere Einladung zu diesem Feste erhalten hatten, so dass die Gesammtzahl der anwesenden Gäste ungefähr 6500 betrug. Wilhelm, als Vorsitzender des Vorstandes, gab sich alle mögliche Mühe und scheute keine persönlichen Ausgaben zur würdigen Aufnahme der Besuchenden. Die Gebäude und Gartenanlagen waren durch eigne für diese Gelegenheit angebrachte elektrische Lampen glänzend erleuchtet, und viele andere specielle Einrichtungen waren zur Bequemlichkeit und zur Unterhaltung der Gäste getroffen worden. Das Abendfest war ein ausserordentlich glänzendes, da in der That nichts versäumt worden war, um es zu einem solchen zu gestalten.

Wilhelm bekleidete das Amt des Vorsitzenden des Vorstandes der Society of Arts auch noch im darauffolgenden Jahre. Die erste Versammlung war auf den 21. November festgesetzt worden, bei welcher Gelegenheit ihm abermals die Pflicht zugefallen wäre, die Sitzung mit einer Antrittsrede zu eröffnen. Am 8. November begann er mit der Ausarbeitung dieses Vortrages und dictirte seinem Privat-Sekretär einen grossen Theil desselben, welcher sofort in Druck gegeben wurde. Derselbe handelte über elektrische Beleuchtung, über die elektrische Ausstellung in Wien, sowie über wissenschaftliche Normal-Maasseinheiten. Der Vortrag ist jedoch niemals vollendet worden und an dem Tage, an welchem er hätte gehalten werden sollen, musste der Versammlung die traurige Mittheilung von dem zwei Tage vorher erfolgten Tode ihres Vorsitzenden gemacht werden.

Institution of Civil Engineers.

Als Mitglied dieses Institutes betheiligte sich Wilhelm an vielen Discussionen desselben und hielt auch den bereits erwähnten officiellen Vortrag über „Elektrische Kraft".

Kurze Zeit vor seinem Tode wurde ihm Seitens des Institutes eine hohe Auszeichnung zu Theil, nämlich die Zuerkennung des sogenannten Howard-Preises. Einige Jahre vorher hatte Mr. Howard, ein hervorragender Ingenieur und Eisenfabrikant, dem Institut eine Stiftung mit der Bestimmung hinterlassen, „dass in regelmässigen Zeitabschnitten dem Verfasser einer Abhandlung über irgend eine der Verwendungen oder Eigenschaften des Eisens, oder dem Erfinder irgend eines neuen, werthvollen darauf bezüglichen Processes ein Preis oder eine Preismedaille zuerkannt werden solle". Um den hierfür ausgeworfenen Fond zu vergrössern und dadurch den Werth des Preises zu erhöhen, war durch Vereinsbeschluss bestimmt worden, den Howard'schen Preis alle fünf Jahre einmal zu ertheilen.

Der erste Preis wurde im Jahre 1877 Sir Henry Bessemer zuerkannt, und als die Zeit zur abermaligen Ertheilung des Preises gekommen war, fasste der Vorstand des Institutes am 6. November 1883 folgenden Beschluss:

„Es wurde durch Akklamation beschlossen: Dass der Howard'sche alle fünf Jahre zu ertheilende Preis für 1882 dem Civil-Ingenieur, Sir William Siemens, in Anbetracht seiner wichtigen Erfindungen und werthvollen Verbesserungen in der Eisen- und Stahl-Fabrikation ertheilt werde."

Dieser Beschluss wurde Wilhelm von dem Sekretär des Institutes, Herrn Forrest, brieflich mitgetheilt, und das Dankschreiben dafür war eine der letzten Handlungen seines Lebens.

Nach seinem bald darauf erfolgten Tode musste man Lady Siemens darum ersuchen, zu bestimmen, in welcher Form der Preis gegeben werden solle. Sie drückte den Wunsch aus, einen Bronzeabguss der berühmten Gruppe „die Leidtragenden" (the Mourners) von J. G. Lough zu besitzen, welche ursprünglich auf der grossen Weltausstellung 1851 ausgestellt worden war und jetzt im Krystallpalaste in London sich befindet.

Dieser Abguss wurde von den Herren Elkington in Birmingham, die sich zuerst Wilhelm's, als er in seiner Jugend nach England kam, freundlichst angenommen hatten, gefertigt und trug die Inschrift: „Der Howard'sche fünfjährliche Preis, dem Civilingenieur Sir William Siemens im Jahre 1883 von der Institution of Civil Engineers zuerkannt." (Howard Quinquennial Price, awarded to Sir William Siemens, F. R. S., Mem. Inst. C. E. by the Institution of Civil Engineers, 1883.)

Der Preis wurde Lady Siemens, ihrem Wunsche gemäss, von dem Vorstande des Vereines übermittelt. Es war ein passendes Sinnbild des tiefen Schmerzes über den herben Verlust ihres Gatten und zugleich ein liebevolles Zeichen des Andenkens des Vereins an den dahingeschiedenen, viel betrauerten Collegen.

Der französische Ingenieur-Verein.

Im Herbste des Jahres 1881 wurde in Paris eine grosse Ausstellung von elektrischen Apparaten abgehalten. Unter diesen nahmen, wie wohl anzunehmen war, die von den Siemens'schen Firmen ausgestellten Apparate wiederum einen hervorragenden Rang ein, und vor Allem war der auf Seite 326 ausführlicher beschriebene elektrische Stahlschmelzofen eine Neuerung, welche die allgemeine Aufmerksamkeit des Publicums auf sich zog.

Wilhelm widmete der Ausstellung geraume Zeit und wurde daselbst als eine der angesehensten Persönlichkeiten gefeiert. Während der Ausstellung nahm die „Société des Ingénieurs Civils" (ein ähnliches Institut, wie das der englischen „Institution of Civil Engineers") die Gelegenheit wahr, zuweilen im Ausstellungsgebäude zusammenzukommen, um die dort vorgezeigten Apparate zu besichtigen und technische und wissenschaftliche Erörterungen darüber zu pflegen.

Auf der ersten dieser Versammlungen, welche am 23. September stattfand, wurde Wilhelm von den Mitgliedern des französischen Institutes mit der Bitte beehrt, den Vorsitz in der Versammlung übernehmen und die Prüfungen und Erörterungen derselben leiten zu wollen. Er sagte bereitwillig zu, und folgendes Protokoll berichtet über die Verhandlungen dieser Sitzung:

„La séance est ouverte à dix heures.

M. Marché (Vice-Président) fait connaître à la Réunion que l'un de nos membres les plus distingués, M. le docteur William Siemens de Londres, présent à Paris, a bien voulu accepter la Présidence Honoraire de cette première séance.

Il ajoute que c'est une bonne fortune pour la Société de faire son entrée à l'Exposition sous le patronage et la direction du savant dont le nom, illustré par lui et les siens, est attaché à tous les progrès réalisés depuis vingt ans en Métallurgie, en Electricité et en Lumière.

M. W. Siemens prend place au fauteuil aux applaudissements de l'auditoire."

Nachdem der Zweck des Besuches und das allgemeine Programm von dem Vice-Präsidenten auseinandergesetzt worden war, hielt Wilhelm eine Ansprache in französischer Sprache. Er sagte:

„Messieurs, grâce à votre aimable invitation, je me trouve dans ce moment dans une position bien honorable pour laquelle je vous offre mes remerciments sincères.

Cette position m'impose pourtant un devoir, que je me sens peu capable de remplir, attendu que ma connaissance de votre langue est trop limitée et que le temps m'a manqué pour préparer un discours, tel que j'aurais voulu vous l'adresser. Aussi, je compte sur votre indulgence que, je l'espère, ira même au delà de votre courtoisie."

Nichts desto weniger gelang es ihm, der Versammlung, wie Einer der Anwesenden sich ausdrückte, eine „brillante Allocution" über die verschiedenen Verwendungsarten der Elektricität zu geben, und er schloss seine Anrede mit den Worten:

„L'énergie électrique s'applique presque partout, et par elle une nouvelle voie s'ouvre à l'ingénieur pour diriger les forces de la nature, dans un sens qui n'était pas connu auparavant; j'ai voulu montrer que nous avons devant nous un travail énorme, mais énormément intéressant à accomplir."

Nach der Ausstellung wurde Wilhelm durch folgenden Brief beehrt:

Ministère des Postes et des Télégraphes,
Cabinet du Ministre,
Paris, le 16. Décembre, 1881.

Monsieur le Docteur,

„Au moment où l'Exposition d'Electricité vient de se terminer, alors que nous allons publier les glorieux travaux du Congrès, le Président de la République Française a tenu à donner un témoignage de sa gratitude à ceux dont le concours lui semble avoir le plus puissament contribué au succès de l'Exposition et du Congrès.

J'ai la satisfaction de vous annoncer que, sur mes propositions, mon collège, M. le Ministre des Affaires Étrangères, Président du Conseil, a fait signer un Décret par lequel vous avez été nommé Officier de l'Ordre National de la Légion d'honneur.

Vous recevrez par la voie diplomatique les brevêts et insignes de l'Ordre.

Croyez que je conserverai un éternel souvenir de nos bonnes et affectueuses relations.

Agréez, Monsieur le Docteur, l'assurance de ma haute considération.

Le Ministre des Postes et des Télégraphes.
Cochery.

Monsieur le Docteur W. Siemens (C. W.), D. C. L., L. L. D., F. R. S., à Londres, Membre du Congrès, de la Maison Siemens Frères et Cie."

Das Birmingham-Midland-Institut.

Am 20. Oktober 1881 wurde ein neuerbauter Flügel des Birmingham- und Midland-Institut in Paradise Street zu Birmingham in Gegenwart einer grossen Versammlung von Gönnern und Wohlthätern der Anstalt, von dem Bürgermeister von Birmingham, Rathsherrn Richard Chamberlain, feierlich eröffnet. Die Feierlichkeit endigte, wie es in England Sitte ist, mit einem Festessen, wobei von dem Vorsitzenden, seinem Bruder, dem Parlamentsmitgliede Herrn Joseph Chamberlain und Anderen Toaste ausgebracht wurden.

Am Abende hielt Wilhelm Siemens, welcher das Amt als Präsident des Institutes vorübergehend angenommen hatte (und der Gast des Herrn Joseph Chamberlain war) einen Vortrag, welcher später unter dem Titel: „Wissenschaft und Industrie" veröffentlicht worden ist und der darin ausgesprochenen hervorragenden praktischen Gesichtspunkte wegen bedeutendes Interesse erregt hat. Da seine Ansprache hauptsächlich an junge Studirende gerichtet war, die, wie er sagte, berufen und beflissen seien, die Wissenschaft mit der Praxis zu verbinden, so beschrieb er die Natur der Ausbildung, welche er für diesen Zweck am geeignetsten hielt, und erklärte die Vorzüge derselben. Der Vortrag war einer der wirksamsten, die er je gehalten hat, und wurde mit grosser Begeisterung entgegengenommen. Derselbe ist hernach noch gedruckt und in Form einer Broschüre weit und breit verbreitet worden und die Stadt Birmingham blickt auf ihn als auf eine Epoche in der Geschichte ihrer Jugenderziehung zurück.

An eine alte Freundin, die Frau eines hervorragenden Künstlers, welche einige Bemerkungen über die Ansprache gemacht hatte, schrieb er in deutscher Sprache folgenden Brief:

Sherwood, den 22. Januar 82.
Sehr verehrte Mrs. Haag.

„Ich danke Ihnen recht herzlich für Ihre freundlichen Bemerkungen über meine Anrede an die Studenten des Midland Instituts!

Mein Zweck war hauptsächlich der jetzigen Tendenz entgegenzutreten, welche die Erziehung von vorne herein auf specielle Gegenstände zu leiten sucht, ohne zu bedenken, dass das Resultat einseitige Routine-Menschen sein wird. Es hat mich aber verwundert, dass meine Ansichten vielseitige Beistimmung gefunden haben, die Arbeit mithin keine ganz verlorene gewesen ist!

Ihre Ansichten, dass eine Verschmelzung von Deutschen und Englischen Eigenthümlichkeiten zu guten Resultaten führen muss, theile ich vollkommen und zweifle nicht, dass Ihre Kinder bei so prächtiger Grundlage den besten Beweis dafür liefern werden! — Es ist mir sehr erfreulich, von Ihnen zu erfahren, dass Ihr lieber Gemahl wohl und frisch bei seiner interessanten Arbeit ist! Die Kunst und die praktische Wissenschaft sind gegenseitig für einander nöthig und durch ihre vereinte Kraft wird der Mensch vielleicht mal dem göttlichen Vorbilde bedeutend näher rücken! . . . ."

Die Dame, an welche dieser Brief gerichtet war, bemerkte später noch:

„Ich, wie so viele Andere, habe in ihm meinen besten Freund in England verloren. In ihm waren grosse geistige Naturgaben mit einem edlen und uneigennützigen Sinne vereinigt. Sein Haus hatte er so zu sagen zum Rendezvous-Platz Alles dessen, was gross in Wissenschaft, Kunst und Literatur war, gemacht. Er beurtheilte die Leute nach ihrem Werthe und hatte für Jeden ein freundliches und mitfühlendes Wort."

Im Jahre 1882 machte Wilhelm der industriellen Abtheilung des Institutes ein Geschenk von 10000 Mark zur Stiftung eines Preises, welcher jährlich an den besten Candidaten in theoretischer und angewandter Mechanik sowie in Raumgeometrie ertheilt werden sollte. In einem darauf bezüglichen Schreiben sagte er:

„Es wird nothwendig sein, eine Preismedaille für diesen Zweck prägen zu lassen, und in Anbetracht, dass ich meine Laufbahn in Birmingham mit galvanischer Vergoldung begonnen habe, dürfte es vielleicht nicht unpassend sein, für diesen Preis eine vergoldete Silbermedaille zu wählen."

Preis für King's College.

Im Jahre 1882 stiftete er ebenfalls einen Preis für King's College in London. Folgender Brief erklärt die Absichten, welche er dabei im Auge hatte:

Den 14. Januar 1882.

An das Schulkollegium des King's College in London.

„Um die Studirenden des King's College anzuspornen, sich tüchtige Kenntnisse in der Metallurgie zu erwerben, beabsichtige ich einen Preis nebst Preismedaille zu stiften, welche jährlich etwa unter den folgenden, mir von Professor Huntington vorgeschlagenen Bedingungen zu ertheilen wären.

1. Die Medaille soll aus Gold im Werthe von zehn Guineen sein und Siemens-Medaille benannt werden; der Preis, ebenfalls im Werthe von zehn Guineen, soll je nach Wunsch des Schülers, welchem die Medaille zuerkannt wird, für Bücher oder Instrumente verausgabt werden.

2. Dass die Lehrzeit sich über einen Zeitraum von drei Jahren erstrecke, und zwar wären die beiden ersten Jahre zu benutzen, um eine Grundlage in den folgenden Lehrfächern zu erlangen: — in der höheren Mathematik, Physik, Mechanik, im mechanischen Zeichnen, in der allgemeinen Chemie (hauptsächlich Vorlesungen), in der Mineralogie, der Geologie, der Constructionslehre und der Maschinenbaukunde.

Das dritte Jahr würde dem besonderen Studium der Metallurgie zu widmen sein.

3. Sollte in irgend einem Jahre kein zum Empfange dieser Preismedaille geeigneter Candidat vorhanden sein, so würden diese 20 Guineen zur Beschaffung von Apparaten und Lehrbüchern für das metallurgische Laboratorium zu verwenden sein.

Sobald ich von Ihnen höre, dass mein Vorschlag Ihren Beifall findet, und dass Sie gewillt sind, die dazu nöthigen Prüfungen zu veranstalten, wird es mir zum Vergnügen gereichen, Ihnen das nöthige Kapital einzuhändigen, um die Medaille prägen zu lassen und um demnächst eine Rente oder Obligationen anzukaufen, welche einen jährlichen Zins von £ 21 abwerfen und bei einem, von Ihnen zu bestimmenden Curator niedergelegt werden sollen. Es ist üblich, wie ich glaube, dass solche Medaillen auf der einen Seite das Bildniss des Stifters tragen; für die andere Seite würde ich ein auf die Metallurgie Bezug habendes Gepräge vorschlagen.

Ich empfehle mich Ihnen etc.

C. W. Siemens."

Es wurde später bestimmt, dass die Verleihung theils von einer Probeabhandlung über irgend einen besonderen metallurgischen Gegenstand, theils von einer schriftlichen Prüfung über das in den metallurgischen Vorlesungen Erlernte, theils von einer wirklichen im Laboratorium ausgeführten Arbeit abhängen solle. Die Medaille wurde von den Herren Wyon geprägt. Dieselbe trug auf der einen Seite den Kopf des Stifters mit der Umschrift: Car. Guil. Siemens: praemium in arte metallurgica. D. D. 1882. Was die Rückseite der Medaille anbelangt, so war Wilhelm's Vorschlag nicht ausgeführt worden; es war vielmehr einfach das Wappen der Anstalt darauf eingeprägt mit der Inschrift: Coll. Reg. Lond.

Die Königliche Commission für Technische Ausbildung.

Am 10. März 1882 wurde Wilhelm als Sachverständiger vor der Königlich Englischen Commission, unter Vorsitz des Mr. Bernhard Samuelson, über technische Ausbildung vernommen. Bei dieser Gelegenheit machte er einige interessante Mittheilungen über seine eigene Ausbildung, welche hier vollständig wiedergegeben zu werden verdienen:

Kapitel VIII.

„Sie haben Ihre technische Ausbildung in Deutschland erhalten? — Ich habe überhaupt alle meine Schulbildung in Deutschland empfangen.

Sie sind aber bereits seit beinahe vierzig Jahren in England ansässig? — Ja wohl, Herr Präsident.

Im Laufe Ihrer Berufsthätigkeit sind Sie vielfach mit Fabrikanten und deren Werkführern und Arbeitern in verschiedenen Industriezweigen in Berührung gekommen? — Gewiss, Herr Präsident.

Wollen Sie uns gefälligst einige dieser Zweige näher bezeichnen? — Ich habe in meinen jüngeren Jahren mit Verbesserungen an Dampfmaschinen zu thun gehabt und bin daher mit Maschinenbauern und deren Arbeitgebern in Berührung gekommen. Darauf wandte ich meine Aufmerksamkeit den verschiedenen praktischen Anwendungen der Wärme zu und kam in Folge dessen mit Eisen-, Stahl-, Glas- und Schmelzarbeitern, sowie mit Handwerkern der verschiedensten Art in Berührung. Dann bin ich während der letzten dreissig Jahre viel mit elektrotechnischen Arbeiten beschäftigt gewesen und habe in dieser Branche mit dem Arbeiter mehr in der Eigenschaft als Arbeitgeber, als in der des Ingenieurs zu thun gehabt, welcher Verbesserungen in bereits bestehende Processe einführt. Ich darf daher wohl sagen, dass ich während meiner ganzen praktischen Laufbahn sehr viel mit Arbeitgebern sowohl, als auch mit Werkführern und Arbeitern in verschiedenen Industriezweigen in Berührung gekommen bin.

Beschränkt sich Ihre Erfahrung auf England allein, oder erstreckt sich dieselbe auch auf andere Länder? — Meine Erfahrung erstreckt sich in nicht unbedeutendem Maasse auch auf Deutschland, Frankreich und die Vereinigten Staaten von Nordamerika, lässt sich jedoch mit meiner hiesigen Erfahrung nicht annähernd vergleichen.

Ehe wir zu der Frage übergehen, worin diese Erfahrung bestehe, belieben Sie uns wohl mitzutheilen, worin Ihre eigene Erziehung und Ausbildung bestanden habe? — Meine Schulbildung mag wohl als eine unregelmässige bezeichnet werden. Ich war ursprünglich zum Kaufmann bestimmt und habe in meinen ersten Jugendjahren eine allgemeine, aber begrenzte Schulbildung genossen.

Eine klassische oder theilweise klassische und theilweise technische Ausbildung? — Im Anfange eine theilweise klassische Ausbildung. Darauf wurde ich auf eine technische Schule, die Gewerbeschule in Magdeburg, geschickt; später besuchte ich noch in Folge eines Aktes der Empörung gegen meine Vormünder*), wie ich es wohl nennen darf — meine Eltern waren damals schon gestorben — mit

---

*) Siehe Anmerkung auf Seite 27.

sehr geringen Mitteln die Universität in Göttingen, um mir dort eine allgemeinere Ausbildung zu verschaffen, und da lernte ich auch die Wissenschaft lieb gewinnen und beschloss, mir meinen eigenen Weg im Leben zu bahnen.

Unter welchen Professoren haben Sie in Göttingen studirt? — Ich studirte Chemie unter Professor Wöhler, Geologie unter Hausmann und Naturwissenschaft unter Himly und Listing, welche gerade damals als Professoren zur Universität Göttingen berufen worden waren. Mein mathematischer Lehrer war Stern. Nachher arbeitete ich noch eine kurze Zeit in dem magnetischen Observatorium von Wilhelm Weber, welcher jedoch damals in Göttingen keine Vorlesungen hielt. Ich wurde nur zugelassen, um bei den magnetischen Beobachtungen behülflich zu sein.

Wie alt waren Sie damals? — Achtzehn Jahre alt.

Ihre Ausbildung unterschied sich von der gewöhnlichen Ausbildung eines deutschen Technikers? — Jawohl, Herr Präsident."

Wilhelm's Verhör vor der Commission war sehr lang und ausführlich. Er wurde offenbar als eine hohe Autorität behandelt und er legte seine Ansichten in ausführlicherer und umfassenderer Weise dar, als er sonst in seinen Anreden zu thun pflegte.

Vortrag über „Vergeudung".

Im Oktober 1882 folgte Wilhelm einer Einladung, in Coventry die Preise an die wissenschaftlichen Klassen zu vertheilen, bei welcher Gelegenheit er einen Vortrag unter dem eigenthümlichen Titel „Vergeudung" hielt. Er hatte, seiner Gewohnheit gemäss, das Thema, worüber er sprechen wollte, ziemlich ausführlich schriftlich ausgearbeitet, fand aber, als die Zeit zum Beginne seines Vortrages herangekommen war, dass er durch ein Versehen, wie es bei ihm höchst selten war, seine Notizen im Hôtel zurückgelassen hatte. Er wollte jedoch die Versammlung darum nicht warten lassen und hielt seinen Vortrag daher aus dem Stegreife. Derselbe ist von einem Berichterstatter stenographisch niedergeschrieben und in einem Artikel im Coventry Herald and Free Press veröffentlicht worden; Wilhelm wurden von diesem Artikel einige Separatabdrücke eingehändigt. Den Vortrag hat man in England nicht weiter beachtet; derselbe wurde jedoch übersetzt und in Deutschland nochmals veröffentlicht, wo die Neuheit desselben und der darin kundgegebene Scharfsinn bedeutendes Aufsehen erregten. Derselbe findet sich unter seinen gesammelten Schriften.

Stadtgilden.

Am 14. December 1882 übernahm Wilhelm, auf Ansuchen des „City and Guilds of London Institute", die Vertheilung der Preise und Zeugnisse an die Studirenden der technischen Hochschule dieses Institutes und nahm in der bei dieser Gelegenheit gehaltenen Anrede Veranlassung, einige allgemeine Bemerkungen über die Verfassung der Londoner Gilden zu machen und sie mit derjenigen der alten deutschen Zünfte, mit welchen er sich während seiner Schulzeit in Lübeck wohl bekannt gemacht hatte, zu vergleichen. (Siehe Kapitel III, Seite 20).

Häusliches Leben.

Im Anfange des Jahres 1880 finden wir Wilhelm mit seiner Gemahlin in Neapel, von wo aus sie viele Ausflüge nach den bekannten interessanten Orten in der Umgegend machten. Das Museum interessirte sie vor Allem, und Wilhelm hatte das Glück, eine prachtvolle Vase, welche kurz vorher in der Gegend von Ancona aufgefunden worden war, und von welcher angenommen wurde, dass sie aus einer Zeit 400 Jahre vor Christi Geburt herdatire, in seinen Besitz zu bekommen. Dieselbe steht heute in der Vorhalle des Wohnhauses in Sherwood. Liebe zum Schönen war ein besonderer Zug in Wilhelms Charakter, und die Bilder, Sculpturen und Verzierungen in seinen Häusern legten ein untrügliches Zeugniss von seinem feinen Geschmack in Kunstsachen ab.

Im Februar 1880 wurde Wilhelm zum ausländischen Mitgliede der Akademie der Wissenschaften in Stockholm erwählt.

Am 4. August 1880 verliess Carl Siemens mit seiner Familie England, um sich wiederum in St. Petersburg niederzulassen. Es fiel Wilhelm und seiner Gemahlin überaus schwer, sich von denen, mit welchen sie elf Jahre lang ein glückliches und vereinigtes Familienleben geführt hatten, zu trennen.

Am 23. August begaben sie·sich nach Düsseldorf, wo damals das British Iron and Steel Institute zusammenkam. Dort verlebte man eine höchst angenehme Zeit; man kam den Mitgliedern des Institutes überall mit der grössten Aufmerksamkeit und Gastfreundschaft entgegen. Der Ruf der Gebrüder Siemens war ihnen längst dorthin vorangegangen, und bei einem im Rathhause von Düsseldorf veranstalteten Festmahle wurde auf die Gesundheit von Werner und Wilhelm Siemens mit allgemeiner Begeisterung getrunken.

Am 18. September fand abermals eine zahlreiche Zusammenkunft der im Kapitel II (Seite 17) erwähnten Siemens-Stiftung in Goslar im Harzgebirge statt. Dieselbe war insofern bemerkenswerth, weil diesmal fast alle dabei interessirten Mitglieder eines jeden Alters und Standes, 63 an der Zahl, zugegen waren, ein sehr seltenes Ereigniss.

Am 18. Oktober hielt Wilhelm vor der Young Men's Societies' Union im Schulsaale der presbyterianischen Kirche in Marylebone einen Vortrag über „die Naturkräfte und deren Nutzbarmachung" mit Illustrationen. Eine Copie dieses Vortrages ist nicht aufbewahrt worden; man erinnert sich jedoch, dass die Beschreibungen und Illustrationen dem mit dem behandelten Gegenstande unbekannten Auditorium ganz besonders angepasst waren. Wilhelm liess sich nie Zeit noch Mühe verdriessen, wo er glaubte, dem jugendlichen Geiste ein neues Wirkungsfeld zum selbstständigen Arbeiten und Weiterforschen eröffnen zu können.

Im November 1880 machte er dem Universitätsmuseum in Oxford ein bedeutendes Geschenk. Während der Arbeiten, welche mit dem Bau des indo-europäischen Telegraphen im Zusammenhange standen, war eine werthvolle Sammlung griechischer Alterthümer in seinen Besitz gekommen, darunter ein menschlicher Schädel, viele Silber-Bronze-Sachen und andere Reliquien, die in der Nähe von Kertsch gefunden worden waren. Nachdem er die Sammlung einige Jahre lang selbst aufbewahrt hatte, beschloss er dieselbe an einen Ort zu bringen, wo sie dem Publicum zugänglich sei, und er sandte sie demzufolge an das obengenannte Museum. Er erhielt darauf eine officielle Empfangsanzeige nebst dem folgenden freundlichen Handschreiben des Curators:

Kapitel VIII.

Universitätsmuseum,
Oxford den 20. November 1880.

Sehr geehrter Herr Doctor.

„Ich habe das Vergnügen Sie zu benachrichtigen, dass Ihr Geschenk: die Sammlung griechischer Alterthümer aus Kertsch, richtig und unbeschädigt hier abgeliefert und von den Bevollmächtigten des Museums im Namen der Universität auf's Freudigste und Dankbarste entgegengenommen worden ist.

In der Anlage übersende ich Ihnen die gewöhnliche förmliche Empfangsanzeige mit dem ergebensten Bemerken, dass bei der letzten Versammlung des Curatoriums ein besonderes Dankesvotum an Sie für Ihr werthvolles und freigebiges Geschenk dekretirt und zu Protokoll genommen worden ist.

Mit vorzüglichster Hochachtung
Ihr ganz ergebenster
Henry J. S. Smith.
Verwalter des Museums.

Herrn Dr. C. W. Siemens.
3, Palace Houses. Kensington."

Im Frühjahre 1881 begleitete Wilhelm seine Gemahlin, deren Gesundheit noch nicht so recht wiederhergestellt war, nach Cannes, und da der französische wissenschaftliche Verein im April desselben Jahres seine Versammlung in Algier abhielt, so nahm Wilhelm die Gelegenheit wahr, von Marseille dorthin zu reisen, um den Versammlungen beizuwohnen. Der Aufenthalt daselbst erregte sein grösstes Interesse. Er kehrte sodann mit seiner Gemahlin über Genua und die italienischen Seen zurück und überstieg den Simplon-Pass, welcher, obgleich eben für den Wagenverkehr eröffnet, doch sein winterliches Gewand noch nicht abgelegt hatte.

Bald nach seiner Rückkehr erhielt er von der Zunft der Goldschmiede das folgende ehrende Schreiben:

Goldsmith's Hall, London, E. C.
Den 19. Mai 1881.

Sehr geehrter Herr!

Ich habe die Ehre, Sie zu benachrichtigen, dass Ihnen durch Beschluss des Ausschusses der Goldschmiedezunft die Ehrenmitgliedschaft sowie das Recht zum Tragen der Zunfttracht ohne Entrichtung irgend welcher Gebühren und Eintrittsgelder zuerkannt worden ist.

Ich habe eine Versammlung des Vorstandes (Court of Wardens) auf heute Nachmittag 3 Uhr 45 Minuten zusammenberufen und hoffe, dass es Ihnen genehm sein wird, derselben beizuwohnen, um in die Zunft eingeführt zu werden.

Mit vorzüglichster Hochachtung
Ihr ergebenster
Walter Prideaux.
Sekretär.
Herrn Dr. C. W. Siemens etc. etc."

Am 31. Mai 1881 übernahm Wilhelm den Vorsitz bei einem Gastmahle, welches zum Besten des Pensionsfonds der Eisen-, Stahl- und Metall-Gewerke veranstaltet worden war. Im Verlaufe seiner Anrede theilte er einige Einzelheiten über eine Pensionskasse mit, welche er in seiner eigenen Fabrik eingerichtet hatte, und einige der anwesenden bedeutenden Fabrikanten waren von dem Gehörten so eingenommen, dass sie Siemens baten, Ihnen späterhin an die Hand zu gehen, um ähnliche Fonds in ihren Fabriken einzuführen.

Im November 1881 starb Mrs. Gordon, die Mutter der Frau Siemens, welche lange Zeit ein hochverehrter Gast in Wilhelm's Familie gewesen war, auf dem Landsitze in Sherwood in dem vorgerückten Alter von 94 Jahren. Ein oder zwei Monate darauf starb auch eine alte treue Pflegerin, welche 76 Jahre lang eine werthe Freundin in der Familie Gordon gewesen war und ebenfalls in Sherwood wohnte, im Alter von 96 Jahren.

Am 29. Juni 1882 war Wilhelm Siemens in Dublin, um den ihm von der dortigen Universität zuerkannten Ehrendoktortitel zu empfangen.

Von dort reiste er nach Schottland und traf in Inverness mit seiner Gemahlin und ihrer Schwester zusammen, von wo sie sich dann nach Schloss Dunrobin begaben, um einer Einladung des Herzogs von Sutherland Folge zu leisten. Es war für die Schwestern ein besonderes Vergnügen, Wilhelm die Heimath ihrer Vorfahren zeigen zu können, und da er die alte Familiengruft der Gordons von Carroll in einem etwas verfallenen Zustande vorfand, so suchte er um die Erlaubniss nach, dieselbe repariren und ausschmücken zu dürfen. Er errichtete darauf ein Grabmal, auf welchem, zur grossen Befriedigung der

Familie, späterhin sein eigner Name als der Wiederhersteller der Familiengruft verzeichnet worden ist.

Im August 1882 erhielt Wilhelm den ehrenvollen Auftrag, vor einer auserlesenen Artillerie-Commission über die Fabrikation von schweren Geschützen als Sachverständiger zu berichten; über die während seiner Vernehmung von ihm vorgetragenen Ansichten ist jedoch weiter nichts in die Oeffentlichkeit gelangt.

Nach der Zusammenkunft der British Association in Southampton machten Wilhelm und seine Gemahlin noch mehrere angenehme Besuche in Schottland. Zunächst verweilten sie einige Tage in Dunira bei dem nunmehr verstorbenen Lord Cairns und seiner Familie, darauf in Haddo House, wo sie Lord und Lady Aberdeen's Gäste waren; von dort begaben sie sich zu ihren alten Freunden Sir William and Lady Thomson nach deren Landsitz in der Nähe von Largs.

Am 11. Januar 1883 wurde Wilhelm von der Drechslerzunft mit der Verleihung ihres Meistertitels und der Erlaubniss zum Anlegen der Zunfttracht beehrt. Wenn diese Zunft auch nicht unter die reichen Stadtzünfte gerechnet werden kann, so hat dieselbe sich doch dadurch einen wohlverdienten Namen erworben, dass sie zu den ersten gehört, welche in der neueren Zeit dem praktischen Betriebe der Gewerke, welche sie vertritt, wieder neuen Antrieb und Aufschwung verliehen haben. Im Jahre 1854 setzte diese Zunft Preise für die besten Drechslerarbeiten in Holz, Metall, Elfenbein und anderen Stoffen aus, und seit dem Jahre 1870 sind solche Preise bis zum Betrage von jährlich etwa 2 800 Mark gegeben worden.

Die Drechslerzunft hat auch den Brauch eingeführt, Männer, welche sich durch ihre besondere Tüchtigkeit in der Mechanik hervorgethan haben, zu ihren Ehrenmitgliedern zu ernennen. Vor der hier erwähnten Zeit hatte die Zunft Sir William Armstrong, Sir Joseph Whitworth, Sir Henry Bessemer, Sir Frederick Bramwell, Sir John Brown, Sir Charles Hutton Gregory und andere[*] auf diese Weise ausgezeichnet. Wilhelm Siemens wurde erwählt „in Anerkennung seiner hervorragenden Stellung als In-

---

[*] Zu denen auch der Verfasser dieses Werkes zu gehören die Ehre hat.

genieur, seiner erfolgreichen Verwendung der Naturwissenschaft für werthvolle praktische Zwecke, besonders auf dem Gebiete der Elektricität und der Metallurgie, sowie ferner auch für seine persönliche Unterstützung der technischen Erziehung." Dem hervorragenden Metallurgen Dr. John Percy wurde die nämliche Auszeichnung zu Theil. Bei dieser Gelegenheit wurde ein Schreiben von Sir Henry Bessemer verlesen, worin derselbe behauptete, dass „die Drechslerzunft sich niemals selbst eine grössere Ehre angethan habe, als durch Einverleibung zweier Männer unter die Zahl ihrer Mitglieder, welche sich für die Entwicklung und den Fortschritt der metallurgischen Wissenschaft so ausserordentlich verdient gemacht hätten."

An seinem sechszigsten Geburtstage, am 4. April 1883 erhielt Wilhelm von Herrn Gladstone, dem damaligen Premierminister von England, folgenden Brief:

10, Downing Street, Whitehall.
Den 4. April 1883.
Lieber Herr Doktor!

„Es gereicht mir zum grossen Vergnügen, Ihnen die Mittheilung machen zu dürfen, dass Ihre Majestät mir Erlaubniss ertheilt hat, Sie zur Erhebung in den Ritterstand vorzuschlagen, in Anerkennung Ihrer Verdienste um die Wissenschaft.

In der Hoffnung, dass Ihnen ein solcher Vorschlag genehm sein wird, verbleibe ich
Ihr ergebenster
W. E. Gladstone.
Herrn Dr. C. W. Siemens etc. etc."

Die wirkliche Feierlichkeit ist in dem Hofbericht, datirt: Osborne, den 21. April 1883, folgendermassen beschrieben worden:

„Die Königin hielt gestern in Osborne einen Ministerrath ab.... Nach dem Ministerrath wurden Ihrer Majestät von dem Königlichen Oberhofmeister die folgenden Herren einzeln vorgestellt und empfingen die Ritterwürde, wobei Sir William Harcourt als Staats-Sekretär des Ministeriums des Innern zugegen war:

Die Richter C. B. Butt und A. L. Smith; Dr. C. W. Siemens, Prof. F. A. Abel; die Rathsherren A. Woodiwiss und T. Baker; Richard Henry Wyatt und Henry Darvill.

Als persönliche Adjutanten Ihrer Majestät fungirten: der General the Right Hon. Sir Henry Ponsonby, Ritter des Hosenbandordens, und der Generalmajor Du Plat.

Ihre Königliche Hoheit die Prinzessin Beatrice war ebenfalls während des feierlichen Aktes zugegen."

Die Glückwünsche, welche Sir William und Lady Siemens zugesandt wurden, waren ausserordentlich zahlreich, und es sprach sich darin nicht nur eine grosse Befriedigung über das erfreuliche Ereigniss, sondern auch die allgemeine Ueberzeugung aus, dass die Würdeertheilung höchst angemessen und wohl verdient sei.

Selbst das Londoner humoristische Blatt Punch hat diese Gelegenheit gefeiert, und zwar durch eine hübsche humoristische Skizze von Linley Sambourne, in welcher Wilhelm's Kopf im Innern der Glasglocke einer elektrischen Glühlampe dargestellt ist, welche glänzende Strahlen auswirft, mit der Unterschrift „The Electric Knight-Light."

Nachdem Wilhelm Siemens die Ritterwürde ertheilt worden war, beschlossen die Beamten und Arbeiter der Landore Compagnie, demselben eine illustrirte Beglückwünschungs-Adresse zu überreichen. Einer derselben verfiel nun auf den schönen Gedanken, diese Adresse in ein Kästchen einzuschliessen, welches ein Modell seines bei der Stahlfabrik in Landore verwendeten Regenerativ-Gasofens darstellen sollte. Ein solches Kästchen wurde demgemäss angefertigt; dasselbe war ein genaues Modell. Die Backsteintheile waren in Elfenbein ausgeführt und die Eisentheile aus Siemens'schem Stahle gefertigt. Die Grösse dieses Kästchens beträgt ungefähr 266 Millimeter im Quadrat bei 203 Millimeter Höhe, im Verhältnisse von 1 zu 48 der natürlichen Grösse des Ofens. Auf der einen Seite ist das Landore Stahl-Hüttenwerk abgebildet, auf einer anderen sind allegorische Verzierungen angebracht, welche verschiedene Stahlgegenstände darstellen. Der obere Theil des Kästchens ist zum Abnehmen eingerichtet und bildet den Deckel für den Behälter, welcher das die Adresse enthaltende Pergament aufnimmt.

Die Adresse lautet wie folgt:

An Sir William Siemens etc. etc.

„Wir, die Beamten und Arbeiter der Landore Siemens Steel Company, Limited, nehmen ehrfurchtsvoll diese Gelegenheit wahr, Euer Hochwohlgeboren zur Erhebung zur Ritterwürde, welche Ihre allergnädigste Majestät Ihnen huldvollst zu verleihen geruht haben, unsere innigsten Glückwünsche auszusprechen.

Wir würdigen die Gerechtigkeit dieser ausgezeichneten Anerkennung Ihrer verschiedenartigen wissenschaftlichen Arbeiten, welche so hervorragend zur Entwicklung der industriellen Bedeutung dieses Landes beigetragen haben, und wir bitten Euer Hochwohlgeboren als ein Zeichen unserer Bewunderung diese geringe Gabe entgegennehmen zu wollen, welche wir in die Gestalt eines Modelles des Siemens'schen Regenerativ-Stahlschmelzofens, wie er in Landore im Betrieb ist, eingekleidet haben, wo in Folge Ihrer unermüdlichen Bemühungen so viele Verbesserungen in Ihren werthvollen Stahlfabrikations-Verfahren ausgeführt worden sind, — und zugleich als ein Sinnbild jener besonderen Branche Ihrer Thätigkeit, durch welche wir mit Euer Hochwohlgeboren in innigere Verbindung gebracht worden sind.

Wir würdigen besonders die Angemessenheit dieses jüngsten Zeichens der Königlichen Gunst, in Berücksichtigung der bedeutenden Erfolge, welche durch Ihre Erfindung erzielt worden sind, indem die Stahlmasse, welche bis zum Ende des verflossenen Jahres nach Ihrem Verfahren bereitet worden ist, sich auf mehr als vier Millionen Tonnen beläuft.

Wir überreichen Ihnen diese Gabe aber auch als ein aufrichtiges Zeichen unserer persönlichen vorzüglichsten Hochachtung und Dankbarkeit, in der Hoffnung, dass die göttliche Vorsehung Euer Hochwohlgeboren noch lange erhalten möge, zum Gedeihen der verschiedenen Zweige des menschlichen Wissens und der menschlichen Industrie, welche Ihr Geist bereits so vielfach bereichert hat.

Wir haben das Vergnügen und die Ehre, im Namen der Beamten und Arbeiter zu unterzeichnen,

Euer Hochwohlgeboren

ganz gehorsamste

(Hier folgen fünfzehn Unterschriften der ersten Beamten des Hüttenwerks.)

Landore Siemens Stahlhüttenwerk. 1883."

Das Modell nahm einige Monate für seine Herstellung in Anspruch, da es so viele kleine Einzelheiten enthielt; nachdem es vollendet war, wurden Vorkehrungen getroffen, um dasselbe bei einem zu Ehren Wilhelm's in Landore abzuhaltenden Gastmahle am 17. November 1883 zu überreichen, und die bezüglichen Einladungen demgemäss erlassen.

Ungefähr eine Woche vor dem festgesetzten Tage wurde die Ueberreichung hinausgeschoben und dieselbe hat niemals stattgefunden. Das Modell wurde späterhin der Lady Siemens übersandt und befindet sich augenblicklich unter den werthvollsten Kunstwerken in ihrem Hause zu Sherwood.

Am 27. Juni starb Wilhelm's verehrtester Freund, William Spottiswoode, der damalige Präsident der Royal Society. Folgendes ist ein Auszug aus einem Briefe, welchen Wilhelm kurz nachher an Sir William Thomson geschrieben hat:

Den 29. Juni 1883.

„Ein harter Schlag hat uns Alle durch den Tod von Spottiswoode betroffen. Wenige Männer haben so viele edle Eigenschaften in sich vereinigt und ihre Stellungen so würdig ausgefüllt. Persönlich habe ich in ihm einen hoch verehrten und lieben Freund verloren. Ich war, wenn ich nicht irre, der Erste, welcher den Dechanten von Westminster auf die grossen Ansprüche desselben auf nationale Anerkennung aufmerksam gemacht hat, und es sind bereits Schritte getroffen worden, um seinen irdischen Ueberresten einen Ruheplatz in der Westminster-Abtei zu sichern."

Herr Spottiswoode wurde am 5. Juli in der Abtei bestattet.

Krankheit und Tod.

Wir nähern uns jetzt der letzten traurigen Scene dieses geschäftigen Lebens. Der Rückzug Wilhelm's aus seinem Wirkungskreise war ein sehr plötzlicher und unerwarteter.

Einige seiner nächsten Freunde hatten in der letzten Zeit eine gewisse Niedergeschlagenheit an ihm bemerkt, welcher keinerlei irdischer Kummer oder Sorge zu Grunde liegen konnten; jedoch hatte man keinen Argwohn geschöpft, dass irgend eine Störung in seinem Gesundheitszustand existire, die ärztliche Hülfe erfordere, und es war auch keine Erschlaffung in seiner gewohnten Thätigkeit bemerkbar. Er strengte sich im Gegentheil mehr an als gewöhnlich. Kurz nachdem er seinen Vortrag in der elektrischen Ausstellung in Wien gehalten hatte, sah er sich genöthigt, nach England zurückzukehren, um der Versammlung der British Association in Southport beizuwohnen, wo er am 19. September sein Amt als Präsident des Vereines niederzulegen und Professor Cayley als seinen Nachfolger einzuführen hatte.

Darauf reiste er nach Irland, um mit dem Lord Lieutenant am 28. September in Portrush zur Eröffnung der elektrischen Eisenbahn zusammenzutreffen. Er begab sich von Glasgow nach Belfast, und eine sehr stürmische Ueberfahrt über die irische See, welche er durchzumachen hatte, scheint auf seinen, durch unaufhörliche Thätigkeit und viele lange und ununterbrochene Reisen ohnedies übermüdeten Körper schädlich eingewirkt zu haben und liess ein gewisses unangenehmes Gefühl des Schwindels zurück, woran er auch in früheren Jahren schon zu leiden pflegte, wenn er sich überarbeitet hatte. Jedoch der Erfolg der Eisenbahneröffnung und die Beglückwünschungen seiner Freunde heiterten ihn wieder auf und nach einigen Tagen kehrte er anscheinend wieder vollständig wohl nach Hause zurück.

In England machte er darauf mit seiner Gemahlin noch einige Besuche und reiste sodann zur Wiener Ausstellung zurück, um daselbst seine Pflichten als englischer officieller Vertreter wieder aufzunehmen. Er verblieb bis zum Schlusse der Ausstellung in Wien und trat am 1. November die Heimreise an.

Auch jetzt machten sich noch keine ernstlicheren Krankheitssymptome bemerkbar; es unterliegt jedoch heute kaum einem Zweifel, dass er durch die ungewöhnlich angestrengte Thätigkeit der letzten Monate seine Kraft untergraben hatte. Anstatt, wie es stets seine Gewohnheit gewesen war, eine Herbsterholungsreise anzutreten, um seine geistigen und körperlichen Kräfte auszuruhen und zu stärken, hatte er in diesem Jahre seinem Körper und Geiste grössere Anstrengungen wie gewöhnlich zugemuthet.

Für Montag, den 5. November, war eine Vorstandssitzung der Society of Arts anberaumt worden, und als Vorsitzender derselben hätte Siemens, wenn irgend möglich, zugegen sein müssen. Jedoch schon früh am Morgen dieses Tages liess er an den Sekretär der Society of Arts folgenden Brief schreiben:

Kapitel VIII.

Den 5. November 1883.

Geehrter Herr!

„Sir William Siemens beauftragt mich, Sie zu benachrichtigen, dass er sehr bedaure, nicht im Stande zu sein, der heutigen Vorstandssitzung der Society of Arts beizuwohnen; er hätte eine Angelegenheit von grosser Wichtigkeit dem Ausschusse der Royal Institution zu unterbreiten, deren erste Versammlung ebenfalls heute und zwar um dieselbe Zeit als die Ihrige stattfinden wird.

Hochachtungsvoll

E. F. Bamber."

Als er etwa um fünf Uhr Nachmittags aus dieser Versammlung in Begleitung seines Freundes, des Sir Frederick Bramwell, nach Hause ging und den Hamilton-Platz an der Nordseite von Piccadilly überschreiten wollte, stolperte er über den Rinnstein, welchen er zu spät bemerkt hatte, und fiel heftig auf den Boden, wobei sein linker Arm unter ihn zu liegen kam. Er fühlte jedoch keine ernstliche Verletzung und ging ruhig weiter nach Hause, beachtete seinen Fall auch nicht weiter, als dass er darüber gelacht hat.

Die drei darauf folgenden Tage war er in gewohnter Weise auf seinem Posten im Geschäft, und an einem dieser Tage schrieb er an Sir William Thomson einen Brief, worin von Krankheit keine Rede war, wohl aber von einer Menge von Plänen für die nächstliegende Zukunft, besonders in Bezug auf die Verwirklichung seiner jüngsten Ideen betreffs der rauchlosen Wärmeerzeugung, welche er in Sherwood durcharbeiten wollte.

Am Donnerstage, dem 8. November 1883, erschien Wilhelm zum letzten Male in seinem Büreau und verbrachte den ganzen Morgen damit, seinem Sekretär, Herrn Bamber, einen grossen Theil der Antrittsrede zu diktiren, welche er als Vorsitzender des Vorstandes der Society of Arts an die Versammlung zu richten gedachte. Als er jedoch in der gewohnten Weise nach Hause gehen wollte, fühlte er sich von Schmerz und Athmungsnoth beinahe übermannt und sah sich genöthigt, verschiedene Male im Parke Halt zu machen und auf einem der Sitze auszuruhen.

Am Freitag, den 9. November, blieb er zu Hause. Er war jedoch noch nicht arbeitsunfähig, da er seine Aufmerksamkeit einer Angelegenheit zuwendete, die, wenngleich an und für sich von nur geringer Bedeutung, ihm dennoch einigen Verdruss verursacht hat. Dieselbe bezog sich nämlich auf die Leitung seines Stahlhüttenwerkes in Landore.

Am vorhergehenden Tage hatte er folgenden Brief von einem Freunde aus Bradford in Yorkshire erhalten:

Den 7. November 1883.

Sehr geehrter Sir William!

„Letzte Woche hatten wir eine Besprechung über das Offenhalten der Museen und die Abhaltung unentgeltlicher Vorträge an Sonntagen, und unter Anderem wurde auch Ihr Name dabei erwähnt.

Es wurde angeführt, dass die Arbeiter in Ihrem Hüttenwerke in Swansea die Arbeit eingestellt hätten, weil dieselben an Sonntagen nicht arbeiten wollten, und dass dieselben erst nach elf Wochen die Arbeit in der alten Weise wieder aufgenommen hätten (d. h. nachdem sie sich zunächst mit der Sonntagsarbeit in der früheren Weise wieder einverstanden erklärt hätten). Es wurde ferner behauptet, dass Sie der Vicepräsident oder Mitglied eines Vereines seien, welcher für Sonntagsunterricht Propaganda zu machen suchte.

Würden Sie mir wohl die nöthige Auskunft über diese Angelegenheit zu geben geneigt sein?

Ich möchte noch hinzufügen, dass ich selbst für das Offenhalten der Museen an Sonntagen bin, und würde Ihnen daher sehr dankbar sein, wenn Sie mir die erbetene Auskunft ertheilen wollten. Bitte meine Belästigung entschuldigen zu wollen.

Ihr ergebenster —"

Wilhelm antwortete darauf, wie folgt:

Den 9. November 1883.

Sehr geehrter Herr!

„Auf Ihre gefälligen Anfragen bezüglich meiner persönlichen Ansichten hinsichtlich der Sonntagsarbeit sowie der Art und Weise, wie der Sonntag verbracht werden sollte, habe ich das Vergnügen Folgendes zu erwidern:

Ich habe die grösstmögliche Abneigung gegen die Sonntagsarbeit, und wenn Ihr Referent sich bemühen wollte, dem Landore Stahlhüttenwerk einen Besuch abzustatten, so würde er sich zu seiner vollständigen Befriedigung überzeugen können, dass die Sonntagsarbeit daselbst auf das äusserste Minimum beschränkt ist, sowie dass erst ganz vor Kurzem ein Werkführer der Maschinenbauer entlassen worden ist, weil er des Extra-Lohnes wegen auf Sonntagsarbeit bestanden hatte.

Kapitel VIII.

Die Stahlschmelzöfen und Gebläseöfen kann man jedoch während des Sonntages nicht ausgehen lassen, ohne dadurch so bedeutende Verluste zu verursachen, dass das Werk sehr bald zum Stillstand kommen würde; und es war überhaupt nur ein Vorwand einiger der Arbeiter im vorigen Jahre, dass sie gegen diese unumgänglich nothwendige Sonntagsarbeit auftraten, indem sie dies als Deckmantel für andere Forderungen benutzten. Die Leute waren in der That durch gewerbsmässige Agitatoren aufgewiegelt worden, haben sich aber seitdem eines Besseren besonnen und sind jetzt vollständig zufrieden.

Was nun die Sonntags-Gesellschaft anbelangt, so bin ich der Ansicht, dass deren Bestrebungen sich für die arbeitenden Klassen als erspriesslich erweisen würden und auch mit religiösem Gefühl sich sehr wohl in Einklang bringen liessen. Ich habe deshalb gestattet, dass mein Name als Unterstützer der Bewegung genannt wird, obgleich ich selbst keinen thätigen Antheil an den Verhandlungen der Gesellschaft genommen habe.

Ihr ergebenster
William Siemens."

Früh Morgens am Sonnabend, den 10. November, erwachte Wilhelm mit einem heftigen Schmerz in der Herzgegend und einer gewissen Kälte in den unteren Gliedmassen. Es wurde nach ärztlicher Hülfe gesandt und die angewandten Mittel, warme Bäder und Reibungen, beseitigten den Schmerz. Eine gewisse Congestion der linken Lunge war ebenfalls, jedoch nur vorübergehend, vorhanden; Wilhelm hütete daher zwei oder drei Tage das Zimmer. Er befand sich darauf allem Anscheine nach so viel wohler, dass angeordnet wurde, er solle sich nach seinem Landsitze in Sherwood begeben, wo er, wie man hoffte, die vollständige Ruhe finden würde, welche man für seine Genesung erforderlich hielt.

Am Montag, den 12. November, bestätigte Wilhelm den Empfang des Schreibens, worin ihm die Mittheilung gemacht wurde, dass ihm Seitens der Institution of Civil Engineers der Howard'sche Preis zuerkannt worden sei, worüber wir bereits auf Seite 353 berichtet haben.

In der Zwischenzeit hatte er von seinem Bradforder Correspondenten einige Erklärungen erhalten, und am 14. November diktirte und unterzeichnete er folgende weitere Mittheilung:

3, Palace Houses, Kensington Gardens, W.
Den 14. November 1883.
Sehr geehrter Herr!

„Ich bestätige hiermit den Empfang Ihrer gefälligen weiteren Mittheilung bezüglich der Behauptungen, welche in Ihrer Stadt über mich gemacht worden zu sein scheinen, und die offenbar auf der allerunzureichendsten Kenntniss der Sachlage beruhen.

* * * * *

Es dürfte Sie vielleicht interessiren zu vernehmen, dass einige hundert Arbeiter des Landore Stahlhüttenwerkes mich, den Vorsitzenden ihres Direktoriums, zu einem öffentlichen Gastmahle eingeladen haben, welches auf den 17. dieses Monats festgesetzt war, um mir, wie ich glaube, ein schönes Modell eben desselben Stahlofens zu überreichen, den man nicht wie ein Küchenfeuer jeden Sonntag ausgehen lassen kann, der dagegen auf der anderen Seite ungefähr 2000 Familien der Umgegend ihr tägliches Brod gewährt.

Ein unbedeutender Unfall macht es mir leider unmöglich, am 17. dieses Monats zugegen zu sein, und das Festmahl ist daher auf den 1. December vertagt worden. An demselben werden, wenn ich richtig unterrichtet bin, die Parlamentsmitglieder und andere Honoratioren des Bezirkes theilnehmen, und wird mir dadurch eine ausgezeichnete Gelegenheit geboten werden, meine eigene Sache vor den angeblich gekränkten Parteien, welche bei dieser Gelegenheit meine Wirthe sein werden, und vor Männern mit besserer Einsicht zu vertheidigen.

Es ist mir angenehm zu hören, dass Sie persönlich mit den Sonntags-Vorlesungen einverstanden sind, und ich bedaure nur, dass ich durch meine vielen anderen Arbeiten verhindert bin, der Sache die aufrichtigste Unterstützung, die sie verdient, angedeihen zu lassen.

Die anliegende Eintrittskarte wird Sie in den Stand setzen, den Charakter des in Aussicht genommenen Festes besser zu beurtheilen.

Ihr ergebenster
William Siemens[*].“

Dies war der letzte geschäftliche Akt, welchen Wilhelm vollzogen hat. An demselben Tage scheint er sich eine Erkältung zugezogen zu haben, welche seine Lungen angriff; denn in der Nacht hatte er Athmungsbeschwerden und obgleich er nicht

---

[*] Diese Correspondenz ist im „Bradford Observer" vom 20. December 1883 veröffentlicht worden.

geradezu ans Bett gefesselt war, so hat er doch das Zimmer nicht wieder verlassen.

Jedoch selbst damals befürchtete man noch nicht das Schlimmste, da zwei Aerzte, welche erst am Nachmittag des 19. November eine Consultation gehabt hatten, seinen Zustand als hoffnungsvoll erklärt hatten.

Darauf verblieb Wilhelm vier Stunden lang in einem ruhigen Zustande; gegen neun Uhr Abends jedoch, als er in seinem Lehnstuhle sass, machte sich plötzlich eine Veränderung an ihm bemerkbar, und ruhig und friedlich, als wolle er einschlafen, hauchte Wilhelm Siemens seinen Geist aus.

Eine nachherige Untersuchung ergab, dass er schon seit Jahren an einer gefährlichen Herzkrankheit gelitten habe, und dass dieselbe durch das in Folge des Falles herbeigeführte Platzen eines kleinen Blutgefässes an Ausdehnung und Gefährlichkeit gewonnen hatte. Er hätte aber so wie so nicht lange mehr zu leben gehabt, und es war zu verwundern, dass die Krankheit nicht schon früher sein Allgemeinbefinden nachtheilig beeinflusst hatte.

Kapitel IX.

Anerkennung.

Beileidsbezeugungen. — Telegraphische Depeschen von Königlichen Persönlichkeiten. — Begräbnissfeierlichkeit in der Westminster-Abtei. — Gedenkfenster. — Lobrede von Sir Frederick Bramwell. — Todesberichte. — Beschlüsse gelehrter Gesellschaften. — Zeitungsnachrichten. — Vorträge und Ansprachen. — Besondere Charakterzüge.

Die Nachricht von Wilhelm Siemens' Tode hat allgemeines Mitgefühl erregt; die erste Folge waren die Beileidsbezeugungen den hinterlassenen Verwandten gegenüber.

Werner Siemens erhielt folgende telegraphische Depeschen:

Von Ihrer Majestät der deutschen Kaiserin und Königin von Preussen:

Geh. Regierungsrath Dr. Siemens,
Markgrafenstrasse 94.

„Ihre Majestät die Kaiserin und Königin lassen Ew. Hochwohlgeboren Ihr aufrichtiges Beileid an dem beklagenswerthen Ableben des Sir William Siemens, und die vollste Trauer über diesen grossen Verlust ausdrücken.

Kabinetssekretär Ihrer Majestät,
(Gez.) von dem Knesebeck."

Von Seiner Königlichen Hoheit, dem Prinzen Wilhelm von Preussen:

„Se. Königl. Hoheit Prinz Wilhelm von Preussen beauftragt mich, Ihnen seine besondere und herzliche Theilnahme mit dem Verlust auszusprechen, welchen Sie durch das Hinscheiden Ihres Bruders erlitten haben.

Im höchsten Auftrag
(Gez.) Hauptmann von Bülow.
Persönlicher Adjutant.
Potsdam, Marmorpalais.
Den 21. November 1883."

Der österreichische Kronprinz telegraphirte an Lady Siemens, wie folgt:

„Genehmigen Sie den Ausdruck schmerzlichster Theilnahme eines warmen Verehrers Ihres verewigten Gatten.

Rudolf."

Das Begräbniss.

Nachdem die Trauerkunde vom Tode Wilhelm Siemens' am Morgen des 20. November in Westminster bekannt geworden war, machte sich sofort die Ansicht geltend, dass man der hohen Anerkennung, welche England einem Manne schulde, der, obgleich Ausländer von Geburt, die reichen Früchte seines erfinderischen Genies zum Heile und Segen des von ihm adoptirten Landes verwerthet hatte, auch öffentlich Ausdruck verleihen müsse.

Die einflussreichen Vorstandsmitglieder der beiden Institute, mit welchen Wilhelm in innigster Verbindung gestanden hatte, nämlich der „Institution of Civil Engineers" und der „Society of Arts", ergriffen in dieser Angelegenheit die Initiative, und am Mittwoch Morgen, dem 21. November, wurde folgendes Schreiben an den Dechanten von Westminster gerichtet:

The Institution of Civil Engineers.
25, Gr. George Street, S. W.
Den 21. November 1883.

Seiner Hochwürden, dem Dechanten von Westminster.

Hochwürdiger Herr!

„Ich bin von dem Vorstande der Institution of Civil Engineers ersucht worden, Euer Hochwürden von dem grossen Verluste in Kenntniss zu setzen, welchen die Welt durch das Ableben des Sir William Siemens erlitten hat.

Seine ausnahmsweise hervorragenden geistigen Fähigkeiten haben ihm einen weltberühmten Namen erworben. Seine Errungenschaften in vielen Zweigen der Wissenschaft und in den praktischen Anwendungen derselben waren so verschiedener Natur, dass er das Amt des Präsidenten in der „British Association", der „Institution of Mechanical Engineers", dem „Iron and Steel Institute" und der „Society of Telegraph Engineers" bekleidet hat. Sir William hat seit vielen Jahren unserem Institute angehört, dessen Vorstandsmitglied er war. Von den Herrschern fremder Länder, von ausländischen Akademien sowie von den Universitäten unseres Landes mit Ehren und Auszeichnungen überhäuft, ist ihm kürzlich noch ein besonderes Zeichen Königlicher Gunst als Anerkennung seiner hohen Verdienste huldvollst zu Theil geworden.

Unter diesen Umständen wagt der Vorstand unseres Institutes sich der vertrauensvollen Hoffnung hinzugeben, dass Euer Hochwürden es für geziemend erachten werden, den irdischen Ueberresten des Sir William Siemens eine Ruhestätte in der ehrwürdigen Abtei, welcher Sie vorstehen, zu gestatten.

In tiefster Ehrfurcht zeichnet
Euer Hochwürden
gehorsamster Diener
James Brunlees,
Präsident der Institution of Civil Engineers."

Am Nachmittage desselben Tages traf folgende Antwort ein:

Dechanei, Westminster, S. W.
Am 21. November 1883.

Sehr geehrter Herr!

„Ich bedaure unendlich, dass aus dem Grunde, weil ich heute Nachmittag zwei wichtigen Versammlungen beizuwohnen hatte, ein Verzug in dem Empfange sowie in der Beantwortung des mir vorliegenden Gesuches entstanden ist.

Ich möchte jedoch sogleich bemerken, dass, noch ehe mir eine direkte Mittheilung von irgend einer Seite zugegangen war, die Frage, worauf Ihr Gesuch sich bezieht, der reiflichsten Erwägung unterzogen worden ist.

Was die Ansprüche des dahingeschiedenen, tief betrauerten Sir William Siemens auf eine National-Anerkennung, sowohl auf Grund seiner wissenschaftlichen Errungenschaften, als auch wegen seiner hohen Verdienste um die Wohlfahrt der Menschheit im Allgemeinen anbelangt, so dürfte darüber, meines Erachtens, wohl kein Zweifel herrschen.

Was aber die besondere Art anbetrifft, das Andenken des Verstorbenen durch Bestattung seiner irdischen Ueberreste in der Abtei zu ehren, so sehe ich mich mit dem grössten Bedauern in die unangenehme Lage versetzt, dem in dem Gesuche ausgesprochenen Wunsche nicht nachkommen zu können.

Jüngst angestellte Untersuchungen haben mich nämlich zu der Ueberzeugung gebracht, dass der für solche Zwecke dem jetzigen Hüter der Abtei sowie auch seinen Nachfolgern im Innern derselben noch zur Verfügung stehende Raum ganz ausserordentlich beschränkt ist. Es ist daher unbedingt nothwendig geworden, Beerdigungen in der Abtei nur in den seltensten und, soweit menschliches Urtheil in Betracht zu ziehen ist, in absoluten Ausnahmefällen stattfinden zu lassen.

Ich möchte mit meiner Ansicht nicht vorgreifen in Bezug auf andere Wege, die eingeschlagen werden könnten, um das Andenken eines Mannes zu ehren, dessen hervorragende Ansprüche auf besondere Auszeichnung, wie ich aus dem mir vorliegenden Gesuche zu meiner grössten Freude ersehe, während seiner Lebenszeit so allgemein und dankbar anerkannt worden sind.

Mit ausgezeichneter Hochachtung
zeichnet
Ihr ergebenster
G. G. Bradley.

An den Herrn Präsidenten der Institution of Civil Engineers."

Der Dechant führte ferner noch mündlich aus, dass seiner Zeit, bei den Vorbereitungen zum Begräbnisse des Mr. Spottiswoode (des Präsidenten der Royal Society, welcher am 5. Juli in der Abtei beigesetzt worden war), der ausserordentlich beschränkte Raum, der nunmehr für solche Zwecke zur Verfügung stände, einen höchst peinlichen Eindruck auf ihn gemacht habe, und er sei damals zu der Ueberzeugung gekommen, dass dieser Raum für die Zukunft auf das Gewissenhafteste und Aengstlichste gehütet werden müsse.

Er erklärte jedoch zugleich seine Bereitwilligkeit, den Wünschen der Bittsteller nach Kräften entgegenzukommen, und er liess durchblicken, dass er durchaus nicht abgeneigt sei, die Frage in Erwägung zu ziehen, eine Büste oder ein anderes Denkmal in der Kirche zu errichten, oder selbst den Haupttheil des Trauergottesdienstes daselbst abzuhalten, im Falle ein derartiger Vorschlag von einflussreicher Seite und zwar besonders von solchen Personen, die mit dem Ingenieurstande nichts zu thun hätten, Befürwortung finden sollte.

Auf Grund dieses Zugeständnisses beschlossen die Institute, ein förmliches Gesuch um eine öffentliche Anerkennung der grossen wissenschaftlichen Errungenschaften Wilhelm Siemens' durch Abhaltung der Begräbnissfeier in der Westminster-Abtei zu unterbreiten, welches sie am Donnerstag einhändigten, von folgendem Begleitschreiben unterstützt:

Seiner Hochwürden, dem Dechanten von Westminster.

„Wir, die Endesunterzeichneten, beabsichtigen hiermit das Gesuch, welches, wie uns mitgetheilt worden ist, Euer Hochwürden von dem Vorstande der Institution of Civil Engineers und anderen öffentlichen Gesellschaften unterbreitet worden ist, und worin die Ansprüche zur Abhaltung der Begräbnissfeier des verstorbenen Sir William Siemens in der Westminster-Abtei nachdrücklich geltend gemacht werden, auf's Wärmste zu befürworten."

Obiges Schreiben erhielt noch im Laufe des Tages die Unterschriften einer grossen Anzahl hervorragender Persönlichkeiten. Obenan auf der Liste befand sich die Unterschrift Seiner Königlichen Hoheit des Prinzen von Wales selbst, dann folgten die Namen des Marquis of Hartington, des Viscount Cranbrook, des Lord Bramwell, Lord Alfred Curchill, Sir Rutherford Alcock, Sir John Lubbock, des Präsidenten und anderer Vorstandsmitglieder der Royal Society, des Sir Joseph Hooker, Sir Frederick Leighton, des Professors Richard Owen, des Königlichen Astronomen, des Archidiaconus Farrar und viele andere wohlbekannte Namen.

Der Dechant war mit dieser Unterstützung vollständig zufriedengestellt und genehmigte in Folge dessen das Gesuch.

Das Begräbniss fand am Montag den 26. November statt. Die Verwandten und Freunde des Dahingeschiedenen und seiner trauernden Gemahlin kamen im Trauerhause in Palace Houses zusammen, von wo der Sarg in einem offenen Begräbnisswagen nach der Westminster-Abtei fuhr, zu beiden Seiten geleitet von den Hauptleidträgern und einigen besonders vertrauten Freunden.

In der Zwischenzeit versammelten sich hervorragende Staatsbeamte sowie die Vertreter der wissenschaftlichen Vereine in der sogenannten Jerusalem Chamber oder in der Abtei. In dem Sacrarium und in den Kreuzflügeln waren den Mitgliedern der Vereine, welche nicht in officieller Eigenschaft zugegen waren, Plätze angewiesen worden, während die Sitze im Chor und unter dem Thurme für Präsidenten, Vicepräsidenten, Vorstandsmitglieder und Officianten der Vereine, welche zur Trauerfeier geladen waren, reservirt gehalten wurden. Die alterthümliche, mit gewirkten Tapeten ausgeschmückte Kammer, welche schon häufig der Schauplatz solcher traurigen Zusammenkünfte gewesen ist, war angefüllt oder vielmehr überfüllt mit den vielen warmen Freunden, welche dem Dahingeschiedenen sein edler und heiterer Charakter nicht nur unter seinen Berufsgenossen, sondern auch unter Männern, deren Berufsthätigkeit von der seinigen gänzlich verschieden war, erworben hatte.

Der Prinz von Wales liess sich von einem seiner Kammerherren, Mr. Andrew Cockerill, vertreten; der deutsche Botschafter, Graf Münster, war zugegen; von den anderen, welche der Begräbnissfeier beiwohnten, nennen wir: den Finanzminister Mr. Childers, den Minister der öffentlichen Arbeiten Mr. Shaw Lefevre, Lord Bramwell, Lord Claud Hamilton, den Curator der Royal Academy Mr. F. R. Pickersgill in Vertretung des Präsidenten Sir F. Leighton, Sir Theodore Martin und andere hervorragende Persönlichkeiten.

Folgen wir den wissenschaftlichen Vereinen und deren Vertretern, wie sie sich bei dem feierlichen Leichenzuge aneinander reihten, so waren da als Sargtuchhalter: Professor Huxley, der Präsident der Royal Society; Sir Frederick Bramwell, der Vorgänger Wilhelm Siemens' in dem Amte als Vorsitzender des Vorstandes der Society of Arts; Mr. (jetzt Sir) James Brunlees, der Präsident der Institution of Civil Engineers; Mr. Percy Westmacott, der Präsident der Institution of Mechanical Engineers; Professor Sir William Thomson für die British Association; Professor Tyndall für die Royal Institution; Mr. Willoughby Smith, der Präsident der Society of Telegraph Engineers and Electricians, und Sir James Ramsden als Vertreter des Iron and Steel Institute.

Diese Gesellschaften waren ausserdem noch von anderen ihrer Beamten und Vorstandsmitglieder vertreten, darunter einige der hervorragendsten Männer der Wissenschaft und der bedeutendsten Ingenieure unserer Zeit. Officiell zugegen waren ferner Vertreter der Royal Astronomical Society, der Royal Institution of British Architects, der Chemical Society, der Royal Meteorological Society, der Institution of Naval Architects, der Society of Engineers, der Geological Society, der Society of Chemical Industry, der Physical Society und des Deutschen Athenaeums.

Die in der Jerusalem Chamber Versammelten bildeten sodann einen langen Zug, welcher am Westminster Schulsaale vorbeizog und am Eingange des Dean's Yard (Dechanthofes) die Hauptleidtragenden empfing und von da aus in der vorher angewiesenen Reihenfolge dem Sarge durch den Säulengang nach dem an der Südseite der Abtei gelegenen Canon's door (Stiftsherren-Portale) folgte. Als die Träger mit dem Sarge in die Abtei eintraten, begannen die Choristen die Eröffnungsgesänge des Trauergottesdienstes und führten singend die Procession nach der Mitte des Schiffes bis zum Chor. Von der Geistlichkeit waren zugegen: der Dechant, der Archidiaconus Farrar, die Stiftsherren Prothero, Duckworth und Rowsell, der Vorsänger Flood Jones und die Unter-Canonici J. H. Cheadle und E. Price.

Das mit goldenen Fransen besetzte schwarz und weisse Leichentuch war über dem einen Ende des Sarges zurückgeschlagen, um die weit kostbarere Blumenlast, welche den Deckel des Sarges bedeckte, nicht zu beschädigen. Viele dieser Liebesgaben waren aus weiter Ferne hergekommen. Der Graf und die Gräfin von Aberdeen hatten einen Kranz gesandt; ein Palmwedel kam von der Fabrik der Herren Siemens und Halske in Berlin, andere von denen in Woolwich und Westminster, und fast jedes Land in Europa hatte Kränze zum Begräbnisse gesandt.

Der Chorgesang war von Dr. J. F. Bridge für Darwin's Begräbniss componirt worden und lautete folgendermaassen:

„Happy is the man that findeth wisdom and getteth understanding.

She is more precious than rubies, and all things thou canst desire are not to be compared unto her.

Length of days is in her right hand, and in her left hand riches and honour.

Her ways are ways of pleasantness, and all her paths are peace."*)

Nach Verlesung des Bibeltextes von Seiten des Dechanten wurde eine Hymne (No. 401 „Hymns ancient and modern") gesungen, welche mit den Worten begann: „Now the labourer's task is o'er",**) und nachdem der Dechant darauf den Segen über den Todten ausgesprochen hatte, wurde der Sarg unter den Klängen der Orgel, welche „den Trauermarsch aus Saul" spielte, durch das Portal des nördlichen Seitenschiffes aus der Abtei getragen.

Es schien, als ob der bedeutendere Theil der grossen Versammlung sich erst auf dem Wege nach dem Friedhofe in Kensal Green dem Leichenzuge angeschlossen habe, denn von keinem Punkte auf der Strecke konnte man die ganze Länge der Wagenreihe überblicken. Die ersten Beamten von Westminster und Woolwich sowohl, als auch eine Deputation von Berlin folgten. Auf dem Kirchhofe waren auch viele Arbeiter aus der Telegraphenbau-Anstalt zugegen.

Das Grab war dicht neben demjenigen aufgeworfen worden, in welches wenige Jahre vorher die Mutter der Lady Siemens zur letzten Ruhe gebettet worden war. Das Kopfende des Grabes war von einer Gras- und Blumenbank bis auf Brusthöhe umgeben, und die Seiten desselben waren durch die Menge von Blumen und Farnkrautzweigen ganz verdeckt.

Die Grabrede und Gebete wurden von dem Prediger H. R. Haweis gesprochen.

---

*) Wohl dem Menschen, der Weisheit findet, und dem Menschen, der Verstand bekommt.
Sie ist edler, denn Perlen, und alles, was du wünschen magst, ist ihr nicht zu gleichen.
Langes Leben ist zu ihrer rechten Hand, zu ihrer Linken ist Reichthum und Ehre.
Ihre Wege sind liebliche Wege, und alle ihre Steige sind Friede."
(Sprüche Salomonis Kap. 3, V. 13, 15—17 nach Luther's Uebersetzung.)
**) „Des Arbeiters Tagewerk ist nun vollbracht."

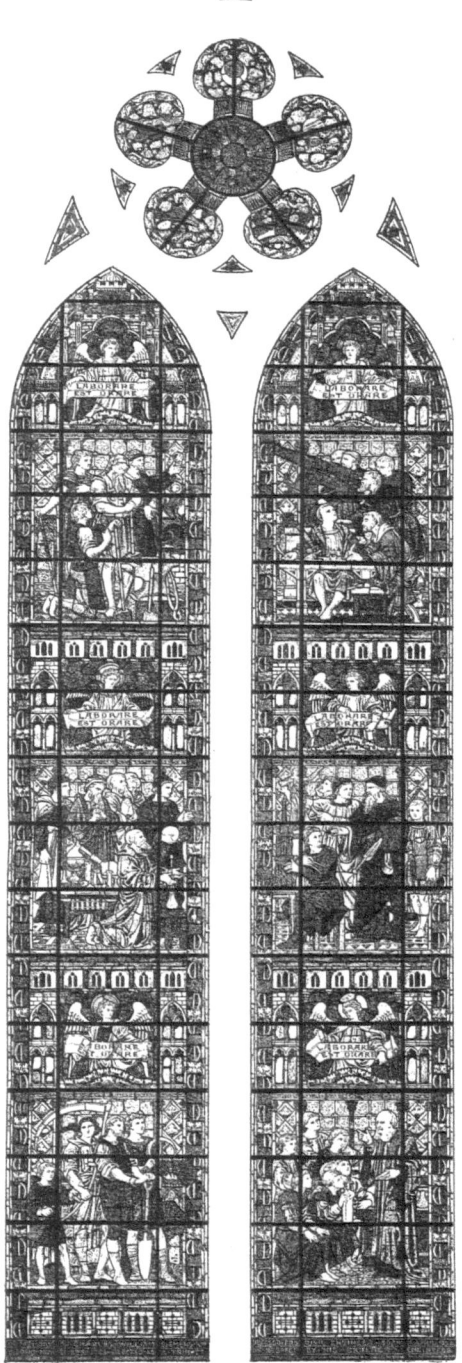

DAS ZUM ANDENKEN AN WILHELM SIEMENS
GESTIFTETE FENSTER IN DER WESTMINSTER-ABTEI.

Die Inschrift am Sarge lautete einfach:

C. William Siemens,
Died 19. November 1883,
Aged 60 Years*)

Es war ein rührender und doch würdiger Abschluss dieser Scene, als sein Bruder Werner, der sein älterer Spielgenosse in der Kindheit, sein wohlwollender Vormund im Jünglingsalter und sein treuer und liebevoller Freund während seines ganzen Lebens gewesen war, sich traurig von seinem Grabe abwandte und zu einem neben ihm gehenden Verwandten in die Worte ausbrach:

„Nun das ist vollendet! ein so volles Leben! ein so schöner Tod! und eine solche Anerkennung!
Ich könnte ihn beneiden!"

Das Wort „Anerkennung", hier in so nachdrücklicher Weise gebraucht, bildet einen passenden Titel für dieses letzte Kapitel, das bestimmt ist, die vielen Beweise der Achtung, welche man dem Charakter und den Verdiensten Wilhelm Siemens' freiwillig darbrachte, sowie die öffentlichen Anerkenntnisse der Wohlthaten, welche die Welt diesem Manne verdankte, zusammenzufassen.

Ueber dem Grabe wurde späterhin ein einfaches Denkmal errichtet, welches ein ausgezeichnetes Medaillonportrait Wilhelm's von dem Bildhauer Bruce Joy trägt.

Gedenkfenster.

Die weitere Anregung des Dechanten von Westminster, dass eine Büste oder ein anderes Denkmal in der Abtei errichtet werden könnte, wurde nicht vergessen.

Die „Institution of Civil Engineers" stellte sich auch hier wieder an die Spitze. Der Vorstand glaubte der Mitwirkung verwandter Vereine zur Errichtung eines „Ingenieur-Denkmals" für Wilhelm Siemens sicher zu sein und leitete daher die diesbezüglichen Unterhandlungen mit einer Anfrage an den Dechanten

---

*) C. William Siemens,
Gestorben am 19. November 1883,
im Alter von 60 Jahren.

ein, ob es den Behörden der Abtei genehm sein würde, wenn ein Gedenkfenster in derselben eingesetzt würde.

Nachdem hierauf eine bejahende Antwort ertheilt worden war, wurden die Vorstände, die ehemaligen Präsidenten und Officianten der folgenden Vereine, nämlich: der Institution of Civil Engineers, der Institution of Mechanical Engineers, der Institution of Naval Architects, des Iron and Steel Institute und der Society of Telegraph Engineers and Electricians zu einer Versammlung eingeladen, deren Zweck es sein sollte, „die nöthigen Schritte zur Errichtung eines Ingenieur-Denkmals zu Ehren des verstorbenen Wilhelm Siemens zu berathen."

Die Versammlung wurde am 28. Juni 1884 unter dem Vorsitze des Präsidenten der Institution of Civil Engineers abgehalten. Es wurde der Beschluss gefasst, ein solches Denkmal zu errichten, und bestimmt, dass die Höhe der Beiträge (welche ausschliesslich von den Mitgliedern der genannten Vereine aufgebracht werden sollten) 20 Mk. nicht übersteigen sollte. Die Kosten wurden auf 14000 bis 16000 M. veranschlagt und ein Comité mit der Sammlung der Unterschriften und Ausführung des Beschlusses betraut.

Dasselbe setzte sich mit dem Architecten der Abtei, Herrn J. Pearson, und mit den Künstlern Clayton und Bell in Verbindung, welchen nach erfolgter Genehmigung der Zeichnung seitens des Dechanten die Ausführung des Werkes übertragen wurde. Dasselbe wurde im November 1885 vollendet und eingesetzt.

Als Tag der Enthüllungsfeier hatte man den zweiten Jahrestag der Beerdigung, den 26. November, Nachmittags zwei Uhr festgesetzt.

Die Stifter des Denkmals und andere Freunde, welche zur Feierlichkeit geladen waren, versammelten sich in der Jerusalem Chamber, wo sie von den Behörden der Abtei empfangen wurden. Ausser verschiedenen Verwandten und Bekannten Wilhelm's und seiner Gemahlin hatten sich zahlreiche Vertreter der Vereine, welche sich an der Errichtung des Denkmals betheiligt hatten, unter Leitung von Sir Frederick Bramwell, dem Präsidenten der Institution of Civil Engineers, eingefunden.

Die Feier wurde von dem Dechanten mit folgenden Worten eröffnet:

„Sir Frederick Bramwell und Sie Alle, die Sie heute hier zugegen sind, sei es als Vertreter eines hohen Berufes oder als Verwandte und Freunde des Dahingeschiedenen, dessen Andenken zu ehren wir zusammengekommen sind — ich glaube, wir können wohl von einer formellen Uebergabe des Denkmals, welches Sie Ihrem berühmten Freunde errichtet haben, an die Hüter dieses altehrwürdigen Gebäudes absehen. Sie werden mir aber wohl gestatten, dieses Denkmal in deren Namen dankbar anzunehmen. Ich darf mir ferner wohl erlauben, diejenigen herzlich willkommen zu heissen, welche in einer solch' aufgeregten Zeit hier zusammengekommen sind, um der Einreihung dieses Denkmals unter die Zahl derjenigen Monumente beizuwohnen, welche noch kommenden Geschlechtern andächtiger Christen und Besuchern aus allen Ländern die Namen derjenigen Männer ins Gedächtniss rufen sollen, welche ihren Mitmenschen hervorragende Dienste geleistet haben. Keine Mühe ist gescheut worden, um dieses Denkmal in jeder Beziehung zu einem würdigen zu gestalten, sowohl im Entwurfe als in der Ausführung, würdig des Platzes, auf welchem es aufgestellt wurde, würdig des Mannes, dessen Andenken es bewahren soll, bewahren soll, hoffe ich, bis in die spätesten Zeiten; denn ich kann nicht glauben, dass Engländer, welcher Partei oder Richtung sie auch angehören mögen, diese Mauern jemals verfallen oder dieses Dach jemals stürzen lassen werden.

Es ist nicht an mir, auch nur vorübergehend der hohen Verdienste zu gedenken, welche stets mit dem Namen Wilhelm Siemens verknüpft sein werden, der hohen Verdienste nicht allein um die Wissenschaft, sondern mehr noch um die praktische Anwendung der Wissenschaft zum Wohle der Menschheit; noch brauche ich hier ein Wort über die grosse Lücke zu verlieren, welche durch seinen Tod in Ihren Reihen entstanden ist und noch heute so tief gefühlt wird. Selbst die gewichtigen Worte Ihres Präsidenten — Worte, die gewiss auf Sie ihren Eindruck nicht verfehlen — sind nicht erforderlich, um Ihnen diesen Verlust fühlbar zu machen. Sie werden mir jedoch gestatten, der Ihrigen meine eigene Erfahrung über den Eindruck anzureihen, welchen Ihr Freund und Führer — denn so kann ich ihn wohl nennen — auf einem so grossen Felde wissenschaftlicher und praktischer Thätigkeit auf Alle gemacht hat, welche mit ihm in Berührung gekommen sind. Er war, wie Sie alle wissen und wie auch mir bekannt ist, nicht nur allgemein bewundert und geehrt, sondern er wurde auch allgemein geliebt und betrauert.

Kapitel IX.

Möge das Fenster, welches wir jetzt enthüllen wollen, seinen Zweck erfüllen. Möge es durch sein mit historischen Bildern geschmücktes Glas dem reinen Lichte unseres nur zu oft getrübten Himmels den Eingang in diese Hallen nicht verwehren — einem Lichte, dessen feines und wunderbares Spiel auf unseren Mauern, Bogen, Bogengängen, Säulen und Denkmälern zuweilen mit geheimnissvoller Kraft gleich der Musik die Herzen derjenigen rührt, welche täglich hier zusammenkommen, um ihn anzubeten, der da sich dem Menschen offenbart auf verschiedenen Wegen und auf mannigfache Weise, nicht am wenigsten aber in dem grossen herrlichen Reiche der Natur, in den Gesetzen des Lichts und in allen ihm verwandten Kräften. Und möge es uns und ferne Geschlechter, die noch im Schoosse der Zukunft ruhen, an die Errungenschaften und den Charakter des Mannes erinnern, dessen Andenken hinfort sich dem seiner erhabenen Genossen anreihen wird, deren Namen der Fussboden, welchen wir demnächst betreten, und die Gewölbe, unter denen wir einherschreiten werden, öffentlich verkündigen und erhalten — die Namen eines Newton, Herschel und Darwin, eines Stephenson, Locke, Brunel und Barry, eines Gilbert Scott und Street — welche alle in unserer nächsten Nähe ruhen, oder durch Denkmäler geehrt sind.

Doch ich habe Sie lange genug aufgehalten und werde gewiss Ihren Wünschen entgegenkommen, wenn ich Sir F. Bramwell bitte, einige Worte an uns zu richten."

Sir F. Bramwell ergriff sodann das Wort zu folgender Ansprache:

„Hochwürdiger Herr Dechant, Herr Geheimrath Dr. Werner Siemens, Fräulein Gordon, Verwandte und Freunde des verstorbenen Wilhelm Siemens!

Zunächst schulden wir Ihnen, Herr Dechant, unseren besten Dank für die herzlichen Worte, mit denen Sie uns willkommen geheissen haben. Es bekräftigt dieses Willkommen nur das freundliche Entgegenkommen, welchem wir vor zwei Jahren die öffentliche Begräbnissfeier für Wilhelm Siemens in dieser Abtei zu verdanken hatten.

Wir sind heute hier zusammengekommen, um das Gedenkfenster zu enthüllen, welches in dem nördlichen Seitenschiffe der Abtei von den Mitgliedern der fünf Ingenieurinstitute oder Vereine, welchen Wilhelm Siemens angehörte, ihm zu Ehren errichtet worden ist. Viele Jahre lang war Siemens ein Vorstandsmitglied der Civil Engineers; er war ehemaliger Präsident der Mechanical Engineers, Vorstandsmitglied der Naval Architects, im Iron and Steel Institute ehemaliger Präsident und in der Society of Telegraph Engineers and Electricians war er nicht nur ehemaliger Präsident, sondern auch einer der Gründer des Vereins. Man muss nicht etwa glauben, dass seine Verbindung mit diesen Instituten nur in dem blossen Titel bestanden habe oder irgendwie von oberflächlichem Charakter gewesen sei. Die Aemter, welche Siemens in diesen Vereinen bekleidet hat, dürften zur Genüge das Gegentheil beweisen; Thatsache ist jedoch, dass nicht eines unter diesen Instituten ist, welches nicht durch seine Mittheilungen bereichert worden wäre und durch seine Gegenwart bei seinen Versammlungen sowie durch seine Bemerkungen über die Mittheilungen Anderer gewonnen hätte. Es waren daher auch die Mitglieder dieser Vereine, welche es als ihr besonderes Recht beanspruchten, dieses Zeichen ihrer Hochachtung für den Mann hier aufzustellen, welcher so viel für die Ingenieurwissenschaft im Allgemeinen und für jede dieser Gesellschaften im Besonderen gethan hat.

Sie werden alle mit mir übereinstimmen, dass es ungeziemend sein würde, dieses Gedenkfenster zu enthüllen, ohne mit wenigen Worten mindestens einige der Fähigkeiten hier anzuführen, denen Siemens die hohe Stellung, welche er eingenommen hat, verdankt. Ganz abgesehen zunächst von rein wissenschaftlichen Fragen, so ist es nur die reine Wahrheit, wenn man behauptet — eine Thatsache, keineswegs übertrieben durch die Eingebungen der Freundschaft und des Schmerzes über seinen Verlust — dass, so gross die Entwicklung und der Fortschritt der Ingenieurwissenschaft in diesem neunzehnten Jahrhundert auch gewesen sein mag, doch Niemand mehr als der verstorbene Wilhelm Siemens zu dieser Entwicklung und dem Fortschritte derselben beigetragen hat, und zwar durch die praktische Anwendung der Wissenschaft auf die Ingenieurkunst und auf die damit verwandten industriellen Gewerbe. Sein allererster Besuch in diesem Lande stand mit einer Anwendung der Elektricität im Zusammenhange, und ich glaube zu der Annahme wohl berechtigt zu sein, dass, so lange diese Wissenschaft besteht und ihre Annalen aufbewahrt werden, der Name Wilhelm Siemens stets geehrt werden wird als der des Urhebers wichtiger Anwendungen der Elektricität für unterseeische und andere Telegraphenzwecke, für elektrische Beleuchtung und in gewissem Grade für Kraftübertragung; in gewissem Grade ferner auch für die Verwerthung der elektrischen Energie zum Schmelzen schwer schmelzbarer Materialien, und zwar in hinreichend grossen Quantitäten für commerzielle Zwecke, während die Dienstbarmachung des elektrischen Lichtes als Gehülfe des Sonnenstrahles zur Anregung des Wachsthums der Pflanzen stets eine interessante Bereicherung der Wissenschaft verbleiben wird.

Keinem Menschen hat es je mehr am Herzen gelegen, den wirklichen Werth aus dem von der Vorsehung für uns im Reiche der Natur aufgespeicherten Brennmaterial-Vorrath zu gewinnen, und Keiner hat eifriger und mit grösserem Erfolge als Siemens die Mittel und Wege erforscht und erwogen, durch welche Wärmemotoren Resultate ergeben würden, welche der theoretisch erreichbaren Grenze näher kämen, als diejenigen Resultate, welche mit den damals gebräuchlichen Motoren erzielt werden konnten. Die Annalen der Institution of Civil Engineers, sowie die der Institution of Mechanical Engineers sind mit seinen belehrenden Bemerkungen angefüllt, und wenn wir diesen Gegenstand der Brennmaterial-Ersparniss genauer verfolgen, so finden wir, dass wir Wilhelm Siemens die Entwicklung jener wundervollen Erfindungen in diesem Lande verdanken, wodurch bei vielen industriellen und metallurgischen Processen Brennmaterial erspart, sowie Temperaturen, und zwar vollständig controllirbare Temperaturen erzielt werden, welche die Betreibung neuer Processe, wie z. B. des Herdprocesses in der Stahlfabrikation, ermöglichen.

Was nun rein wissenschaftliche Gegenstände anbelangt, so verdanken wir Wilhelm Siemens nicht nur die Kenntniss der Wirkung des beständigen Einflusses des Lichtes auf das Wachsthum der Pflanzen, wie ich bereits vorhin erwähnte, sondern daneben auch viele wissenschaftliche Messmethoden. Es hat viel Kopfzerbrechen gemacht, das Bathometer zu construiren, mit Hülfe dessen die Tiefe des Oceans, ohne Sondirungen vorzunehmen, einfach durch Ablesen der Angaben des Apparates an Bord des Schiffes bestimmt werden kann. Tiefes Nachdenken muss ferner auch die Erfindung des elektrischen Pyrometers erfordert haben, welches nicht nur im Stande ist, gewöhnliche Temperaturen zu messen, sondern auch die höchsten Temperaturen zu bestimmen, wobei dieselben, auf elektrischem Wege übertragen, in jeder beliebigen Entfernung, ohne dass man das Instrument von dem Orte, dessen Temperatur gemessen werden soll, hätte fortzunehmen brauchen, abgelesen werden können.

Ich weiss, dass einige Männer der Wissenschaft ihr Bedauern darüber ausgesprochen haben, dass Wilhelm Siemens seine hervorragenden Fähigkeiten nicht ausschliesslich der reinen Wissenschaft zugewendet habe. Ich glaube aber nicht, dass dieses Bedauern selbst im Interesse der reinen Wissenschaft gerechtfertigt ist, und ich bin fest überzeugt, dass ein solches Bedauern bei der Welt im Allgemeinen keinen Anklang finden wird. Auf der anderen Seite werden Sie jedoch darin mit mir übereinstimmen, dass Siemens nicht nur ein gutes, sondern auch edles und höchst werthvolles Werk gethan hat, indem er bei dem Gebrauch der ihm verliehenen Talente und der Verwerthung seiner wissenschaftlichen Kenntnisse die praktische Nutzbarmachung der Wissenschaft für die Zwecke der Ingenieurkunst und der Industrie stets in den Vordergrund stellte; und selbst die Jünger der reinen Wissenschaft haben alle Ursache zufrieden zu sein, dass von Zeit zu Zeit sich Leute finden, welche, wie Wilhelm Siemens, jene von der Wissenschaft entdeckten Wahrheiten für die Zwecke des Lebens nutzbar machen, Wahrheiten, welche ohne diese Anwendung unthätig und fruchtlos verbleiben würden, ein Stand der Dinge, welcher, wenn er zu lange herrschte, unzweifelhaft jedes Interesse für die Wissenschaft selbst ertödten müsste und schliesslich mit der vollständigen Aufgebung der Pflege der reinen Wissenschaft selbst endigen würde.

Es würde unrecht sein, diese Bemerkungen zu schliessen, ohne jene Eigenschaften zu erwähnen, welche unsere Hochachtung im allerhöchsten Grade verdienen — ich meine nämlich seinen Werth als Mensch. Wenn Bescheidenheit, natürliche Freundlichkeit, Wohlwollen und Wahrheitsliebe den guten Menschen ausmachen, dann darf man gewiss ohne Bedenken behaupten, dass Wilhelm Siemens im wahren Sinne des Wortes ein guter Mensch war; jene Eigenschaften haben aber auch selbst in dieser Welt bereits ihre Anerkennung und ihren Lohn gefunden durch das unbegrenzte Vertrauen, welches in seine Ehrenhaftigkeit gesetzt wurde.

Ich habe bisher noch nicht den Punkt berührt, der uns Allen so wohl bekannt ist, nämlich dass Siemens von Geburt kein Engländer war. Er gehörte dem grossen deutschen Stamme an und wurde in Hannover geboren, kam jedoch zu uns, als er seine Volljährigkeit noch nicht erreicht hatte, liess sich einige Jahre später in England nieder und wurde dann auch englischer Bürger. Es ist eine grosse Freude für mich, dass Siemens gleich bei seinem ersten Auftreten in England wohl aufgenommen worden ist, und wie die Jahre verstrichen und die wunderbaren Talente und hochachtbaren Eigenschaften des Mannes mehr und mehr bekannt wurden, da stieg auch die Hochachtung und Bewunderung, die man ihm zollte; und es ist für uns Alle eine grosse Genugthuung zu wissen, dass hier in dieser Abtei, dem altehrwürdigen Denkmale der Baukunst, welches nicht nur in dem von ihm adoptirten Lande, sondern auch überall, wo man die englische Sprache redet, hoch in Ehren steht, in einem Gebäude, welches für die ganze civilisirte Welt ein Gegenstand von Interesse ist, es uns Ingenieuren, seinen Standesgenossen vergönnt war, dieses Gedenkfenster zu errichten, das, wie ich hoffe und vertraue, noch für kommende Geschlechter ein Erinnerungszeichen sein wird an diesen edlen und talentvollen Mann, welcher vor zwei Jahren aus unserer Mitte entrissen wurde, dessen Arbeit aber in den Annalen der Industrie und Wissenschaft fortlebt, und dessen Andenken stets in den Herzen derjenigen fortleben wird, von welchen er mit Recht so verehrt und geliebt wurde. Ein Wort nur habe ich noch hinzuzufügen, und Niemand ist mehr berechtigt als ich, diesen Ausspruch zu thun: Glücklich der Mann, dem es gelungen, sich seiner Freundschaft zu versichern, denn diese Freundschaft wankte und erkaltete nimmer!"

Der Dechant dankte darauf Sir F. Bramwell für seine Ansprache, worauf sich diejenigen zu einem Zuge formirten, welche der Enthüllung des Gedenkfensters beizuwohnen wünschten. Dasselbe ist an der Nordseite des Schiffes neben dem Fenster, das zu Ehren Robert Stephensons, eines anderen hervorragenden Ingenieurs, gestiftet wurde, gelegen. Die Feierlichkeit endigte mit der Hersagung einiger Gebete von Seiten des Dechanten*).

Eine allgemeine Skizze des Fensters findet sich auf beifolgender Tafel, von welcher der Künstler die folgende Beschreibung giebt:

„Das Bildniss auf diesem Fenster soll die Heiligkeit der Arbeit darstellen und den Spruch „Laborare est orare" veranschaulichen.

Das Werk enthält eine Reihe von Gruppen, welche die Arbeiter auf dem Gebiete der Wissenschaft, der Kunst und des Handwerkes vergegenwärtigen.

Das Fenster besteht aus zwei Scheiben mit sechsblätteriger Verzierung in seinem mit Bildhauerarbeit ausgeschmückten Bogen. Jede dieser Scheiben ist in senkrechter Richtung aus drei Feldern zusammengesetzt. Auf der linken Seite sehen wir die Eisenschmiede, Chemiker und Ackerbauer, auf der rechten zeigen die Gruppen in entsprechender Ordnung die Astronomen, Künstler und den Professor mit seinen Schülern.

Ueber jeder dieser Gruppen ist ein Engel dargestellt, welcher in seinen Händen eine Rolle mit der Inschrift trägt, die als Motiv für diesen Entwurf gewählt worden ist, nämlich: „Laborare est orare".

In der Mitte der sechsblätterigen Verzierung im Bogen des Fensters ist die Sonne als Lichtquelle dargestellt mit der Umschrift: „Dixit autem Deus fiant luminaria in firmamento coeli" und umgeben von den verschiedenen Himmelskörpern, von welchen Licht ausstrahlt oder reflektirt wird.

Dieser Theil des Entwurfes hat besonderen Bezug auf die Untersuchungen des hervorragenden Geistes, welchem dieses Gedenkzeichen gewidmet und dessen Bildniss in der Figur des Professors in der unteren

---

*) Diese Angaben über die Feierlichkeiten in der Westminster-Abtei sind den Berichten der Times entnommen.

Gruppe: „der Professor mit seinen Schülern", auf der rechten Seite des Fensters dargestellt ist.

Das Fenster trägt folgende Unterschrift:
„In Memory of Charles William Siemens,
Knt., D. C. L., L. L. D., F. R. S., Civil Engineer,
Born 4. April, 1823, Died 19. November 1883.
Erected as a Tribute of respect by his brother Engineers."

„Zum Andenken an Sir Charles William Siemens.
Ehrendoctor der Universitäten in Oxford und Glasgow, Mitglied der Royal Society, Civil-Ingenieur,
geboren am 4. April 1823, gestorben am 19. November 1883.
Errichtet als ein Zeichen ihrer Hochachtung von seinen Ingenieurcollegen."

Von der künstlerischen Behandlung dieses Werkes kann im Allgemeinen gesagt werden, dass dieselbe mit der Architektur der Abtei im Einklang stehe. Auf der anderen Seite kann von einer genauen Nachahmung alterthümlicher Entwürfe dabei durchaus nicht die Rede sein, und ist der Effect des Ganzen vielmehr dem Hauptzwecke und dem Zeitgeiste angepasst."

Die Anordnungen für die beiden Feierlichkeiten in der Abtei wurden im Einvernehmen mit den Abteibehörden und mit den Vertretern des Verstorbenen von der Institution of Civil Engineers durch deren Sekretär, Herrn James Forrest, gemacht.

Wilhelm's Testament wurde am 29. December 1883 eröffnet. Dasselbe datirte vom 21. August 1882. Testamentsvollstrecker waren Herr Alexander Siemens, Herr Joseph G. Gordon und Herr J. W. Budd, und der Werth des Privatvermögens wurde eidlich auf etwas über 7 600 000 M. constatirt.

Wilhelm Siemens hat keine Kinder hinterlassen.

Todesberichte.

Es dürfte nicht unpassend sein, der beredten Lobrede des Sir Frederick Bramwell zum Gedächtnisse seines dahingeschiedenen Freundes einen Bericht über die weit verbreiteten Trauer- und Beileidsbezeugungen, welche Wilhelm's Tod veranlasst hatte, hier folgen zu lassen, um so mehr, als dieselben ein unzweifelhaftes Zeugniss von der allgemeinen Hochachtung ablegen, in welcher Wilhelm Siemens gestanden hat.

Die verschiedenen Gesellschaften, denen Siemens angehört hatte, beeilten sich, ihrer Trauer über seinen Verlust öffentlich Ausdruck zu verleihen und Lady Siemens ihr Beileid schriftlich zu bezeugen.

Die Institution of Civil Engineers fasste in einer am Tage nach Wilhelms Tode anberaumten Versammlung folgenden Beschluss:

„Dass diese Versammlung ihren tiefgefühlten Schmerz über den Verlust, welchen die Institution durch den Tod ihres hervorragenden und hochverehrten Collegen, des Sir William Siemens, erlitten hat, auszusprechen wünsche und gleichzeitig ihr aufrichtiges Beileid mit Lady Siemens über das Dahinscheiden ihres unersetzlichen Gatten."

Die Institution of Mechanical Engineers und die Society of Telegraph Engineers fassten ähnliche Beschlüsse.

Die Royal Institution nahm in ihrer, am 3. December stattgehabten Versammlung folgenden Beschluss zu Protokoll:

„Durch den Tod des Sir William Siemens hat die Royal Institution ein hervorragendes Mitglied und einen hochherzigen Freund verloren. Die Früchte seiner grossen praktischen Untersuchungen sind uns häufig in Vorträgen, welche in unserer Aula gehalten wurden, vorgeführt worden. Er war unser Wohlthäter, indem er unserem Institut höchst werthvolle Apparate schenkte, während sein weiser Rath als Vorstandsmitglied uns stets zu Gebote stand, wo die Interessen des Institutes es erforderten. Er bewies seine Hochachtung für einen unserer Professoren, indem er ein Schiff — ein Muster seiner Art —, welches unter seiner persönlichen Leitung für den Transport und die Legung von Telegraphenkabeln erbaut worden ist, „Faraday" benannte. In Allem, was Sir William nur berührte, offenbarte sich sein praktisches Genie, gepaart mit einer Kenntniss der wissenschaftlichen Grundsätze, wie sie nicht häufig bei Männern der Praxis zu finden ist. Durch seine Errungenschaften auf den Gebieten der Wärme, der Elektricität und der Metallurgie hat er sich besondere Berühmtheit erworben, und welche Früchte seine Arbeiten auf diesen Gebieten schliesslich noch tragen werden, lässt sich augenblicklich noch nicht berechnen.

England, sein adoptirtes Vaterland, hat durch seinen Tod einen Ingenieur von hervorragender Schaffenskraft, durchdringendem Scharfblick und grosser Vielseitigkeit verloren. Diese letztgenannte, ihn besonders charakterisirende Eigenschaft verdankte er erstens vor Allem seiner natürlichen Begabung und zweitens auch der umfassenden wissenschaftlichen Ausbildung, welche er in den Schulen und auf den Universitäten seines Geburtslandes erhalten hatte. Er ist zu uns gekommen, vollständig ausgerüstet mit den für praktische Zwecke erforderlichen theoretischen Kenntnissen, und er hat dieses Wissen auf die allerverschiedenartigsten Wirkungskreise mit Erfolg angewendet. Was seine Erfindungsgabe anbelangt, so entstammte er einer Familie geborener Erfinder; alle seine Brüder und ganz besonders sein ältester Bruder, der berühmte Dr. Werner Siemens, haben sich durch ihre praktischen Verwerthungen der Wissenschaften für die verschiedensten Zwecke des menschlichen Lebens bedeutenden Ruf erworben.

Siemens war ein Mann von höchst liebenswürdigem Charakter, stets heiter und freundlich, ohne Argwohn und Misstrauen, und die natürliche Folge war, dass er sich nicht nur die Hochachtung, sondern auch die wärmste Zuneigung aller Derer erworben hat, welche näher mit ihm bekannt waren. Die Mitglieder der Royal Institution, welche bei unserer letzten Monatsversammlung zugegen waren, werden die lebhafte Beschreibung so leicht nicht vergessen, welche er uns bei dieser Gelegenheit vom Präsidentensitze aus über eine neue Verwendung der Dampfkraft gegeben hat und über die darauf bezüglichen Versuche, welche er kurz vorher auf der Spree, in der Nähe von Berlin, mitangesehen hatte. Wie wenig liess die Frische und Lebendigkeit seiner Darlegung die Nähe seines so bald darauf folgenden Hinganges erwarten!

Unter den Mitgliedern der Royal Institution hat er viele trauernde Freunde hinterlassen, welche den herben Schmerz seiner Familie mitempfinden und insbesondere Lady Siemens wegen des unersetzlichen Verlustes ihres Gatten auf das Aufrichtigste bedauern."

In einer am 26. November abgehaltenen Vorstandssitzung der Society of Arts wurde folgender Beschluss gefasst:

„Der Vorstand der Society of Arts wünscht seiner tiefen Trauer über den ausserordentlich schweren Verlust, welchen der Verein durch den plötzlichen Tod seines Vorsitzenden, des Sir William Siemens, erlitten hat, hierdurch Ausdruck zu verleihen.

Unter allen den Männern, welche sich der Beförderung der Wissenschaft mit Erfolg gewidmet haben, hervorragend, war es sein besonderes Verdienst, die Resultate seiner wissenschaftlichen Forschungen für den industriellen Fortschritt und zur Verbesserung mancher Verhältnisse im menschlichen Leben praktisch nutzbar gemacht zu haben.

Durch die Geschmeidigkeit seines Geistes, sowie durch die Richtung seiner wichtigeren Arbeiten war er ganz ausnahmsweise dazu geeignet, die Thätigkeit einer Gesellschaft zu leiten, welche, wenn auch vielen und mannigfaltigen Gegenständen gewidmet, sich doch die Anwendung der Wissenschaft für praktische Zwecke zur ganz besonderen Aufgabe gemacht hat.

Die Gesellschaft, welche bereits vor dreissig Jahren sich selbst geehrt hat durch Verleihung ihrer Goldmedaille in Anerkennung von Talenten, welche zu der Zeit noch nicht weltbekannt waren, betrauert heute den Verlust eines Mannes, welcher lange Zeit mit den Bestrebungen der Gesellschaft in innigster Verbindung gestanden und seit mehreren Jahren einen bedeutenden Antheil an der Verwaltung der inneren Angelegenheiten derselben genommen hat. Seine Talente sind von allen seinen Zeitgenossen bewundert worden, seine seltenen persönlichen Verdienste konnten dagegen nur von denen gebührend anerkannt werden, welche den Vorzug genossen, sich seine Freunde nennen zu dürfen.

Der Leichtigkeit, mit welcher er seine Kräfte zur Lösung der schwierigsten wissenschaftlichen Fragen zu benutzen wusste, kam nur die Bescheidenheit gleich, mit welcher er die erfolgreichen Resultate seiner Bestrebungen auseinandersetzte.

Indem der Vorstand in dem Obigen dem tiefgefühlten Schmerz über seinen eigenen Verlust Ausdruck zu verleihen wünscht, gestattet sich derselbe auch, der Lady Siemens und den hervorragenden Brüdern des Sir William Siemens: Werner, Carl und Friedrich, welche mit den Arbeiten des Dahingeschiedenen in so naher Verbindung gestanden haben, sein innigstes Beileid zu bezeugen."

Dieser Beschluss wurde Lady Siemens von Seiner Königlichen Hoheit, dem Prinzen von Wales, als Präsidenten der Society of Arts, übermittelt und war von folgendem Schreiben begleitet:

Den 27. December 1883.

Madam!

„Als Präsident der Society of Arts fällt es mir zu, Ihnen einen in der zuletzt stattgehabten Sitzung des Vorstandes der Gesellschaft von demselben gefassten Beschluss mitzutheilen, wodurch derselbe zugleich seinem aufrichtigsten Bedauern über den Verlust seines hervorragenden Vorsitzenden, sowie seiner Sympathie mit Ihnen selbst Ausdruck zu verleihen wünscht.

Indem ich mich dieser Pflicht entledige, werden Sie mir gestatten, noch persönlich die Versicherung meiner eigenen Sympathie, sowie der vollen Würdigung des Verlustes, welchen England durch den plötzlichen Tod des Sir William Siemens erlitten hat, hinzuzufügen."

Ihr ergebenster

Albert Edward, P.,
Präsident der Society of Arts.

Einige Wochen darauf übersandte Lady Siemens dem Prinzen von Wales eine Photographie ihres Gatten, worauf ihr Seine Königliche Hoheit folgende huldreiche Erwiderung übermitteln liess:

Sandringham, Norfolk,
Den 30. December 1883.

Madam!

„Ich habe nicht verfehlt, Ihren Brief nebst der ihn begleitenden Photographie Seiner Königlichen Hoheit, dem Prinzen von Wales, einzuhändigen.

Ich bin beauftragt, Ihnen Seinen aufrichtigen Dank dafür auszusprechen und Sie gleichzeitig zu versichern, dass es Seiner Königlichen Hoheit zum grossen Vergnügen gereiche, die Photographie eines Mannes zu besitzen, den er so hochgeachtet und werthgeschätzt habe.

Seine Königliche Hoheit hält das Bild für sehr gut getroffen und schätzt es hoch, dass Sie es ihm geschickt haben.

Mit der Versicherung der vorzüglichsten Hochachtung zeichnet
Ihr ergebenster
Francis Knollys."

Den schlagendsten Beweis für die Anerkennung der Verdienste und des hohen Charakters Wilhelm Siemens lieferten jedoch die Todesberichte, welche in den öffentlichen Blättern erschienen, und welche sowohl ihrer grossen Anzahl als auch ihres aufrichtigen Charakters wegen bemerkenswerth sind.

Diese öffentliche Kundgebung war eine sehr verbreitete. Zunächst erschienen Original-Todesberichte in jeder Morgen- und Abendnummer der Londoner Tageblätter, und zwar die meisten von bedeutender Länge und zuweilen noch von besonderen Leitartikeln begleitet. Dies zeigte zur Genüge, von welch' grossem öffentlichen Interesse das traurige Ereigniss war.

Dann folgten die wöchentlichen und vierzehntägigen Londoner Journale; in mehr als fünfzig derselben erschienen Berichte über Wilhelm Siemens' Tod, und zwar ganz gleichgiltig, ob dieselben nun Fach- oder Volksblätter, ob sie rein wissenschaftlichen oder einfacheren Inhaltes waren, ob sie für das grosse Publicum im Allgemeinen oder nur für eine gewisse Klasse von Lesern bestimmt waren. Alle ohne Ausnahme, wie sie nur immer heissen mochten: „Athenaeum" oder „Academy", „Spectator", „Figaro", „Guardian", „Record", „Graphic" oder „Truth",

„Court Circular", „Saturday Review", „Queen", „Lancet" „Builder" oder „Nature", „Broad Arrow", „Land and Water", „City Press" oder „Penny Illustrated Newspaper" — alle hatten sie nur Worte des Lobes für das Wirken und Leben und Worte des Bedauerns für das Ableben Wilhelm Siemens'.

Dann kamen die Provinzialblätter in ausserordentlich grosser Anzahl. In einigen sechzig oder siebzig derselben erschienen blosse Auszüge; jedoch diese bildeten entschieden nur einen geringen Theil der Provinzialblätter. Jede Zeitung einer jeden Stadt brachte ihren Todesbericht, und der Name Wilhelm Siemens schien der gesammten Bevölkerung des Königreichs vertraut zu sein.

Derartige Berichte beschränkten sich natürlich nicht allein auf England. Die deutsche Presse war mit das Andenken des Verstorbenen ehrenden Berichten angefüllt; in Paris allein erschienen in sechzehn Journalen Artikel über Siemens' Tod, in Brüssel, Petersburg und Wien wurde sein Name genannt; auch in kleineren und entfernteren Orten, wie Rouen, Bordeaux, Riga und Algier und selbst auf der westlichen Halbkugel vernahm man von den Zeitungslesern, dass ihnen der Name Wilhelm Siemens nicht unbekannt sei.

Einige dieser Artikel waren sehr gut geschrieben und zeigten grosse Sachkenntniss der darin berührten Gegenstände*).

In den besten von diesen Artikeln wurde die Bewunderung, die man Wilhelm Siemens schuldete, einer kritisch sachlichen Begründung unterzogen, ganz verschieden von den stereotypischen Ausdrücken des Lobes, wie sie so häufig in derartigen Artikeln gebraucht werden. Einige Auszüge dürften dazu dienen, eine

---

*) Darunter sind vor Allem hervorzuheben der von seinen Kollegen im Vorstande der Society of Arts in der „Times" veröffentlichte Artikel; der von seinem Privatsekretär verfasste und im technischen Journal „Engineering" erschienene Artikel; ferner ein Artikel in der „Nature" aus der Feder seines vertrautesten wissenschaftlichen Freundes, Sir William Thomson. Ferner befand sich auch ein ausgezeichneter Bericht über seine metallurgischen Arbeiten im „Engineer", und ein später veröffentlichtes Werk von W. T. Jeans (London 1884): „The Creators of the Age of Steel" („Die Schöpfer des stählernen Zeitalters") enthält einen Artikel, welcher ebenfalls ehrenvolle Erwähnung verdient.

Uebersicht über die allgemeine Natur der Würdigung des Charakters und der Arbeiten Wilhelms seitens der Presse zu geben:

„Times".

„Das Dahinscheiden des Sir William Siemens im verhältnissmässig frühen Alter von noch nicht 61 Jahren beraubt die Welt der Dienste eines hervorragend mächtigen und fruchtbaren Geistes. Seine bemerkenswerthe Lebenslaufbahn ist nicht weniger durch seine untrügliche Güte und Hochherzigkeit, als durch seine geistige Thätigkeit ausgezeichnet. Man wird zugestehen, dass, wenn wir ein National-Pantheon besässen, gewiss Niemand gerechteren Anspruch auf einen Platz in demselben erheben könnte, als ein Mann, welchem man die bedeutendsten Errungenschaften in den Gegenständen verdankt, welche die Gegenwart sich rühmt, zu einer vorher nie gekannten Vollkommenheit gebracht zu haben.

Sir William Siemens war recht eigentlich ein Erfinder. Wohin er sich auch immer wenden mochte, überall schienen seine Gedanken neue Methoden zu erfassen, um alte Probleme durchzuführen, oder neue Probleme zu entdecken, deren Lösung er sich sofort zur Aufgabe machte. Der eigentliche Erfinder ist ein Mann, der, wie Sir William Siemens, stets neue Ideen in Wirkungskreise wirft, wo Andere es schon schwierig genug finden, das bereits Vorhandene zu bemeistern.

Durch seinen Tod hat die englische Wissenschaft einen schweren Verlust erlitten, einen Verlust, der so leicht nicht zu ersetzen sein wird. In einer Zeit, wo ohnedies die Wissenschaft die Neigung hat, sich mehr und mehr zu specialisiren, und Männer der Wissenschaft häufig gezwungen sind, einen besonderen Zweig eines Gegenstandes allein zu ihrem Studium zu machen, ist es in der That sehr selten, ein Genie zu finden, welches wie Sir William Siemens sich sehr vielen verschiedenen Zweigen der Wissenschaft gewidmet hat und doch in allen hervorragend dasteht. Sir William hat nicht nur viel für den Fortschritt der reinen Wissenschaft gethan, sondern von ihm darf, ohne Widerspruch befürchten zu müssen, wohl gesagt werden, dass er mehr als alle seine Zeitgenossen die praktische Nutzbarmachung wissenschaftlicher Entdeckungen für industrielle Zwecke gefördert hat. Er war ein eifriger wissenschaftlicher Forscher, ein bedeutender und erfolgreicher Fabrikant in mindestens zwei verschiedenen Zweigen der Industrie, ein Ingenieur von hohem Range in seinem Berufe und zudem ein scharfsichtiger und klardenkender Geschäftsmann.

Wer ihn gekannt hat, mag wohl das liebevolle Herz, den hochherzigen und edlen Charakter betrauern, so geduldig unvollkommenem Wissen gegenüber, so unduldsam nur gegen alle Marktschreierei und

Unehrenhaftigkeit. In ihm hat die ganze Nation einen treuen Diener verloren, einen der Besten von Denen, welche ihr Leben nur dem einzigen Zwecke widmen, das Dasein ihrer Mitmenschen durch Dienstbarmachung der Naturkräfte zu deren Nutzen zu verbessern. Wenn wir zurückblicken auf die Reihe der wissenschaftlichen Grössen Englands, so werden wir wenige darunter finden, welche dem Volke besser gedient haben, als dieser, Englands adoptirter Sohn; wenige, wenn überhaupt welche, deren Lebensbeschreibung eine so lange Liste fruchtbarer Arbeiten aufzuweisen hat.

Sein Loos war in mancher Beziehung ein beneidenswerthes; denn er entging, was nur sehr wenige von sich behaupten können, dem Stachel des Neides; und bis zum Ende seiner thätigen und erfolgreichen Laufbahn war Sir William Siemens hochgeachtet und geehrt von seinen Gegnern sowohl als von Denen, die ihm am nächsten standen."

„Standard".

„Der plötzliche Tod des Sir William Siemens ist ein unersetzlicher Verlust für die industrielle Wissenschaft in jedem Theile der Welt, wohin der Ruhm seiner Erfindungen gedrungen ist."

„Daily News".

„Der Tod des Sir William Siemens lässt eine grosse Lücke in den Reihen der Männer der angewandten Wissenschaft, sowie auch unter den hervorragendsten adoptirten Bürgern Englands zurück."

„Morning Post".

„Es ist interessant, ein Leben wie das des Sir William Siemens mit dem gleich grosser und ernster Arbeiter auf anderen Wirkungsfeldern zu vergleichen. Es giebt vielleicht solche, welche Darwin einen höheren Rang einräumen würden als wissenschaftlichem Forscher und Erfinder, als sie Siemens zugestehen möchten. Und doch kann nur wenig Zweifel darüber herrschen, wer von den beiden Männern der Welt die wesentlichsten Vortheile gebracht hat. Alle Erfindungen des Sir William Siemens hatten den direkten und unmittelbaren Erfolg, dass sie die National-Industrie in einem oder dem anderen ihrer Zweige angeregt und dadurch das Land stärker und reicher gemacht haben."

„Pall Mall Gazette".

„Ein Veteran in dem grossen Kampfe gegen Verschwendung, welcher eines der charakteristischsten Zeichen der modernen Civilisation ist, schied durch das plötzliche und vorzeitige Ende des Sir William Siemens aus unserer Mitte."

„Globe".

„Der vorzeitige Tod des Sir William Siemens lenkt unsere Aufmerksamkeit auf eine Lebenslaufbahn hin, welche mit Recht als eine in den Annalen der Wissenschaft einzig dastehende bezeichnet werden darf."

„Saturday Review".

„Mit Recht darf man Befriedigung darüber empfinden, dass ein Mann wie Sir William Siemens sich praktisch so ganz und gar dem englischen Wesen angepasst hat. Wir wissen nicht, ob er sich selbst einen Engländer oder einen Deutschen genannt haben würde; so viel ist gewiss, dass wenige Engländer ihn für den letzteren angesehen hätten. Nationen, welche weniger freisinnig im Princip, oder weniger erfolgreich in der Praxis, Ausländer ihren eigenen Sitten anzupassen, sind, machen uns zuweilen unsere Vermischung mit den verschiedenen Nationen zum Vorwurf, ein Vorwurf, welcher in der Wirklichkeit ein thörichter ist. Wenn ein Land einen solchen Mangel an nationalem Leben oder Charakter hat, dass es in die Nothwendigkeit versetzt ist, seine grossen Männer von Aussen zu beziehen, so ist es schlimm genug daran. Wenn es sich jedoch eines solchen Ueberflusses von nationalem Charakter und nationalem Leben erfreut, dass es Männer von Genie und Talent anzieht und dieselben in sich aufgehen lässt, so befindet es sich ganz gewiss in keinem ungesunden Zustande. Kaum irgend ein Land besitzt eine solche Fähigkeit einer derartigen Absorption wie England, und vielleicht in keinem anderen Lande ist dieser Process ein so gründlicher.

In Sir William Siemens' Vorträgen und Reden — und deren waren gewiss nicht wenige — macht sich die gänzliche Abwesenheit des aggressiven und anmassenden Tones, welcher zuweilen, und nicht immer mit Unrecht, hervorragenden Männern in den mehr praktischen Zweigen der Naturwissenschaft zur Last gelegt wird, höchst angenehm bemerkbar. Dies war — wenigstens znm Theil — der gründlichen Ausbildung zuzuschreiben, welche er in seiner Jugend erhalten haben soll."

„Spectator".

„Das Wirken und Schaffen des Sir William Siemens verdient Beachtung, nicht nur des allgemeinen Interesses wegen, welches grossen Errungenschaften stets anhaftet, sondern auch, weil seine Lebenslaufbahn auf jedem seiner Schritte für den praktischen Werth allgemeiner wissenschaftlicher Speculationen Zeugniss ablegt."

„Engineering"

„Ein grosser Mann ist ganz plötzlich aus unserer Mitte geschieden; ein grosser Mann, in dem Sinne, wie Watt und Faraday gross waren; ein Mann, welcher einen unauslöschlichen Eindruck auf die Wissenschaft und die Industrie seiner Zeit und der Zukunft hinterlassen hat.

Obgleich er nicht eigentlich der Erfinder einer neuen Industrie wie Bessemer gewesen ist, auch nicht der Entdecker irgend welcher hochwichtiger Naturgesetze, wie Faraday, so muss die ausgedehnte praktische Verwerthung seines Schmelzofens sowie seiner verschiedenen Verfahren ihm doch stets einen hohen Rang unter den Ingenieuren verleihen.

Wenn er auch vorzeitig abgerufen worden ist, so starb er doch mit Ehren überhäuft; er hatte wenigstens nicht zu warten auf eine allmähliche Anerkennung jener grossen Fähigkeiten und der unüberwindlichen Ausdauer, welche ihm schon seit vielen Jahren eine hervorragende Stellung unter den Ersten seiner Standesgenossen erworben hatten."

„The Engineer".

„Seine hervorragende geistige Fähigkeit hatte ihn zu einem der ersten Erforscher und Förderer in so vielen Zweigen der Wissenschaft, sowie der in Kunst und Gewerben angewandten Wissenschaft emporgehoben, so dass sein Name dem Volke, in welcher Lebensstellung es auch sein möge, bekannt ist, und. Jeder wird daher wohl fühlen, dass die Reihen der modernen Meister und Schöpfer grosser Industrieen einen grossen und unerwarteten Verlust erlitten haben. Die Wissenschaft verliert durch seinen Tod einen ihrer hervorragendsten Denker. In ihm war jene höchst seltene Vereinigung verkörpert, nämlich: Erfindungsgabe, gegründet auf genaues und allgemeines Wissen und unterstützt durch praktische Geschicklichkeit und unermüdliche Energie."

„Nature".

„Der so plötzlich und unerwartet eingetretene Tod des Sir William Siemens hat sich in einem weit umfangreicheren Kreise, als dem seiner persönlichen Freunde, als ein schwerer Schlag und herber Verlust fühlbar gemacht. Sein Wirken während der letzten fünf oder sechs Jahre hat das Interesse des grossen Publikums in einem solchen Grade auf sich gezogen, wie es wohl kaum jemals irgend einem Manne zugefallen ist, welcher sich, wie er, der Wissenschaft gewidmet hat. Nicht nur das Volk seiner selbst erwählten Heimath England, sondern auch das grössere Publicum der ganzen civilisirten Welt war auf das lebhafteste interessirt an seinen Arbeiten und Erfindungen, die ihn nicht nur im Lichte eines Erfinders, sondern auch eines rastlosen Arbeiters und Wohlthäters erscheinen liessen. Sein Tod wird als ein unersetzlicher Verlust betrauert, und der Gedanke, dass die Weiterförderung eines segensreichen Fortschrittes auf so vielen Gebieten, welcher seine rastlose Thätigkeit und sein unermüdlicher Eifer gewidmet waren, so plötzlich zum Stillstand gekommen ist, hat höchst schmerzliche Enttäuschung hervorgerufen.

Wilhelm Siemens besass die grosse charakteristische Eigenschaft mit allen Männern, welche Spuren von sich in der Welt zurückgelassen haben, gemeinsam, nämlich: das „perfervidum ingenium", bei welchem der Gedanke unmittelbar zur That wird."

„Electrician".

„Er war der Repräsentant, und wahrscheinlich der fähigste Repräsentant der sogenannten modernen wissenschaftlichen Schule, welche die praktischen und theoretischen Zweige des Wissens in ein zusammenhängendes Ganzes zu vereinigen bemüht ist. In seiner Person vereinigte er alle die Eigenschaften, welche ihn ganz besonders zum Vertreter dieser Vereinigung geeignet machten."

Verschiedene der Gesellschaften, welchen er angehört hatte, veröffentlichten in ihren Verhandlungen besondere Berichte über Wilhelm's Tod, welche meistens einen kurzen Abriss seines Lebens mit besonderer Berücksichtigung seiner Verbindung mit der entsprechenden Gesellschaft enthielten. Unter diesen sind besonders anzuführen: der Nachruf des Sir William Thomson in den Proceedings der Royal Society, der Artikel der Institution of Civil Engineers aus der Feder des Ehren-Secretärs des Instituts und der Bericht der Society of Telegraph Engineers von Herrn Munro.

Das Leben, Wirken und der Charakter Wilhelm's sind noch in vielen Vorträgen und Ansprachen in England sowohl als auch im Auslande behandelt worden. Mehrere derselben sind veröffentlicht worden, und einige verdienen hier erwähnt zu werden.

Eine feierliche Lobrede wurde vor der französischen „Société d'Encouragement pour l'industrie Nationale" von M. Marcart gehalten und in den Verhandlungen der Gesellschaft veröffentlicht. Die Rede begann mit den Worten:

„Sir W. Siemens, que la Société d'Encouragement comptait parmi ses correspondants, est un des hommes qui ont le plus contribué aux recents progrès de l'Industrie. Ses nombreuses inventions, qui ont, en général, pour caractère d'être la traduction pratique des principes les plus délicats de la science, lui donnaient une autorité légitime, et l'opinion publique, en Angleterre, ne crut pas exagérer l'estime qu'elle avait pour lui en plaçant son nom à côté de ceux d'hommes de génie tels que Watt et Faraday."

Bei Gelegenheit der Zusammenkunft der British Association in Montreal, im September 1884, bemerkte Lord **Rayleigh**, der Präsident, in seiner Eröffnungsrede:

„Schon wiederum vermissen wir eine wohlbekannte Gestalt in unserer Mitte. Viele Jahre lang hat Sir William Siemens unseren Versammlungen regelmässig beigewohnt, zu deren Erfolg wenige mehr als er beigetragen haben. Wo immer die Gelegenheit sich bot, in seiner Antrittsrede als Präsident der Association vor zwei Jahren, oder in seinen Mittheilungen an die physikalische und mechanische Abtheilung derselben, stets hatte er neue und interessante Ideen bereit, die er in einer Sprache vorbrachte, die jedes Kind verstehen konnte, so meisterhaft verstand er die Kunst der klaren Darstellung in seiner adoptirten Sprache. Praxis mit Wissenschaft vereint war sein Wahlspruch. Praktisch thätig in der Industrie und sein ganzes Leben lang mit Ingenieurarbeiten beschäftigt, war seine Ansicht niemals die eines blossen Theoretikers. Auf der anderen Seite aber verabscheute er auch blosse mechanische Fertigkeit und strebte vielmehr stets danach, die wissenschaftlichen Principien zu bemeistern, welche dem rationellen Entwurf und der Erfindung zu Grunde liegen.

Es ist keine Uebertreibung, zu behaupten, dass das Leben eines solchen Mannes wie Siemens dem Gemeinwohle zu gute kommt; die Vortheile, welche er für sich selbst erzielt, sind nichts im Vergleiche zu denen, welche er der Allgemeinheit zuwendet."

Auch der Präsident der mechanischen Abtheilung der British Association, Sir Frederick **Bramwell**, erwähnte mit gefühlvollen Worten den Verlust, welchen die Association erlitten habe. Er sprach:

„Ich hatte in der That daran gedacht, sein Wirken zum Gegenstande meiner Ansprache zu machen; jedoch ich fühlte, dass die Wunde, welche sein Verlust geschlagen hat, noch zu frisch war, als dass ich mir selbst den Versuch zuzumuthen wagte. Wir brauchen nicht länger mehr bei diesem höchst traurigen Gegenstande zu verweilen. Er war Ihnen ja Allen bekannt; er wurde ja von Ihnen Allen verehrt und geliebt, sowie von jedem Mitgliede der Association, der er so treu gedient und so würdig vorgestanden hat."

Am Sonntage nach seinem Tode hielt der Pfarrer J. E. Manning in Swansea eine Predigt zu Ehren des Gedächtnisses des Verstorbenen, bei welcher die Zuhörerschaft hauptsächlich aus Personen, welche mit dem Werke in Landore in Verbindung standen, gebildet wurde. Es war dies eine richtige Antwort zur richtigen Zeit auf den Vorwurf, welchen kaum ein oder zwei Wochen vorher ein öffentlicher Redner am anderen Ende des Königreiches Siemens zur Last gelegt hatte, nämlich dass er sich in Swansea unpopulär gemacht habe dadurch, dass er unnöthiger Weise auf Sonntagsarbeit bestehe!

Im Anfange des Jahres 1884 veröffentlichte der Verein zur Beförderung des Gewerbfleisses in Berlin, dem Wilhelm Siemens seit mehreren Jahren angehört hatte, in seinem vierteljährigen Berichte seiner Verhandlungen einen Vortrag, welcher vor dem Vereine von Professor H. Wedding gehalten worden war. Der Vortrag begann, wie folgt:

„Meine Herren! Am 19. November vorigen Jahres haben wir unser vieljähriges Ehrenmitglied Herrn Wilhelm Siemens, wie wir Deutsche ihn zu nennen gewohnt waren, Sir William Siemens, wie ihn die Engländer nannten, verloren. In dieser doppelten volksthümlichen Benennung, welche ebenso im Munde der Männer der Wissenschaft, wie in dem der Techniker lebt, drückt sich die ganze hervorragende Bedeutung dieses Mannes aus, der so glücklich die deutsche Gelehrsamkeit mit der britischen Werkthätigkeit in einer Weise zu verbinden verstand, dass beide Nationen, Deutsche wie Engländer, gleich stolz auf ihn gewesen sind und dass, bei dem Rückblick auf seine Verdienste, welcher von den verschiedensten Männern auf beiden Ufern der Nordsee gegeben worden ist, nachdem er sein reiches Leben abgeschlossen hatte, sich in die ungetheilte Anerkennung von jeder Seite nur ein Bedauern eingemischt hat, bei den Deutschen, dass dieser hervorragende Mann nicht sein ganzes Leben in Deutschland geblieben und Deutschland besonders seine Kraft gewidmet habe, bei den Engländern, dass er nicht ein geborner Brite gewesen sei."

Am 22. Februar 1884 hielt Dr. Eugen Obach einen deutschen Vortrag über „Sir William Siemens als Erfinder und Forscher" vor dem „Deutschen Athenaeum", einer Gesellschaft von Deutschen in London, deren Mitglied Wilhelm Siemens viele Jahre lang gewesen war. Siemens hatte stets eine besondere Zuneigung zu diesem Vereine; er war bei seinen Versammlungen häufig zugegen und hielt zuweilen auch Vorträge vor demselben; an seinem Begräbnisse hatten die Mitglieder des Vereines hervorragenden Antheil genommen. Dr. Obach's Vortrag wurde von den Mitgliedern des Athenaeums mit grossem Beifall aufgenommen und ist auf ihren Wunsch auch veröffentlicht worden.

Am 18. Januar 1885 wurde einer der Vorträge der „Sunday Lecture Society" in St. George's Hall, Langham Place, von Herrn William Lamb Carpenter, B. A., gehalten. Das Thema desselben lautete: „Ueber das Leben und Wirken des Sir William Siemens". Herr Carpenter war viele Jahre lang ein vertrauter Freund Wilhelm's gewesen und hatte eine Schule für Elektrotechniker in Hanover Square errichtet. Er war daher durchaus in der Lage, Wilhelm's Leben und Wirken seinem wahren Werthe gemäss zu schätzen.

Nach einer ausgezeichneten, durch Illustrationen veranschaulichten Beschreibung seiner Hauptwerke und hervorragendsten Erfindungen, führte der Vortragende eine längere Reihe von Ansichten und Angaben in Bezug auf den persönlichen Charakter Wilhelm's an, welche er aus verschiedenen Quellen gesammelt hatte. Wir wollen den einen oder anderen Auszug aus diesem Vortrage hier folgen lassen:

„Was seinen Charakter als Geschäftsmann anbelangt, so wollen wir Messrs. Chance sprechen lassen, deren Ausspruch als eines von vielen Zeugnissen dienen mag: „Da unsere Firma die erste war, welche den Siemens'schen Regenerativ-Process in grossem Maassstabe in England zur Ausführung gebracht hat, so sind wir mit Sir William Siemens in enge und häufige Verbindung gekommen und hatten vollauf Gelegenheit, nicht nur sein ausserordentliches erfinderisches Talent, sondern auch seine grosse Biederkeit und die Rechtschaffenheit seiner Gesinnung ihrem vollen Werthe nach zu schätzen."

Das deutsche Athenäum schrieb: „Wenn die wissenschaftliche Welt einen seiner glänzendsten Sterne verloren hat, so hat der Hülfsbedürftige, der strebsame Studirende sowohl, als der mühsam sein Leben fristende Künstler in ihm einen freigebigen Wohlthäter und Gönner verloren."

„Ein edler, herrlicher und hochbegabter Geist ist zu einem höheren und vollkommeneren Leben hinübergegangen und hat uns einen Antrieb zum Guten hinterlassen, der nie erlöschen kann. Gerade wie unsere Generation aus der Sonnenausstrahlung ihren Nutzen zieht, welche vor unzähligen Jahren auf die Erde gewirkt hat, so werden auch die Arbeiten von Carl Wilhelm Siemens einen Wissensschatz bilden, vermögend, für diese und kommende Generationen zu wirken, und bestimmt, Früchte zu tragen, deren Tragweite wir heute noch nicht zu würdigen verstehen, sowohl in Bezug auf die stets wachsenden Interessen der Wissenschaft, als auch hinsichtlich des moralischen, geistigen und materiellen Fortschrittes der Menschheit*).“

Und da wir gerade von Vorträgen und Ansprachen reden, so wollen wir auch nicht unterlassen zu erwähnen, dass eine deutsche Zeitschrift von bedeutendem Rufe, der „Patent-Anwalt" in Frankfurt am Main, einen Vorschlag veröffentlicht hat, demzufolge in allen Hochschulen in Deutschland während eines Semesters Vorlesungen über Wilhelm Siemens' Leben und Wirken gehalten werden sollten, um die jungen Studirenden anzuspornen, ihm nachzustreben.

Besondere Charakterzüge.

Obige Mittheilungen werden genügen, um darzuthun, in welcher Hochachtung Wilhelm Siemens bei der wissenschaftlichen Welt, bei seinen Standesgenossen und bei dem Publicum im Allgemeinen gestanden hat.

Es bleibt uns jetzt nur noch übrig, einige Worte über Züge seines Charakters hinzuzufügen, die nur von denen genauer beobachtet werden konnten, welche ihm näher gestanden haben.

Als Mann der Wissenschaft war seine hervorragende Stellung in jeder Beziehung anerkannt. Ohne sich selbst irgend welche abstruse Gelehrsamkeit beizumessen, besass er in Wirklichkeit eine durchaus gründliche Kenntniss der theoretischen Principien der Naturwissenschaften, mit welchen er sich beschäftigte. Er war auf diese Weise im Stande, dieselben in der Praxis, nicht empirisch und versuchsweise, sondern auf einer festen Grundlage gesunder logischer Schlussfolgerung zu behandeln,

---

*) Dieser Vortrag ist in dem „Gentleman's Magazine" (März 1885) veröffentlicht worden.

welche ihn stets bei den Anwendungen dieser Principien unfehlbar zum Ziele führte. Er war Mathematiker genug, um die vielen schwierigen Probleme, welche bei seinen Arbeiten vorkamen, zu bearbeiten, und in der Physik und der Chemie war er ein anerkannter Meister.

In dem Nachrufe der Royal Society heisst es: „Sein Wirken auf dem Gebiete der reinen Wissenschaft war keineswegs gering oder ohne Wichtigkeit, da bei der experimentellen Entwicklung seiner Erfindungen sein Geist stets au fait sein musste; und daher dienten seine Bestrebungen, die Resultate der Wissenschaft praktisch anwendbar zu machen, in vielen Fällen auch dazu, diese Resultate in einem klareren Lichte darzustellen".

Was seine Eigenschaft als Ingenieur anbelangt, so genügt es zu sagen, dass, wenn die Aufgabe des Ingenieurs darin besteht, „die grossen Kräfte in der Natur zum Nutzen und Frommen des Menschen zu lenken", es sehr wenige Männer in seinem Berufe gegeben hat, welche einen höheren Anspruch auf diesen Titel erheben könnten. Er war wahrscheinlich einer der besten und ausgebildetsten Mechaniker, die je gelebt haben, und wenn ihm irgend eine wichtige Ingenieuraufgabe von ungewöhnlichem Charakter oder seltener Grösse vorgelegt wurde, wie z. B. der Entwurf des Kabelschiffes „Faraday", so verhalf ihm seine gründliche Kenntniss der Constructionsprincipien und der Eigenschaften des zu verwendenden Materials, gepaart mit seiner ihm stets zu Gebote stehenden erfinderischen Kraft, sehr bald zu der Lösung des Problems. Es ist unmöglich, seine Abhandlungen über Mechanik oder seine vielfachen Bemerkungen über alle möglichen Gegenstände, welche er in den Versammlungen der Ingenieurvereine, denen er beiwohnte, gemacht hat, zu lesen, ohne die hervorragenden Kenntnisse in seinen Berufsfächern zu bewundern.

Ueber seinen Charakter als Erfinder ist bereits viel gesagt worden; jedoch sind in dieser Lebensbeschreibung naturgemäss nur solche Erfindungen beschrieben oder berührt worden, welche von ganz hervorragendem Charakter und von höchster Wichtigkeit in ihren Resultaten gewesen sind; dieselben bilden jedoch nur einen geringen Theil der ungeheuren erfinderischen Arbeit seines Lebens. Er war einer der fruchtbarsten und vielseitigsten Schöpfer neuer Combinationen, welche die mechanische Welt je gekannt hat, wie schon aus der Zahl der ihm in England patentirten Erfindungen hervorgeht. Viele dieser Patente wurden von ihm in Gemeinschaft mit dem einen oder anderen seiner Brüder genommen; man kann aber mit Sicherheit behaupten, dass er an den meisten derselben einen wirklichen und wesentlichen Antheil genommen hat. Der Patente waren 113 an der Zahl, und dieselben umfassen ein ungemein umfangreiches Gebiet der verschiedensten Gegenstände, darunter: Dampfmaschinen, kalorische Maschinen, Gasmotoren, Wasserhebewerke, Abkühlung und Eiserzeugung, Verdampfung und Destillation, das Flussingenieurwesen, die Eisen- und Stahlfabrikation und andere Zweige der Metallurgie, ferner den Geschützbau, Messapparate, pneumatische Röhren, die Glasmanufaktur, Eisenpanzerung, Telegraphen, elektrische Beleuchtung, elektrische Kraft sowie elektrische Apparate im Allgemeinen in grosser Mannigfaltigkeit, Gasbeleuchtung, Eisenbahnwesen, Sprengstoffe und andere Gegenstände der verschiedensten Art. Jedoch selbst diese Liste, so umfangreich sie auch erscheinen mag, giebt noch keineswegs ein vollständiges Verzeichniss seiner Erfindungen, wenn man beachtet, dass noch eine grosse Anzahl geringerer Neuerungen vorhanden waren, die beständig seinem fruchtbaren Geiste entsprangen, und welche theils in den verschiedenen Fabrikationsprocessen mit enthalten waren, theils öffentlich ohne Patentschutz beschrieben wurden, oder die in der That nur ephemerischen Zwecken gedient haben mögen und ganz und gar in Vergessenheit gerathen sind. Und um den vollen Werth dieser langen Liste richtig zu beurtheilen, muss man bedenken, dass diese Patente nicht etwa, wie es so häufig der Fall ist, die rohen Ideen eines ungebildeten Projektenmachers sind, sondern dass vielmehr, wenn auch viele der Erfindungen nicht zur Ausführung gekommen sind, die anerkannte Geschicklichkeit des Erfinders eine ziemlich sichere Garantie dafür bietet, dass dieselben gesund im Princip und in der Praxis ausführbar waren. Neben den auf dieser Liste verzeichneten Erfindungen hatte Wilhelm aber auch noch viele Neuerungen und Verbesserungen in Aussicht, und mit den auf einige derselben bezüglichen Versuchen war er in der That während seiner letzten Lebenstage beschäftigt.

Als Geschäftsmann war sein Verhalten musterhaft. Nichts wurde vernachlässigt, was er in Händen hatte, nichts auf morgen verschoben, was heute geschehen konnte. Seine Gewohnheiten in Bezug auf seine Thätigkeit sind von Einem, welcher täglich mit ihm in Berührung kam, in folgender Weise beschrieben worden:

„Was für ein Arbeiter er war, lässt ein Blick auf seine täglichen Beschäftigungen sofort erkennen. Sein Sekretär war fast jeden Wochentag im Jahre um 9 Uhr Morgens bei ihm; da gab es zunächst Arbeiten für den einen oder anderen der wissenschaftlichen Vereine zu erledigen; dann waren Correkturen von Auszügen der Institution of Civil Engineers zu lesen, Briefe und Ansichten über wissenschaftliche Gegenstände, sowie häufig auch Specifikationen für neue Erfindungen, die bereits zur Patentirung reif waren, zu diktiren. Darauf folgte der Spaziergang durch die verschiedenen Parks fast im Laufschritte bis nach Westminster; da gab es wiederum Geschäfte für die Landore Siemens Steel Company und Messrs. Siemens Brothers & Co. (von deren beider Direktorien er Präsident war), dann Arbeiten in Verbindung mit seinen Oefen und metallurgischen Verfahren, deren Erfinder er war; dann wurden Besucher und Auskunft Suchende vorgelassen; Nachmittags nahm er an Vorstandssitzungen gelehrter Gesellschaften Theil oder wohnte Direktoren-Versammlungen verschiedener Compagnien bei. Die Abende wurden wiederum in dem einen oder dem anderen der wissenschaftlichen Vereine verbracht. Dies giebt eine schwache Idee von der Art und Weise, wie Sir William Siemens seine Wochen, Monate und Jahre verbrachte. Wenn ein Mann in dem kurzen Zeitraume einer Stunde so verschiedene Gegenstände, wie z. B. die der Telegraphie und Metallurgie, und zwar von ihrem wissenschaftlichen Gesichtspunkte aus zu behandeln hat; wenn er in diesem Augenblicke Arbeiter und Löhne, im nächsten Licenzen und Patentschriften über Erfindungen in Erwägung zu ziehen hat; wenn, wie es hier beständig der Fall war, stets ein halbes Dutzend Personen zur selben Zeit im Vorzimmer auf ihn warten, von denen jede denkt, dass ihre eigene Angelegenheit die wichtigste sei, und denen allen Sir William Siemens seine Aufmerksamkeit schenkte, — dann muss es fürwahr Wunder nehmen, dass er so lange im Stande gewesen ist, zu arbeiten."

Seine geschäftliche Stellung, welche mit der gewöhnlichen Berufsthätigkeit eines Civil-Ingenieurs die Beschäftigungen des Fabrikanten und Contrahenten in sehr bedeutendem Maassstabe verband, war eine etwas ungewöhnliche; doch die Art und Weise, wie dieselbe entstanden, ist ja bereits erwähnt worden. Er sah mit grossem Scharfblicke schon in einer frühen Periode seines Lebens ein, dass in einer verhältnissmässig neuen praktischen Branche, die aller Wahrscheinlichkeit nach sehr grosse Dimensionen annehmen würde, als Fabrikant sich seinen Fähigkeiten ein weit grösseres und ergiebigeres Wirkungsfeld eröffnen würde, als als blosser Constructeur, und da er von seinen Brüdern in dieser Ansicht bestärkt wurde, so wurde er eben Fabrikant. Und als er dann wiederum in einer späteren Periode mit dem Studium und der Vervollkommnung seiner grossen Erfindungen auf dem Gebiete der Wärme und Metallurgie beschäftigt war, fand er, dass gar nicht daran zu denken sei, die nöthigen Vorversuche und Experimente in einem bedeutenden und grosse Kosten verursachenden Maassstabe von irgend einem der Fabrikanten ausführen zu lassen. Ausserdem hatte er neben der Furcht der Fabrikanten vor dem materiellen Risico auch noch die entschlossene Opposition der ungebildeten und vorurtheilsvollen Arbeiter zu bekämpfen, welche an und für sich schon einen weniger energischen und ausdauernden Mann gänzlich entmuthigt haben würde. Demzufolge entschloss er sich selbst, diesen metallurgischen Erfindungen zu Liebe, zu der wirklichen grossartig angelegten Fabrikation, auf welche jene Erfindungen sich bezogen. Diese Unternehmungen waren durchaus nicht frei von den Gefahren, welche so häufig grosse commercielle Spekulationen in einer neuen Geschäftsbranche im Gefolge haben, und in einigen Fällen haben dieselben ihm und seinen Freunden grosse Sorgen und nicht geringe Geldopfer verursacht. Seine Energie und Ausdauer aber haben ihm über alle diese Schwierigkeiten hinweggeholfen, und man darf wohl behaupten, dass in seinen späteren Lebensjahren Alles, was er unternommen hat, in jeder Beziehung erfolgreich war. Er verstand es, sich in seinem Geschäfte und in seinen geschäftlichen Unternehmungen mit tüchtigen Mitarbeitern und Gehülfen zu umgeben, deren Unterstützung er stets gerne anerkannte.

Es braucht auch nicht unerwähnt zu bleiben, dass Siemens in rein geschäftlichen Unterhandlungen gewöhnlich auch seine eigenen pecuniären Interessen wohl im Auge behielt. Bei einem seiner ersten Geschäfte, die er abgeschlossen hat, in Hamburg, nennt er sich selbst einen „Tölpel, weil er nicht acht Louisd'ors mehr verlangt habe," und in Birmingham verlangt er Herrn Elkington zuerst einen „viel zu hohen Preis" ab. Ein Paar Jahre nachher schätzte er seine beiden, fast noch unreifen Erfindungen auf die bescheidene Summe von 1720000 Mk.

Das waren jugendliche Phantasieen, jedoch derselbe Geist, wenn auch gemässigter, belebte ihn während seines ganzen Geschäftslebens. Im Jahre 1873 spielte er ausdrücklich (siehe Seite 416) auf seine Bemühungen in der Verfolgung seiner eigenen Interessen an; und es war seinen sämmtlichen Geschäftsfreunden wohlbekannt, dass er, wo immer seine Dienste in irgend einer Berufs- oder Geschäftsangelegenheit verlangt wurden, keineswegs Bedenken trug, einen entsprechenden Geldwerth dafür zu berechnen. Und wo man, wie es wohl zuweilen vorkam, den Preis, den er stellte, nicht bezahlen konnte, da that er lieber die Arbeit umsonst, als eine Vergütung, welche er für unzureichend hielt, dafür anzunehmen.

Das Vermögen, welches er testamentarisch hinterlassen hat, dürfte vielleicht einigermaassen Zeugniss für diesen Charakterzug ablegen. Aber die dort angegebene Summe repräsentirt auch nicht annähernd seinen wirklichen Verdienst, wenn man die schweren Verluste in Betracht zieht, welche er von Zeit zu Zeit erlitten, die freigebigen Geschenke, die er gemacht, sowie die grossen Summen, welche er auf andere Weisen verausgabt hat. Von einem seiner Freunde wurde behauptet, dass Siemens drei Vermögen erworben habe, von welchen er eines verloren, eines verschenkt und eines behalten habe.

Bei diesem seinem Wunsche, reich zu werden, ist jedoch stets zu bedenken, dass er sein Vermögen auf rechtschaffene Weise erworben und nur für ehrenhafte und anerkennenswerthe Zwecke verwendet hat.

Nicht ein Fall ist zur Kenntniss des Verfassers dieser Lebensbeschreibung gekommen, in welchem Wilhelm Siemens irgend eine niedrige oder engherzige Handlung in geschäftlichen

Angelegenheiten zum Vorwurf gemacht würde. Er bestand darauf, dass seine Geschäftsfreunde ihn anständig honorirten; er trug auf der anderen Seite aber auch Sorge dafür, dass dieselben für ihr Geld vollwerthige Waare erhielten.

Wenn wir uns nun fragen, wie er sein Vermögen verwendet habe, so spricht Alles nur zu seinen Gunsten. Er schätzte das Gold nicht seiner selbst' wegen, denn es hatte durchaus keinen Reiz für ihn es aufzuhäufen, nicht als ein Mittel für eitle Prahlerei, denn er hatte fürwahr Ruhm genug auf anderem Wege erworben, er schätzte es vielmehr nur darum, weil es Gutes stiften konnte. Es sollte ihn in den Stand versetzen, seinen Neigungen zu wissenschaftlichen Forschungen frei nachzugehen, seiner angeborenen Hochherzigkeit und Freigebigkeit zu willfahren; für die Kunst etwas zu thun und sich der feineren gesellschaftlichen und häuslichen Vergnügungen und Genüsse zu erfreuen, welche seinen Gewohnheiten, seinem Geschmacke und seiner Erziehung entsprachen.

In Bezug auf eine dieser Verwendungen seines Reichthumes, nämlich für hochherzige und freigebige Zwecke, ist es schwierig hier Alles anzuführen, was berichtet werden könnte, will man nicht den Schein übertriebener Lobeserhebung erwecken. Wilhelm Siemens war während seines ganzen Lebens sprichwörtlich freigebig gegen Alle, welche einen gewissen Anspruch auf seine Unterstützung hatten, und in seinen späteren Jahren erstreckte sich diese Freigebigkeit auf ein weit ausgedehnteres Gebiet. Nicht nur persönliche Gaben, sondern auch nie enden wollende Zeichnungen für Wohlthätigkeitszwecke, sowie bedeutende Preise und Geschenke für Erziehungs- und andere Institute, spielten keine unbedeutende Rolle in den Spalten seines Kassencontos. Einmal wurde er darum angegangen, sich an einem Garantie-Fond zu betheiligen, um eine grosse Anzahl werthvoller Gegenstände für die Staatsmuseen zu erwerben, die auf andere Weise verloren gegangen wären, wobei er freilich das Risico hatte, von der Schatzkammer erst zu irgend einer zukünftigen Zeit Rückzahlung zu erhalten. Er zeichnete sofort 20000 Mark und übernahm nebenbei die Stellung eines zeitweiligen Direktors („Provisional Manager"). Sein Anerbieten von 200000 Mark für die Erbauung einer „Halle für angewandte

Wissenschaft" („Hall of Applied Science") ist bereits erwähnt worden.

Er gab seinen Wohnsitzen das Aussehen der Wohlhabenheit und selbst des Ueberflusses; es herrschte dabei jedoch keine ostentative Zurschaustellung des Luxus. Er schmückte vielmehr seine Häuser nach dem feinsten Geschmack aus, und füllte seine Räume und Gänge mit Gemälden, Sculpturen und anderen prachtvollen Kunstwerken aus, welche meistens von wohlbekannten Künstlern ausgeführt worden waren, welche er unter die Zahl seiner Freunde zählte. Auch die von ihm veranstalteten Feste, obwohl sie zuweilen glänzend waren, hatten stets den lobenswerthen Zweck, solche Persönlichkeiten zusammen zu bringen, deren Gegenwart ein Bankett zu einem „Feste der Vernunft" und nicht etwa zu einer einfachen Zusammenkunft zur Befriedigung thierischer Genüsse gestalten musste.

Eine Eigenschaft besass er, welche man nicht häufig bei beständig thätigen Arbeitern auf dem Gebiete der Mechanik findet, nämlich ein bedeutendes literarisches Talent, welches er in jeder Beziehung verwerthete. Es war weder sein Wunsch noch seine Gewohnheit, die Kenntnisse, welche er sich erworben hatte, für sich allein zu behalten; er war vielmehr stets bereit und eifrigst darauf bedacht, dieselben der Welt mitzutheilen. Er war ein wunderbar klarer Schriftsteller, und obgleich Ausländer von Geburt, hatte er sich eine Kenntniss der englischen Sprache und eine Fertigkeit in ihrem Gebrauche erworben, welche höchst bemerkenswerth war, wie aus den vielen ausgezeichneten Abhandlungen hervorgeht, welche er den wissenschaftlichen Vereinen in England vorgelegt hat, sowie aus vielen anderen vorzüglich abgefassten Dokumenten, welche aus seiner Feder stammen. Auch sein Vortrag war gut und seine Bemeisterung der englischen Sprache war beinahe vollkommen in Wort und Schrift. Der Verfasser dieses Werkes hat häufig Gelegenheit gehabt, wenn er ihn ohne Vorbereitung sprechen hörte, zu bemerken, dass, wenn auch sein Vortrag nicht gerade fliessend genannt werden konnte, doch die Auswahl seiner Worte und die Art seines Ausdruckes so waren, dass sie kaum hätten verbessert werden können. Zuweilen musste er wohl für einen Augenblick überlegen, als wenn er nach irgend einem Worte suchte; aber das Wort, welches er wählte, war stets das richtige.

Viele seiner Vorträge und Ansprachen sind nicht aufbewahrt worden.

Es ist selten, dass man für die Lebensbeschreibung eines praktischen Mannes eine von ihm selbst verfasste klare Schilderung seines eigenen Charakters und seiner Fähigkeiten verwerthen kann; und es ist noch viel seltener, dass eine solche Selbstbeschreibung als richtig und zuverlässig angesehen werden kann. Es traf sich jedoch, dass er (wie viele andere hervorragende Männer) im Jahre 1873 von Herrn Francis Galton, welcher durch seine wissenschaflich statistischen Untersuchungen sich einen Namen erworben hat, darum angegangen wurde, eine solche Beschreibung aufzusetzen, und durch die gütige Erlaubniss des Herrn Galton (welche er unter der Bedingung ertheilt hat, dass dieselbe von Lady Siemens bestätigt werde) sind wir in den Stand versetzt, dieselbe hier zu reproduciren. — Siemens' Beschreibung seiner selbst lautet, wie folgt:

„Höhe: 5 Fuss $10^{1}/_{2}$ Zoll. Gewöhnliche Statur. Rothes Haar. Klare Gesichtsfarbe.

Hat die Naturwissenschaft neben seinen Fachstudien eifrigst betrieben.

Religion: freisinnig protestantisch.

Politik: liberal.

Gute Körperconstitution.

Thätig, rastlos, leicht ermüdet, aber beharrlich und von Natur abenteuerlich gesinnt.

Raschen Entschlusses und im Stande, in der Verfolgung seiner Interessen Anstrengungen zu ertragen.

Schlechtes Gedächtniss für Namen und Daten, jedoch ein ziemlich gutes in Bezug auf Thatsachen oder Verhältnisse. Die Principien der Naturwissenschaft hat er deutlich im Gedächtnisse behalten.

Nicht von Natur fleissig, wohl aber empfänglich und erfinderisch.

Unabhängig in seinem Urtheile in socialen, religiösen und politischen Angelegenheiten.

Von Natur sceptisch, jedoch selbstvertrauend und entschlossen, wichtige Aufgaben durchzuführen. Leidenschaftlich, aber weichherzig.

Ein besonderes Talent besitzt er seiner Ansicht nach für mechanische Constructionen und physikalische Principien. Dabei ein gewisses Geschick, in Geschäftsangelegenheiten sich in Güte zu einigen und einmal getroffene Vereinbarungen in vermittelndem Geiste durchzuführen*).

Besonders hervorstechende Eigenschaften an ihm sind: Unwiderstehlicher Drang, einmal gefasste Pläne in der angewandten Wissenschaft zu verwirklichen, wenn sie auch zuweilen zu hochgehend waren und zu nutzlosen Geldausgaben und fruchtloser Arbeit führten, selbst wenn die Principien sich als richtig erwiesen hatten. Erzielte in anderen Fällen dagegen bedeutenden Erfolg.

Neigung zur Häuslichkeit und Liebe zum Neuen, aber nicht zum Seltsamen."

Dieser Beschreibung werden seine vertrautesten Freunde wahrscheinlich aufrichtig beistimmen; jedenfalls ist dieselbe durch die der Aussenwelt bekannten charakteristischen Züge ihres Verfassers vollständig bestätigt worden.

Das die Selbstbeschreibung begleitende Schreiben giebt ein Paar Andeutungen über seinen Charakter, welche in der Beschreibung nicht berührt sind:

„Ich würde nicht meinem natürlichen Charakter gemäss handeln, wenn ich die einliegenden Angaben einen Tag früher für Sie vorbereitet hätte, als unumgänglich nothwendig war, um Ihr Missvergnügen zu vermeiden. Wenige Menschen kennen sich selbst, und ich behaupte daher auch nicht, dass das Bild, welches ich von mir selbst entworfen habe, ein richtiges sei; jedenfalls habe ich die mir gestellten Fragen nach meinem besten Wissen und Gewissen beantwortet."

Späterhin stellte Mr. Galton Herrn Siemens noch einige fernere Fragen, wie z. B. über seine Vorstellungskraft, d. h. über seine Fähigkeit, vor das geistige Auge Bilder von Gegenständen oder Scenen zurückzurufen, mit welchen er zu thun gehabt oder über welche er ernstlich nachgedacht habe. Mr. Galton sagte:

„Er sagte mir, dass er sich Gegenstände in Gestalt und Farbe klar und bestimmt vergegenwärtigen könne, und dass es ihm nicht schwer falle, sich geistig die Bewegungen complicirter Mechanismen in ihrer Aufeinanderfolge vorzustellen. So könne er auch eine Maschine am besten beim Spazierengehen erdenken, besser, als wenn er mit der Feder in der Hand vor einem Tische sitze.

---

*) Diese Bemerkung ist ihm, in Anbetracht der Zeit, wann dieselbe geschrieben wurde, wahrscheinlich durch den grossen Erfolg eingegeben, den er in der Abwicklung der schwierigen und verwickelten Geschäftsunterhandlungen über den indo-europäischen Telegraphen erzielt hat.

Wenn ich das, was er mir mitgetheilt hat, mit dem vergleiche, was Andere mir darüber gesagt und geschrieben haben, so kann ich sein Vorstellungsvermögen als ganz ausserordentlich hinstellen."

Sein Eifer bei Allem, was er that, war bemerkenswerth. Selbst seinen Erholungen ergab er sich mit ganzem Herzen; es war in der That wohlthuend, sein herzliches Lachen zu vernehmen, wenn er irgend ein hübsches Lustspiel mit anhörte; sein Gesicht leuchtete vor fast kindlichem Vergnügen; dann waren keine Spuren der Ermüdung vorhanden, welche vielleicht noch eine Stunde vorher nach der schweren Last des Tages, welche seine ernsteste Aufmerksamkeit erforderte, so sichtbar gewesen waren.

Auf der Reise war er ein froher und heiterer Gesellschafter für alle diejenigen, welche den Vorzug hatten, in seiner Gesellschaft zu sein. An Alles, was die Ermüdung verringern, oder zur Annehmlichkeit und zum Interesse der Reise beitragen konnte, dachte er und führte es in der aufmerksamsten und zartesten Weise aus, und das angenehme Bewusstsein, Anderen Vergnügen zu bereiten, war für ihn die grösste Belohnung.

Junge Leute und Kinder schaarten sich um ihn, und er liess sich keine Mühe verdriessen, einfach und schlicht jede ihrer Fragen zu beantworten.

Ueber seinen allgemeinen Charakter im Privatleben, so weit derselbe sich von nicht zur Familie Gehörigen beurtheilen lässt, kann nur mit der allergrössten Hochachtung gesprochen werden. Der Eindruck, den er auf alle Diejenigen gemacht hat, welche ihn persönlich gekannt haben, kann nicht besser ausgedrückt werden, als in den Worten eines seiner theuersten Freunde: — „Im Privatleben war Sir William mit seinem lebhaften hellen Verstande, der stets wusste und bemüht war, seiner Umgebung Vergnügen und Aufmerksamkeiten zu erweisen, ein höchst liebenswürdiger Mann, ausnehmend uneigennützig und stets voller Theilnahme und Sorge für Andere. Der Verfasser hat während fast eines Vierteljahrhunderts den Vorzug seiner persönlichen Freundschaft genossen. Die Stunden, die er mit Wilhelm Siemens zusammen verlebte, gehören zu den glücklichsten seines Lebens. Der Gedanke, dass diese Zusammenkünfte fernerhin nur noch in der Erinnerung leben, ist zu schmerzvoll, um demselben Ausdruck zu verleihen."

Personen-Register.

(Die Zahlenangaben bezeichnen die Seiten.)

Adamson, Joseph, verbessert die Wassermesser 113.
Agassiz, Professor, über Wilhelm's elektrisches Tiefseethermometer 345, 346.
Airy, Sir G. B., wendet den chronometrischen Regulator für astronomische Zwecke an 117. — über Wilhelm's Untersuchungen über die Sonnenenergie 340.
Appel, hilft Wilhelm bei seinen Bemühungen um das anastatische Druckverfahren 60, 61.
Arago, seine Entdeckungen bezüglich des Elektromagnetismus 236.
Armstrong, Sir William, über Wilhelm's Regenerativofen 145.
Attwood, Charles, Wilhelm construirt für ihn einen Ofen zur Schmelzung von Stahl 152.

Baker, General Sir W. — und der indoeuropäische Telegraph 212.
Baldamus, aus Erfurt, Erfinder des anastatischen Druckverfahrens 58.
Balguy, gerichtliche Untersuchung des Unterganges des La Plata durch — 228, 229.
Barnaby, Sir Nathaniel, über die Verwendung des Stahls zum Schiffsbau 202—204.
Barral, J. A., über Wilhelm's Anwendung der Elektricität auf den Gartenbau 333, 334.

Beach & Minte, unterhandeln in Wilhelm's Interesse mit den Herren Elkington 49.
Beaumont, Colonel, über Hochdruck-Behälter 268.
Bell, Sir Isaac Lowthian, Bart., über Wilhelm's Untersuchungen in der Metallurgie 208, 209.
Benson, Dr. Edward, Erzbischof von Canterbury, Briefwechsel mit Wilhelm 350, 351.
Bessemer, Sir Henry, äussert sich günstig über Wilhelm's Regenerativofen 145, 147. — erhält den Howard-Preis von der Institution of Civil Engineers 353. — Ehrenmitglied der Drechslerzunft 366.
Bidder, G. P., in der Commission für Legung des atlantischen Kabels 169.
Bradley, Dechant von Westminster, verweigert Wilhelm's Beisetzung in der Abtei 379. — bewilligt aber einen öffentlichen Trauergottesdienst in derselben 381 und die Anbringung eines Gedenkfensters 386. — Rede bei Enthüllung desselben 387.
Bramwell, Sir Frederick, bei der Eröffnung der elektrischen Eisenbahn zu Portrush zugegen 319. — Lobrede auf Wilhelm bei Gelegenheit der Enthüllung des Gedenkfensters 388. — in einer Versammlung der British Association 404.

Personen-Register.

Brasilien, Kaiser von, zeichnet Wilhelm verschiedentlich aus 232, 233. — Besucht ihn in seinem Hause 293.
Brett, Jacob, projektirt die telegraphische Verbindnng mit Frankreich 121.
Brunel, Gründer einer pneumatischen Eisenbahn 70.
Brunlees, James, petitionirt an den Dechanten der Westminster-Abtei wegen der Beisetzung Wilhelm's in der Abtei 378.
Bucher, Wilhelm's Freund 128.
Budd, J. W., einer von Wilhelm's Testamentsvollstreckern 393.

Carpenter, Dr. W. D., über Wilhelm's Untersuchungen der Sonnenenergie 339.
Carpenter, William Lamb, B. A., sein Vortrag über Wilhelm Siemens 406.
Chance, Herren, stellen Siemens'sche Regenerativöfen in ihrer Glasfabrik auf 141.
Chauvin, General v., Generaltelegraphendirektor in Preussen 179. — Seine Mitwirkung beim Zustandekommen des indo-europäischen Telegraphen 179, 180. — Betriebsdirektor und Elektriker der Direct United States Telegraph Company 215.
Chesney, Oberst, und das Indian Engineering College 343.
Children, seine Versuche über Elektricität 235.
Clarke, Versuche über Elektromagnetismus 241.
Clarkson, Thomas, Führer des Bootes, welches die Überlebenden des gesunkenen La Plata an Bord hatte 223.
Cochery, schlägt Wilhelm für die Verleihung des Ordens der Ehrenlegion vor 356.
Cowper, Edward, Gönner und Freund Wilhelm's 77. — wendet den Regenerativofen desselben beim Eisenschmelzen an 109.
Cox, S. H. F., seine Abhandlung über den Regenerativofen 145.

Crampton, Thomas, betheiligt sich an einer Diskussion über Wilhelm's Regenerativ-Condensator 81. — Über Wilhelm's Regenerativ-Dampfmaschine 95. — Legt das erste erfolgreiche submarine Kabel zwischen England und Frankreich 122.
Crome, Dr. Carl, Gemahl von Sophie Siemens 16.
Cubitt, Sir William, Gründer einer pneumatischen Eisenbahn 70.

Darby, Abraham, über Stahlfabrikation 151.
Davy, seine Experimente über elektrisches Licht 235, 253.
Deichmann, Eleonore, Wilhelm's Mutter 9. — Brief an Werner über Wilhelm 21. — Ihr Tod 24.
Deichmann, G. E., seine Beziehungen zu Wilhelm 30, 31.
Deutschland, Kaiserin von, gewährt Wilhelm Audienz 292. — Sendet ein Beileidstelegramm an Werner bei Gelegenheit von Wilhelm's Tode 377.
Dicks, geht mit dem La Plata unter 222.
Dillwyn, Präsident der Landore Siemens Steel Company 162.
Dorp, J. van, Kapitän des Wilhelm Blenkelszoon 226.
Douglass, Sir James, Experimente auf dem South Foreland Leuchtthurme 257.
Dudden, Kapitän J. H., geht mit dem La Plata unter 221 u. ff.

Easton & Amos, bauen die Druckpressen für Wilhelm 60.
Elkington, Herren, ihre galvanoplastischen Methoden 39, 46—51. — Verfertiger des Howard-Preises für Wilhelm 354.
Ericsson, Kapitän, hatte das Regenerativ-Princip bei kalorischen Maschinen angewendet 79.

27*

Fairbairn, William, in der Commission für Legung des atlantischen Kabels 169.
Faraday, Professor, über das anastatische Druckverfahren 59. — Über den Regenerativofen 141—143. — Seine Untersuchungen über Elektromagnetismus 236 u. ff.
Field, Joshua, über Wilhelm's chronometrischen Regulator 56.
Fox & Henderson, Herren, stellen Wilhelm in ihrer Fabrik an 73—77. — Übernehmen die Fabrikation der Regenerativdampfmaschinen und des Condensators 80. — Ferner die des Regenerativverdampfers 84. — Gehen Contracte für grössere Telegraphenbauten ein 91.
Frankland, Dr. E., betreibt Wilhelm's Wahl als Mitglied des Athenäum Club 283.
Friedrich III., Deutscher Kaiser, adelt Werner Siemens 13.

Galton, Douglas, das atlantische Kabel 169.
Galton, Francis, 8. — seine Charakteristik Wilhelm's 415, 416.
Gisborne, Lionel, Schiffbruch mit dem Dampfer Alma 125.
Gladstone, W. E., schlägt Wilhelm für die Ritterwürde vor 367.
Glass, Elliot & Co., Legung des Kabels zwischen Malta und Alexandrien 167.
Gordon, Anne, verheirathet sich mit Wilhelm 130. — Begleitet ihn bei der Legung des algierischen Kabels 173. — Ebenso bei der Errichtung des indo-europäischen Telegraphen 185. — Krank zu Poti 186. — Begleitet ihn auf einer Vergnügungsreise nach Deutschland 190. — Ebenso nach Italien 193, 294. — Pflegt ihn während seiner Krankheit zu Bonchurch 194. — Begleitet ihn nach der Schweiz 195. — Krank am Scharlachfieber 285. —

Reise nach dem Engadin 287. — Nach Rom 287. — Nach Amerika 293. — Nach Wien 347. — Nach Cannes zur Herstellung ihrer Gesundheit 364. — Ihrer Mutter Tod 365. — Besuch in Schottland 365. — Tod ihres Mannes 376. — Beileidstelegramme an sie 378.
Gordon, Donald, leitender Direktor der Landore Siemens Steel Company 162.
Gordon, Joseph, begleitet Wilhelm nach Amerika 293. — Sein Testamentsvollstrecker 393.
Gordon, Lewis D. B., bei der Legung des Kabels durch das Rothe Meer zugegen 125. — Professor der Ingenieurwissenschaft in Glasgow 129. — Geschäftsverbindungen mit Wilhelm 129, 130. — Verwandschaftliches Verhältniss zu Wilhelm 130. — Sein Tod 292.
Gordon, Mrs., Mutter der Frau Siemens, wird nach dem Tode ihres Sohnes Lewis von Wilhelm in sein Haus aufgenommen 292. — Stirbt 365.
Graham, John, beschäftigt Wilhelm in seiner Fabrik zu Manchester 72.
Gramme, Dynamo-elektrische Maschine 253, 257.
Guest & Chrimes, ihre Construktion von Wassermessern 113.

Haag, Frau, Correspondenz mit Wilhelm 357.
Halske, Compagnon von Werner Siemens 12, 86 u. ff. — Löst seine Verbindung mit der Londoner Firma auf 171.
Hausmann, Prof. zu Göttingen, Wilhelm's Lehrer in Geognosie und Technologie 29.
Hawes, William, Wilhelm wohnt bei ihm 127.
Heath, Seine Methode der Stahlfabrikation 150.
Hebeler, Bernhard, preussischer Generalkonsul, steht Wilhelm mit Rath zur Seite 54. — Leistet Wilhelm Hülfe durch Beschaffung von Geld 62.

Hefner-Alteneck, Friedrich von, Verbesserungen an dynamo-elektrischen Maschinen 252.
Henderson, in Glasgow, Wilhelm entwirft einen Ofen für denselben 206.
Henley, W. T., Eigenthümer des La Plata 221.
Hick, John, construirt eine verbesserte Dampfmaschine 73. — Ebenso eine Regenerativ-Dampfmaschine 96.
Himly, Carl, Professor, hilft Werner Siemens bei der Legung der ersten unterseeischen Minen mit elektrischer Zündung 12. — Verheirathet sich mit Mathilde Siemens 15. — Professor der Chemie in Göttingen 27, 28, 33. — Im Jahre 1846 Professor in Kiel 16. — Lehrer Wilhelm's in der Chemie und Physik 29. — Unterstützt Werner Siemens bei seinem Vergoldungs- und Versilberungs-Verfahren 36, 39.
Holmes, Professor, verwendet die magneto-elektrische Maschine zur Lichterzeugung 241. — Erzeugung des Lichtes für Leuchtthürme mit Hülfe des von der dynamo-elektrischen Maschine erzeugten Stromes 243, 244, 254.
Hooker, Sir Joseph, und die Vegetation unter dem Einfluss des elektrischen Lichtes 327, 329.
Hooper, Quartiermeister des La Plata, Geschichte seiner Errettung 225 bis 227.
Hopkinson, Dr. Edward, leitet die Versuche mit der elektrischen Eisenbahn zu Portrush 317.
Hoyle & Sons, in Mayfield, stellen Wilhelm in ihrer Druckerei an 71.

King, David, beim Untergang des La Plata ertrunken 231.
King, Geo, sein Briefwechsel mit Wilhelm 231.
Kinkel, Gottfried, Wilhelm's Verkehr mit ihm in London 128.

Klopfer, J. D., in Hamburg, adoptirt Wilhelm's elektrisches Vergoldungsverfahren 43.

Lamont, Hochbootsmann des La Plata, Geschichte seiner Rettung 225—227.
Lechatelier, bemüht sich Wilhelm's Öfen im Auslande einzuführen 152.
Lefroy, General Sir Henry, begrüsst Wilhelm durch eine Ansprache in der United Service Institution 281.
Leonhard, Mechaniker, im Bunde mit Werner und Wilhelm Siemens 52, 85.
Littré, Über die Etymologie des Wortes Ingenieur 2.
Lloyd & Summerfield, in Birmingham, erster Regenerativofen auf ihren Werken errichtet 141.
Loeffler, Ludwig, seine Beziehungen zu den Charltoner Werken 172. — beaufsichtigt die Legung des französisch-atlantischen Kabels 234. — Direktor der Gesellschaft: Siemens Brothers & Co. Ld. 308.

Manning, Rev. J. S. hält eine Gedächnissrede auf Wilhelm zu Swansea 405.
Marriott & Atkinson, stellen zuerst einen grösseren Regenerativofen auf 108.
Martin, Pierre und Emile, adoptiren den Regenerativofen zur Schmelzung und Erzeugung von Stahl 148, 152, 153.
Mason, Sir Josiah, begünstigt Wilhelm 48.
Masters, Dr. Maxwell, und die Vegetation unter dem Einfluss des elektrischen Lichts 328—332.
May, Charles, über Wilhelm's chronometrischen Regulator 56. — Unterhandlung mit ihm wegen der Luftpumpen 70.
Merrifield, liest eine Abhandlung über das Kabelschiff Faraday vor der Institution of Naval Architects 278.

Miller, Professor, äussert sich günstig über Wilhelm's Regenerativofen 145.

Mitchell & Co., bauen das Kabelschiff Faraday 217.

Mittelhausen, hilft Wilhelm bei der Einrichtung und Leitung der Werkstätten zu Millbank 126.

Newall & Co., ihre Fabrik für submarine Kabel 124. — Engagiren die Brüder Siemens als ihre Ingenieure bei der Legung von unterseeischen Kabeln 124.

Nollet, seine magneto-elektrische Maschine 241.

Obach, Dr. Eugen, Vortrag über Wilhelm Siemens 405.

Oerstedt, seine Beobachtungen über Elektromagnetismus 236.

Paleocapa, Signor, Versuche mit der Regenerativdampfmaschine 99.

Penn, John, sein Urtheil über den chronometrischen Regulator 56.

Persien, Schah von, Besuch in London 214. — Verleiht Wilhelm den Orden vom Löwen und der Sonne 215.

Pixii, seine Versuche über Elektromagnetismus 241.

Pole, William, seine Lebensbeschreibung des Sir William Fairbairn, 2. — Vertheidigt Wilhelm's Ansichten vor der Institution of Civil Engineers 95. — Empfiehlt die Aufnahme Wilhelm's als Mitglied der Institution of Civil Engineers 135, 136. — Mitglied des von der Regierung eingesetzten Iron Armour Committee 269. — Versuch mit Wilhelm's Gasfeuerherd 301. — Ehrenmitglied der Drechslerzunft 366. — Nekrolog Wilhelm's vor der Institution of Civil Engineers 403. — Persönliche Ansichten über Wilhelm's Charakter im geschäftlichen Verkehr 412.

Poole & Carpmael, Patentanwälte, geben Wilhelm ein Empfehlungsschreiben an Herrn Elkington 47.

Poten, Oberstlieutenant von, Stadt-Kommandant von Göttingen 28.

Ramsbottom, Wilhelm's Brief an ihn 159.

Ransome, Frederick, fabricirt künstliche Steine 63.

Ransome & May, bauen die Druckpressen für Wilhelm 60.

Rayleigh, Lord, seine Lobrede auf Wilhelm 404.

Réaumur, seine Methode der Erzeugung von Stahl 150.

Richard, G., über Wilhelm's Abhandlung zur Theorie der Sonnenenergie 339.

Ricketts, F. H., hat die Oberleitung der Legung des Brasilianischen Kabels 221. — Geht mit dem La Plata unter 228.

Riley, technischer Leiter des Landore-Werkes, berichtet über die Prüfung des Stahls 204.

Rudolph, Kronprinz von Oesterreich, auf der Wiener elektrischen Ausstellung 348. — Depesche an Lady Siemens anlässlich des Todes ihres Gatten 378.

Rusell, Scott, betheiligt sich an einer Diskussion über Wilhelm's Regenerativ-Condensator 81.

Sabine, Robert, weist die Entdeckung des elektro-dynamischen Princips einem Herrn Stroh zu 248.

Salisbury, Marquis von, schreibt an Wilhelm anlässlich der Ernennung zum Ehrendoktor der Universität Oxford 285.

Samuda, Gründer einer pneumatischen Eisenbahn 70.

Saxton, seine Versuche über Elektromagnetismus 241.

Personen-Register. 423

Scalia, Luigi, Wilhelm's Freund 128.
Schöttler, Direktor der Gräflich Stollberg'schen Maschinenfabrik in Magdeburg 31, 32, 53.
Schneider, Hüttenwerk des Herrn, in Creusot 277.
Schwabe, führt Wilhelm's Wassermesser in Manchester ein 112.
Semper, Architekt, Wilhelm verkehrt mit ihm in London 128.
Sherbrooke, Lord, über Wilhelm's Untersuchungen der Sonnenenergie 338.
Siemens, Alexander, Wilhelm's Neffe, leitet die Birminghamer Versuche über die Erzeugung des Stahls unmittelbar aus dem Erze 207. — Abhandlung über elektrische Eisenbahnen 312. — Wilhelm's Testamentsvollstrecker 393.
Siemens Brothers, Firma der Charltoner Werke 171 u. ff. Vgl. Wilhelm, Werner und Carl Siemens.
Siemens, Carl Heinrich, Wilhelm's Bruder, biographische Skizze 15. — Übernimmt die Leitung von Wilhelm's Londoner Geschäftsbureau 94. — Theilhaber der Firma Siemens Brothers in Charlton 171. — Übernimmt die Leitung dieser Firma 209, 210. — Beaufsichtigt die Legung des direkten atlantischen Kabels 218. — Wohnt neben Wilhelm zu Uxbridge Road 286. — Lässt sich in St. Petersburg nieder 362.
Siemens, Christian Ferdinand, Wilhelm's Vater, biographische Skizze 8—10. — Briefe an Wilhelm 23, 24, 26, 27. — Briefe an Werner 24. — Tod 10, 27.
Siemens, Ernst Werner von, ältester Bruder Wilhelm's, biographische Skizze 10—13. — Wählt die militärische Laufbahn 11, 20. — Associirt sich mit Halske 12. — Überredet Wilhelm, Ingenieur zu werden 21. — Beaufsichtigt Wilhelm's Erziehung zu Magdeburg 22. — Briefe von seinem Vater 24. — Brief an Wilhelm 29. — Brief von Frau Himly 30, 33. — Verschafft Wilhelm eine Anstellung in der Maschinenfabrik zu Magdeburg 31—33. — Der chronometrische Regulator 35. — Anwendung der Elektricität zur Vergoldung und Versilberung 36. — Besucht Berlin 37. — Giebt Erfindungen wieder auf 66, 67. — Seine Arbeiten auf telegraphischem Gebiete und die Gründung einer Telegraphenbauanstalt 85 u. ff. — Betheiligt sich an der grossen internationalen Ausstellung in London 88. — Wendet Guttapercha als Isolationsmaterial für Kabel an 88, 120. — Erstes submarines Kabel 121. — Andere submarine Kabel 123 u. ff. — Kabel durch das rothe Meer 124. — Erleidet bei der Legung desselben Schiffbruch 124, 130. — Gratulirt Wilhelm zu seiner Verheirathung 131. — Gummi als Isolationsmaterial 167. — Betheiligt sich an der Weltausstellung im Jahre 1862 168. — Theilhaber der Firma Siemens Brothers zu Charlton 171. — Betheiligt sich persönlich bei der Legung des Algierischen Kabels 173. — Construktion eines Ankers für magneto-elektrische Maschinen 242 u. ff. — Baut magneto-elektrische Maschinen 243—247. — Baut dynamo-elektrische Maschinen 251. — Verbesserungen an denselben 252. — Anwendungen derselben 253 u. ff. — Trifft mit Wilhelm in Rom zusammen 288. — Elektrische Eisenbahnen 312 bis 316. — Auf der Wiener Weltausstellung 348. — Zu Sherwood 350. — Erhält Beileidsbezeugungen bei Wilhelm's Tode 377, 378. — Wohnt dem Begräbniss desselben bei 385.
Siemens, Ferdinand, Wilhelm's Bruder 13, 19.
Siemens, Frau, Vgl. Gordon, Anne.

Siemens, Friedrich, Wilhelm's Bruder, biographische Skizze 13—15. — In Birmingham angestellt 76. — Wendet das Regenerativprincip auf Öfen an 104—108. — Erfolgreiche Einführung des Regenerativofens in die Praxis 137.
Siemens, Gustav, Oberamtsrichter in Hannover, Wilhelm's Vetter 129.
Siemens & Halske, Vgl. Siemens, Werner, und Halske.
Siemens, Hans, Wilhelm's Bruder, biographische Skizze, 13, 20. — Tod desselben in Dresden 185.
Siemens, Mathilde, älteste Schwester Wilhelm's, verheirathet mit Professor Himly 16. — Schreibt an Werner 28. — Über Wilhelm's Studien in Göttingen 33. — Schlägt Wilhelm vor, nach England zu reisen 33. — Gratulirt Wilhelm zu seinen Erfolgen 48. — Ebenso zu seiner Verheirathung 132.
Siemens, Otto, Wilhelm's Bruder 16. — Gratulirt Wilhelm zu seiner Verheirathung 132.
Siemens, Sophie, Wilhelm's jüngste Schwester, verheirathet an Dr. Carl Crome 16.
Siemens, Walter, Wilhelm's Bruder 15. — Sein Tod zu Tiflis 195.
Siemens, Wilhelm, seine Stellung als Ingenieur 5—7. — Seine Eltern und Geschwister 8—16. — Charakteristik seines Vaters 9. — Geboren am 4. April 1823 zu Lenthe 18. — Sein Name 18. — Sein Charakter als Kind 19. — Sein erster Unterricht 20. — Will Kaufmann werden 20. — Besucht die v. Grossheim'sche Schule zu Lübeck 20. — Werner überredet ihn, Techniker zu werden 21. — Besucht die Gewerbeschule zu Magdeburg 22, 28. — Briefe von seinem Vater 23—27. — Tod seiner Mutter 24. — Tod seines Vaters 27. — Übersiedelt von Magdeburg nach Göttingen 27—29. — Seine Studien dort 29. — Tritt in die Gräflich Stollberg'sche Maschinenfabrik in Magdeburg ein 33. — Correspondenz mit Werner 31 u. ff. — Erfindung einer Ventilsteuerung für mit einfacher Wirkung arbeitende Dampfmaschinen 34. — Seine Correspondenz mit Werner wegen des „Pendels", einer Erfindung Werner's 35. — Elektrische Vergoldung und Versilberung 36. — Besucht seine Schwester in Göttingen 37. — Besucht Hamburg 41—43. — Ankunft in England 46. — Unterhandlungen mit den Herren Elkington 46—51. — Dieselben kaufen seine Patente über elektrische Vergoldung für 32000 Mk. 50. — Rückkehr nach Deutschland 51. — Rückkehr nach der Stollberg'schen Fabrik 52. — Verlässt dieselbe endgültig 52. — Zweiter Besuch in London 52. — Der chronometrische Regulator 53—57. — Das anastatische Druckverfahren 57—61. — Schwierigkeiten und Sorgen 61 u. ff. — Fabrikation von künstlichen Steinen 63. — Eisenbahnarbeiten 66. — Stimmt mit Werner darin überein, den Versuch, die Erfindungen zu betreiben, fallen zu lassen 66—68. — Luftpumpen 70. — Wärme und ihre Nutzbarmachung 71. — Übersiedelung nach Manchester 71. — Anstellung in der Druckerei der Herren Hoyle and Sons 71. — Verbesserungen der Dampfmaschine 72, 73. — Unterhandlungen mit den Herren Fox & Henderson 73—76. — Anstellung bei denselben 76. — Denkt daran, nach Kalifornien zu gehen 75. — Rückkehr nach Birmingham 76. — Die Regenerativ-Dampfmaschine und der Regenerativ-Condensator 77—82. — Regenerativ-Verdampfer 82—85. — Giebt seine Stellung bei den Herren Fox & Henderson auf 85. — Arbeiten auf dem Gebiete der Elektricität 85. —

Führt Siemens & Halske's telegraphische Erfindungen in England ein 89. — Übernimmt die Agentur dieser Firma für England 90, 91. — Lässt sich in London als Civilingenieur nieder 92. — Verbesserungen an der Regenerativ-Dampfmaschine 93 u. ff. — Siedelt für einige Zeit wieder nach Birmingham über 94. — Abhandlung „Über die Umsetzung der Wärme in mechanische Arbeit" 95. — Erhält dafür von der Institution of Civil Engineers die Telford-Medaille 95. — Besucht Berlin 96. — Stellt seine neuen Regenerativ-Dampfmaschinen in Paris aus 96. — Zur Fabrikation derselben bildet sich in Genua eine Gesellschaft 97. — Wegen verschiedener Schwierigkeiten beim Bau der Maschinen löst sich die Gesellschaft wieder auf 100. — Regenerativ-Verdampfer 101 u. ff. — Regenerativofen 103 u. ff. — Abkühlung 110. — Der Wassermesser 111. — Verbesserungen an demselben 113. — Erfolg desselben 115. — Der chronometrische Regulator 117. — Fabrikation von Bleiröhren 118. — Diskussion der Frage der elektrischen Telegraphen in der Inst. of Civ. Engin. 118. — Reise nach Paris 119 — und nach Berlin 119. — Wird Theilhaber der Berliner Firma 119. — Erste submarine Kabel 120 u. ff. — Verbindung mit der Fabrik der Herren Newall & Co. 124. — Fabrik zu Millbank 126. — Junggesellenleben 127. — Erkrankt am Typhus 127. — Seine Freunde 128. — Associat der Institution of Civil Engineers 129. — Freundschaftsverhältniss zu Professor Gordon 129. — Naturalisation in England 130. — Verheirathet sich mit Anne Gordon 130. — Beglückwünschungsschreiben dazu 130 u. ff. — Seine Stellung und seine Projekte 133 u. ff. — Wird Mitglied der Institution of Civil Engineers 135. — Ebenso der Royal Society 135, 136. — Verlegt sein Geschäftslokal nach Great George Street, Westminster 136. — Der Regenerativofen 137 u. ff. — Der Gaserzeuger 138 u. ff. — Urtheil von Faraday über den Ofen 142 u. ff. — Erhält auf der internationalen Ausstellung 1862 eine Preismedaille für denselben 143. — Einige Briefe Wilhelm's über die Eigenschaften des Ofens 145. — Grosser Preis auf der Pariser Weltausstellung 146. — Erfolge des Ofens 146, 147. — Puddelöfen 147. — Die Stahlfabrikation 149, 162. — Die Siemens Sample Steel Works zu Birmingham 154 u. ff. — Details über seine Verfahren 157 u. ff. Fabrikation von Stahlschienen 159. — Die Landore Siemens Steel Company 162. — Regenerativ-Gasmaschine 162. — Erfindungen auf dem Gebiete der Geschützkunst 163. — Gesellschaft der Birminghamer Gas-Consumenten 163. — Wiederaufnahme des chronometrischen Regulators 164. — Betheiligt sich an den Debatten der British Association 165. — Arbeiten auf dem Gebiete der Elektricität 166. — Kabel zwischen Malta und Alexandrien 166. — Gummi als Isolator 167. — Abhandlungen 168. — Betheiligung an der Pariser Weltausstellung und Beschreibung der von ihm ausgestellten Instrumente 168, 169. — Sein Antheil an dem ersten atlantischen Kabel 169. — Gründet im Verein mit seinen Brüdern Werner und Carl die Charltoner Telegraphenbauanstalt 170 bis 172. — Fabrikation und Legung des Algierischen Kabels 172 u. ff. — Misslingen desselben 174—177. — Der indo-europäische Telegraph 177 bis 189. — Reise nach Konstantinopel, über das schwarze Meer nach Poti,

Yalta, Kertsch und zurück über Sebastopol, Odessa, Galatz, Wien 185, 186. — Verbesserungen elektrischer Apparate 189. — Magneto-elektrische Ströme 189. — Häusliches Leben zu Twickenham 190. — Vergnügungstour nach Deutschland 190. — Erholungsreise durch Deutschland und Österreich 191. — Übersiedelung nach Campden Hill 191. — Seine literarische Beschäftigung 192—193. — Reise nach Italien 193. — Krank zu Bonchurch 194. — Weihnachtsfest 1866 in Berlin gefeiert 194. — Tod seines Bruders Hans 195. — Weltausstellung in Paris, wo er einen der Grands Prix erhielt 195. — Tod seines Bruders Walter 195. — Erholungsreise nach der Schweiz 195. — Rückblick und Wilhelm's gegenwärtige Stellung 196—200. — Stahlfabrikation 200 u. ff. — Ausdehnung des Landore Hüttenwerkes 204. — Erzeugung von Schmiedeeisen und Stahl direkt aus den Erzen 206 u. ff. — Der indo-europäische Telegraph 210. — Schwierigkeiten bei demselben 210, 211. — Das Siemens'sche Relaissystem 211. — Bruch des Kabels im schwarzen Meer in Folge Erdbebens 212. — Ersatz desselben durch eine Landlinie 213. — Gelingen des Unternehmens 213. — Anerkennung durch den Schah von Persien 214, 215. — Direktes atlantisches Kabel 215 u. ff. — Bau des Kabelschiffes Faraday 216, 217. — Gerücht von dem Scheitern des Faraday 218. — Bruch des Kabels und Wiederaufholen desselben 219. — Das brasilianische Kabel 220 u. ff. — Schiffbruch des Gomos 220. — Ebenso des La Plata, wobei 58 Menschen ums Leben kommen 220—232. — Human gegen die Hinterbliebenen 231, 232. — Der Ambassador vollendet glücklich die Legung des Kabels 232. — Auszeichnung durch den Kaiser von Brasilien 233. — Bau und Legung des französisch-atlantischen Kabels 233. — Elektrische Beleuchtung und Kraft 234 u. ff. — Allgemeines darüber 235. — Magneto-elektrische Maschinen 241 bis 244. — Das dynamo-elektrische Princip 244. — Wilhelm's Besuch in Berlin, um Werner's Experimente mit der dynamo-elektrischen Maschine kennen zu lernen 245. — Briefe Werner's über diese Maschine 246. — Mittheilung darüber an die Royal Society 247. — Patente 248—253. — Bogenlicht und Glühlicht 253—255. — Licht für den Lizard-Leuchtthurm und die Albert Hall 256—258. — Elektrische Kraftübertragung 259 u. ff. — Besuch der Niagarafälle bei seiner Reise nach Amerika 259. — Antrittsrede als Präsident des Iron and Steel Institute 260—262. — Elektrisches Pyrometer 263—265. — Bathometer und Attraktionsmesser 265, 266. — Tiefseephotometer 267. — Hochdruckbehälter 268. — Panzerung von Kriegsschiffen 268—270. — Beziehungen zur Royal Society 271 — zur British Association for the Advancement of Science 272 — zur Institution of Civil Engineers 273 — zur Institution of Mechanical Engineers 273 — zum Iron and Steel Institute 274—277 — zur Society of Telegraph Engineers and Electricians 277 — zur Institution of Naval Architects 278. — Projekt der Errichtung einer Hall of Applied Sciences 278. — Beziehungen zur Society of Arts 279 — zur Chemical Society 281 — zur Royal Institution of Great Britain 281 — zur United Service Institution 281 — zum Athenaeum Club 282. — Wissenschaftliche Vorträge in Glasgow 284. — Häusliches Leben 285. — Krankheit seiner Frau 285. — Ehrendoktor der

Oxforder Universität 285, 286. — Übersiedelung nach Uxbridge Road 286. — Vergnügungsreise nach dem Engadin 287. — Reise nach Rom 287. — Reise nach Wien zur Weltausstellung 288, 289. — Verlegung des Geschäftslokals nach Queen Anne's Gate 289. — Das Landgut Sherwood 290 u. ff. — Correspondirendes Mitglied der französischen Société d'Encouragement pour l'Industrie Nationale 291. — Loan Exhibition in South Kensington 292. — Reise nach den Vereinigten Staaten von Nordamerika 293. — Fest zu Ehren des Kaisers von Brasilien 293. — Ehrenmitglied der Cambridge Philosophical Society 293. — Ehrendoktor der Universität Glasgow 294. — Gartenfest zu Ehren der Internationalen Telegraphenconferenz 294. — Reise nach Italien 294. — Änderung in der Art, die Gegenstände zu behandeln 295—297. — Anwendungen der Wärme 297. — Der Gasfeuerherd 298. — Die Rauchverminderungspropaganda 302. — Interesse des Prinzen von Wales daran 303—305. — Gas als Heizmittel 305. — Elektrische Telegraphen 307. — Verwandlung der Charltoner Firma in eine Aktiengesellschaft 307. — Elektrische Beleuchtung des British Museum 308 — Des Royal Albert Dock 309 — Des Savoy-Theaters 309 — von Godalming 310 — Des Austral-Dampfers 311. — Elektrische Eisenbahnen 312 u. ff. — Andere Anwendungen der elektrischen Kraft 321. — Vortrag Wilhelm's vor der Institution of Civil Engineers 323. — Elektrische Heizung 324. — Vegetation unter dem Einfluss des elektrischen Lichtes 327—334. — Elektrische Einheiten 334. — Untersuchungen über die Constitution der Sonne und über die Sonnenenergie 335. — Beziehungen zu dem Indian Engineering College 342. — Das elektrische Thermometer 345. — Die elektrische Ausstellung in Wien 347. Präsident der British Association 349. — Vorsitzender des Vorstandes der Society of Arts 351. — Zuerkennung des Howard-Preises seitens der Institution of Civil Engineers 353. — Die französische Société des Ingénieurs civils 354. — Das Birmingham-Midland-Institut 356. — Stiftet einen Preis fürs King's College 358. — Als Sachverständiger vor der Kgl. Commission für technische Ausbildung 359. — Vortrag über Vergeudung 361. — Ansprache in dem City and Guilds of London Institute 362. — Besuch in Neapel 362. — Zum ausländischen Mitgliede der Stockholmer Akademie der Wissenschaften ernannt 362. — Besuch in Düsseldorf 363. — Versammlung der Siemens-Stiftung in Goslar 363. — Vortrag vor der Young Men's Societies' Union in Marylebone 363. — Geschenk an das Universitätsmuseum in Oxford 363. — Reise nach Cannes und Algier 364. — Ehrenmitglied der Goldschmiedezunft 364. — Ehrendoktor der Dubliner Universität 365. — Besuch in Schottland 365, 366. — Erhält den Meistertitel von der Drechslerzunft 366. — Erhält die Ritterwürde 367. — Glückwünsche 368, 369. — Tod seines Freundes Spottiswoode 370. — Unfall auf der Strasse 372. — Ansichten über Sonntagsarbeit 373 u. ff. — Krankheit und Tod 374 u. ff. — Anerkennung 377 u. ff. — Begräbnissfeierlichkeit in Westminster 378 u. ff. — Beerdigung auf dem Kirchhofe in Kensal Green 384. — Gedenkfenster in der Westminster-Abtei 386. — Sein Testament 393. — Todesberichte und Nachrufe 393 u. ff. — Besondere

Charakteristik desselben als Mann der Wissenschaft 407; als Ingenieur 408; als Erfinder 408; als Geschäftsmann 410. — Sein literarisches Talent 414. Seine Selbst-Charakteristik 415. — Sein allgemeiner Charakter in Gesellschaft und Privatleben 417.
Smith, Henry J. S., dankt Wilhelm Siemens für das der Universität Oxford gemachte Geschenk 364.
Smyth, C. Piazzi, über Wilhelm's Abhandlung über die Sonne 338, 340.
Spencer, Earl, eröffnet die elektrische Eisenbahn zu Portrush 319.
Spottiswoode, Über Wilhelm's Untersuchungen über die Erhaltung der Sonnenenergie 339. — Sein Tod 370.
Stephenson, Robert, über Wilhelm's chronometrischen Regulator 56. — Betheiligt sich an einer Diskussion über Wilhelm's Regenerativcondensator 81.
Stern, Prof. in Göttingen, Wilhelm's Lehrer in der Mathematik 29.
Stewart, Colonel, Brief Wilhelm's an ihn 176.
Stirling, Rev., Dr., Entdecker des Regenerators 78.
Stollberg, Graf, seine Maschinenfabrik zu Magdeburg 31, 33, 52.
Sutherland, Herzog von, bewirthet Wilhelm zu Dunrobin Castle 365.
Symons, G. J., und Wilhelm Siemens elektrisches Thermometer 346.

Taylor, General Sir Alexander, und das Indian Engineering College 343.
Thomson, Sir William, über Wilhelm Siemens' Wassermesser 115, 116. — Über die Rauchverminderungspropaganda 304. — Über Gas als Heizmittel 307. — Brief Wilhelm's an ihn 318. — Bei der Eröffnung der elektrischen Eisenbahn zu Portrush zugegen 319. — Über die Anwendung des elektrischen Lichts im Gartenbau 332, 333. — Auf der Wiener elektrischen Ausstellung 348. — Empfängt Wilhelm Siemens und seine Gemahlin auf seinem Landsitz in der Nähe von Largs 366. — Schreibt seinen Nachruf für die Royal Society 403.
Traill, Herren, und die elektrische Eisenbahn zu Portrush 316—320.
Tyndall, Dr., Vorträge über das elektrische Licht 248, 259. — Bericht über Dynamomaschinen 257.

Varley, Alfred, seine Entdeckungen über Magneto-Elektricität 248.
Vianetz, Nicolaus Barthélémy delle, Präsident der Genuenser Gesellschaft, schreibt an Wilhelm 98.
Volta, Erfindung der elektrischen Säule 235.

Wagner, Richard, Wilhelm's Verkehr mit ihm in London 128.
Wales, Prinz von, Sein Interesse an der Rauchverminderungs-Propaganda 303—305. — Am elektrischen Ofen 327. — Auf dem Jahresfest der Society of Arts 352. — Beileidsschreiben an Lady Siemens bei Wilhelm's Tode 396.
Walker, C. V., macht elektrische Versuche zu Dover 121.
Weber, W., Prof. in Göttingen. Wilhelm arbeitet in seinem Laboratorium 29.
Wedding, Professor H., Vortrag zu Berlin über Wilhelm Siemens 405.
Wendel, Eisenwerk und Kohlenzechen der Herren 277.
Wheatstone, in der Commission für Legung des atlantischen Kabels 169. — Magneto-elektrischer Step-by-Step-Zeigerapparat 241. — Seine Entdeckungen über Magneto-Elektricität 248.
Wilde, magneto-elektrische Maschine 243, 244.
Wilhelm, Prinz von Preussen, sendet

ein Beileidstelegramm an Werner von Siemens bei Gelegenheit von Wilhelm's Tode 378.

Wöhler, Prof. in Göttingen, Wilhelm's Lehrer in theoretischer Chemie 29.

Woods, Edward, giebt dem anastatischen Druckverfahren eben diese Bezeichnung 58.

Woods, Joseph, associirt mit Wilhelm bei der Fabrikation des chronometrischen Regulators 54 u. ff. — Ebenso bei der Ausbeutung des anastatischen Druckverfahrens 48 u. ff. — Stirbt an der Cholera 74.

Sach-Register.

Abkühlungsverfahren 110.
Albert Hall, Elektrisches Licht in der — 258, 328.
Algierisches Kabel 172—177.
Alma, Dampfschiff, Schiffbruch desselben im rothen Meere mit Werner Siemens, Prof. Gordon u. A. an Bord 124.
Ambassador, Schiff, hilft bei der Legung des direkten atlantischen Kabels 218. — Vollendet die Legung des Brasilianischen Kabels 232.
Anastatisches Druckverfahren 57 bis 61. — Erfunden von Herrn Baldamus 58. — Eingeführt in England durch Wilhelm 58—60. — Wieder aufgegeben 61.
Antenor, Schiff, bringt die Überlebenden vom Schiffbruch des La Plata zurück nach London 224.
Athenaeum Club, Wilhelm zum Mitgliede desselben gewählt unter Abweichung von den gewöhnlichen Regeln 282—284. — Nachruf für Wilhelm 405.
Atlantisches Kabel 169. — Direktes atlantisches Kabel 215.
Attractionsmesser 266.
Austral-Dampfer, Einrichtung der elektrischen Beleuchtung desselben 311, 312.

Bathometer 265.
Berlin, Werner Siemens' erste Fabrik hierselbst 11. — Sitz der Firma Siemens & Halske 12. — Elektrische Eisenbahn auf der Gewerbeausstellung 313. — Von Berlin nach Lichterfelde 314.
Birmingham, Wilhelm Siemens' erster Aufenthalt daselbst 46, 76. — Probir-Stahlwerk daselbst 154—159, 206 bis 209. — Gesellschaft der Gas-Consumenten zu Birmingham 163. — Das Midland Institute daselbst 356—358.
Bleiröhren, Verbinden von — mittels Druckes 118.
Bogenlicht, die eine Art des elektrischen Lichtes 253.
Bonchurch, Wilhelm's Krankheit zu — 194.
Brasilianisches Kabel 220—233. — Untergang des La Plata bei Legung desselben 220.
British Association for the Advancement of Science, Beziehungen Wilhelm's zu derselben 165, 272. — Wird Präsident derselben 349. — Nachruf für Wilhelm 404.
British Museum, Elektrische Beleuchtung 308.

Cambridge Philosophical Society erwählt Wilhelm zum Ehrenmitgliede 293.
Campden Hill, Wilhelm's Wohnung auf — 191.
Cathay, Dampfer, bringt zwei der

Sach-Register.

Überlebenden aus dem Schiffbruch des La Plata nach England 227.
Charing Cross, beabsichtigte elektrische Eisenbahn bei — 321.
Charlton, Telegraphenbauanstalt 171 u. ff. — Fabrik für alle elektrischen Apparate unter der Firma Siemens Brothers & Co. 171. — Carl Siemens übernimmt die persönliche Leitung der Fabrik 209. — Bau von Dynamomaschinen 255. — In eine Aktiengesellschaft umgewandelt 307.
Chemical Society, Wilhelm's Beziehungen zu derselben 281.
Chronometrischer Regulator 35, 53—57. — Wird auf der Internationalen Ausstellung zu London mit einer Preismedaille bedacht 57. — Wird zur Regulirung der chronometrischen Instrumente von Sternwarten verwendet 117. — Verbesserte Form desselben 164, 165.
City and Guilds of London Institute, Wilhelm hält einen Vortrag in demselben 362.
Coventry, Wilhelm's Vortrag über „Vergeudung" zu — 361.
Craigdhu, Wilhelm's Villa im schottischen Hochlande 287.

Dacia, Schiff, hilft bei der Legung des direkten atlantischen Kabels 218.
Daily News, Nachruf für Wilhelm 400.
Direct United States Telegraph Company 215.
Direktes Atlantisches Kabel 215 bis 219.
Dix Décembre, Schiff, bei der Legung des algierischen Kabels verwendet 173.
Dolomitenland, Wilhelm besucht dasselbe 288.
Dowson Economic Gas Company, erhält einen Preis für ihre Gaskochöfen 303.
Drechslerzunft, verleiht Wilhelm den Meistertitel 366.

Dresden, Hans Siemens' Glaswerke zu — 13, 14.
Dungeness, Elektrisches Licht daselbst eingerichtet 243.
Dynamo-elektrische Maschine 244 u. ff., 251. — Verwendung für Beleuchtungszwecke 251. — Ausgestellt im South Kensington Museum 256.

Eckernförde, Werner baut hierselbst zum Schutze des Hafens die berühmten Batterien 12.
Electrician, Nachruf für Wilhelm 403.
Elektrische Beleuchtung 234, 235 u. ff. — Erste Versuche damit 236 u. ff. — Von Leuchtthürmen 243 u. ff. — Allgemeines 253. — Des British Museum 308. — Des Royal Albert Dock 309. — Des Savoy-Theaters 309. — Zu Godalming 310. — Des Australdampfers 311. — Vegetation unter dem Einfluss derselben 327 bis 334.
Elektrische Einheiten 334.
Elektrische Heizung 324—327.
Elektrische Kraftübertragung 259 u. ff. — Elektrische Eisenbahn auf der Berliner Gewerbeausstellung 313. — Von Berlin nach Lichterfelde 314. — In Zaukerode für Grubenzwecke 315. — Auf der Ausstellung in Paris 316. — In Wien 316. — Zu Portrush 316 u. ff. — In Brighton 320. — Von Wilhelm für unterirdische Bahnen vorgeschlagen 321. — Andere Anwendungen der elektrischen Kraftübertragung 321—323. — Vortrag Wilhelm's darüber 323.
Elektrisches Pyrometer 263—265.
Elektrisches Thermometer 345 bis 347.
Engineer, The, Beschreibung des Landore Stahlhüttenwerks 204. — Nachruf für Wilhelm 402.
Engineering, Nachruf für Wilhelm 402.

432 Sach-Register.

Falkirk Iron Company, Versuche Wilhelm's mit den von dieser nach seinen Angaben construirten Gaskochöfen 302.
Faraday, Kabelschiff, speciell von Wilhelm für den Zweck der Kabellegung construirtes Schiff 216. — Legt das directe atlantische Kabel 218. — Ebenso das französisch-atlantische Kabel 234. — Versuche mit dem Bathometer 266. — Abhandlung über dasselbe 278.
Firebrand, Kriegsschiff, macht Tiefseemessungen mit Hülfe eines von Wilhelm construirten Bathometers 265.
Französisch-atlantisches Kabel 233.

Gare Loch, Schiff, rettet die Überlebenden vom Schiffbruch des La Plata 224.
Gas als Heizmittel 305.
Gaserzeuger 138.
Gasfeuerherd 298—302.
Gedenkfenster, Stiftung eines solchen für Wilhelm in der Westminster-Abtei 385—393.
Genua. Hierselbst bildet sich eine Gesellschaft zur Betreibung der Siemens'schen Regenerativ-Dampfmaschine 95, 97. — Dieselbe wird jedoch bald wieder aufgelöst 100.
Georgien, indo-europäischer Telegraph durch Erdbeben daselbst zerstört 212.
Geschützkunst 163.
Glasgow Science Lectures Association, Wilhelm's Vortrag vor derselben 284.
Globe, Nachruf für Wilhelm 401.
Glühlicht, die eine Art des elektrischen Lichtes 254.
Godalming, Elektrische Beleuchtung 310.
Goldschmiede-Innung, verleiht Wilhelm die Ehrenmitgliedschaft 364.
Gomos, Schiff, wird zur Legung des brasilianischen Kabels ausgesandt, wobei es scheitert 220.
Göttingen, Wilhelm studirt auf der Universität 27.
Great Eastern, Dampfer, zur Legung des ersten atlantischen Kabels benutzt 216.
Gummi als isolirendes Material für submarine Kabel 167.
Gutta-Percha als Isolationsmaterial für elektrische Leitungsdrähte 88—120.

Hall of Applied Sciences, Wilhelm schlägt die Gründung einer solchen vor und erbietet sich, zu dem Zwecke 200000 M. herzugeben 278.
Hochdruckbehälter 268.
Hooper, erstes speciell zur Kabellegung construirtes Schiff 216.

Indian Engineering College 342.
Indo-europäischer Telegraph 177 bis 189. — Verzögerung der officiellen Eröffnung 210—215.
Indo-european Telegraph Company 182.
Ingenieur, Etymologie des Wortes 2. — Definition seines Berufs 3.
Institution of Civil Engineers, giebt eine Definition des Berufs eines Ingenieurs 3. — Günstige Beurtheilung von Wilhelm's chronometrischem Regulator 56. — Wilhelm tritt als Associate ein 129. — Wird Mitglied 135. — Wird Vorstandsmitglied 273. — Verleiht Wilhelm den Howard-Preis 353. — Petitionirt an den Dechanten der Westminster-Abtei wegen Beisetzung Wilhelm's in derselben 378. — Betreibt die Stiftung eines Gedenkfensters 385. — Beileidsadresse an Frau Siemens 394. — Nachruf für Wilhelm 403.
Institution of Mechanical Engineers, Wilhelm's Beziehungen zu derselben 273. — Beileidsadresse an Frau Siemens 394.

Institution of Naval Architects, Wilhelm's Beziehungen zu derselben 278.

Iris, Schnelldampfer, mit Siemens'schem Stahl armirt 204.

Iron and Steel Institute, Wilhelm's Beziehungen zu demselben 274—277.

Kabel, zwischen Frankreich und England 123. — Zwischen Dover und Ostende 123. — Verschiedene andere 124. — Zwischen Malta und Alexandrien 166. — Atlantisches Kabel 169. — Algierisches Kabel 172—177. —. Direktes atlantisches Kabel 215—219. — Brasilianisches Kabel 220—233 Französisch-atlantisches Kabel 233.

Kensal Green, Wilhelm's Begräbnissstätte zu — 384.

Kiel, Wilhelm's Schwager Professor daselbst 12. — Erste unterseeische Minen von Werner Siemens angelegt 12.

King's College, Wilhelm stiftet einen Preis für dasselbe 358.

Landore Siemens Steel Company, errichtet 161. — Erweiterung derselben 200. — Liefert Stahl für die königliche Marine 203. — Financielle Schwierigkeiten 205. — Ausdehnung der Stahlfabrikation in England 205. — Versuche zur Gewinnung des Stahls direkt aus dem Erze 206. — Die Arbeiter und Beamten beglückwünschen Wilhelm zur Verleihung der Ritterwürde 368 u. ff.

La Plata, Schiff, ausgesandt zur Legung des brasilianischen Kabels 220. — Untergang im Golf von Biskaya 221. — Rettung der Schiffbrüchigen 222 u. ff. — Untersuchung der Ursachen des Schiffbruchs 228—230. — Unterstützung der Überlebenden 231.

Lenthe, in der Nähe von Hannover, Wohnort von Wilhelm's Vater 8. — Geburtsort Wilhelm's, nach dessen Geburt wird der Wohnsitz daselbst aufgegeben 10.

Lizard - Leuchtthurm, Elektrisches Licht in demselben 258.

Lons - le - Saulnier, Regenerativ - Verdampfer bestimmt für eine Fabrik daselbst 84.

Lübeck, Werner Siemens erhält hier auf dem Gymnasium seine erste wissenschaftliche Bildung 11. — Erster Unterricht Wilhelm's auf einer Handelsschule daselbst 20.

Luftpumpen 70.

Magdeburg, Werner Siemens dient hierselbst als Freiwilliger bei der Artillerie 11. — Wilhelm besucht die Gewerbeschule in — 22, 28. — Tritt daselbst in die Stollberg'sche Maschinenfabrik ein 33.

Magneto-Elektricität 189. — Faraday's Entdeckungen 236 u. ff. — Werner Siemens' Arbeiten 242 u. ff.

Manchester, Wilhelm Siemens daselbst 71.

Menzendorf, Wilhelm's Vater liess sich mit seiner Familie daselbst nieder 10.

Mercur, Schnelldampfer, mit Siemens'schem Stahl armirt 204.

Metallurgie, Wilhelm beschäftigt sich zuerst damit 36, 42, 49—52.

Millbank, Wilhelm's Telegraphenbauanstalt zu — Row 126.

Morning Post, Nachruf für Wilhelm 400.

Nature, Nachruf für Wilhelm 402.

Niagara, Wilhelm's Besuch der Fälle 260. — Berechnung der von ihnen erzeugten Kraftmenge 261.

Nineteenth Century, enthält einen Artikel von Wilhelm über seine Sonnentheorie 337.

Pall Mall Gazette, Nachruf für Wilhelm 400.
Panzerung von Kriegsschiffen 268 bis 270.
Paris, Elektrische Ausstellung daselbst 316. — Elektrischer Ofen daselbst 327.
Patent-Anwalt, der, eine in Frankfurt a. M. erscheinende Zeitschrift, macht den Vorschlag, Vorlesungen über Wilhelm an deutschen Hochschulen abzuhalten 407.
Portrush, Elektrische Eisenbahn 316 u. ff.
Punch's Witz: The Electric Knight Light 368.

Rauchverminderungspropaganda 302—305.
Regenerativ-Condensator 79 u. ff.
Regenerativ-Dampfmaschine 71 u. ff. — Verbesserungen an derselben 94 bis 96.
Regenerativ-Gasmaschine 162.
Regenerativ-Ofen von Friedrich Siemens erfunden 103. — Erfolg desselben 108, 109. — Verschiedene Anwendungen desselben 108, 137. — Wichtige Verbesserung 138. — Anwendung für die Glasmanufaktur 140. — Erhält eine Preismedaille 143. — Verwendung zur Puddelarbeit 147.
Regenerativ-Verdampfer 82 u. ff., 101, 102.
Royal Albert Dock, Elektrische Beleuchtung 309.
Royal Albert Hall, Elektrisches Licht in der — 258, 328.
Royal Institution of Great Britain, Wilhelm's Beziehungen zu derselben 281. — Beileidsadresse an Frau Siemens 394.
Royal Society, Wilhelm wird Mitglied derselben 135, 136. — Weitere Beziehungen zu derselben 271, 272. — Nachruf für Wilhelm 403.

Saturday Review, Artikel über Wilhelm's Theorie der Sonne 342. — Nachruf für Wilhelm 40.
Savoy Theater, Elektrische Beleuchtung 309.
Schaffhausen, Wasserkraft daselbst 262.
Schwarzes Meer, submarines Kabel im schwarzen Meere 183. — Das Kabel durch Erdbeben zerstört 212.
Shearwater, Kriegsschiff, macht Versuche mit Wilhelm's Tiefseephotometer 267.
Sherwood, Wilhelm's Landgut in der Nähe von London 290. — Elektrische Beleuchtung desselben 290, 291. — Fest zu Ehren des Kaisers von Brasilien 293. — Fest zu Ehren der Internationalen Telegraphenconferenz 294.
Siemens'sche Stiftung 17, 363.
Société d'encouragement pour l'Industrie nationale ernennt Wilhelm zum correspondirenden Mitgliede 291. — Nachruf für Wilhelm 403.
Société des Ingenieurs Civils, ehrt Wilhelm durch Übertragung des Vorsitzes einer ihrer Versammlungen 354.
Society of Arts, Wilhelm's Beziehungen zu derselben 279, 281. — Wird Vorsitzender des Vorstandes 351. — Jahresfest derselben 352. — Beileidsadresse an Frau Siemens 395.
Society of Telegraph Engineers and Electricians, Wilhelm's Beziehungen zu derselben 277. — Beileidsadresse an Frau Siemens 394. — Nachruf für Wilhelm 403.
Sonne, Wilhelm's Untersuchungen über die Theorie derselben und die Erhaltung der Sonnenenergie 335—342.
Spectator, Nachruf für Wilhelm 401.
Stahlfabrikation, 149. — Cementationsmethode 149. — Methode von Bessemer 149; von Réaumur 150. — Verwendung des Gasofens 150. — Versuche der Herren Martin mit dem-

selben 152, 153. — Ofen zur Stahlfabrikation in Birmingham 154. — Siemens' Sample Steel Works 155, 156. — Wilhelm's Stahl erhält auf der Pariser Weltausstellung einen der grossen Preise 156.* — Beschreibung von Wilhelm's Verfahren 157—159. — Stahlschienen für Eisenbahnen 159. — Die Landore Siemens Steel Company 162. — Erweiterung der Fabrik 200. — Verwendung von Stahl zur Schiffspanzerung 201—205. — Erzeugung von Stahl direkt aus den Erzen 206—209.
Standard, Nachruf für Wilhelm 400.
Stockholm, Akademie der Wissenschaften daselbst wählt Wilhelm zum ausländischen Mitgliede 362.
Submarine Kabel 120 u. ff. — Zwischen Frankreich und England 123. — Zwischen Dover und Ostende 123. — Zwischen Orfordness und Scheveningen 123. — Verschiedene andere Linien 124. — Zwischen Malta und Alexandrien 167. — Atlantisches Kabel 169. — Das Algierische Kabel 172.
Sunday Lecture Society, Vortrag über Wilhelm von Herrn Carpenter 406.

Tiefseephotometer 267, 268.
Times, Artikel über Wilhelm nach dessen Tode 398. — Nachruf für Wilhelm 399.

Towcester, Rotationsöfen daselbst errichtet, um Stahl direkt aus dem Erze zu produciren 208.
Twickenham, erster Wohnsitz Wilhelm's nach seiner Vermählung 131, 190. — Giebt diesen Wohnsitz der Ersparniss an Zeit halber wieder auf 191.

United Service Institution, Wilhelm's Beziehungen zu derselben 281.

Verein zur Beförderung des Gewerbfleisses zu Berlin, Vortrag von Prof. Wedding über Wilhelm 405.

Warrior, erstes Kriegsschiff mit Eisenpanzerung 269.
Wasserleben, Geburtsort von Wilhelm Siemens' Vater 8.
Wassermesser, von Wilhelm erfunden 111—117. — Grosse Erfolge desselben 115—117.
Westminster-Abtei, Begräbnissfeierlichkeit daselbst 381 u. ff. — Gedenkfenster für Wilhelm 385 u. ff.
Wien, Wilhelm auf der Internationalen Ausstellung 288, 289. — Elektrische Eisenbahn auf der Ausstellung 316. — Elektrische Ausstellung 347—349.
Wilhelm Blenkelszoon, Schooner, rettet zwei Schiffbrüchige des La Plata 226.

Zaukerode, Anlage einer elektrischen Eisenbahn für Grubenzwecke 315.

MIX
Papier aus verantwortungsvollen Quellen
Paper from responsible sources
FSC® C105338

If you have any concerns about our products,
you can contact us on
ProductSafety@springernature.com

In case Publisher is established outside the EU,
the EU authorized representative is:
**Springer Nature Customer Service Center GmbH
Europaplatz 3, 69115 Heidelberg, Germany**

Printed by Libri Plureos GmbH
in Hamburg, Germany